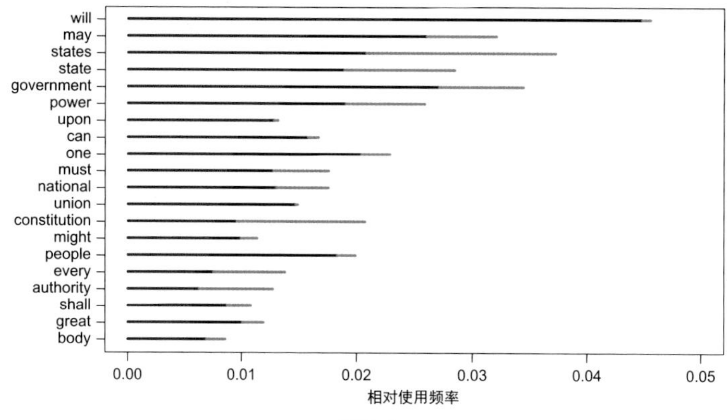
will
may
states
state
government
power
upon
can
one
must
national
union
constitution
might
people
every
authority
shall
great
body
0.00
0.01
0.02
0.03
0.04
0.05
相对使用频率

图1.1

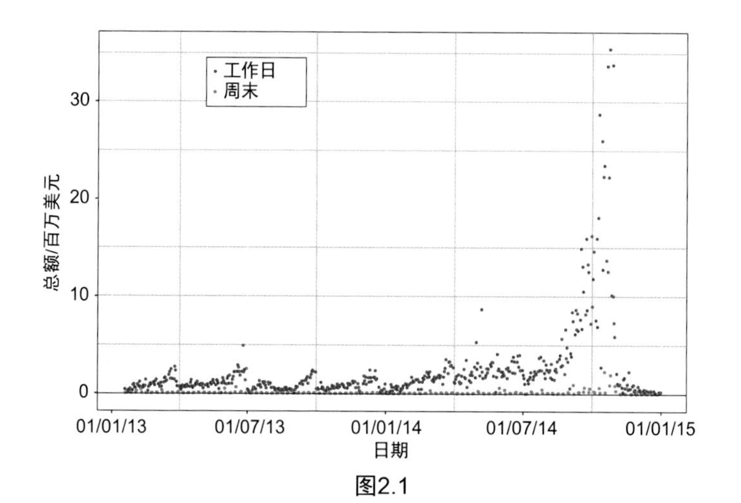
工作日
周末
总额/百万美元
0
10
20
30
01/01/13
01/07/13
01/01/14
01/07/14
01/01/15
日期

图2.1

U0344595

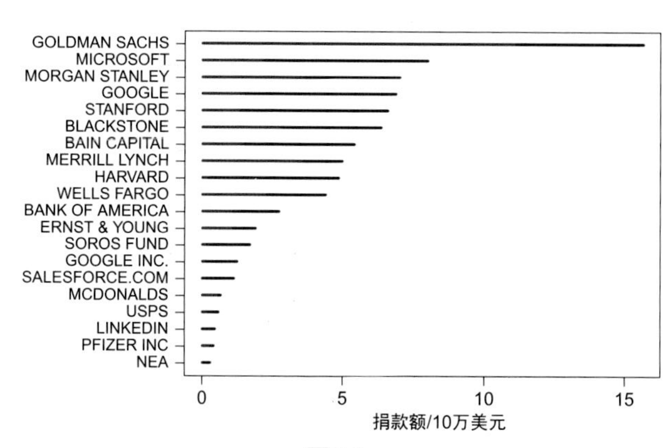
GOLDMAN SACHS
MICROSOFT
MORGAN STANLEY
GOOGLE
STANFORD
BLACKSTONE
BAIN CAPITAL
MERRILL LYNCH
HARVARD
WELLS FARGO
BANK OF AMERICA
ERNST & YOUNG
SOROS FUND
GOOGLE INC.
SALESFORCE.COM
MCDONALDS
USPS
LINKEDIN
PFIZER INC
NEA
0
5
10
15
捐款额/10万美元

图2.2

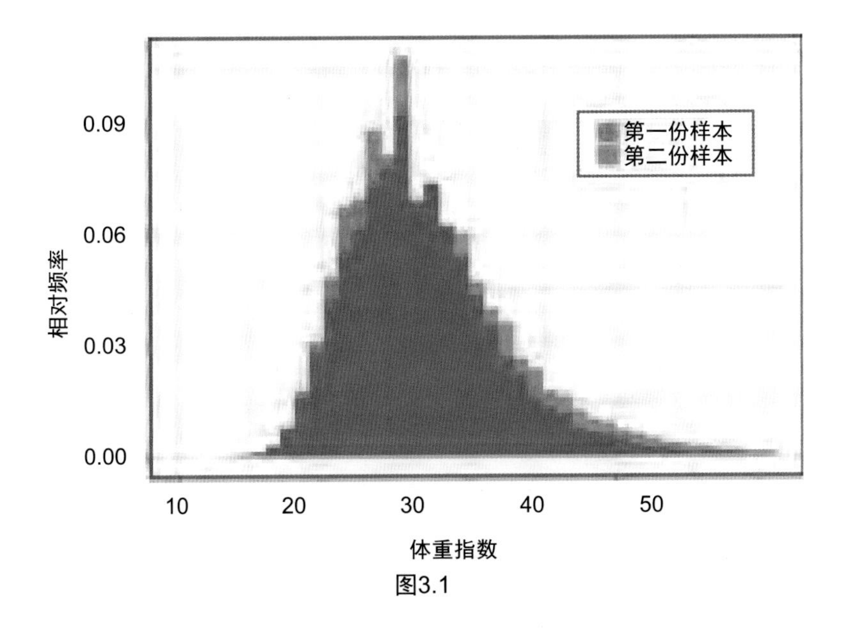

0.09
0.06
0.03
0.00
相对频率
第一份样本
第二份样本
10
20
30
40
50
体重指数

图3.1

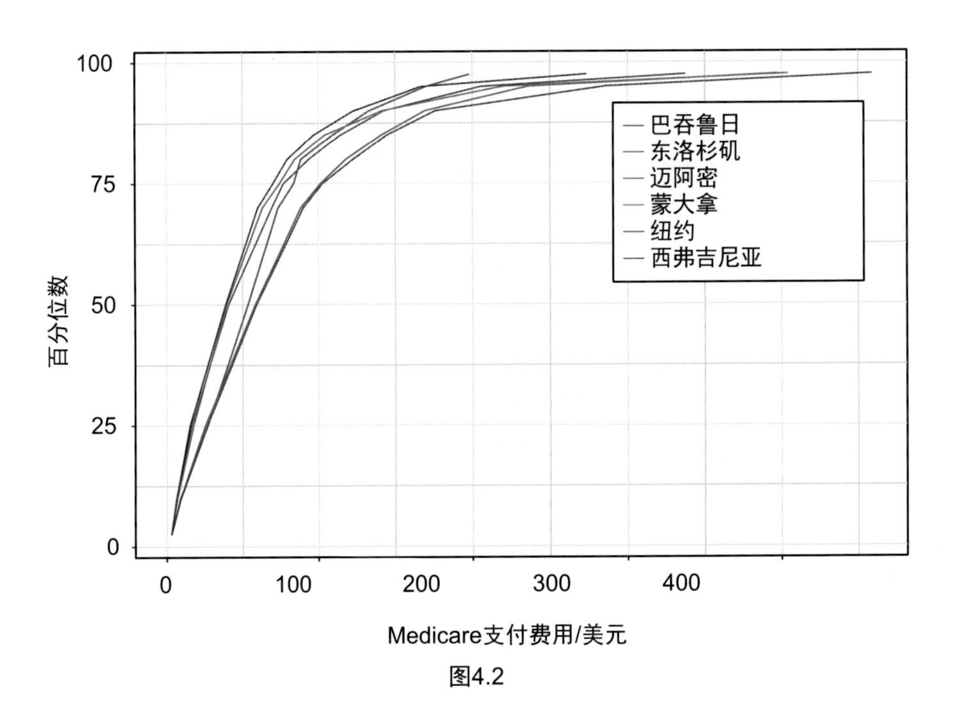

100
75
50
25
0
百分位数
巴吞鲁日
东洛杉矶
迈阿密
蒙大拿
纽约
西弗吉尼亚
0
100
200
300
400
Medicare支付费用/美元

图4.2

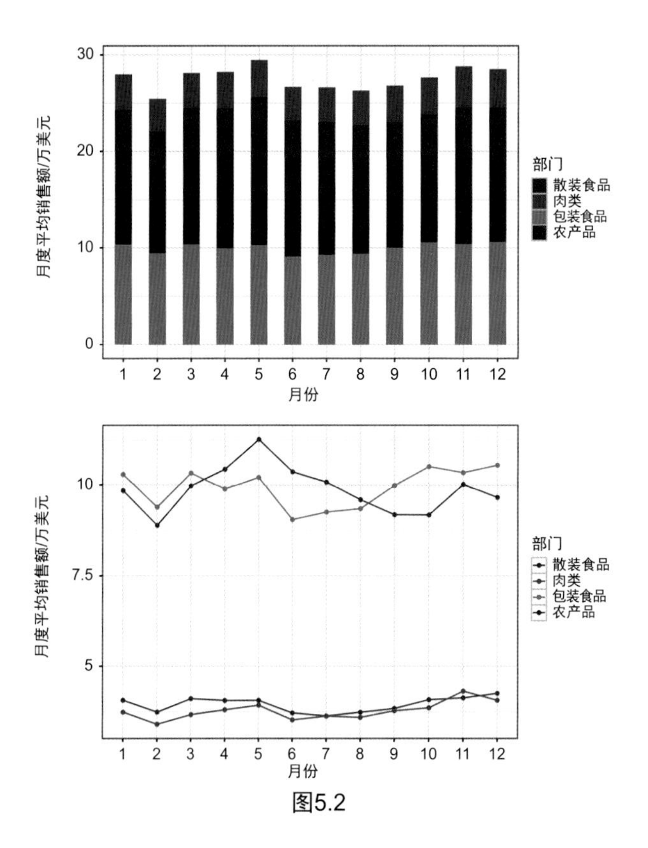

月度平均销售额/万美元
月份
部门
散装食品
肉类
包装食品
农产品

图5.2

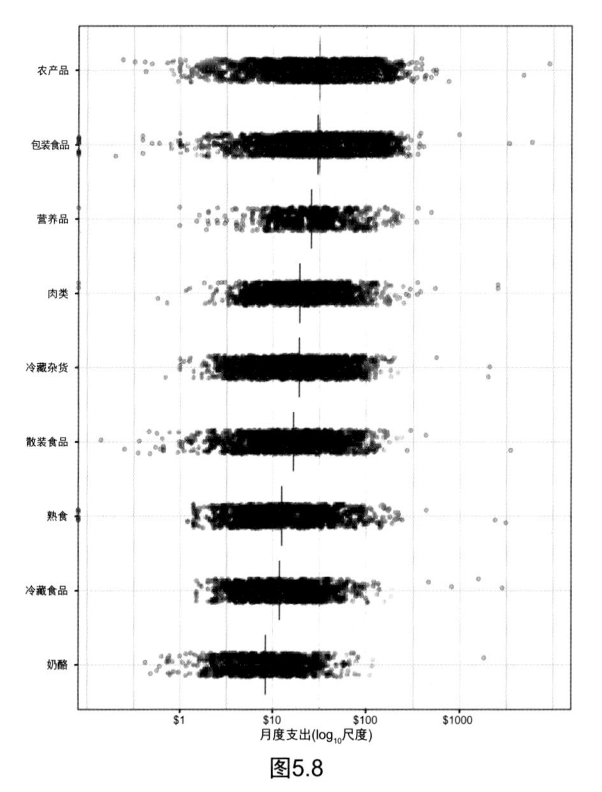

农产品
包装食品
营养品
肉类
冷藏杂货
散装食品
熟食
冷藏食品
奶酪
$1
$10
$100
$1000
月度支出(log10尺度)

图5.8

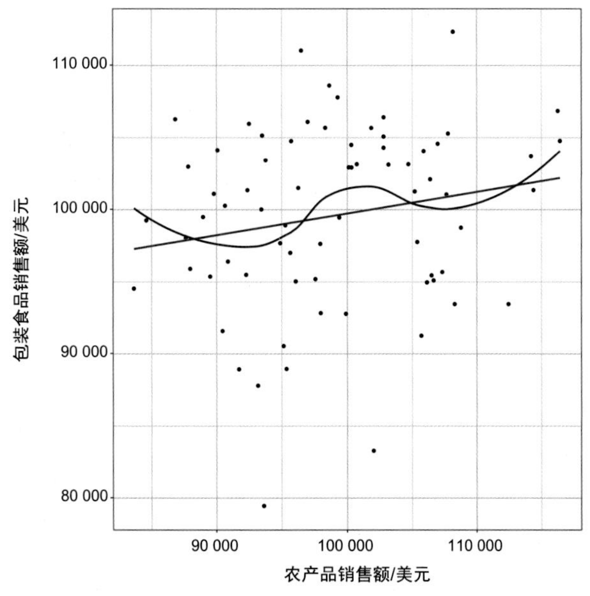
110 000
100 000
90 000
80 000
包装食品销售额/美元
90 000
100 000
110 000
农产品销售额/美元

图5.9

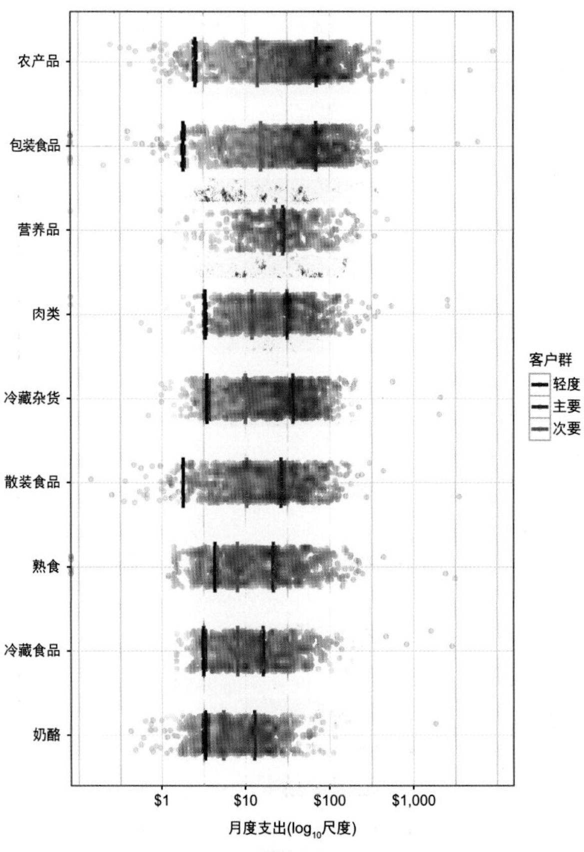
农产品
包装食品
营养品
肉类
冷藏杂货
散装食品
熟食
冷藏食品
奶酪
$1
$10
$100
$1,000
月度支出(log10尺度)
客户群
轻度
主要
次要

图5.10

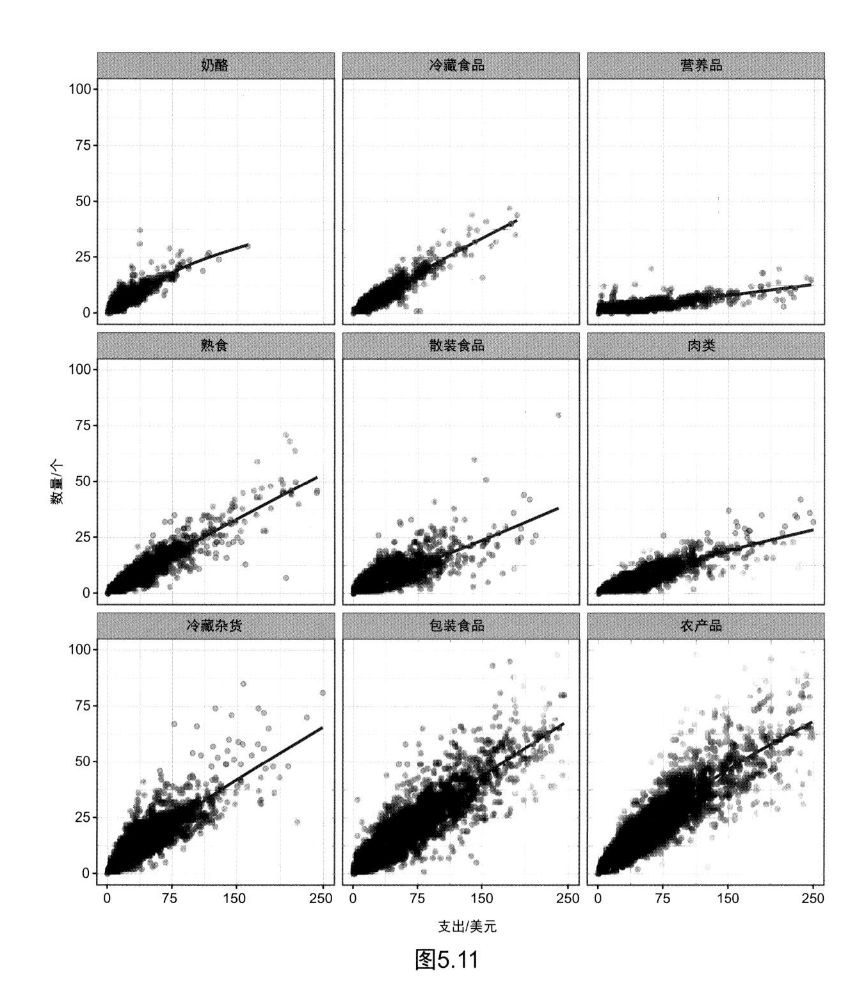
奶酪
冷藏食品
营养品
熟食
散装食品
肉类
冷藏杂货
包装食品
农产品
数量/个
0
25
50
75
100
支出/美元
0
75
150
250

图5.11

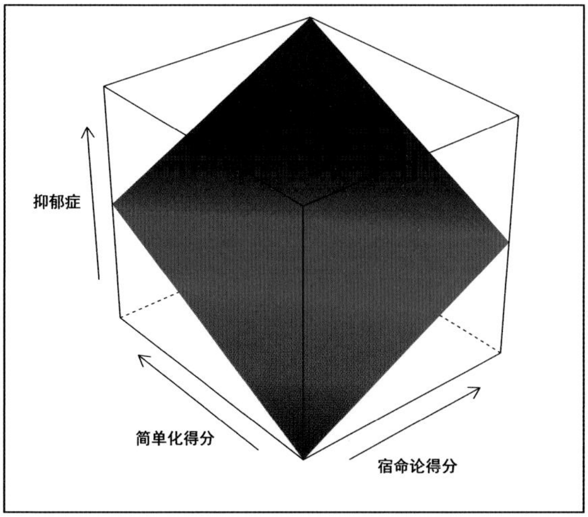

抑郁症
简单化得分
宿命论得分

图6.1

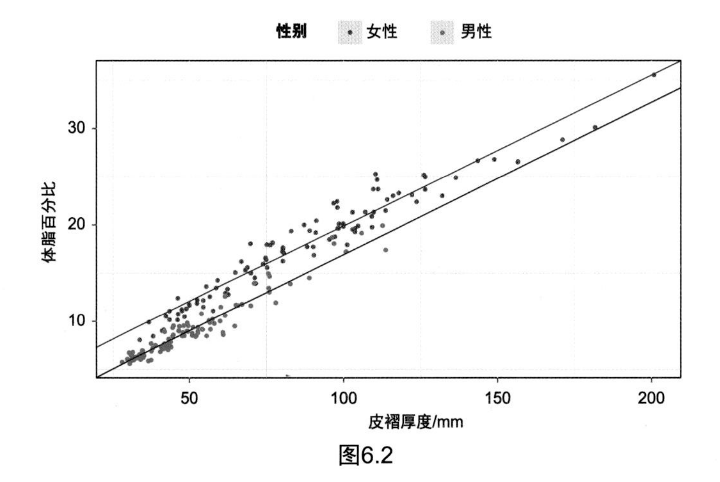
性别
女性
男性
体脂百分比
皮褶厚度/mm
10
20
30
50
100
150
200
图6.2

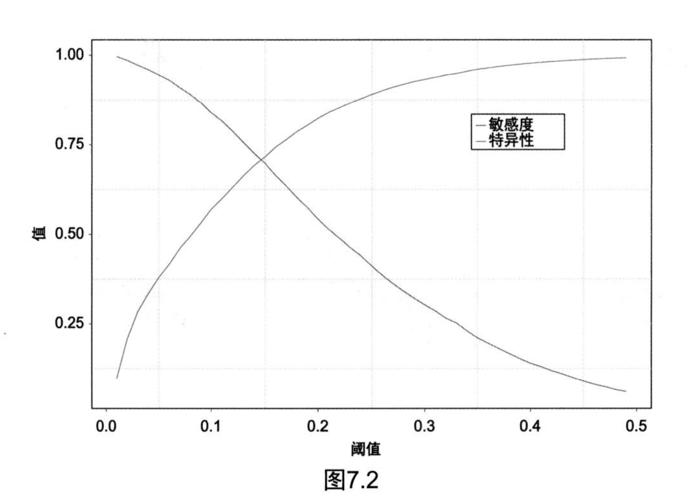
敏感度
特异性
值
阈值
1.00
0.75
0.50
0.25
0.0
0.1
0.2
0.3
0.4
0.5
图7.2

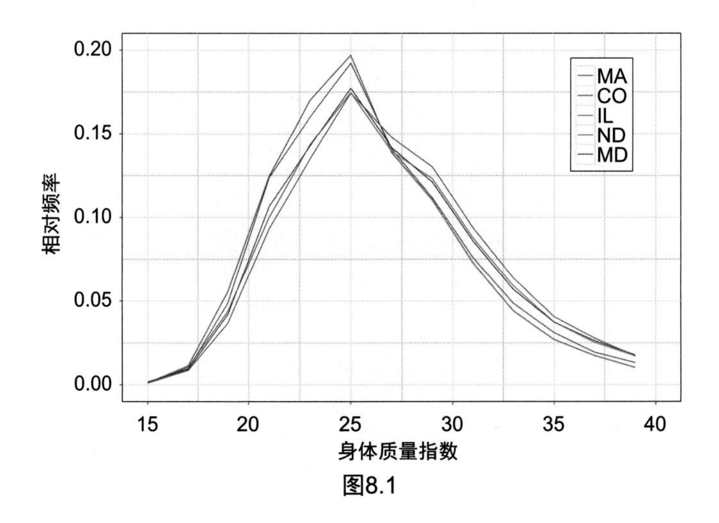
MA
CO
IL
ND
MD
相对频率
身体质量指数
0.20
0.15
0.10
0.05
0.00
15
20
25
30
35
40
图8.1

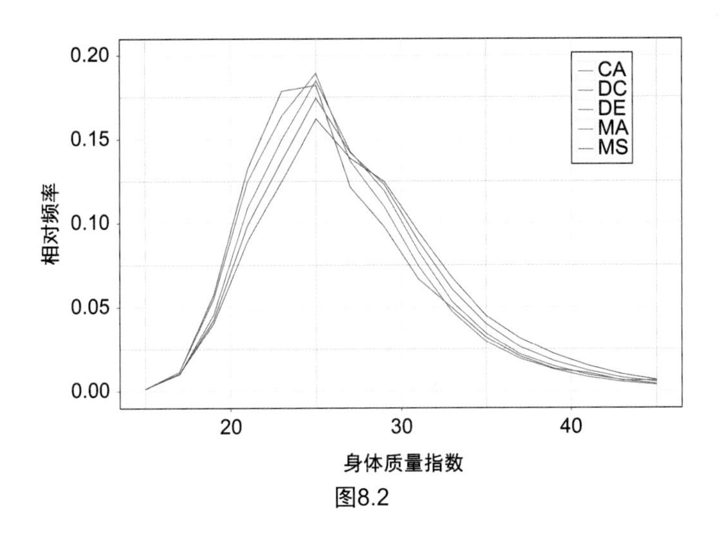
CA
DC
DE
MA
MS
相对频率
0.20
0.15
0.10
0.05
0.00
20
30
40
身体质量指数

图8.2

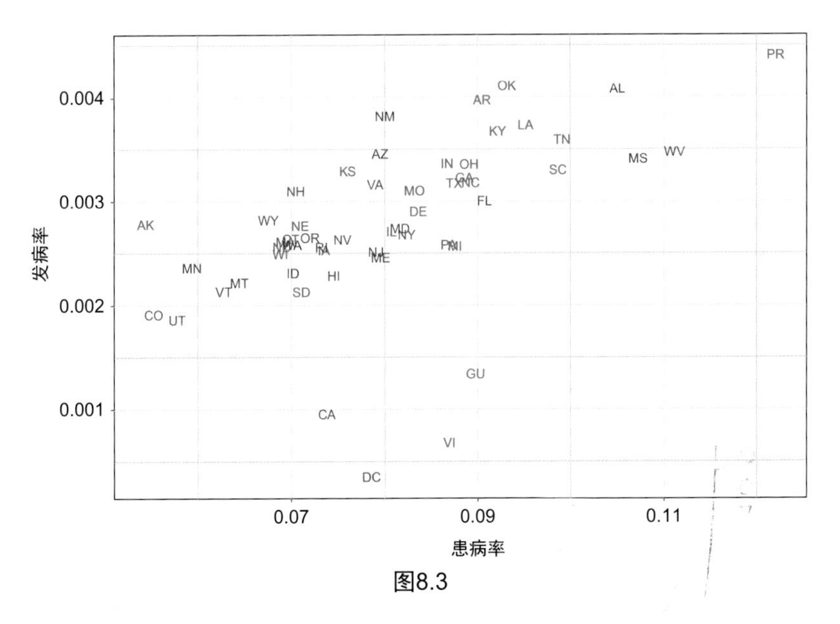
发病率
患病率
0.004
0.003
0.002
0.001
0.07
0.09
0.11
PR
OK
AL
AR
NM
KY
LA
TN
AZ
MS
WV
KS
IN
OH
SC
VA
GA
TXNC
NH
MO
FL
DE
WY
AK
NE
MD
NV
NY
ID
HI
MN
MT
VT
SD
CO
UT
GU
CA
VI
DC

图8.3

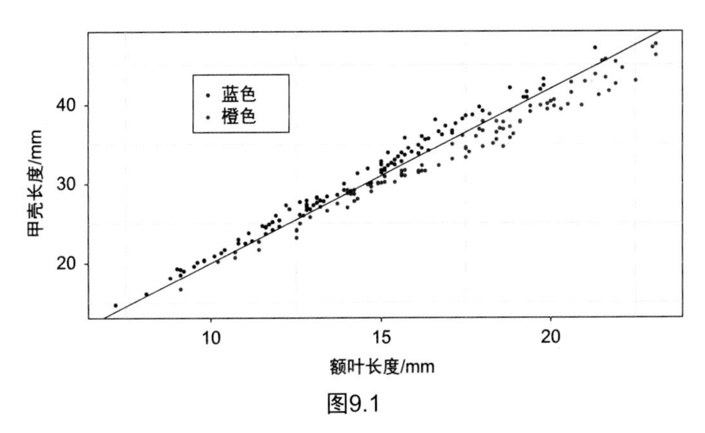
蓝色
橙色
甲壳长度/mm
40
30
20
10
15
20
额叶长度/mm

图9.1

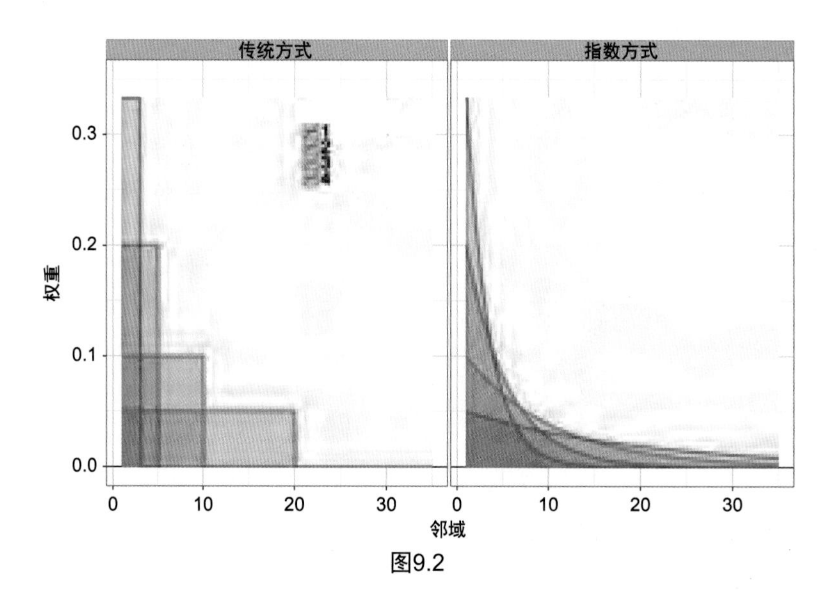
传统方式
指数方式
权重
0.3
0.2
0.1
0.0
0
10
20
30
邻域

图9.2

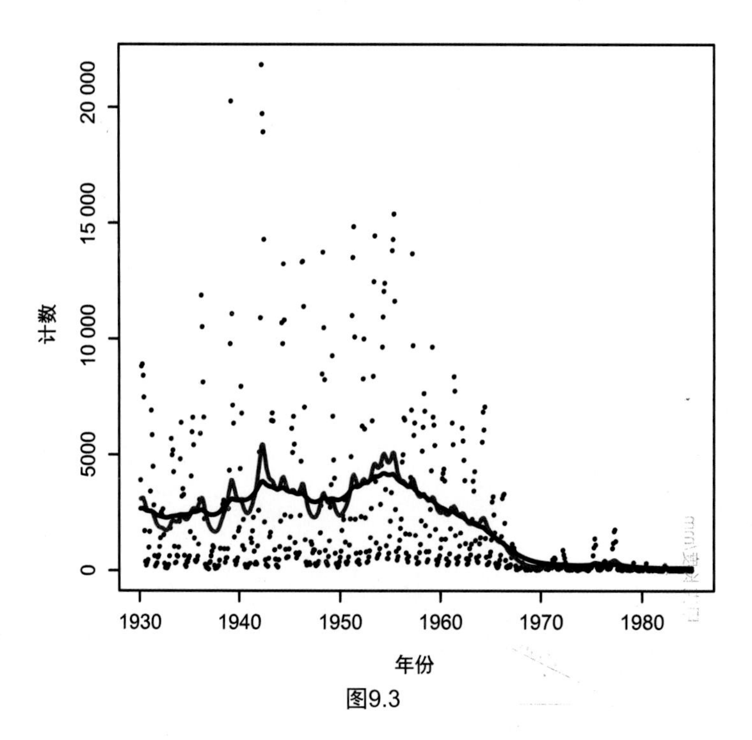
20 000
15 000
10 000
5000
0
计数
1930
1940
1950
1960
1970
1980
年份

图9.3

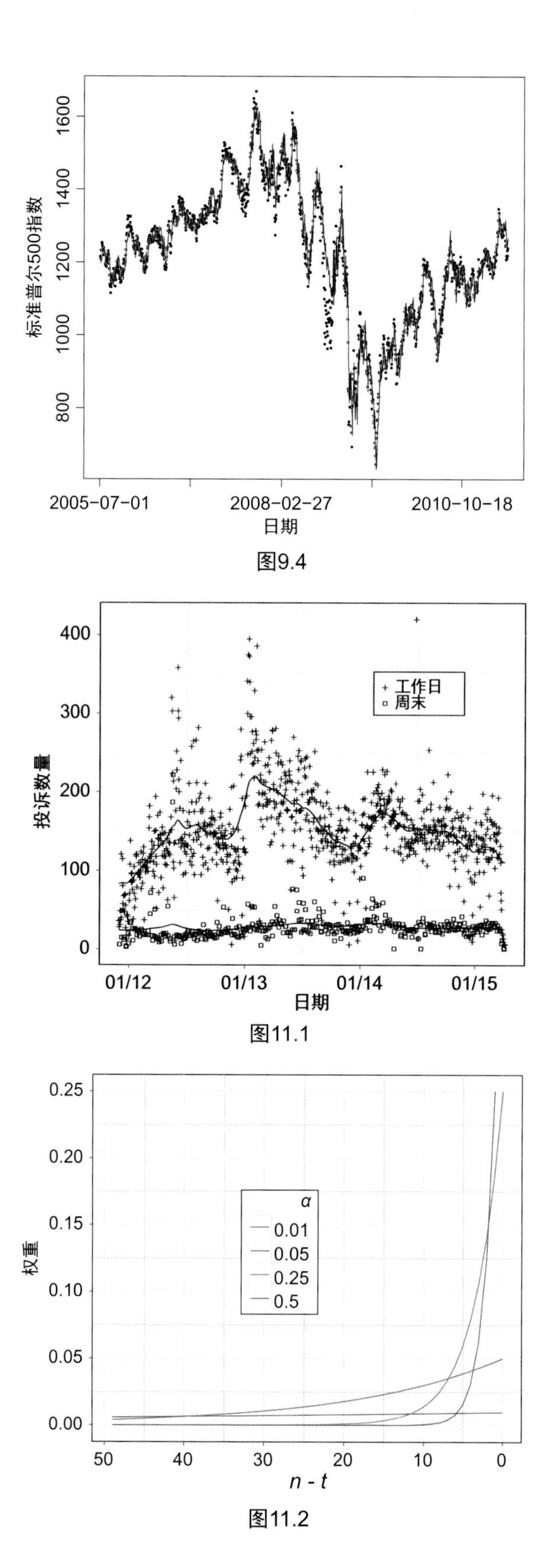

图9.4

图11.1

图11.2

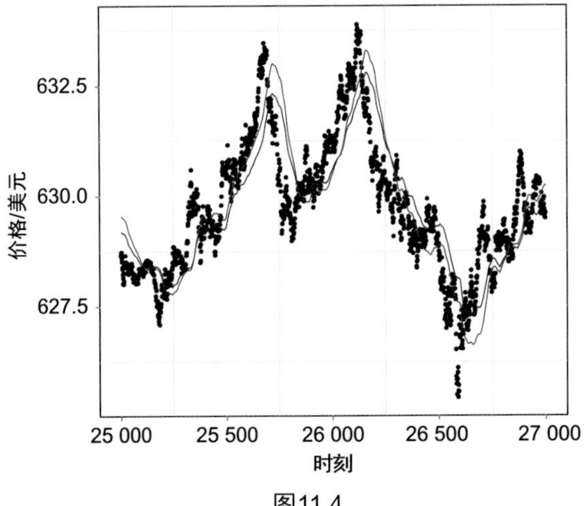

图11.4

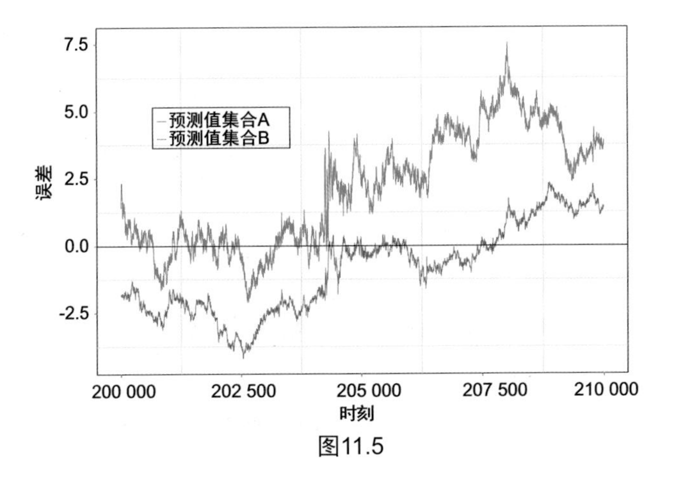

图11.5

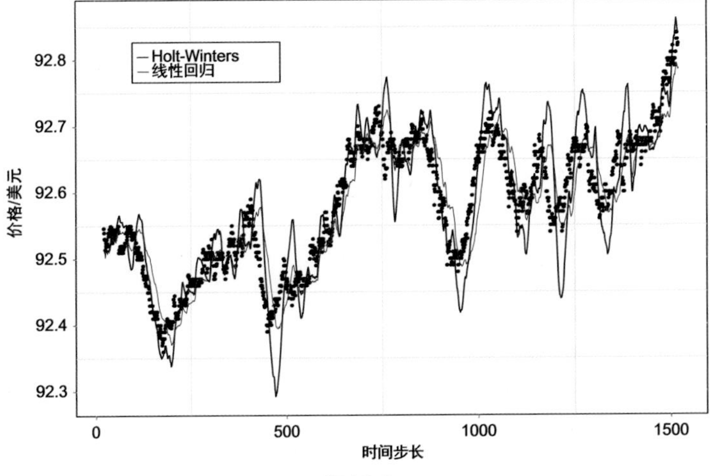

图12.1

大数据应用与技术丛书

数据科学实用算法

布赖恩 · 斯蒂尔(Brian Steele)
[美] 约翰 · 钱德勒(John Chandler)　著
斯瓦纳 · 雷迪(Swarna Reddy)
胡训强　王净　曹建　　译

清华大学出版社

北　京

北京市版权局著作权合同登记号　图字：01-2018-8455

图书在版编目(CIP)数据

数据科学实用算法/(美)布赖恩·斯蒂尔(Brian Steele)，(美)约翰·钱德勒(John Chandler)，(美)斯瓦纳·雷迪(Swarna Reddy)著；胡训强，王净，曹建 译. —北京：清华大学出版社，2019
(大数据应用与技术丛书)
书名原文：Algorithms for Data Science
ISBN 978-7-302-53110-4

Ⅰ. ①数…　Ⅱ. ①布…　②约…　③斯…　④胡…　⑤王…　⑥曹…　Ⅲ. ①数据处理　Ⅳ. ①TP274

中国版本图书馆 CIP 数据核字(2019)第 101129 号

责任编辑：王　军
装帧设计：孔祥峰
责任校对：牛艳敏
责任印制：李红英

出版发行：清华大学出版社
　　网　　址：http://www.tup.com.cn，http://www.wqbook.com
　　地　　址：北京清华大学学研大厦 A 座　　**邮　　编：**100084
　　社 总 机：010-62770175　　**邮　　购：**010-62786544
　　投稿与读者服务：010-62776969，c-service@tup.tsinghua.edu.cn
　　质 量 反 馈：010-62772015，zhiliang@tup.tsinghua.edu.cn
印 装 者：三河市宏图印务有限公司
经　　销：全国新华书店
开　　本：170mm×240mm　　**印　　张：**25　　**字　　数：**503 千字
版　　次：2019 年 11 月第 1 版　　**印　　次：**2019 年 11 月第 1 次印刷
定　　价：98.00 元

产品编号：081478-01

致谢

首先，非常感谢 Brett Kassner、Jason Kolberg 和 Greg St. George 审阅了各个章节，同时感谢 Guy Shepard 帮助我们解决了硬件问题并揭开了网络奥秘。其次，非常感谢 Alex Philp 对未来的展望和突破。最后感谢 Leonid Kalachev 和 Peter Golubstov 提供的许多有趣的对话和见解。

Brian Steele
John Chandler
Swarna Reddy

前言

自 2001 年以来，数据科学被公认为一门科学。其根源在于技术的进步产生了几乎不可思议的海量数据。我们已经意识到，新数据的产生速度在一段时间内不太可能放缓，我们需要研究产生这些数据的系统和过程。原始数据的价值较小；矛盾的是，此类数据越多，价值越低。必须对其进行约简，以便从中提取真正有用的价值。从数据中提取信息是数据科学的主题。

成为一名成功的数据科学实践者是一项真正的挑战。所学的知识包含统计学、计算机科学乃至数学等多领域的主题。此外，特定领域的知识也非常有用，即使这些知识未必是关键知识。为这些领域培养学生是非常有必要的。但某些时候，这些学科领域需要作为连贯的一揽子方案汇集在一起，成为一门课程——数据科学(data science)。一个未学习数据科学课程的学生就没有为实践数据科学做好充分准备。本书作为一门课程的主干，介绍了主要的学科领域。

我们已注意到雇主对初级数据科学家的需求，以及这些新数据科学家所缺乏的技能。其中最缺乏的是编程能力。从教育者的角度看，我们要讲授原则和理论，让学生自行学习所需的具体知识。我们不可能教给他们职业生涯中所需的一切知识，即使是短期内的也不可能。但教学原则和基础是为独立学习做好充分准备。

本书要研究数据约简原理，分析数据科学中的核心算法。了解基本原理对于适应现有算法和创建新算法至关重要。本书为读者提供了许多提高编程技能的机会。每个详细讨论的算法都有一个指南，引导读者通过 Python 或 R 实现算法，然后将算法应用于真实的数据集。为便于描述，我们自编的编码命令清除了一些重要的预测分析算法。

本书主要针对两类读者。第一类读者是数据科学、统计学、数学和计算机科学相关领域的实践者。如果这些读者有兴趣提高分析能力(也许他们的目标是成为一名数据科学家)，那么他们就会阅读本书。第二类读者是数据科学、商业分析、数学、统计和计算机科学的高年级本科生和研究生，这些读者将参加数据分析课程或自学课程的学习。

根据读者水平的不同，本书可用于一到两个学期的数据分析课程。如果用于一学期的课程，那么教师可采用多种方式选择课程内容。所有方式都要选择第 1 章和第 2 章，以便牢固树立数据约简和数据字典的概念。

(1) 如果教学重点是计算，那么务必学习第 3 章、第 4 章和第 12 章。第 3 章和第 4 章讨论用于大规模数据和分布式计算的方法。第 12 章是关于流数据的，所以这一章是结束课程的好选择。第 7 章介绍“医疗分析”，这一章是可选的，可在时间允许的情况下讲授；该章涉及较多具有挑战性的数据集，这些数据集为学生和教师提供了许多接触有趣项目的机会。

(2) 面向一般分析方法的课程可跳过第 3 章和第 4 章，而选择讲授第 5 章 (数据可视化)和第 6 章 (线性回归方法)。最后选择第 9 章(k 近邻预测函数)以及第 11 章(预报)。

(3) 面向预测分析的课程将侧重于第 9 章和第 10 章(多项式朴素贝叶斯预测函数)。最后选择第 11 章(预报)和第 12 章(实时分析)。

本书格式约定

本书的格式比较复杂。在阅读本书前，请注意以下约定。

(1) 对于所有 Python 或 R 示例代码(包括代码中涉及的向量名、矩阵名以及其他变量名)、用户在计算机输入的任何文本，以及屏幕上出现的任何响应，都显示为正体。具体分为两种情况。

a. 在代码块中用等宽字体表示，例如：

```
employer = data[11]
if employer != '':
    value = employerDict.get(employer)
    if value is None:
        employerDict[employer] = [x]
    else:
employerDict[employer].append(x)
```

b. 在正文的文字描述段落中(非代码部分)，用新罗马字体表示。例如："另一方面，如果 employer 是键，则使用 employerDict[employer].append(x)指令将 x 附加到与雇主相关的字典值"。

(2) 不涉及数学公式的正文中的变量名(包括向量和矩阵名)通常显示为正体，且不加粗。

(3) 对于数学公式中的向量名、矩阵名以及其他变量名(指独立于 Python 或 R 的名称；对于正文中提到的在 Python 或 R 中使用、输入和输出的名称，仍遵循第(1)条)，分为以下两种情况。

a. 向量名、矩阵名用斜体加粗表示，例如："$\boldsymbol{A}$ 是一个矩阵，$\boldsymbol{z}$ 是一个向量"。

b. 其他变量名用斜体表示，如 $d^2=x^2+y^2$。

(4) 在阅读本书正文时，会看到一些方括号，其中包含数字编号，如[48]。这些指本书末尾"参考文献"中的编号。在阅读过程中，你可随时跳转到"参考文献"并查阅相关信息。

目录

第Ⅰ部分　数据约简

第II部分　从数据中提取信息

第Ⅲ部分　预测分析

第I部分 数据约简

第1章 数据科学概述

摘要：在本世纪之初，自动化、仪器仪表和互联网等领域取得巨大技术进步。这些技术发展的一个结果是出现了大量大型数据集和数据流。从这些数据中提取新信息和见解的潜力是存在的。但需要新的思路和方法来应对数据带来的实质性挑战。作为回应，统计学和计算机科学融合成数据科学。算法在数据分析中扮演着非常重要和统一的角色。本章将对这些主题进行扩展，并提供来自医疗保健、历史和商业分析的示例。最后对算法以及编程语言进行简短讨论，并简要回顾矩阵代数。

1.1 什么是数据科学?

数据科学是一个新兴的研究领域，它将多门学科充分融合到一起。该领域是真实的，数据科学是一门真正的混合学科，处于统计学和计算机科学的交叉点。通常，与第三个领域(数据科学语言领域)是密切相关的。

那么什么是数据科学呢？数据科学是分析方法的混合体，旨在从数据中提取信息。这种描述也适用于统计和数据挖掘，但数据科学不同于这两者。为更好地理解什么是数据科学，需要从起源讲起。技术进步正在推动大规模大数据集和流数据的形成。其中两种广泛使用的技术起到主要作用——互联网和自动数据收集设备。在人类生活的环境中，收集数据的设备几乎无处不在，而且常常是秘密进行的。例如，智能手机、网站和自动车牌阅读器几乎每时每刻都在收集数据。你口袋里的智能手机正在测量环境温度、纬度和经度。手机的重力计正在测量当地的引力场。对这三个变量的观察以大约每秒 100 次的速度收集。然而，并非所有的数据收集过程都是秘密进行的。政府机关正向公众发布大量数据，以改善公民的福利。从理论上讲，像 DataKind(http://datakind.org)

和 Data4America (https://data4america.org/)这样的非营利性组织正在对这些数据进行分析，以便更好地推动社会的发展。

在 20 世纪，由于数据是人工采集的，数据采集往往通过统计抽样方式进行，因此成本很高。谨慎的研究人员会设计流程，以便最大限度地使用从数据中提取的信息。而在本世纪，很多数据都是通过推送方式到达的，并没有经过设计。这些数据存在的原因与分析师的目标无关。由于数据是在没有设计的情况下产生的，因此每个数据的信息内容对于回答一个合理问题来说通常都是不够的。有时甚至很难问一个合理的问题(如果有一万亿次重力观测，你会怎么做？)。大数据所带来的所谓挑战源于信息内容、信息量的普遍稀释以及缺乏良好的设计和控制。统计科学不适合处理这些数据带来的挑战。数据科学的发展是为了从这些数据中创造价值。

科学是由一个共同的学科结合起来的有组织的知识体系。科学中的组织来源于基础和原则。组织揭示了联系和相似之处，并将各种事实转化为知识。所以这就是挑战：如果存在数据科学的基础和原则，那么它们是什么？该问题并不容易回答。但是，有一个重要的主题，即数据科学存在的理由，而数据科学的基础正是由此而形成的。该主题就是从数据中提取信息。

在从数据中提取信息的目标方面，统计科学与数据科学是重叠的，但数据科学超出了统计范围。某些情况下，与算法和计算的重要性相比，问题的统计方面显得苍白无力。由于统计科学围绕着信息丰富的较小数据展开分析，因此统计思想和原理有时与手头的任务无关。此外，如果数据没有采用随机抽样等概率抽样设计来收集，那么许多统计方法就会失效。假设检验几乎与数据科学是不相关的，因为随机收集的数据缺乏必要的设计。当数据合适且假设存在时，无论实际差异有多小，大规模的数据集往往会产生非常显著的结果(p 值)。如果假设检验以几乎肯定的方式产生了相同的结果，那么测试就没有意义了。一个有成就的数据科学家的技能之一是具有判断什么统计技术是有用的并找出如何在大范围内应用它们的能力。编程技术和统计方法在数据科学中无处不在且必不可少。数据科学不是统计学，因此本书并不是一本关于统计学的书。

可将数据科学中的数据大致描述为三种类型：大量的静态数据、进入一个流且需要立即分析的数据、高维数据。高维数据在多个方面与前两种类型存在差异。最重要的是，数据约简技术需要复杂的数学和计算方法，而这些方法与本书的 DIY 思想是不相容的。后面将对此思想进行详细讨论，但就目前而言，该思想规定，每种算法和方法都是由读者编写的。这一条规定排除了许多降维技术，例如“主成分”分析及其母体、奇异值分解以及回归中用于变量选择的 lasso 方法。我们关注的是大量静态数据和流数据。接下来分析几个例子。

1.2 美国的糖尿病数据

美国疾病控制与预防中心(CDC)致力于了解影响美国人口健康和安乐的因素。为此，CDC 一直在进行世界上最大的年度抽样调查。行为风险因素监测系统(Behavioral Risk Factor Surveillance System，BRFSS)调查[10]向参与者提出了一些关于健康和健康相关行为的问题。在向调查者提出的诸多问题中，有一项是询问被调查者是否患有糖尿病，这是一种慢性的、无法治愈的、通常可以预防的疾病。糖尿病是一个巨大的公共健康问题，因为它可能影响超过 9%的美国成年人。据估计，每名患者终生治疗糖尿病的费用高达 130 800 美元[71]，而不治疗的后果是可怕的。医生、医疗保险和医疗补助服务中心以及私人保险公司都想知道谁最可能患上这种疾病，这样就可以鼓励那些存在患病风险的人参与预防计划。但谁的风险最大呢？更重要的是，是否可能建立一个基于几个简单变量估计风险的算法？

为调查这个问题，我们使用了来自 BRFSS 调查的 5 195 986 份回复，并根据受访者的年龄、教育程度、家庭年收入和体重指数来精简个人记录。从数学上讲，可将每个个体映射到 14 270 个概要信息中的一个，而每个概要信息都是四个变量的特定组合。简单地说，就是把每个人“扔进”一个大箱子里并计算样本比例。这不仅仅是往箱子里倾倒观测数据，还涉及算法的本质。第 7 章的教程将指导读者完成整个过程。

表 1.1 显示了估计糖尿病患病率最高的概要信息[1]。所有估计值都超过了 0.625。表 1.1 中所示的概要信息很容易描述。这些受访者都是老人、穷人、体重远超过理想体重的人。尽管这个变量比其他变量有更多变化，但个人受教育程度往往较低。表 1.1 中列出的并且尚未患有该疾病的个体是预防计划的主要候选者。

表 1.1 一些概要信息和估计糖尿病患病率。涵盖了美国疾病控制与预防中心从 2001 年至 2014 年的调查数据

收入[a]	教育程度[b]	年龄[c]	体重指数[d]	受访者数量	估计患病率
1	3	8	50	110	0.627
1	2	8	50	202	0.629
2	2	12	50	116	0.629
2	6	10	46	159	0.635
1	4	10	52	129	0.636

1 糖尿病患病率是指糖尿病患者在总人口中所占的比例。

(续表)

收入[a]	教育程度[b]	年龄[c]	体重指数[d]	受访者数量	估计患病率
3	2	10	44	177	0.638
2	3	11	50	123	0.642

a 第 1 类收入相当于家庭年收入少于 10 000 美元，第 2 类收入为 10 000~15 000 美元，第 3 类收入为 15 000~20 000 美元。

b 有 6 个教育程度类别，从 1 到 6，分别从没受过教育(1)到 4 年或更长的大学教育(6)。

c 年龄类别 8 对应 55~59 岁，9 对应 60~64 岁，以此类推。12 对应 75~79 岁。

d 体重指数为 30 kg/m^2 或以上的对应于临床肥胖，而体重指数为 40 大致相当于比理想体重高 100 磅左右的体重。

从概念上讲，该分析是一个简单的数据约简练习。如果没有大量数据集，这种方法就不会奏效。当概要信息的样本量很小时，对患病率的估计也太不精确。谨慎的分析师应该努力找到一个统计模型来估计患病率。但根据 CDC 的数据，每个概要信息的平均观测次数是 382.8 次，这是大多数标准下的一个很大的平均值。但我们并不需要模型。你将从第 7 章了解到概要信息解决方案优于建模解决方案，但并不一定更容易。统计简洁性和准确性的提高需要大量的数据处理，这个过程有时被称为“数据整理”。

1.3　《联邦党人文集》的作者数据

《联邦党人文集》(Federalist Papers)收集了 James Madison、Alexander Hamilton 和 John Jay 的 85 篇论文，这些论文主张批准美国宪法。《联邦党人文集》一直是历史学家和司法部门不可替代的资产，因为它们揭示了宪法及其作者的意图。在出版时(1787 年和 1788 年)，所有人都用假名签名。Hamilton 死于 Aaron Burr 之手后，大部分论文的作者都在他的著作中被披露。Hamilton 声称的 12 篇论文的署名权争议了近 200 年。大约 50 年前，经过历史学家和统计学家的分析[1, 41]，将所有 12 篇论文的署名权都归于 James Madison。

Mosteller 和 Wallace[41]进行了一系列统计分析。特别是，他们对比了作者论文中某些词出现的相对频率。他们所使用的单词数量很少，并且省略了三位作者使用的绝大多数单词。他们认为，对很多词来说，使用频率的不同可以归因于论文主题的不同。在第 10 章中，我们试图将署名权归属于有争议的论文。主要的分析想法是，一篇有争议的论文与 Hamilton、Madison 和 Jay 论文的相似性可通过将词的使用分布、论文与作者进行比较来确定。普遍出现的介词和连词(如 the 和 in)被排除在分析之外，但三人所用的任何其他词都包括在分析之内。相对于 Mosteller 和 Wallace，我们使用了更大的单词集，共 1102 个单词。图 1.1 显示了 Hamilton 最常用的 20 个词的相对使用频率。有几个词几乎只被一名作者使用，例如 upon。而有些词却被三位作者以几乎相同的频率使用，例如 national。注意，图 1.1 是彩图，可参见本书开头的彩插页；在本书中，对于需要彩色显示的所有图形，统一放在彩插页中，读者可自行参阅。

预测函数所预测的有争议论文的作者就是与该论文的单词分布最相似的论文的作者。在数学上，可根据 $D=\{P_1, \ldots, P_n\}$(一组没有争议、作者唯一的论文)构建一个函数 $f(\cdot|D)$。函数最好被描述为一种算法，因为它由一组函数组成。当传入有争议论文的数字文本时，该论文被转换为一个单词计数为 x_0 的向量。第二个函数将 x_0 与每个作者的单词使用分布进行比较。这种比较产生了 Hamilton 撰写该论文的相对可能性的估计，对于 Madison 和 Jay 也是一样的。最后，由最大的相对可能性来确定所预测作者。例如，对有争议论文 53 的预测是 $f(P_{53}|D) = \text{Hamilton}$。

该预测函数的精度较高。所有没有争议的论文都被正确分配给它们的作者。而在那些有争议的作者中，发现有 6 位的作者是 Madison，6 位的作者是 Hamilton。而历史学家 Adair 以及 Mosteller 和 Wallace 将这 12 位作者都认定为 Madison。值得注意的是，Adair、Mosteller 和 Wallace 对研究和分析所做的努力，即使以当时的标准来看，也是巨大的。我们所做的不过是将文本数据约简为单词使用分布，并在 Python 中实现了一个相当简单的多项式朴素贝叶斯预测函数。

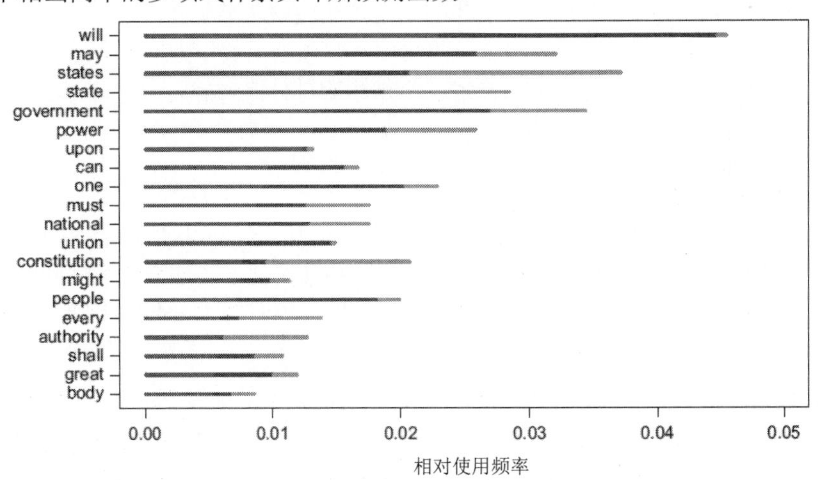

图 1.1　Hamilton 无争议的论文中最常见的 20 个单词的相对发生频率。Hamilton 的频率显示为红色，而蓝色和绿色线分别对应 Madison 和 Jay 的用词频率(可参见本书开头的彩插页)

1.4 预测纳斯达克股价

到目前为止所讨论的两个例子涉及两大类大数据集：来自 BRFSS 数据库的定量和有序度量以及来自《联邦党人文集》的文本数据，而另一种数据是流数据。如果向雅虎金融应用程序编程接口(API)发送请求来查询纳斯达克证券交易所上市的一只或多只股票的价格，就会创建一个数据流。由于发送到 Yahoo API 的股票价格延迟了大约 15 分钟，因此无法实时进行预测，但也近乎实时。每秒发送一次请求，并根据股票交易活动的不同，每分钟可能会收到 5 个最新的询问价格。而我们的目标是预测未来时间步长 $\tau > 0$ 的股票价格。时间步长是更新之间的间隔。

纳斯达克(NASDAQ)自生成的流可用作高速流的模型。例如，一个商业网站的互联网流量需要防范恶意活动。数据包分析是一种防御手段。数据包是互联网的传输单元。信息包的结构类似于一封信——标头中有原始地址和目标地址，以及其中包含的有效载荷(数据)。所包含的内容较小，通常小于 1000 字节，因此在正常的互联网活动中需要传输大量的数据包。针对恶意活动的一种防御检查标头中的原始异常、数据包大小等。对数据包的实时分析需要一种检查和解雇策略(inspect-dismiss strategy)，因为存储数据以供日后分析是不可能和毫无意义的。无论做什么都必须实时完成。

回到股票价格预测问题上，实时预测算法存在实际约束。当数据到达时，算法应更新预测函数，以合并数据中包含的信息。更新公式必须快速执行，因此必须简单。所存储的历史数据量必须很小。最重要的是，预测应该是准确的。

为说明这一点，考虑使用时间步长的线性回归预测函数作为预测变量。假设当前时间步长是 n 和 τ，后者是一个正整数。所预测的目标值为$y_{n+\tau}$：

$$\widehat{y}_{n+\tau} = \hat{\beta}_{n,0} + (n+\tau)\hat{\beta}_{n,1}$$

其中$\widehat{\beta}_{n,0}$是截距以及开始时($n=0$)的估计价格水平。系数$\widehat{\beta}_{n,1}$是时刻 n 的斜率以及从一个时间步长到下一个时间步长的未来价格的估计变化。与通常的线性回归情况不同，该系数不是一个未知常数。虽然它们是未知的，但时间上会有所不同，从而反映价格流的变化。

每当到达y_n时，首先计算系数向量$\widehat{\beta}_n = [\widehat{\beta}_{n,0}\ \ \widehat{\beta}_{n,1}]^{\mathrm{T}}$。然后计算预测值$\widehat{y}_{n+\tau}$。相关的数学细节将放在第 11 章介绍。但是，简而言之，实时预测问题的解决方案利用了这样的事实，即$\widehat{\beta}_n$可根据$\hat{\beta} = \boldsymbol{A}_n^{-1}\boldsymbol{z}_n$来计算，其中$\boldsymbol{A}_n$是一个矩阵，$\boldsymbol{z}_n$是一个向量。$\boldsymbol{A}_n$和$\boldsymbol{z}_n$封装了所有历史信息。在$y_{n+1}$到达时，通过合并$y_{n+1}$来更新$\boldsymbol{A}_n$和$\boldsymbol{z}_n$。更新$\widehat{\beta}_n$并计算预测$\widehat{y}_{n+\tau}$的速度非常快。

图 1.2 显示了数据流的一小部分以及时间步长 $\tau = 20$ 时的预测。其中有两个特性

最值得注意。首先，该函数捕捉到变化趋势。其次，预测$\widehat{y}_{n+\tau}$反映了在时间步长 n, n-1, n-2,…时所发生的情况。如果想要比较实际值和预测值，请选择一个时间步长，并比较该时间步长的实际值和预测值。这些预测反映了最近的情况。但预测函数不是水晶球——数据无法预测股票价格发生前的方向变化。只有当构建函数所使用的数据与未来数据相类似时，这些预测函数才能很好地运行。而我们只好以牺牲旧的观测数据为代价，更重视最近的观测数据。

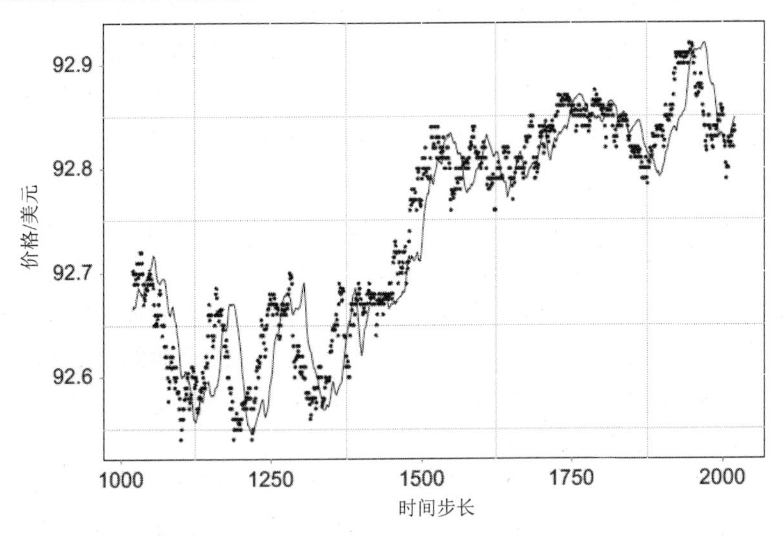

图 1.2　当 $\tau = 20$ 时，苹果公司的观察价格(点)以及时变线性回归预测(线)

1.5　述评

这三个例子在数据的来源和形式以及分析的目标方面存在很大差异。但应用于数据的数据分析目的是相似的：将数据约简为与目标相关的信息。概要信息分析示例将大约 520 万次观测信息约简到大约 14 000 个概要信息。每个概要信息描述了一群美国成年人在年龄、教育程度、收入、体重指数和糖尿病风险方面的人口统计学特征。《联邦党人文集》例子将无争议论文约简为三个单词使用分布，每个作者一个。而每篇论文中所表达的思想和想法都被丢失。我们的目标不是封装这些信息，而是开发一种预测有争议论文署名权的功能。为此，这种使用分布是非常适合的。纳斯达克(NASDAQ)示例说明了将数据流约简到矩阵 $\boldsymbol{A}_n$ 和向量 $\boldsymbol{z}_n$。无论已经过多少时间步长，与预测相关的信息都封装在两个统计变量中。

1.6　关于本书

本教材是有关实用数据分析的，其目的是统一数据科学的原理、算法和数据。算法是分析背后的机制，也是本书的重点。要擅长数据分析，必须精通编程。这是一项新要求。30 年前，没有编写代码能力的人也可能成为一名实践应用统计学家(事实上，直到 2001 年，我们还会困惑地听到很多同事吹嘘说不需要编写代码)。此外，为了做得更好，还必须对数据和数据科学的算法有一些经验。而要成为数据分析方面的专家，则需要了解算法背后的基础和原理。为什么？因为将算法应用于实际问题通常需要调整现有算法并创建新算法。几乎没有任何事情会按预期的那样进行。

为获得非常好的结果，必须修改算法，尝试不同的东西——换句话说，就是创新。但是，如果不了解算法背后的基础，就会产生挫败感、进入死胡同、浪费时间以及失败。为让读者明白“创新并不可怕，而是创造机会”的道理，本书介绍一组数据分析的典型算法。对于大多数人来说，仅阅读算法是不够的。要学会如何在较短时间内进行创新，读者必须积极参与将算法转化为代码并将其与实际数据结合使用。这些原型算法中的每一个都是教程的主题，通常用 Python 编写，但有时也使用 R，其中读者需要将算法呈现为代码并将其应用于数据。

数据科学专家之间有一场关于领域专业知识的重要性的辩论。领域专业知识是指分析所应用领域的知识。这些领域的例子有营销、房地产、金融交易、信用风险分析、医疗保健分析和社交网络。一些人认为，领域专业知识在统计学、计算机科学和领域专业知识三个领域中最重要。这可能是一个无益的论点。关键是数据科学家必须与收集数据的合作伙伴以及关心问题答案的合作伙伴进行协作。无论如何，我们的观点是，可在工作中学习领域专业知识，或对于小型项目，可在与专家的对话中学习。而另一方面，算法基础不能以临时方式学习，并且在工作中学习算法是缓慢而艰巨的。为让读者了解特定领域的应用程序，第 7 章将研究医疗保健分析。本教程将使用真实数据并提供背景信息，但不会深入介绍特定于域的信息。

本书面向两种类型的读者。一种读者是数据科学和统计学、数学和计算机科学相关领域的实践者。如果这些读者有兴趣提高他们的分析能力，可能会阅读本书，也许他们的目标是从狭窄领域向数据科学过渡。另一种读者是数据科学、商业分析、数学、统计学和计算机科学的高年级本科生和研究生。这些读者将参与数据分析课程或自学课程。本书的某些方面对此类读者来说是一个技术挑战。我们敦促所有读者保持耐心——所有技能都是在一个连续过程中获得的，而从基本原理中获得某些结果的能力并不适用于这些算法。

由于读者背景迥异，因此要想轻松阅读本书所需的先决条件也很低。上过一到两门概率或统计学课程，接触过向量和矩阵以及编程课程的读者应该可以掌握本书的大部分内容。所有具有这些先决条件的人都接触过每章的核心知识。这些章节有时会随着数据科学实践者的兴趣而不断扩展。

本书的定位从某种意义上讲接近于本质，因为很少依赖现有的数据分析算法。这样做有两个原因：一是让学生沉浸在 Python 中，使他们能成为一名熟练的程序员；二是便于对数据科学的基本算法和方法有深入了解。之所以这样权衡，是因为预测分析中一些更复杂的算法(如神经网络和支持向量机)超出了本课程的范围。许多关于预测分析、数据挖掘、编程和统计的相关内容在本书并没有涉及。

本书分为三个部分：

第 I 部分是“数据约简”。在该部分开发了数据约简和可伸缩性的双重基础。第 2 章着重于通过数据映射和数据字典的使用来约简数据。这些教程的数据来自联邦选举委员会(Federal Election Commission)为候选人和政治行动委员会提供的金钱捐款。第 3 章介绍关联统计、可扩展算法和分布式计算的数学基础。第 3 章的教程将使用另一个开放的政府数据来源，即疾病控制与预防中心的行为风险监测系统调查。分布式计算的实践方面是第 4 章的主题(在 Hadoop 和 MapReduce 上完成)。

第 II 部分是“从数据中提取信息”。这一部分将重点转移到支持这些信息提取的方法和算法上。主题包括线性回归、数据可视化和聚类分析。关于线性回归和数据可视化的章节侧重于分析方法学方面的内容，因此偏离了本书的算法主题。然而，这些方法在实际的数据分析中经常使用，一个实践数据科学家必须充分了解线性回归相关的能力和约束以及数据可视化的相关知识。第 7 章基于一个新领域——医疗保健分析——深入介绍一个数据分析开发算法的扩展示例。

第 III 部分是“预测分析”。该部分通过开发两个基本且广泛使用的预测函数(k 近邻和朴素贝叶斯)向读者介绍预测分析。第 10 章介绍多项式朴素贝叶斯预测函数，为读者提供使用文本数据的机会。而预报是第 11 章的主题。流数据和实时分析将在第 12 章中介绍。这些教程都使用来自 Twitter API 和 NASDAQ 股票市场的公共数据流。

本书并未详尽介绍数据科学方法，没有详述方法的算法处理。数据科学的领域太广了。如果读者希望对数据科学的方法有更深入的了解，建议在以下几个领域进行进一步研究：预测分析(或统计学习)、数据挖掘和传统统计。对于数据挖掘和预测分析主题，推荐阅读 James 等人的 *An Introduction to Statistical Learning*[29]、Aggarwal 的 *Data Mining*[2] 以及 Witten 等人的 *Data Mining: Practical Machine Learning Tools and Techniques*[70]。Harrell 的 *Regression Modeling Strategies*[25]以及 Ramsey 和 Schafer 的 *The Statistical Sleuth*[48]都是非常优秀的统计学书籍。我们应该考虑 Wickham 对数据可视化的处理[65]和 R 软件包 ggplot2。Provost 和 Fawcett 的 *Data Science for Business*[45]与 Grus 的 *Data Science from Scratch*[23]提供了对数据科学的补充概述，但不涉及算法的细节。

Janssens的*Data Science at the Command Line*[30]追求一种非常吸引计算机科学家的独特数据科学处理方法。

1.7 算法

算法是一个函数。更重要的是，算法是一系列函数，在产生输出之前逐步转换输入。我们关注的是处理数据以从数据中提取信息的算法。之前说过，算法是数据科学的连接组织，这是一个值得解释的比喻说法，意思是，原则是通过算法应用到数据上的。

一般来说，算法最重要的特性是正确性、效率和简单性[56]。而当算法的目标是数据约简时，另一个准则取代了第二和第三个特性——即最小信息损失。信息丢失是一种可怕的事情，因为我们最主要的目标是从数据中提取信息。因此，在处理大型数据集时，关联统计和可扩展算法的概念是非常重要的。构建组织和保存信息的数据结构也非常重要，提倡使用字典或哈希表来约简数据。这些主题将在第2章和第3章中详细阐述。

数据约简的过程通常涉及根据具有组织意义的一个或多个属性对观察结果进行聚合。在《联邦党人文集》例子中，组织单元是作者，因此最终得到了三个单词分布(Hamilton、Madison和Jay各一个)。以糖尿病为例，有14 270个概要信息，每一个信息都是年龄、教育程度、收入和身体质量指数的唯一组合。而在NASDAQ示例中，数据以矩阵$\boldsymbol{A}_n$和向量$\boldsymbol{z}_n$的形式聚合。

虽然糖尿病和《联邦党人文集》的例子存在很大的区别，但用于整理和存储简化数据的数据结构是相同的：字典。字典由一组条目组成。每个条目包含两个组成部分。键(key)是组织单位。在传统字典中，键是单词。在《联邦党人文集》例子中，键是作者，而在糖尿病的例子中，概要信息是键。第二个组成部分是值。在传统字典中，值是单词的定义。在《联邦党人文集》的例子中，单词分布就是值，在糖尿病的例子中，估计的糖尿病风险是值。字典对于处理数据非常有用，因为可轻松地组织、存储和检索数据。那么对于算法是否有用呢？算法建立了字典，因此算法的设计是由字典决定的。而字典结构由数据约简的原则和分析的目标决定。

NASDAQ数据流就是一个没有字典的例子。算法再次围绕期望的结果进行设计：价格预测，在新数据到达时进行更新。预测价格是由最近观察到的数据所驱动的函数的输出。随着时间推移，早期观测数据的影响逐渐减弱。可在通常的样本均值上使用一个简单变量来实现这个目标——指数加权平均。因为不需要存储数据，所以不需要字典。

1.8 Python 语言

Python 是数据科学的语言。虽然数据科学中使用了许多语言，如 C++、Java、Julia、R 和 MATLAB，但 Python 占主导地位。它易于使用、功能强大且速度快。Python 是开源和免费的。Python 官方主页 https://www.python.org/有安装说明和非常好的初学者指南。最好在开发环境中使用 Python。我们将使用 jupyter(http://jupyter.org/)和 Sypder3 (https://pythonhosted.org/spyder/)。而令人震惊且全面的 Anaconda 发行版 (https://www.continuum.io/why-anaconda)包含了这两种开发环境。本书假设读者正在使用 Python 的 3.3 版。提醒一下读者，教程中使用的一些 3.3 指令不适用于 Python 2.7。通过搜索 Web 很难找到版本问题的解决方案。

Python 的一个优点是，有大量经验丰富的程序员在互联网上发布了解决常见 Python 编码问题的方案。如果你不知道如何编写一个操作(例如，读取一个文件)，那么网络搜索通常可找到有用的指令和代码。而发布到 http://stackoverflow.com/的答案最可能有所帮助。

如果你还不熟悉计算机语言，那么应该花一两个星期的时间自学一下 Python 程序。如果以前没有用过 Python，那么也可通过自学而受益匪浅。下面提供三个免费的在线课程：

(1) CodeAcademy(https://www.codecademy.com/learn/python)为初学者提供交互式教程。

(2) LearnPython(http://www.learnpython.org/)允许学习者直接从 Web 浏览器使用 Python 代码。这是立即开始学习的好方法，因为不需要安装 Python。

(3) Google 提供了一门课程(https://developers.google.com/edu/python/)，但前提是你对计算机编程有所了解。

一旦完成了这样的课程，建议你再深入进行学习。大多数数据科学家都通过处理现实世界中的问题来学习至少一种主要的编程语言(但很遗憾的是，通常是在现实期限内学完！)。此外，有很多相对便宜的关于 Python 的书是为那些有更多时间和兴趣去变得更熟练而不仅是能编写代码的人而编写的。我们最喜欢的书是 Ramalho 的 *Fluent Python*[47]。Slatkin 的 *Effective Python*[57]对于培养良好的编程风格和习惯非常有帮助。

1.9 R 语言

数据科学家经常发现他们自己执行的分析实质上是统计性的。在统计世界中进行统计分析和发挥作用的能力对从事数据研究工作的科学家来说是非常宝贵的。统计软件包R[46]是数据科学家的首选环境，并且有充分的理由证明这一点。R是一种面向对象的编程语言，具有大量优秀的面向统计的函数和第三方软件包。它也是免费的。可直接在 R 环境中工作，但也可使用几个前端来改善体验。我们使用的是 Rstudio (https://www.rstudio.com/)。使用R并不是唯一选择。Python软件包，即Numpy、pandas、statsModels和matplotlib都可完成与R相同的事情。然而，Python软件包并不像R那样成熟和无缝。目前，如果知道如何使用R建模和统计以及能使用R图形包构建图形ggplot2[65]，就为数据科学家提供了一个显著的优势。

和Python一样，有大量关于R的书籍以及关于R统计的书籍。Maindonald和Braun的*Data Analysis and Graphics Using R*[38]以及Albert和Rizzo的*R by Example*[3]是很好的选择。

一些学习R的在线教程包括：

(1) 如果你从未用过R，那么http://tryr.codeschool.com/上的O 'Reilly交互式教程是非常合适的。

(2) 数字研究和教育研究所提供了一个自学教程：http://www.ats.ucla.edu/stat/r/。如果你曾接触过R或精通脚本语言，那么本教程是比较合适的。

(3) 网站https://cran.r-project.org/doc/manuals/r-release/R-intro.html提供了一本早期的手册，比较适合那些怀旧的人阅读。

1.10 术语和符号

数据由对观测单元的度量所组成。而观测单元是一个观测值，包含一个或多个不同的属性或变量[2]。在糖尿病例子中，一个观测单元就是一位对调查做出反应的美国成年居民，从数据集中提取的属性包括年龄、教育程度、收入、体重指数和糖尿病。可将传统的统计术语变量与属性互换使用。在《联邦党人文集》中，观测单元是85篇论文中的一篇。每一个观测都与1103个属性相关联，从一篇特定的论文中提取的观测结果由每个单词的使用次数组成。通常用n表示数据集中的观测数量，用p表示分析中使用的属性数量。

矩阵和向量

由p个元素组成的向量的标记如下。

2 多个观测可能来自于一个单元。例如，关于生长发育的研究常涉及在不同时间点对单个个体进行重复观测。

$$\underset{p\times 1}{\boldsymbol{y}} = \begin{bmatrix} y_1 \\ y_2 \\ \vdots \\ y_p \end{bmatrix}$$

一个向量可以被认为是一个 $p\times 1$ 矩阵。$\boldsymbol{y}$ 的转置是一个行向量或等效的 $1\times p$ 矩阵，因此 $\boldsymbol{y}=[y_1 \quad y_2 \quad \cdots \quad y_p]^{\mathrm{T}}$。矩阵是实数的二维数组。例如：

$$\underset{n\times p}{\boldsymbol{Y}} = \begin{bmatrix} y_{1,1} & y_{1,2} & \cdots & y_{1,p} \\ y_{2,1} & y_{2,2} & \cdots & y_{2,p} \\ \vdots & \vdots & \ddots & \vdots \\ y_{n,1} & y_{n,2} & \cdots & y_{n,p} \end{bmatrix} \tag{1.1}$$

下标系统使用左下标来标识行位置，使用右下标来标识列位置。因此，$y_{i,j}$ 占用第 i 行和第 j 列。

我们常将一组行向量叠加成一个矩阵。例如，$\boldsymbol{Y}$ 可表示为：

$$\underset{n\times p}{\boldsymbol{Y}} = \begin{bmatrix} \boldsymbol{y}_1^{\mathrm{T}} \\ \boldsymbol{y}_2^{\mathrm{T}} \\ \vdots \\ \boldsymbol{y}_n^{\mathrm{T}} \end{bmatrix}$$

其中 $\boldsymbol{y}_i^{\mathrm{T}}$ 是 $\boldsymbol{Y}$ 的第 i 行。

通过将矩阵 $\boldsymbol{B}$ 中的每个元素乘以 a 来计算 $a\in\mathrm{R}$ 和矩阵 $\boldsymbol{B}$ 的乘积。例如，$a\underset{1\times q}{\boldsymbol{b}^{\mathrm{T}}}=[a\boldsymbol{b}_1 \quad a\boldsymbol{b}_2 \cdots a\boldsymbol{b}_q]$。本书中经常使用两种涉及向量的乘积：内积和外积。$\boldsymbol{x}$ 和 $\boldsymbol{y}$ 的内积是：

$$\underset{1\times p}{\boldsymbol{x}^{\mathrm{T}}}\underset{p\times 1}{\boldsymbol{y}} = \sum_{i=1}^{p} x_i y_i = \boldsymbol{y}^{\mathrm{T}}\boldsymbol{x}$$

只有当两个向量的长度相同时，内积才被定义，这种情况下，这两个向量被认为是可相乘的。

两个可相乘矩阵 $\boldsymbol{A}$ 和 $\boldsymbol{B}$ 的乘积如下。

$$\underset{p\times n}{\boldsymbol{A}}\underset{n\times q}{\boldsymbol{B}} = \underset{p\times q}{\begin{bmatrix} \boldsymbol{a}_1^{\mathrm{T}}\boldsymbol{b}_1 \cdots \boldsymbol{a}_1^{\mathrm{T}}\boldsymbol{b}_q \\ \boldsymbol{a}_2^{\mathrm{T}}\boldsymbol{b}_1 \cdots \boldsymbol{a}_2^{\mathrm{T}}\boldsymbol{b}_q \\ \vdots \quad \ddots \quad \vdots \\ \boldsymbol{a}_p^{\mathrm{T}}\boldsymbol{b}_1 \cdots \boldsymbol{a}_p^{\mathrm{T}}\boldsymbol{b}_q \end{bmatrix}} \tag{1.2}$$

其中 $\boldsymbol{a}_i^{\mathrm{T}}$ 是 $\boldsymbol{A}$ 的第 i 行，而 $\boldsymbol{b}_j$ 是 $\boldsymbol{B}$ 的第 j 列。

向量 $\boldsymbol{x}$ 与另一个向量 $\boldsymbol{w}$ 的外积为：

$$\underset{p\times 1}{\boldsymbol{x}}\ \underset{1\times q}{\boldsymbol{w}}^{\mathrm{T}}=\begin{bmatrix} x_1w_1 & \cdots & x_1w_q \\ x_2w_1 & \cdots & x_2w_q \\ \vdots & \ddots & \vdots \\ x_pw_1 & \cdots & x_pw_q \end{bmatrix} \tag{1.3}$$

通常，$\boldsymbol{xw}^{\mathrm{T}}\neq\boldsymbol{wx}^{\mathrm{T}}$。

如果矩阵 $\boldsymbol{A}$ 是正方且满秩矩阵，就意味着 $\boldsymbol{A}$ 的列是线性独立的，此时存在 $\boldsymbol{A}$ 的逆 $\boldsymbol{A}^{-1}$。$\boldsymbol{A}$ 与其逆的乘积是单位矩阵。

$$\underset{n\times n}{\boldsymbol{I}}=\begin{bmatrix} 1 & 0 & \cdots & 0 \\ 0 & 1 & \cdots & 0 \\ \vdots & \vdots & \ddots & \vdots \\ 0 & 0 & \cdots & 1 \end{bmatrix} \tag{1.4}$$

由于 $\boldsymbol{A}^{-1}$ 的逆是 $\boldsymbol{A}$，因此 $\boldsymbol{I}=\boldsymbol{AA}^{-1}=\boldsymbol{A}^{-1}\boldsymbol{A}$。如果需要解 $\boldsymbol{x}$ 来求解方程

$$\underset{p\times p}{\boldsymbol{A}}\ \underset{p\times 1}{\boldsymbol{x}}=\underset{p\times 1}{\boldsymbol{y}} \tag{1.5}$$

并且 $\boldsymbol{A}$ 是可逆的(也就是说 $\boldsymbol{A}$ 存在逆)，那么方程的解是 $\boldsymbol{x}=\boldsymbol{A}^{-1}\boldsymbol{y}$。

1.11 本书网站

本书的配套网站是 http://www.springer.com/us/book/9783319457956。

第2章 数据映射和数据字典

摘要：本章深入研究数据分析算法的关键数学和计算部分。这些算法的目的是将大量的大数据集约简为非常小的数据集，同时将相关信息的损失降至最低。从数学角度看，数据约简算法是一系列数据映射，也就是说，以集合形式使用数据，以约简形式输出数据的函数。从数学视角看待这个问题是非常重要的，因为它将某些理想属性强加于映射上。然而，我们主要关注的是将映射转换为代码的实际问题。通过使用数据字典，可应用数据映射的数学和计算方面。本章的教程将帮助读者熟悉数据映射和 Python 字典。

2.1 数据约简

数据科学崛起的主要原因之一是政府和商业领域中大量大数据集的加速增长。从数据中获取新信息和知识的潜力是存在的。但提取信息并不容易。问题出在数据的来源上。大多数情况下，数据并不是根据设计而收集的，而是考虑到感兴趣的问题。相反，数据的收集没有计划，而只是与分析人员的目的相关联。例如，为了后勤和会计目的，收集零售事务日志中记录的变量。数据中包含关于消费者习惯和行为的信息，但是了解消费者行为并不是收集数据的目的。就最终目标而言，所收集的信息内容是匮乏的。分析人员必须努力工作以获得信息，还必须明智地制定策略并谨慎执行。通过使用数据映射来解决这个问题可帮助制定策略。

在数据分析人员制定了策略后，从大数据集中提取信息的第二个主要障碍就出现了。将策略转化为行动可能需要大量的编程工作。为减少工作量，需要一种具有与数据映射相兼容的对象和函数的语言。而 Python 恰恰就是所需的语言，Python 字典是构建数据约简算法的正确结构。

下一节将讨论一个相当典型的数据源和数据库，以便为数据约简和数据映射的讨论提供一些上下文。

2.2 政治捐款

2014 年 4 月，美国最高法院取消了个人在两年选举周期内的竞选捐款 40 年的限制[1]。许多人认为，这项裁决允许非常富有的人对选举结果产生不应有的影响。任何试图分析捐款与候选人之间关系的人都必须认识到，受欢迎的候选人会吸引捐款。对捐款总额和选举获胜者的简单分析并不能得出因果关系的证据。然而，可以通过挖掘由联邦选举委员会(Federal Election Commission)维护的一个丰富的、公开的数据来源来了解选举过程中费用的捐献者和接受者。

假设你正在进行一场竞选活动，并且已经有了有限的预算来筹集更多资金。当潜在的捐献者最可能为你的竞选做出贡献时，这笔钱就应该花出去。但问题是什么时候花呢？可使用联邦选举委员会的数据集确定人们什么时候捐款。虽然这并不是问题的答案，但已经很接近答案了。为回答这个问题，我们计算了大致相当于选举周期期间(2012—2014 年)每天向联邦选举委员会报告的捐款金额。从图 2.1 可看出，除了年底前的临时性增长外，在周期的大部分时间内每日总捐款数是相当稳定的。仔细观察会发现，捐款在 12 月 31 日、3 月 31 日、6 月 30 日和 9 月 30 日之前曾短暂增加，而 9 月 30 日是本财政季度结束的日子。从 2014 年 9 月开始了一个更大更持久的增长，通常被认为是政治竞选季节的开始。此外，工作日和周末的捐款也有很大区别，也许是因为个人(而不是公司)在周末捐款。

联邦选举活动要求候选人委员会和政治行动委员会(PAC)报告个人和委员会收到的超过 200 美元的捐款。在选举周期中，有数百万的个人捐款(即超过 200 美元的捐款)被报告。截至 2016 年 7 月 1 日，2014—2016 年数据集包含了超过 1200 万项记录。从 2003 年到最近一次选举周期的数据可从联邦选举委员会网页 http://www.fec.gov/disclosure.shtml 公开获得。其中特别感兴趣的三种数据文件类型如下。

(a)个人捐款；(b)委员会主文件，其中包含关于政治行动委员会、竞选委员会和其他委员会筹措经费用于选举的相关资料；(c)包含候选人信息的候选人主文件。个人捐款文件包含来自个人的大量捐款的记录。该文件列出捐款者的姓名、住所、职业和雇主。此外还列出交易金额和用于识别接收者委员会的代码。某些数据条目缺失或无信息。捐款记录如下所示。

1 选举周期相当于美国国会代表的两年任期。

C00110478 | N | M3 || 15 | IND | Harris, Zachary| BUTTE | MT | 59701 | Peabody Coal | 225

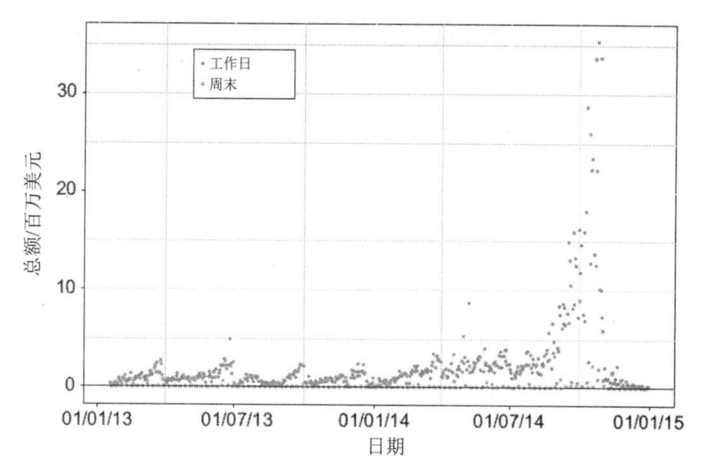

图 2.1　国会候选人和政治行动委员会根据报告日期向联邦选举委员会报告的捐款总额

可以看到，Peabody Coal 的雇员 Zachary Harris 向 C00110478 所确定的委员会捐款 225 美元。

FEC 数据的另一个应用是出于人们普遍认为大额捐款可购买政治影响力的动机。如果这是真的，那么应该找出谁捐的款最多。确定最大捐款者的主要工作是将 200 万或更多的捐款记录约简为一小部分捐款者及其捐款总额。接下来的内容将通过创建一个 Python 字典来完成约简，该字典包含个人数据文件中出现的每个人的姓名和捐款总额。

2.3　字典

Python 字典很像传统字典。传统字典是对的集合。每一对都由一个单词(Python 模拟为一个键)和一个定义(Python 模拟为一个值)组成。从某种意义上讲，这两种字典都围绕键进行组织，键用来查找值。键是独一无二的；也就是说，一个键只会在字典中出现一次。2012—2014 年选举期间的捐款人和捐款金额字典中有三个键值对的例子：

'CHARLES G. KOCH 1997 TRUST': 5000000,
'STEYER, THOMAS' : 5057267,
'ADELSON, SHELDON' : 5141782.

键是捐款者的姓名，而值是捐款者在选举周期中的捐款总额。如果有多名捐款者同名，那么我们将用姓名存储捐款总额。Python 对用作键的对象类型设置了一些限制，但对于值几乎没有任何限制；例如，值可以是上面提到的整数，也可以是字符串、集合甚至字典。在上例中，捐款者字典中的条目数量不会明显少于数据文件中的记录数量。然而，如果目标是确定最赚钱的地理实体，那么美国的邮政编码可作为关键字，字典条目的数量约为 43 000 个。

2.4　教程：大金主

本教程的目标是构建一个 Python 字典，其中每个捐款者都是键，而值是捐款者在选举周期所捐款的总额。在字典的构造上必须谨慎，因为大额捐款者在一个选举周期内会进行多次捐款。因此，与键一起存储的值必须是一个总额，当在数据文件中记录特定捐款者的第二笔和后续捐款时，必须增加总额值。

构造完字典后，将按照捐款总额(字典值)对条目进行排序。最终生成姓名和捐款总额(从最大到最小的捐款总额)的列表。

过程如下所示：

(1) 浏览联邦选举委员会网站 http://www.fec.gov/finance/disclosure/ftpdet.shtml。单击其中一个选举周期链接，选择一个选举周期。个人捐款文件以 indivxx.zip 的形式出现，其中 xx 是选举周期最后一年的最后两位数字，例如 indiv14.zip 包含 2012—2014 年选举周期的数据。单击 zip 文件的名称来下载文件。

(2) 在离开网站前，检查 Format Description 下所描述的文件结构。特别要注意捐款者姓名的列位置(在 2012—2014 文件中为 8)和事务量(在 2012—2014 文件中为 15)。

注意：

FEC 将数据集中的第一列标记为 1，但 Python 列表中的第一个元素的索引为 0。在编写 Python 脚本时，必须从变量的列位置减去 1，以获得变量的 Python 列表位置。

(3) 解压缩文件并查看内容。文件名是 itcont.txt。在编辑器中打开大文件可能需要很长时间，因此，如果有一种方法可快速查看文件的第一条记录，那将是非常有用的。可按以下方法操作：

a. 如果你的操作系统是 Linux，那么打开一个终端，并导航到包含该文件的文件夹，然后使用以下指令将文件的前几条记录写入终端：

```
cat  itcont.txt |more
```

按下 Enter 键将打印下一行。按 Ctrl+C 组合键将终止 cat(连接)命令。可以看到属

性由管道字符|分隔。

b. 如果你的操作系统是 Windows 7，那么打开命令提示符，导航到包含该文件的文件夹，并使用下面的指令将文件的前 20 条记录写入窗口：

```
head  20  itcont.txt
```

c. 如果你的操作系统是 Windows 10，那么打开 PowerShell，导航到包含文件的文件夹，并使用下面指令将文件的前 20 条记录写入窗口：

```
gc  itcont.txt | select -first  20
```

(4) 创建一个 Python 脚本—— 一个带有 py 扩展名的文本文件。通过在该文件顶部输入以下指令，指示 Python 解释器导入 sys 和 operator 模块。模块是扩展 Python 语言核心的函数集合。Python 语言的命令数量较少——这是一个优点，因为它使得掌握大部分语言变得相对容易。

```
import sys
import operator
```

(5) 从模块 collections 中导入用于创建 defaultdict 字典的函数，并初始化一个字典来存储单个捐款者总额：

```
from collections import defaultdict
indivDict = defaultdict(int)
```

传递给 defaultdict 函数的 int 参数指定了 indivDict 中的字典值将是整数。具体来说，该值就是捐款总额。

(6) 指定数据文件的路径。例如：

```
path = 'home/Data/itcont.txt'
```

如果需要知道目录的完整路径名，请在终端中提交 Linux 命令 pwd。而在 Windows 中，右击 Windows 资源管理器中的文件名并选择 Properties 选项。

(7) 使用 open 函数创建文件对象，以便可以处理数据文件。首先，将每条记录读取为名为 string 的字符串。然后，在字符串中出现管道符号的位置将每个字符串拆分为子字符串。打开和处理文件的代码如下所示：

```
with open(path) as f:              # The file object is named f.
    for string in f:               # Process each record in the file.
        data = string.split("|")   # Split the character string
                                   # and save as a list named data.
```

```
        print(data)
        sys.exit()
```

语句 data = string.split("|")在管道符号处拆分字符串，最终生成一个名为 data 的包含 21 个元素的列表。指令 print(len(data))将打印名为 data 的列表的长度。可从控制台运行 print 语句或将其放入程序中。

sys.exit()指令将终止程序。当程序执行完成或执行终止时，数据文件将关闭。执行该脚本并检查输出是否有误。此时应该会看到一个包含 21 个元素的列表。

Python 语言使用缩进来控制程序流。例如，for string in f:指令嵌套在 with open(path) as f:语句的下面。因此，只要文件对象 f 是打开的，就会执行 with open(path) as f:语句。同样，在流控制返回到 for 语句之前，for string in f:语句下缩进的每条语句都将执行。因此，for string in f 将一直读取字符串，直到 f 中没有更多字符串可读取为止。当到达文件末尾时，对象 f 将自动关闭。这时，程序流跳出 with open(path) as 循环。

本书约定在单个代码段中显示缩进，但不将缩进带入下个代码段中。因此，由读者来理解程序流并正确缩进代码。

现在，回到脚本。

(8) 删除终止指令(sys.exit())并打印指令。使用指令 n = 0 初始化一个记录计数器。在 import 和路径声明指令下，程序应该如下所示：

```
n = 0
with open(path) as f:      # The file object is named f.
    for string in f:       # Process each record in the file.
        data = string.split("|")
```

(9) 在 Python 字典中，一个条目就是一个键-值对。字典 indivDict 中的每个条目包括捐款者的姓名(键)和捐款者向所有选举委员会捐款的总额(值)。

首先测试捐款者的姓名是不是一个字典键，以便将对应条目添加到字典中。如果捐款者的姓名不是一个键，那么姓名和捐款额将作为键-值对添加到字典中。另一方面，如果捐款者的姓名已经是一个键了，就将捐款额添加到现有的总额中。这些操作都使用一个包含在模块 collections 中的工厂函数来执行。该操作是自动完成的——只需要一行代码即可：

```
indivDict[data[7]] += int(data[14])
```

添加此指令，使其在每个列表上操作。因此，缩进必须与指令 data= string.split("|")相同。设置如下所示：

```
with open(path) as f:
```

```
    for string in f:
        data = string.split("|")
        indivDict[data[7]] += int(data[14])
```

(10) 要跟踪脚本的执行，需要在 for 循环中添加下面的指令：

```
n += 1
if n % 5000 == 0:
    print(n)
```

指令 n % 5000 计算 5000/n 的模数或整数余数。如果 n 的打印频率超过 5000 行，那么程序的执行速度将明显减慢。

(11) 处理完数据集后，通过添加以下指令来确定捐款者的数量：

```
print(len(indivDict))
```

此指令不应缩进。

(12) 将指令 import operator 放在脚本的顶部。导入模块允许我们使用模块中包含的函数。

(13) 使用以下指令对字典进行排序：

```
sortedSums = sorted(indivDict.items(), key=operator.itemgetter(1))
```

indivDict.items()语句创建了一个由组成 indivDict 的键-值对构成的列表(而不是字典)。sorted()函数的参数 key 指向对中用于排序的位置。设置 key = operator.itemgetter(1)指定将使用元组位置 1 中的元素来确定顺序。由于使用了零索引，因此 itemgetter(1)指示了解释器用于排序的值。而设置 key = operator.itemgetter(0)指示解释器使用键进行排序。

(14) 接下来，打印出捐款至少 25 000 美元的捐款者的姓名：

```
for item in sortedSums :
    if item[1] >= 25000 : print(item[1], item[0])
```

(15) 最大捐款者的名单可能显示一些人。

将单个捐款者数据集转换为捐款者字典并不会显著减少数据量。如果要对群体和行为作出推论，就需要进一步约简数据。在进一步分析前，先详细制定出数据约简和数据映射的原则。

2.5 数据约简

数据约简算法通过一系列映射来减少数据。将数据约简算法视为映射或映射序列是确保最终算法是否易懂和计算效率的关键一步。下面介绍下一个教程，考虑一个使用单个捐款者数据集 A 的算法。目标是建立一组 E 对，其中每对都确定一个主要雇主(如 Microsoft)以及公司员工对共和党、民主党和其他政党候选人的捐款额。该算法的输出是与 r 相同的一般形式的对列表：

$$r=(\text{Microsoft} : [(D, 20030), (R, 4150), (\text{other}, 0)]) \tag{2.1}$$

如果只是说算法将 A 映射到 E，那么如何进行映射可能不是很明显，但如果将映射分解为一系列简单的映射，那么算法将变得比较明显了。首先，多个可能序列中的一个序列将单个捐款记录映射到一个字典，其中每个键是雇主，值是一个对列表，该对由受助委员会代码和捐款金额组成。例如，一个字典条目可以如下显示：

$$(\text{Microsoft} : [(C\ 20102, 200), (C\ 84088, 1000), \ldots])$$

其中 C20102 和 C84088 是受助委员会标识符。请注意，与不同雇主相关的列表的长度会有很大差异，而与一些较大雇主相关的列表可能会有数百个。使用 Python 构建字典很简单，尽管字典值会复杂。

当然事情并没有到此结束。我们需要的是政党而不是受助委员会标识符。第二个映射使用了刚构建的字典，并将受助委员会代码替换为政党从属关系(如果可识别从属关系)。否则，删除对。最后的映射将每个长列表映射到一个短列表。较短的列表由三对组成。这三对列表有点复杂：对中的第一个元素确定了政党(如共和党)，第二个元素是与相应党派有关联的委员会所收到的所有雇员捐款的总和。式 2.1 显示了最终约简数据字典中的一个假设条目。

有人可能会说，使用三个映射来实现数据约简的计算成本很高，而使用更少的映射可提高计算效率。这个观点往往是被误导的，因为编写和测试一个由更少但更复杂的映射组成的算法所需的工作负载将从计算机转移到程序员。

2.5.1 符号和术语

“数据映射”是一个函数 $f: A\to B$，其中 A 和 B 是数据集。集合 B 被称为 f 下的 A 的像，而 A 被称为 B 的原像。假设 y 是一个长度为 p 的向量(第 1 章 1.10.1 节提供了矩阵和向量的概述)。例如，可从数据文件中的记录或行构造 y。为显示元素 $y\in A$ 到元素 $z\in B$ 的映射，可以写为：

$$f : y\to z \text{ 或 } f(y) = z$$

也可写为 B = f(A)，表明 B 是 A 的像。语句 B = f(A)意味着对于每个 b∈B，都存在 a∈A 使得 a→b。

在上例中，可构建一个从 A 到 E 的映射，虽然定义了两个映射比较复杂(当从 A 映射到 E 时应用这两个映射)。如果第一个映射是 g 且第二个映射是 h，那么可先根据 g:A→B，然后 h:B→E 来实现数据约简，或可更简单地认为 f 是 g 和 h 的复合。

需要说明一点的是，Python 字典中长度为 p 的列表相当于数学中长度为 p 的元组。列表的元素可通过替换或数学运算来更改。如果可改变一个对象的值，那么该对象就是可变的。例如，Python 列表是可变的。而 Python 字典中的术语元组指的是不可变列表。元组的元素不能更改。当程序执行时，可将元组看作一个通用常量。

在处理元组和 Python 列表时，元组中元素的顺序或位置非常重要；因此，如果 x = (1, 2)，y =(2, 1)，那么 x≠y。相反，集合的元素可在不改变集合的情况下重新排列，例如{1, 2}={2, 1}。列表的 Python 符号使用方括号，因此通过编写 x=[1, 2]和 y = [2, 1]将数学元组表示为 Python 列表。Python 元组(不可变列表)的开头和结尾都用括号标记。例如，z=(1,2)是一个 Python 双元组。可验证 x≠z(在 Python 控制台中提交[1, 2]==(1, 2))。可使用 tuple 函数从列表中创建一个名为 a 的元组，如 a= tuple([1,2])；同样，可使用语句 a = list[(1, 2)]从一个元组中创建一个列表。但如果提交[(1, 2)]，那么结果将不是由元素 1 和 2 组成的列表，而是一个包含元组(1, 2)的列表。

2.5.2　政治捐款示例

为使上述想法更具体化，接下来继续使用政治捐款示例，并定义三个数据映射，将一个输入数据文件(大约 100 万条记录)约简为一个输出文件(大约 1000 条记录)。第一个映射 g: A→B 将捐款记录 y∈A 映射到一个三元组 $b =(b_1, b_2, b_3)$，其中 b_1 是捐款者的雇主，b_2 是接收捐款的政党，b_3 是捐款额。

此时，集合 B 只会略小于 A，因为该映射只会丢弃 A 中的条目，并且缺少感兴趣的属性值。第二个映射 h 以集合 B 作为输入，并计算每个雇主对各政党的总捐款额。假设政党为共和党、民主党或其他政党，那么在 h: B→C 下 B 的像可能为 $C = \{c_1, c_2, \ldots, c_n\}$，例如：

$$\begin{aligned}
\mathbf{c}_1 &= (\text{Microsoft}, \text{Republican}, 1000) \\
\mathbf{c}_2 &= (\text{Microsoft}, \text{Democratic}, 70000) \\
\mathbf{c}_3 &= (\text{Microsoft}, \text{Other}, 350) \\
&\vdots \\
\mathbf{c}_n &= (\text{Google}, \text{Other}, 5010).
\end{aligned}$$

数据集 C 便于生成汇总表或图表。然而，C 可能会被第三个映射 k 进一步减少，该映射将特定雇主的记录组合成一个具有某种复杂结构的对。例如，键-值对 $d_1 \in D = k(C)$，可能会出现：

$$d_1 = (d_{11}, d_{12}) = \big(\text{Microsoft}, \big((\text{D}, 20030), (\text{R}, 4150), (\text{other}, 0)\big)\big) \tag{2.2}$$

其中，d_{11}=Microsoft。d_1 对的第二个元素是一个三元组 $d_{12} = (d_{121}, d_{122}, d_{123})$，其中三元组的元素也是对。因此，三元组中的第一个元素 $d_{121} = (D, 20030)$是一个对，其中第一个元素表示民主党，而第二个元素表示员工对民主党下属候选人的总捐款额。

图 2.2 显示了 20 家公司员工对民主党和共和党候选人的捐款分布，说明了上述数据约简过程的结果(注意，请读者参阅文前的彩插页，后面不再赘述)。公司之间在分布上存在很大差异；例如，民主党和共和党在 MORGAN STANLEY 上几乎平分秋色，但在 GOOGLE(出现过两次)和 HARVARD 上两党存在很大差异。那些在政党捐款中表现出最少差异的公司对民主党候选人的捐款最多。

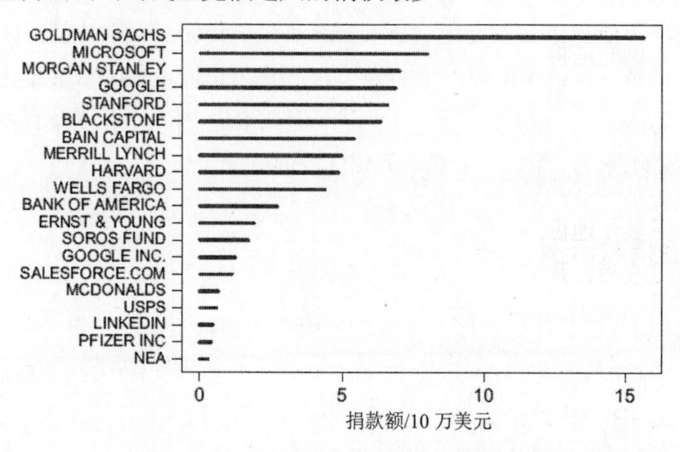

图 2.2 由雇主汇总的个人捐款者对不同委员会的捐款额。红线长度表示对共和党候选人的捐款总数，蓝线长度表示对民主党候选人的捐款总数

2.5.3 映射

接下来，让我们从数学的角度来分析数据映射，以帮助识别一些属性，如果缺少这些属性，就意味着算法可能无法达到预期目的。

这些数学属性中的第一个是映射必须被明确定义。如果每一个 $x \in D$ 有一个且只有一个输出 $y = f(x)$，那么映射 $f{:}D \rightarrow E$ 就是明确的。

如果将算法视为一个明确定义的映射，那么对于每个可能的输入，算法只能有一个且只有一个输出。数据映射的第二个基本属性是每个输出 y 必须属于像集 E。这意味着必须预期函数的所有可能输出，并且算法不会生成意外或不可用的输出，比如生成一个空集而不是预期的四元素元组。这样一来就避免了程序中出现后续错误的可能性。一般使用的计算机程序通常包含大量用于检查和消除意外算法输出的代码。

将“字典映射”定义为生成键-值对的映射。其中键是标识键值对的标签或索引。密钥作为构建映射和算法的焦点。在上例中，雇主名是键的自然选择，因为目标是总结雇主对民主党和共和党政党的捐款额。根据 Python 术语，键-值对的集合称为字典[2]。一个字典条目是一个键-值对，即 e_i =(key_i,$value_i$)，如果映射是 f: D→E，将参考 f(D)={e_1，…，e_n}作为由 f 应用于数据集 D 生成的字典。请记住，Python 字典不是一个集合，它有自己的类型——dict。然而，由于字典中的条目是唯一的，因此我们倾向于将字典看成集合。可使用指令 type(u)来确定对象 u 的类型。

2.6　教程：选举周期捐款

本教程的目的是将上述数据约简映射的逻辑和数学描述转换为 Python 代码，以便总结公司员工的政治倾向。有人推测，公司内部存在一种企业文化，会助长思想的狭隘性、一致性以及压制创造性，所有这些都被认为会对创造力和创新产生负面影响。但很难找到支持这种猜想的客观证据。然而，可通过研究捐款的接收者来调查公司的政治面貌，更具体地说，就是公司雇员的政治偏好。如果调查结果显示，一个政党是捐款的主要接收者，那么就有证据表明雇员倾向于在政治上保持一致。

这项调查的第一个任务是建立一个字典，用来识别与个人捐款相关的政党。然而，键不是个人而是个人的雇主。为完成这项任务，将联邦选举委员会的个人捐款数据文件映射到一个字典中，其中键是雇主，而关联的值是 n 对的列表，其中每一对都由一个接收者政党和捐款金额组成。第二个任务是建立另一个字典来存储雇主的捐款总额和政党。此任务通过将与雇主关联的 n 对映射到 3 对(对应于共和党、民主党和其他党派)来完成。

与第 2.4 节一样，将处理某个选举周期的单个捐款数据文件。从每条记录中提取雇主、捐款额和接收者代码。如果有雇主信息，则确定是否有与接收者代码相关联的政党。

此时，还需要另一个将政党和接收者联系起来的字典。如果有与接收者相关联的政党，则将记录在其中一个 FEC 文件中，因为接收者有两种类型：候选人委员会和其他委员会。如果接收者是候选人委员会，那么委员会信息就在候选人主文件(Candidate Master)中，很可能在文件中找到一个政党。而其他接收者(或其他委员会)包括政治行

---

2 Python 中的字典相当于 Java 中的 hashmap。

动委员会、党委会、竞选委员会或其他与选举有关的组织。关于其他委员会的信息包含在委员会主文件(Committee Master)中，在此档案中有时也找到一个政党。因此，一旦从个人捐款数据文件中提取出接收者代码，就必须在候选人主文件中检查接收者代码；如果没有，再检查委员会主文件。

这个程序有点复杂，因为必须搜索两个字典才能确定接收候选人的党派归属。最终处理了三个文件并构建了三个字典。可参考表2.1。

表2.1 在本教程中使用的文件和字典。文件cn.txt是候选人主文件，cm.txt是委员会主文件。文件itcont.txt是单个文件的捐款。使用零索引识别字段位置

文件	字典	属性和字段位置	
		键列	值列
cn.txt	canDict	委员会代码 9	政党[a] 2
cm.txt	comDict	委员会代码 0	政党 10
itcont.txt	employerDict	雇主 11	金额 14

a 接收者的政党是通过搜索与个人捐款相关的委员会代码的canDict和comDict字典来确定的

(1) 决定一个选举周期，并下载并解压此周期对应的(a)候选人主文件；(b)委员会主文件；(c)来自联邦选举委员会网页 http://www.fec.gov/finance/disclosure/ftpdet.shtml 的个人捐款文件。

(2) 通过使用第9字段(零索引列)中的主要竞选委员会代码作为键，以及使用第2字段中的党派附属机构作为值，从候选人主文件中构建一个候选委员会字典。我们将通过名称 canDict 来引用该字典。候选人标识符在候选人主文件中只出现一次，因此在创建键-值对前没必要测试data[9]是不是一个字典键。

```
canDict = {}
path = '../cn.txt'
with open(path) as f:
    for line in f:
        data = line.split("|")
        canDict[data[9]] = data[2]
```

(3) 从委员会主文件构建其他委员会字典。使用Python索引约定，用0对列表的第一个元素进行索引。键是位于委员会主文件第0字段位置的委员会识别码，而值是位于第10字段位置的委员会政党。我们将通过名称 otherDict 来引用该字典。

```
otherDict = {}
```

```
path = '../cm.txt'
with open(path) as f:
    for line in f:
        data = line.split("|")
        otherDict[data[0]] = data[10]
```

(4) 构建字典 employerDict。键是雇主，而值是一个对列表。列表中的每一对将是一个政党和一个捐款金额。要构建该字典，首先处理个人捐款数据文件(itcont.txt)，每次一条记录[3]。

对每条记录执行的第一个任务是确定任何政党附属机构是否与捐款接收者有关。搜索从文件标识号 data[0]开始。提交人是接收委员会和向联邦选举委员会提交报告的实体(个人不提交报告)。需要确定是否有党派被列入接收委员会。首先，检查候选人委员会字典，以防接收委员会是候选人委员会。在 canDict 字典中查找政党名称条目。如果提交人标识号不是该字典中的键，则在另一个名为 otherDict 的委员会字典中查找条目。然后创建一个包含政党名称和金额的二元数组 x。使用 int 函数将捐款金额(存储为字符串)转换为整数。具体代码如下。

```
path = '../itcont14.txt'
n = 0
employerDict = {}
with open(path) as f:
    for line in f:
        data = line.split("|")
        party = canDict.get(data[0])
        if data[0] is None:
            party = otherDict[data[0]]
        x = (party, int(data[14]))
```

(5) 下一步在名为 employerDict 的字典中保存 x。每个键都是捐款者的雇主，而值是在步骤(4)中构建的捐款对(x)的列表。如果在 data 中有雇主的条目，那么它将在第 11 位。因此，提取 data[11]，如果它不是空字符串，则将该字符串分配给 employer。如果 employer 是空字符串，则忽略记录并处理下一条记录。假设 employer 有一个条目，测试它是否为一个字典键。如果 employer 不是字典键，那么使用 employerDict[employer] = [x]指令分配一个包含 x 的列表来创建字典条目。另一方面，如果 employer 是键，则使用 employerDict[employer].append(x)指令将 x 附加到与雇主相关的字典值：

3 可重用 2.4 节教程中的代码。

```
employer = data[11]
if employer != '':
    value = employerDict.get(employer)
    if value is None:
        employerDict[employer] = [x]
    else:
        employerDict[employer].append(x)
```

不要忘记缩进代码段。它必须与 x = (party, int(data[14]))语句对齐，因为每次处理新记录时都要执行它。在代码段的最后一条语句中追加对 x。

通过上述构造，与键关联的值将是一个列表。例如，一个值可能如下所示：

```
value = [('DEM', 1000), ('', 500),( 'REP', 500)].
```
(2.3)

请注意，value 中有一个条目是一个空字符串，这意味着该捐款是由一个不在候选人主文件或委员会主文件中列出的政党的委员会所接收的。

(6) 在脚本执行时跟踪进度是很有帮助的。在处理文件时计算记录数量，并定期打印计数。接下来处理整个文件。

(7) 最后一组实质性的代码将 employerDict 约简为式(2.2)所示的字典。如果对上面所述的字典比较熟悉了，那么可将约简后的字典(即 reducedDict)描述成字典的字典。reducedDict 的键是雇主，而值是字典。这些内部或子字典的键是政党标签 Other、DEM 和 REP，值是公司员工对每一个政党的捐款总额。假设 GMC 是 reducedDict 的一个键。那么，与 GMC 相关的值可能如下所示：

```
reducedDict['GMC']={'Other' : 63000, 'DEM' : 73040, 'REP': 103750}.
```

首先，为每个雇主建立一个名为 totals 的字典来生成约简字典。然后，字典 totals 存储为与 reducedDict 中的雇主键相关联的值。初始化约简字典并遍历 employerDict 中的每个键-值对：

```
reducedDict = {}
for key in employerDict:                  # Iterate over employerDict.
    totals = {'REP':0,'DEM':0,'Other':0} # Initialize the dictionary.
    for value in employerDict[key]:
        try :
            totals[value[0]] += value[1]
        except KeyError:
            totals['Other'] += value[1]
    reducedDict[key] = totals
```

与 employerDict[key] 关联的值是一个对列表(政党和捐款金额)。遍历

employerDict[key]上的 for 循环提取每对作为 value。第一个元素 value[0]是一个政党，而第二个元素 value[1]是美元金额。该代码段的前两行没有缩进。

```
try :
    totals[value[0]] += value[1]
```

以上代码尝试使用存储在 value[0]中的政党名称来添加存储在 value[1]中的捐款金额。如果政党名称不是 REP、DEM 或 Other，Python 解释器将产生一个 KeyError 异常(一个错误)，程序流将被定向到指令 totals[' Other '] += value[1]。其结果是将捐款金额加到其他政党的总额中。try 和 except 结构被称为异常处理程序。

(8) 我们希望根据雇主雇员提供的所有捐款总额对雇主字典中的条目进行排序。在 reducedDict ={}语句后，初始化一个名为 sumDict 的字典，其中包含每个雇主的雇员的所有捐款总额。然后添加一条指令，该指令计算三个字典值的和，并将其存储在雇主键中。指令如下所示：

```
sumDict[key] = totals['REP'] + totals['DEM'] + totals['Other']
```

该指令在第 7 步中的赋值指令 reducedDict[key] = totals 之后立即执行，并且应该与其对齐。

(9) 添加一条指令，以便监视脚本的执行，例如：

```
if sumDict[key] > 10000 : print(key, totals)
```

缩进该指令，以便它在 for 循环的每次遍历中执行。该 print 语句是 for 循环中的最后一条指令。

(10) 现在已经构建了 sumDict，接下来从该字典中创建一个列表，其中最大的捐款总额是第一个元素。具体来说，根据总额对 sumDict 进行排序将创建排序后的列表。结果列表由$[(k_1, v_1),\ldots,(k_n,v_n)]$形式的键-值对组成，其中 k_i 为第 i 个键，而 v_i 为第 i 个值。因为该列表已经排序，所以 $v_1 \geqslant v_2 \geqslant \cdots \geqslant v_n$。由于 sortedList 是一个列表，因此可使用下面的代码打印 100 个最大金额的雇主：

```
sortedList = sorted(sumDict.items(), key=operator.itemgetter(1))
n = len(sortedList)
print(sortedList[n-100:])
```

如果 a 是一个列表，那么表达式 a[:10]提取前 10 个元素，而 a[len(a)-10:]提取后 10 个元素。这些操作称为切片。

(11) 将捐款金额最大的 200 个雇主作为一个简短列表写入一个文本文件中。将使用 R 构建一个类似于图 2.2 的图。代码如下所示。

```
path = '../employerMoney.txt'
with open(path,'w') as f:
    for i in range(n-200, n):
        employerName = sortedList[i][0].replace("'", "")
        totals = reducedDict[employerName]
        outputRecord= [employerName] + [str(x) for x in totals.values()]
                                     + [str(sortedSums[i][1])]
        string = ';'.join(outputRecord) +'\n'
        f.write(string)
```

调用 open 时必须传入 w 参数，以便能写入文件。一些雇主名中包含撇号，当 R 读取文件时将产生错误，因此必须在数据写入输出文件之前从雇主名中删除撇号。对字符串 sortedList[i][0]应用 replace 操作符可删除字符串中出现的撇号。

列表 outputRecord 是通过使用+操作符连接三个列表(每个列表都用括号括起来)创建的。中间的列表是通过列表推导创建的。2.7.1 节将详细讨论列表推导。目前，它是使用 For 循环创建列表的方法。

在以下指令中：

```
string = ';'.join(outputRecord)+'\n'
```

通过使用.join 操作符将 outputRecord 转换为字符串。在创建字符串时，分号连接每个列表元素。分号用作分隔符，以便更容易地在 R 中处理输出文件。分隔符是用来分隔变量的符号。例如，逗号用于分隔逗号分隔文件(通常称为 csv 文件)中的变量。最后，将行尾标记\n 连接到列表。

(12) 使用下面的 R 代码生成一个数字，显示公司员工对共和党和民主党的最大捐款总额。指令 s = 160:190 有效地忽略了最大的 10 个雇主(可以看到，最大的 10 个雇主中大多数都不是真正的雇主，而是个体户、退休人员等)。指令顺序(v)返回一个索引向量，将向量 v 按最小到最大的顺序排列。

```
Data = read.table('../Data/employerMoney.txt' ,sep=';', as.is = TRUE)
colnames(Data) = c('Company', 'Rep', 'Dem', 'Other', 'Total')
head(Data)
print(Data[,1])
s = 160:190                 # Select specific rows to plot.
D = Data[s,]                # Take the subset.
D = D[order(D$Rep+D$Dem),] # Re-order the data according to the total.
rep = D$Rep/10^5            # Scale the values.
dem = D$Dem/10^5
```

```
mx = max(rep+dem)
names = D[,1]
n = length(rep)
# Fix the plot window for long names.

plot(x = c(0,mx),y=c(1,n),yaxt = 'n',xlab
  = "Dollars - 100,000's",cex.axis = .65,typ = 'n',ylab='',cex.lab=.8)
axis(side = 2, at = seq(1,n),labels = names, las = 2, cex.axis = .65)
for (i in 1:n) {
  lines(y=c(i,i),x=c(0,rep[i]),col='red',lwd=3)
  lines(y=c(i,i),x=c(rep[i],rep[i]+dem[i]),col='blue',lwd=3)
}
par(oma=c(0,0,0,0)) # Reset the plotting window to default values.
```

2.7　相似度度量

相似度度量通常用于比较个体和物体。它们被广泛用于推荐引擎——向潜在客户推荐产品和服务的算法。最基本的前提是，如果观众 A 在电影方面的喜好与观众 B 类似，就可向观众 B 推荐观众 A 所看过的电影。就政治筹款来说，如果知道候选人 A 的捐款者也可能对候选人 B 捐款，就可以让竞选委员更有效地指导筹款活动。

相似度度量还可洞察一个新的或鲜为人知的实体，比如，一个对其目标守口如瓶的竞选委员会。假设竞选委员会 A 从集合 $a = \{a_1, \ldots, a_n\}$中的委员会接收了捐款。分析人员可通过确定其与已知委员会的相似度来了解秘密委员会。为此，需要一个函数，根据集合 A 和 B 来度量实体 A 和 B 之间的相似度。更具体地说，至少需要一个相似度度量。接下来将研究两个相似度的度量：Jaccard 相似度和条件概率。

设$|A|$表示集合 A 的基数。如果 S 是有限的，那么$|S|$是 S 中元素的数量。集合 A 和集合 B 之间的 Jaccard 相似度是 A 和 B 中的元素数量相对于 A 或 B 中的元素数量。在数学上，Jaccard 相似度为：

$$J(A,B) = \frac{|A \cap B|}{|A \cup B|} \tag{2.4}$$

Jaccard 相似度具有几个可取的属性:

(1) 如果集合相同，则 Jaccard 相似度为 1。从数学角度看，如果 $A = B$，那么 $A \cap B = A \cup B$，并且 $J(A, B) = 1$。

(2) 如果集合没有共同元素，那么 $A \cap B = \phi$ 且 $J(A, B) = 0$。

(3) $J(A, B)$以 0 和 1 为界，因为$0 \leqslant |A \cap B| \leqslant |A \cup B|$。

如果确定 $A\cup B$ 的所有可能元素非常困难或代价很高，那么 Jaccard 相似度是特别有用的。例如，假设根据其肠道微生物群的相似度对个体进行分组[4]。存在的微生物种类可能有数十万种，但在粪便样本中发现的微生物数量可能要少很多。这种情况下，相似度应该以出现的微生物种类为基础进行衡量，而不是以没有出现的种类为基础，因为绝大多数可能的常驻种类不会出现。Jaccard 相似度仅取决于 $A\cup B$ 中种类的分布，而且那些不在 $A\cup B$ 中的种类与 $J(A, B)$的值无关。

Jaccard 相似度是一个不完善的相似度度量，因为，如果$|A|$和$|B|$元素的数量有很大的不同，那么$|A| << |B|$，[5]则有：

$$|A\cap B|\leqslant |A| << |B|\leqslant |A\cup B| \tag{2.5}$$

不等式(2.5)意味着 Jaccard 相似度(式(2.4))的分母将比分子大得多，因此，$J(A,B)\approx 0$。如果新客户 A 在购买习惯上与 B 非常相似并且仅进行了少量购买(记录在 A 中)，则会出现这种情况。假设所有这些购买都由 B 完成，所以无论 B 购买了什么都应该被推荐给 A。考虑到 A 中包含的信息，我们认识到 A 是类似于 B 的。但是，$J(A, B)$必然很小，因为购买的组合集合 $A\cup B$ 的数量将远大于购买集合 $A\cap B$ 的数量。没有办法区分具有不同购买习惯的两个人之间的情况。因此，使用一个替代的相似度度量揭示这种关系是有帮助的。

另一种度量相似度的方法是事件的条件概率，这种方法可有效地反映集合 A 和集合 B 的基数之间的显著差异。事件 A 在 B 下的条件概率是在 B 发生的前提下 A 发生的概率。条件概率记为 $\Pr(A|B)$，定义为：

$$\Pr(A|B)=\frac{\Pr(A\cap B)}{\Pr(B)} \tag{2.6}$$

假设 $\Pr(B)\neq 0$。如果 $\Pr(B)=0$，那么条件概率是没有意义的，因为事件 B 不会发生。如果 A 的无条件概率($\Pr(A)$)与 A 在 B 下的条件概率之间存在实质性差异，那么 B 就为 A 的发生提供了信息。另一方面，如果 $\Pr(A\mid B)\approx\Pr(A)$，则 B 不能为 A 的发生提供信息。此外，当 $\Pr(A|B)=\Pr(A)$时，A 和 B 是独立事件。最后，当且仅当 $\Pr(A\cap B)=\Pr(A)\Pr(B)$时，事件 A 和 B 是独立的，可从式(2.6)以及独立的定义推导出来。

为在政治委员会的分析中利用条件概率，考虑一个假设的实验，在该实验中，从所有委员会名单中随机抽取一个委员会，而这些委员会都在特定的选举周期中进行了捐款。事件 A 描述为一个委员会向委员会 A 捐款的事件。由于委员会是随机选择的，因此 $\Pr(A)$指确定委员会 A 是其一项或多项捐款接收者的委员会的比例。设$|A|$表示对 A 捐款的委员会数量，n 表示委员会总数。

---

4 肠道微生物群是由消化道内的微生物组成的。

5 这个符号表示$|A|$比$|B|$小得多。

$$\Pr(A) = \frac{|A|}{n}$$

事件 B 的定义方式与 A 相同，因此 Pr(B)是对 B 进行捐款的委员会比例。在特定选举周期中随机选择的委员会对 A 和 B 进行捐款的概率为 $\Pr(A\cap B)= |A\cap B| / n$。$A$ 在给定 B 下的条件概率由式(2.6)定义。但可根据捐款者的数量进行重写：

$$\begin{aligned}\Pr(A|B) &= \frac{|A\cap B|/n}{|B|/n}\\ &= \frac{|A\cap B|}{|B|}\end{aligned} \tag{2.7}$$

条件概率可用来弥补 Jaccard 相似度度量的不足之处。回顾一下，当事件 A 和 B 的频率存在较大差异时，如$|A| \ll |B|$，那么 $J(A, B)$必然很小，即使 A 的每个捐款者也捐款给 B 使得 $A\subset B$。此时希望有一种可表达 B 与 A 相似度的度量。而条件概率 $\Pr(B|A)$恰恰可胜任。原因是，假设 $0 < |A| \ll |B|$并且几乎每个 A 的捐款者也捐款给 B，因此，$A\cap B\approx A$。

$$\begin{aligned}\Pr(A|B) &= \frac{|A\cap B|}{|B|} \approx \frac{|A|}{|B|} \approx 0\\ \text{以及}\ \Pr(B|A) &= \frac{|A\cap B|}{|A|} \approx 1\end{aligned} \tag{2.8}$$

由于 $\Pr(B | A)$接近 1，因此任何对 A 捐款的委员会很可能也会捐款给 B。总之，除了 Jaccard 相似度外，还可利用条件概率来改进对委员会相似度的分析。

将特定选举周期的联邦选举委员会记录集合视为一个总体，并根据从所有委员会名单中随机抽样的实验来计算感兴趣事件的确切概率是恰当的。但一般来说将数据集视为一个整体是不合理的。相反，通常情况下，数据是来自更大的总体或过程的样本。如果数据包含企业在抽样窗口中收集的所有销售点记录(例如，一天或一周)，那么数据应该被看成是来自更大范围内的记录(例如，一个财政季度或一年)的样本。在此示例上下文中，上面使用的比例必须被看成概率估计，通常将$|A|$定义为事件 A 在抽样窗口中发生的次数，n 是在抽样窗口中观察到的结果(销售)的次数。帽子(hat)符号(如$\widehat{\Pr}(A) = |A|/n$)用于强调使用估计量$\widehat{\Pr}(A)$代替真实的未知概率 Pr(A)的不确定性和误差。最后，当概率估计被计算为相对频率时(如本例所示)，经常使用术语“经验概率”。

计算

现在要计算大量委员会对的 Jaccard 相似度和条件概率。由于特定选举周期的委员会集合{A，B，C，...}过于庞大而无法手动形成，因此需要一种用于形成对的算法。

构建对集合后，还需要一种算法来处理，并计算为特定委员会进行捐款的委员会数量、为两个委员会进行捐款的捐款者数量以及对两个委员会中至少一个进行捐款的捐款者数量。根据这些计数，可计算三个相似度度量。最后根据 Jaccard 相似度按照最小到最大的顺序对这些进行排序，并打印委员会名称、Jaccard 相似度和条件概率。

列表推导的 Python 方法是一种简洁且计算有效的方法，用于构建对集合{(A，B), (A，C), (B，C)，...}。列表推导类似于集合定义的数学语法，在该数学语法中，一个总体或样本空间的元素是通过判断是否满足特定条件而被标识为集合的成员。例如，偶数整数是 $W = \{x \mid x \bmod 2 = 0\}$。其中，$W$ 的数学定义被翻译为 x 模 2 等于 0 的 x 值集合。列表推导的优点是代码紧凑但易于理解，比其他构建列表的方法更快。列表推导表达式包含在一对括号中，因为在 Python 中使用括号定义列表。括号包含要计算的表达式，其后紧跟着一个或多个 for 或 if 子句。例如，可使用列表推导 s = [i ** 2 for i in range(5)]来构造方格列表。其中表达式是 i**2，并有一个 for 子句。列表推导的替代方法是初始化 s，然后进行填充：

```
s = [0]*5 # Create a 5-element list filled with zeros.
for i in range(5):
    s[i] = i**2
```

另一个示例构建了由集合{0, 1, ..., n}形成的对(i，j)(且 $i < j$)的集合。如果没有列表推导，则使用一对嵌套的 for 子句，其中外部 for 子句遍历 0, 1,..., $n-1$，而内部 for 子句遍历 $i+1$, ..., n。内部遍历从 $i+1$ 到 n，并且始终确保 i 小于 j，从而形成所有对。在不使用列表推导的情况下形成该集合的代码如下所示：

```
pairs = set({}) # Create the empty set.
for i in range(n):
    for j in range(i+1, n+1, 1):
        pairs = pairs.union({(i,j)})
```

请注意，在使用 union 操作符将对放入集合 pairs 前，需要创建一个单例集{(i,j)}，其中包含对(i,j)。union 操作符要求将两个对象合并为一个集合，并且这两个对象都是集合。

集合推导类似于列表推导，只不过构建的是集合而不是列表。要使用集合推导构建一组对，需要两个嵌套 for 子句：

```
pairs = {(i,j) for i in range(n) for j in range(i+1, n+1, 1)}
```

由于对的数量是 $n(n\text{-}1)/2$，其中 n 是形成集合的元素数量，因此可能对的数量是 n^2 的量级。当 n 远大于 100 时，构建和处理对集合的计算要求可能很高。

返回到在大量委员会中识别成类似委员会对的问题，有必要在计算相似度之前确定必须检查的委员会对的数量。此外，还有必要通过删除一些委员会来减少捐款者字典中的捐款委员会的数量。例如，如果分析仅限于为许多接收者进行捐款的政治行动委员会，那么利益群体实际上被限制在具有广泛议程(例如保护第二修正案权利)的委员会。或者，也可选择那些接收者少于 50 个的委员会，从而使分析仅限于更少的委员会。

2.8 节的教程提供了使用字典和编写上面讨论的相似度度量的实践。

2.8　教程：计算相似度

本节的目标是确定与其捐款者相似的政治竞选委员会。对于每个政治竞选委员会，都将建立一组其他委员会，该政治竞选委员会从这些委员会接收捐款。设 A 和 B 表示两组捐款委员会。然后，根据共同捐款者委员会的数量来确定两个委员会(例如 A 和 B)之间的相似度，共计算三个相似度度量：$J(A, B)$、$\Pr(A \mid B)$和 $\Pr(B \mid A)$。最后一步是根据相似度对委员会对进行排序，并生成最相似的委员会对的简短列表。

(1) 确定选举周期并从 FEC 网站检索以下文件：

a. 将委员会识别代码(字段位置 0)与委员会名称(字段位置 1)相关联的委员会主文件。压缩的文件名为 cm.zip。

b. 委员会之间的事务文件[6]。该文件连接了接收委员会(字段位置 0)和捐款委员会(字段位置 7)。委员会之间的事务文件被命名为 oth.zip。解压缩后的文件名为 itoth.txt。

(2) 处理委员会主文件，并分别将字典键设置为委员会识别代码(位于数据文件的字段位置 0)，将字典值设置为委员会名称(位于数据文件的字段位置 1)，从而构建将委员会识别代码与委员会名称相关联的字典。

```
path = '../cm.txt'
nameDict = {}
with open(path) as f:
    for line in f:
        data = line.split("|")
        if data[1] != '':
            nameDict[data[0]] = data[1]
```

(3) 创建一个包含委员会标识号的名为 committees 的集合。

6 FEC 指定一个委员会与另一个委员会之间的任何交易。

```
print('Number of committees = ',len(nameDict))
committees = set(nameDict.keys())
```

操作符.keys()从字典中提取键。

(4) 构造另一个名为contributorDict的字典，其中字典键是委员会识别码，而值是包含向由识别码识别的委员会进行捐款的委员会名称的集合。使用大括号创建新键的值，以便包含捐款委员会名称。使用指令 A.union({a})将附加委员会与集合组合，其中 A 是一个集合，而 a 是一个元素。例如，$\{a\}$是包含 a 的单例集。

```
path = '../itoth.txt'
contributorDict = {}
with open(path) as f:
    for line in f:
        data = line.split("|")
        contributor = data[0]
        if contributorDict.get(contributor) is None:
            contributorDict[contributor] = {data[7]}
        else:
            contributorDict[contributor]
                = contributorDict[contributor].union({data[7]})
```

(5) 通过查找contributorDict中的键数来确定捐款者的数量。计算对的数量。

```
n = len(contributorDict)
print('N pairs = ',n*(n-1)/2)
```

如果对的数量很大，如大于 10^5，那么最好通过选择子集来减少委员会的数量。例如，可将委员会集限制为在选举周期中至少进行 m 次捐款的委员会。在下面的代码中，当捐款委员会数量小于或等于500时，使用pop()函数删除键-值对。此时需要遍历一个字典键列表，因为在遍历字典时无法从中删除条目。检查剩余委员会的数量是否足够小，如少于300。

```
for key in list(contributorDict.keys()):
    if len(contributorDict[key]) <= 500:
        contributorDict.pop(key, None)
n = len(contributorDict)
print('N pairs = ',n*(n-1)/2)
```

现在，在 contributorDict 中留下的是向许多政治委员会捐款的委员会，因此可被视为具有影响力。

(6) 遍历 contributorDict 并打印每个值的长度以检查最后一个代码块。

```
for key in contributorDict:
    print(nameDict[key], len(contributorDict[key]))
```

捐款者值的长度是在选举周期中接受该委员会捐款的委员会数量。

(7) 解压缩键并保存为列表：

```
contributors = list(contributorDict.keys())
```

(8) 构建包含 $n(n - 1)/ 2$ 个对的列表：

```
pairs = [(contributors[i], contributors[j]) for i in range(n-1)
            for j in range(i+1, n, 1)]
```

(9) 通过遍历 pairs 来计算委员会对之间的相似度。对于列表 pairs 中的每对，提取捐款者集合和计算 Jaccard 相似度 $\Pr(A \mid B)$和 $\Pr(B \mid A)$。然后将三个相似度度量存储在名为 simDict 的字典中。

```
simDict = {}
for commA, commB in pairs:
    A = contributorDict[commA] # Set of contributors to commA.
    nameA = nameDict[commA]
    B = contributorDict[commB]
    nameB = nameDict[commB]

    nIntersection = len(A.intersection(B))
    jAB = nIntersection/len(A.union(B))
    pAGivenB = nIntersection/len(B)
    pBGivenA = nIntersection/len(A)

    simDict[(nameA, nameB)] = (jAB, pAGivenB, pBGivenA)
```

相似度字典的键是由委员会的名称而不是委员会识别码组成的对(nameA，nameB)。

对可用作字典键，因为元组是不可变的。如果 Python 版本小于 3.0，则语句 nIntersection / len(A.union(B))将执行整数除法；如果你的 Python 版本小于 3.0，则必须在相除之前将分母强制转换为浮点数，例如：

```
jAB = nIntersection/float(len(A.union(B)))
```

(10) 使用指令对相似度字典进行排序：

```
sortedList = sorted(simDict.items(), key=operator.itemgetter(1),
                    reverse=True)
```

sorted 函数将生成一个列表，其中包含 simDict 的键-值对，这些键-值对根据 Jaccard 相似度的大小进行排序，因为 itemgetter()参数是 1。此外，还使用可选参数 reverse = True，以便按照 Jaccard 相似度从大到小的顺序排序。

(11) 由于 sortedList 是一个列表，因此可使用下面的代码段遍历列表中的对。在 for 语句中，我们将 simDict 的键称为 committees，而将值称为 simMeasures。Python 允许程序员使用诸如 nameA, nameB = committees 的赋值语句来提取和命名列表或元组的元素。打印委员会名称、Jaccard 相似度以及从最小 Jaccard 相似度到最大 Jaccard 相似度的条件概率：

```
for committees, simMeasures in sortedList:
    nameA, nameB = committees
    jAB, pAB, pBA = simMeasures
    if jAB > 0.5:
        print(round(jAB, 3), round(pAB, 3),
              round(pBA, 3), nameA + ' | ' + nameB)
```

可使用索引从相似度字典中提取值。例如，第 i 个 Jaccard 相似度值是 sortedList [i][1][0]。sortedList 的三重索引可以这样理解：sortedList 是一个列表，其中第 i 个元素是一个对，而 sortedList[i]是一个键-值对，sortedList[i][0]是委员会名称对，sortedList[i][0][1]是第二个委员会名称。

表 2.2 总结了对 2012 年选举周期数据中主要捐款者的分析结果。该分析仅限于在 2012 年选举周期内至少进行了 200 次捐款的委员会。由于这一先决条件，表 2.2 几乎完全由附属于大型个人群体的委员会组成，更具体地说，就是公司、工会和协会。Comcast Corp & NBCUniversal PAC 以及 Verizon PAC 在表 2.2 中两次出现，表明这些政治行动委员会非常活跃，而且捐款的接收者也非常相似。表的最后一行显示了条目 $\Pr(A \mid B)= 0.794$，从中可得出结论，如果 Johnson & Johnson PAC(委员会 A)对特定实体进行捐款，那么 Pfizer PAC(委员会 B)也对同一实体进行捐款的概率是 0.794。另一方面，如果 Pfizer PAC 已经为特定实体进行了捐款，Johnson & Johnson PAC 对委员会捐款的概率要小得多，只有 0.415。两家公司都是全球制药公司。而啤酒批发商和房地产经纪人之间的相似度却令人费解。

表 2.2　2012 年选举周期中具有最大 Jaccard 相似度的五个主要委员会对。还显示了条件概率 $Pr(A \mid B)$和 $Pr(B \mid A)$

委员会 A	委员会 B	$J(A,B)$	$Pr(B\|A)$	$Pr(A\|B)$
Verizon PAC	Comcast Corp & NBCUniversal PAC	0.596	0.693	0.809
General Electric PAC	Comcast Corp & NBCUniversal PAC	0.582	0.713	0.76
NEA Fund for Children and Public Education	Letter Carriers Political Action Fund	0.571	0.82	0.76
National Beer Wholesalers Association PAC	National Association of Realtors PAC	0.57	0.651	0.821
Verizon PAC	AT&T Federal PAC	0.588	0.656	0.788
…	…	…	…	…
Johnson & Johnson PAC	Pfizer PAC	0.375	0.415	0.794

2.9　关于字典的总结性述评

字典键的不可改变的属性意味着它们是不可变的。不可变对象驻留在固定的内存位置。不可变性是优化字典操作的关键。如果尝试使用包含两个委员会标识代码的列表，例如[comma, commB]，那么 Python 解释器将生成一个 TypeError，因为列表是可变的，不能用作字典键。字典键存储在半永久性存储器位置——只要键-值对在字典中，位置就不会改变。如果要更改键，则包含键所需的内存量可能发生变化，并且需要不同位置。半永久性存储器位置允许对字典进行优化，因此对字典的操作很快。在处理大型字典时，快速操作非常重要，这也就是在本文中频繁使用字典的原因。

2.10　练习

2.10.1　概念练习

2.1　通过重新排列下面所示的表达式，可证明满足 $i<j(i,\ j\in\{1, 2, \ldots, n\})$的对的

数量是$\frac{n(n-1)}{2}$。

$$\sum_{i=1}^{n}\sum_{j=1}^{n}1=\sum_{i=1}^{n-1}\sum_{j=i+1}^{n}1+\sum_{j=1}^{n-1}\sum_{i=j+1}^{n}1+\sum_{i=j=1}^{n}1$$

然后解出$\sum_{i=1}^{n-1}\sum_{j=i+1}^{n}1$。

2.2 a．给出 $C_{n,3}$ 的一个公式，即从 n 中选择三个没有复制的项所形成的集合或组合的数量。回顾一下，数学中的标准约定是不允许一项在集合中出现多次。例如，由于$\{a，b，b\}=\{a,b\}$，因此不使用$\{a,b,b\}$。此外，由于$\{a,b,c\}=\{c,a,b\}$，因此排列集合的元素的顺序不会改变集合。因此，只有一个由项目 a，b，c 组成的集合。计算 $C_{5,3}$ 和 $C_{100,3}$。

b．使用列表推导，生成所有三元组$(i，j，k)$，使得 $0\leqslant i<j<k<5$。

c．使用集合推导，从集合$\{0,1,2,3,4\}$生成所有三个元素的集合。

2.3 考虑下面使用列表推导所构建的列表：

```
lst1 = [{(i, j),(j,i)} for i in range(4) for j in range(i, 4, 1)]
```

a. 描述 lst1 的结构和内容。

b. 解释当 $i=j$ 时该集合包含单个对的原因。

c. 考虑下面指令创建的列表：

```
lst2 = [{(i, j),(j,i)} for i in range(4)
         for j in range(i, 4, 1) if i !=j]
```

解释为什么 lst1≠lst2。

2.4 将一个 Python 列表初始化为 L = [(1, 2, 3), (4, 1, 5), (0, 0, 6)]。根据三元组的第一个坐标(或位置)给出用于排序 L 的 Python 指令。根据三元组的第三个坐标给出用于排序 L 的 Python 指令。使用三元组的第二个坐标给出按降序(最大到最小)排序的指令。

2.10.2 计算练习

2.5 本练习旨在确定政治行动委员会(PAC)资金的去向。通常，PAC 通过邮件或网上征集来收集个人捐款者的捐款，然后向他们选择的候选人或其他 PAC 捐款。有时，PAC 的意图可能不透明，他们对其他 PAC 或候选人的捐赠可能与捐款者的意图不一致。因此，有必要跟踪 PAC 的捐赠。表 2.3 是一个示例，显示了在 2012 年选举期间收到 Bachmann for Congress PAC 捐赠的一些 PAC。

选择一个选举周期，然后确定感兴趣的 PAC，并创建一个接收者字典，列出从 PAC 收到的所有捐款。接收者字典的便捷格式是使用接收委员会代码作为键，而值应为一个双元素列表，其中包含接收 PAC 收到的总金额和接收 PAC 的名称。此外，PAC 也为个人候选人进行捐款，因此，如果愿意，你还可跟踪个人候选人从 PAC 收到的资金。

表 2.3　2012 年选举期间收到 Bachmann for Congress PAC 捐款最多的 8 个 PAC

接受者	金额/美元
National Republican Congressional Committee	115 000
Republican Party Of Minnesota	41 500
Susan B Anthony List Inc. Candidate Fund	12 166
Freedom Club Federal Pac	10 000
Citizens United Political Victory Fund	10 000
Republican National Coalition For Life Political Action Committee	10 000
Koch Industries Inc Political Action Committee (KochPAC)	10 000
American Crystal Sugar Company Political Action Committee	10 000

一些提醒可能有所帮助：

(1) PAC 的捐款列在名为 Any Transaction from One Committee to Another 的 FEC 数据文件中，而该文件又包含在名为 oth.zip 的 zip 文件中。

(2) 可使用下面的代码段对值进行排序，从而将字典 C 转换为名为 sC 的排序列表(从最大到最小)。

```
sC = sorted(C.iteritems(), key=operator.itemgetter(1),reverse = True)
```

如果值是一个列表并且该列表的第一个元素是数字，此方法将起作用。

2.6　使用 timeit 模块和函数来比较用来构造对集合$\{(i,j)|0\leqslant i<j\leqslant n, i,j$ 都是整数$\}$的两个算法的执行时间。第一个算法应该使用列表推导，而第二个算法应该使用 union 操作符将每一对连接到对集合。设 $n\in\{100, 200, 300\}$。报告两种算法的计算时间和 n 的选择，并评论一下两者的差异。

2.7 消费者金融保护局是一个联邦机构，其任务是执行联邦消费者金融法律，保护金融服务和产品的消费者免受这些服务和产品提供者的渎职行为的影响。消费者金融保护局维护着一个记录消费者投诉的数据库。通过访问 http://www.consumerfinance.gov/complaintdatabase/#download-the-data 下载该数据库。确定哪十家公司经常在产品目录 Mortgage 和问题目录 Loan modification、collection、foreclosure 中出现。数据文件的第一条记录是一个属性列表。

第3章 可扩展算法和联合统计

摘要：单台计算机不足以处理大量数据集是非常常见的。常见问题是处理数据需要很长时间，而数据量超过主机的存储容量。虽然设计巧妙的算法有时可将处理时间缩短到可接受的范围，但如果数据量足够大，单个主机解决方案最终仍会失败。对数据量问题的更长远解决方案是用分布和处理数据的计算机网络取代单个主机。但在数据处理算法适应分布式计算环境前，硬件解决方案是不完整的。完整的解决方案需要可扩展的算法。可扩展性取决于算法计算的统计信息，允许可扩展性的统计信息是关联统计信息。可扩展性和关联统计数据是本章的主题。

3.1 引言

假设所关注的数据集非常大，必须将其划分为不同子集并由不同的主计算机进行处理。这种情况下，主计算机通过网络连接。主计算机通常被称为节点，以识别其作为网络成员的角色。由于计算工作量已经分布在整个网络中，因此该方案被称为分布式计算环境。而我们感兴趣的在于分布式计算解决方案的算法组件，具体来说，就是每个节点在数据子集上执行相同算法的情况。当所有节点完成计算后，将合并每个节点的结果。如果这种方法有效，将是一个很好的策略：只需要一个算法，一切都可自动完成。 如果节点是普通的计算单元，那么可处理的数据量没有明显限制。

最终结果不应取决于如何将数据划分为子集。更确切地说，回顾一下，集合 A 的分区是不相交子集的集合 A_1, $\cdots$, A_n，比如 $A=\cup_i A_i$。现在，考虑将数据划分为分区(因此，多个数据集中可能不包含任何观察或记录)。如果结果对于数据的所有可能分区都是相同的，算法就是可扩展的。如果满足可扩展性条件，那么在数据量增加的情况下，仅需要增加子集和节点的数量即可。唯一的限制是硬件和财务成本。另一方面，如果算法针对不同分区产生不同的结果，就应该确定产生最佳解决方案的分区。什么是最佳解决方案的问题是模棱两可的，没有标准来判断什么是最好的。最佳解决方案是使用所有数据一次性执行算法。在这个前提下，我们可转向可扩展算法。

之所以使用术语“可扩展”，是因为数据的规模不限制算法的功能。在前面数据映射的形式中已经遇到过可扩展数据简化算法。数据映射的使用仅限于基本操作，例如计算总数和构建列表。为执行更复杂的分析，需要使用可扩展算法计算各种统计数据，例如，参数向量β或相关矩阵的最小二乘估计。

并非所有统计数据都可用可扩展算法计算。可使用可扩展算法计算的统计数据称为关联的。关联统计数据的定义特征是，当数据集被划分为不相交子集的集合并从每个子集计算关联统计数据时，统计数据可组合或聚合，生成的值与从完整数据集获得的相同。如果算法的功能是计算关联统计数据，该算法就是可扩展的。

为使这些想法更具体，下一节将讨论一个涉及疾病控制与预防中心的 BRFSS 数据集的示例。然后讨论用于描述性分析的可扩展算法。该教程将指导读者通过可扩展算法总结定量变量分布的机制。用于计算相关矩阵的可扩展算法和线性回归参数向量β的最小二乘估计是另外两个教程的主题。首先看一下预测分析，证明可扩展算法和关联统计数据在数据科学中的重要性。

3.2 示例：美国的肥胖症数据

Mokdad 等人[40]描述了 1990—1999 年期间美国肥胖成人数量的明显快速增长。其他研究人员也观察到类似趋势。鉴于肥胖率的明显快速增加以及肥胖的负面影响，这种现象被称为“肥胖症流行”。最明显的是，肥胖与 2 型糖尿病有关，2 型糖尿病是一种慢性疾病，会对生活质量产生负面影响。

Mokdad 等人使用美国疾病控制与预防中心收集的数据进行分析[1]。CDC 的 BRFSS 调查现在是世界上规模最大的定期抽样调查。疾病控制与预防中心向美国成年居民询问了大量关于健康和相关行为的问题。近年来，每年收集超过 40 万条成年人的回复。在下面的教程中，读者将研究在 20 世纪最后十年中观察到的肥胖增加趋势是否持续到 21 世纪的第一个十年。

通常，数据分析的初始步骤涉及计算中心的量度和定量变量分布的扩展。如果感兴趣的变量是分类的，那么数据的数值摘要涉及计算具有特定属性或属于特定类别的观察单元的比例。例如，体重指数(kg/m^2)是一种广泛使用的体脂定量测量方法，可从中计算肥胖的分类度量(是否肥胖)。对 BRFSS 数据的第一次分析可将 2000 年体重指

1 第 1 章 1.2 节简要讨论了 BRFSS 数据。

数的估计平均值和肥胖居民的比例与 2010 年的相同统计数据进行比较，从而寻找支持或驳斥所谓的肥胖流行病延续的证据。从统计学角度看，我们的目标是在两个时间点估计美国成年居民人口的体重指数平均值 μ。通过计算和构建一个直方图，可收集关于体重指数的更多信息，该直方图显示了值在一组时间间隔内下降的人口的估计比例。

第一个算法任务是开发一种可扩展算法，以便使用大量数据计算 μ 和 σ^2 的估计值。然后，还会开发一种用于计算直方图的可扩展算法，并将其应用于 BRFSS 数据集和体重指数变量。

3.3　关联统计数据

首先从符号和术语开始。设 $D=\{x_1, x_2, \ldots, x_n\}$ 表示一组 n 个观测值。第 i 个观测值 $x_i=[x_{i,1}\ x_{i,2}\ \ldots\ x_{i,p}]^{\mathrm{T}}$ 由 p 个实数组成。D 的分区是不相交的子集 $D_1, D_2,\ldots,D_r$, $D=D_1\cup D_2\ldots\cup D_r$。设

$$\underset{d\times 1}{s(D)}=[s_1(D)\ \ s_2(D)\ \ \cdots\ \ s_d(D)]^{\mathrm{T}}$$

表示维度 $d\geqslant 1$ 的关联统计数据。如果统计数据具有关联性并且是低维的，则表示统计数据是关联的。我们非正式地使用术语“低维”(low-dimensional)来描述可存储但又不占用计算资源的统计数据。在实际意义上，关联性意味着数据集可被划分为 r 个子集，并可在每个子集上计算统计量。在所有 r 计算完成时，可聚合 r 个关联统计数据以获得在完整数据集上计算的统计值。因此，数据的分布式处理不会造成信息丢失或不确定性，计算关联统计数据的算法是可扩展的。

简而言之，假设给定分区 $\{D_1, D_2, \ldots, D_r\}$，如果统计数据 $s(D_1),s(D_2),\ldots,s(D_r)$ 可组合产生值 $s(D)$，那么统计值 s 是关联的。下面所示的双元素就是从一组 n 个实数(如 $D=\{x_1, x_2, \ldots, x_n\}$)计算出的关联统计数据的一个示例：

$$\underset{2\times 1}{s(D)}=\begin{bmatrix}\sum_{i=1}^{n} x_i\\ n\end{bmatrix}$$

$s(D)$的元素是 $s_1(D)=\sum_{i=1}^{n} x_i$、$s_2(D)=n$。关联性成立，因为 $s(D_1\cup D_2)=s(D_1)+s(D_2)$。例如，假设 D 被分区为 $D_1=\{x_1, \ldots, x_m\}$ 和 $D_2=\{x_{m+1}, \ldots, x_n\}$。

$$
\begin{aligned}
s(D_1)+s(D_2) &= \begin{bmatrix} \sum_{i=1}^{m} x_i \\ m \end{bmatrix} + \begin{bmatrix} \sum_{i=m+1}^{n} x_i \\ n-m \end{bmatrix} \\
&= \begin{bmatrix} \sum_{i=1}^{m} x_i + \sum_{i=m+1}^{n} x_i \\ m+n-m \end{bmatrix} \\
&= \begin{bmatrix} \sum_{i=1}^{n} x_i \\ n \end{bmatrix} = s(D)
\end{aligned}
$$

通过$s(D)$可使用样本均值来估计总体均值$\widehat{\mu} = s_1/s_2$。中位数是一个非关联统计数据的示例。例如，如果$D = \{1, 2, 3, 4, 100\}$，$D_1 = \{1, 2, 3, 4\}$，$D_2 = \{100\}$，那么中位数$(D_1)= 2.5$，并且没有方法将中位数(D_1)和中位数$(D_2) = 100$组合到中位数$(D) = 3$，但一般情况下可以这么做。

3.4 单变量观测

通常，数据分析的初步目标是描述变量分布的中心和扩散情况。这可通过从单变量数据$D = \{x_1, x_2, \ldots, x_n\}$的样本估计总体均值$\mu$和方差$\sigma^2$来实现。除了平均值$\widehat{\mu} = \sum x_i/n$的估计量外，还需要方差$\sigma^2$的估计量，例如，观测值与样本平均值之间的平均平方差：

$$
\begin{aligned}
\widehat{\sigma}^2 &= n^{-1} \sum (x_i - \widehat{\mu})^2 \\
&= n^{-1} \sum x_i^2 - \left(n^{-1} \sum x_i\right)^2
\end{aligned} \tag{3.1}
$$

通过式(3.1)，我们可推断出可使用关联统计数据

$$
\underset{3\times 1}{s(D)} = \begin{bmatrix} \sum_{i=1}^{n} x_i \\ \sum_{i=1}^{n} x_i^2 \\ n \end{bmatrix} \tag{3.2}
$$

估计平均值和方差。设$s(D)=[s_1 \quad s_2 \quad s_3]^{\mathrm{T}}$，那么估计值为：

$$
\begin{aligned}
\widehat{\mu} &= \frac{s_1}{s_3}, \\
\widehat{\sigma}^2 &= \frac{s_2}{s_3} - \left(\frac{s_1}{s_3}\right)^2
\end{aligned} \tag{3.3}
$$

式(3.2)中所示的统计数据是关联的，因为加法是关联的；例如，$\sum_{i=1}^{n} x_i = \sum_{i=1}^{m} x_i + \sum_{i=m+1}^{n} x_i$，其中整数$1 \leqslant m < n$。因此，用于计算平均值和方差的估计量的可扩展算法首先计算关联统计数据$s(D)$，然后根据式(3.3)计算估计值。如果D的大小对于单个主机来说太大，那么可将D划分为$D_1, \ldots, D_r$和分布到r个网络节点的子集。在节点j处，计算$s(D_j)$。当所有节点完成各自的任务并将其统计数据返

回给单个主机时，可使用式(3.3)计算 $s(D)=\sum_j^r s(D_j)$，然后计算$\widehat{\mu}$和$\widehat{\sigma}^2$。

接下来考虑一个常见情况。数据集 D 太大而无法存储在内存中，但它并没有大到不能存储在一台计算机中。这些数据可以是完整集合，也可以是较大分区集合的一个子集。但不管怎样，手边的数据仍然太大，不能立即读入内存。可使用两种算法来解决内存问题，这两种算法方法足够通用，适于解决各种问题。为了简单和具体，下面描述式(3.2)所给出的计算关联统计数据的算法。

"块"(block)是由连续行或记录组成的 D 的子集，这些行或记录小到足以驻留在内存中。 假设块是 $D_1, D_2, \ldots, D_r$，其中 D_j 包含 n_j 个观测值。

$$D = \{\underbrace{x_1, \ldots, x_{n_1}}_{D_1}, \underbrace{x_{n_1+1}, \ldots, x_{n_1+n_2}}_{D_2}, \ldots, \underbrace{x_{n_1+\cdots+n_{r-1}+1}, \ldots, x_{n_1+\cdots+n_r}}_{D_r}\} \tag{3.4}$$

这些块形成 D 的分区，因为每个观测值只属于一个子集。算法是：

(1) 按照一次处理一个块的方式处理 D。计算 $s(D_j)$，$j = 1, 2, \ldots, r$。在处理完 D_j 时，将 $s(D_j)$存储到字典中，使用 j 作为键，使用 $s(D_j)$作为值。或将 $s(D_j)$存储为 $r\times3$ 矩阵的行 j。完成后，计算 $s(D_1)+ s(D_2)+\ldots+ s(D_r)= s(D)$。

(2) 一个稍微简单一点的算法构建 $s(D)$，因为每一行都是通过更新 s 来读取的。在处理数据前，将关联统计数据 $s=[s_1\quad s_2\quad s_3]^{\mathrm{T}}$ 初始化为 0。初始化步骤简写为$[0\ 0\ 0]^{\mathrm{T}}\to s$，其中 $a\to b$ 表示将 a 分配给 b。在读取第 j 个观测值 $x_j\in D$ 时，通过计算下式更新 s：

$$\begin{aligned} s_1 + x_j &\to s_1 \\ s_2 + x_j^2 &\to s_2 \\ s_3 + 1 &\to s_3 \end{aligned} \tag{3.5}$$

这种一次一行的算法是一种可扩展算法。可通过将 D 划分为 n 个单例集或块看到这一点：$D_j= \{x_j\}$，$j = 1,2,\ldots,n$。应用于基准 x_j 的统计数据 s 为 $s(\{x_j\})= [x_j\quad x_j^2\quad 1]^{\mathrm{T}}$。因此，更新 $s(\{x_1, x_2, \ldots, x_{j-1}\})$的过程计算如下。

$$\begin{aligned} s(\{x_1, x_2, \ldots, x_{j-1}\}) + s(\{x_j\}) &= s\left(\cup_{i=1}^{j-1} D_i\right) + s\left(D_j\right) \\ &= s\left(\cup_{i=1}^{j} D_i\right) \end{aligned}$$

集合 D_j 不是在实际应用程序中创建的，我们只是更新式(3.5)中所示的关联统计数据。 如果要重复使用该算法，需要注意到以一次一行的方式读取数据集可能比以块的方式读取数据文件要慢。但根据我们的经验，当使用 Python 时，一次读取一行的速度不会明显减慢。

下一节提供了探索性数据分析中常用统计数据的示例：直方图。通常情况下，虽然人们并没有意识到这一点，但直方图是一种可视化显示，可解释统计数据。此外，直方图可作为关联统计数据进行转换，因此它可用于分析大量数据集。

3.4.1 直方图

对变量的全面分析通常涉及经验或样本分布的可视化显示。术语“经验”用于区分从样本构建的分布与在观察到总体上的所有值时所构建的真实分布。直方图和相关的箱形图通常用于此目的。当数据量很大时，直方图成为可视化的选择，因为它可详细显示分布。详细水平通常在分析师的控制之下。在视觉上，直方图将经验分布显示为在变量范围内绘制的一组连续矩形。矩形高度与落入矩形基底定义的区间内的值的频率(和相对频率)成正比。

图 3.1 显示了根据美国居民体重指数(kg/m^2)的样本分布建立的一对重叠的直方图。体重指数是按个人身高换算的体重。尺度变换解释了个体之间的身高差异，并且无论身高如何都可进行体重比较。该直方图是使用美国疾病控制与预防中心的 BRFSS 调查过程中收集的数据构建的。红色直方图是根据 2000 年、2001 年、2002 年和 2003 年收集的 1 020 126 个观测值构建的，而蓝色直方图来自 2011 年、2012 年、2013 年和 2014 年收集的 2 848 199 个观测值。直方图可用来检验美国已经流行肥胖症的断言[26]。由于个体体重指数至少为 30 kg/m^2 时才被认为是肥胖，因此图 3.1 提供了肥胖成人百分比增加的可视化证实。在 2000 年的数据集中，肥胖者的百分比是 19.84%，而在 2014 年的数据集中，有 28.74%的人的体重指数超过了临界值。肥胖百分比增加 100×(28.74 - 19.84)/19.84，约为 44.9%。

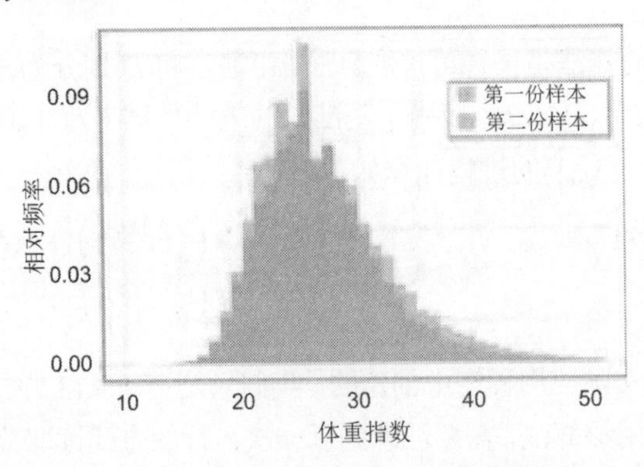

图 3.1 美国居民的两份样本构建的体重指数的直方图。第一份样本是在 2000—2003 年期间收集的，第二份样本是在 2011—2014 年期间收集的。所有数据均由美国疾病控制与预防中心的 BRFSS 收集

但直方图提供了更多信息。从第一阶段到第二阶段，体重指数值已经发生了变化。

否则，分布的形状就是相似的。两个直方图略微向右偏，右尾比左尾更长。右偏意味着体重指数值非常大的个体比体重指数非常小的个体更多[2]。

3.4.2　直方图的构建

直方图是一组数据对。 每对对应于形成视觉直方图的矩形之一。该对的一个元素定义了矩形底边的区间，第二个元素指定了高度。高度要么落入区间内的观测值的数量，要么落入区间的观测值的相对频率。区间的并集跨越了所观察到的一个相关变量的范围。因此，我们也将直方图(数学上)定义为对的集合

$$H = \{(b_1, p_1), \ldots, (b_h, p_h)\} \tag{3.6}$$

间隔的数量是 h。第一个区间是 $b_1 = [l_1, u_1]$，对于 $i > 1$，第 i 个区间是 $b_i =(l_i, u_i)$。对的第二个元素 p_i 是属于区间的观测值的相对频率。术语 p_i 常用作属于 b_i 的人口比例的估计量。区间 $b_i + 1$ 以前一个区间的上限作为其下限，即 $l_{i+1} = u_i$。我们将间隔在左边表示为开，在右边表示为闭，但也可在左边表示为闭，在右边表示为开。任何情况下，等长区间是通过将范围划分为 h 段形成的。通常，数据集中的每个观测值属于直方图基底，$[l_1, u_h]$。不可否认，所有观测值都包含在直方图中的规定有时是一个缺点，因为它可能使你很难看到一些更详细的细节。

假设数据集 D 非常大并且不能驻留在内存中。构造直方图 H 需要可扩展算法，并且制定算法需要精确描述构建 H 的过程。简言之，通过计算落在每个区间中的观测值数量来计算 H。必须在计数之前构造区间，因此，必须使用可扩展算法将数据集处理两次。第一次确定区间的数量和宽度。第二次计算每个区间的观测值数量。

用于构建直方图的算法从确定 D 中最小和最大观测值开始。设 $x_{[1]} = \min(D)$表示最小观测值，$x_{[n]} = \max(D)$表示最大值。必须检查数据集中的每个观察值以确定 $x_{[1]}$和 $x_{[n]}$，因此第一次遍历数据只计算 $x_{[1]}$和 $x_{[n]}$。然后，将范围计算为 $x_{[n]} - x_{[1]}$。区间宽度 $w =(x_{[n]} - x_{[1]})/ h$，其中 h 是选择的区间数。区间如下：

$$\begin{aligned} b_1 &= \left[x_{[1]}, x_{[1]} + w\right] \\ &\vdots \\ b_i &= \left(x_{[1]} + (i - 1)w, x_{[1]} + iw\right] \\ &\vdots \\ b_h &= \left(x_{[1]} + (h - 1)w, x_{[n]}\right] \end{aligned}$$

2 当一个变量的值小于或等于 0 时，右偏是常见的，就像体重指数一样，因为没有人的体重指数小于或等于 0。

本质上，该算法将数据集 D 映射到一组区间，$B=\{b_1,\ldots,b_h\}$，也可写为 $D\to B$。

第二种算法将 D 和 B 映射到字典 C，其中键是区间，值是落入特定区间的观测值数量，可写成$(D, B)\to C$。

在计算上，第二种算法通过计算属于每个区间的观测值数量来填充字典 C。对于 $i=1,\ldots,h$，确定观测值属于哪个区间相当于检验该观测值是否属于 b_i。[3]当发现包含观测值的间隔时，属于该区间的观测值计数增加 1，并处理下一个观测值。在处理完所有观测值后，通过将区间计数除以 n 来计算属于每个区间的观测值的相对频率。然后，字典可采用可视化的形式呈现。

如果算法是可扩展的，那么构建 H 的统计数据必须是关联的。关联性和可扩展性的关键是使用一组区间来形成直方图基底。

如上所述，第一次遍历 D 计算了双元素 $s(D)=[\min(D) \quad \max(D)]^{\mathrm{T}}$。假设 $D_1, D_2, \ldots, D_r$ 是 D 的分区，那么可认为 $s(D)$是关联的。假设

$$s(D_j)=\begin{bmatrix}\min(D_j)\\ \max(D_j)\end{bmatrix}, j=1,\ldots,r \tag{3.7}$$

再设 $s_1(D)=\min(D)$，$s_2(D)=\max(D)$，所以 $s(D)=[s_1(D) \quad s_2(D)]^{\mathrm{T}}$。 然后：

$$\begin{aligned} s_1(D) &= \min(D) \\ &= \min(D_1\cup\cdots\cup D_r) \\ &= \min\{\min(D_1),\ldots,\min(D_r)\} \\ &= \min\{s_1(D_1),\ldots,s_1(D_r)\} \end{aligned} \tag{3.8}$$

同样，$\max(D)=\max\{\max(D_1),\ldots,\max(D_r)\}$。改变符号，可看到 $s_2(D)=\max\{s_2(D_1),\ldots,s_2(D_r)\}$。因为 $s(D)$可从 $s(D_1),\ldots,s(D_r)$计算得到，所以统计数据是关联的。

直方图的范围和区间完全取决于关联统计数据 s 和 h 的选择。给定 h，无论 D 如何分区，都创建相同的区间集。因此，计算 B 的可扩展算法是可行的。

第二种算法通过确定 c_j(数据集 D 中属于 b_j 的观测计数，其中 $j=1,\ldots,h$)来填充字典 $C=\{(b_1,c_1),\ldots,(b_h, c_h)\}$。如果 D 已被分为 r 个子集，则使用 B 和分区 D_j 来构造第 j 个计数集。数学上，$(D_j, B)\to C_j$。 然后，集合 $C_1,\ldots,C_r$ 通过在每个区间的集合中添加计数进行聚合。

3.5 函数

下一个教程引导读者创建用户定义的函数。使用函数的原因是可以让程序更容易

---

3 当然，一旦确定观测值属于一个区间，就不需要测试任何其他区间了。

理解并避免重复编写相同的操作。函数的代码段只有一行指令，例如 y = f(x)。代码段应该具有明确定义的目的，并且通常被多次使用，例如，在程序中的多个位置，或多个程序中，或者在 for 循环中。

通常，函数定义不在主程序中，而位于程序的顶部或单独的文件中。但是，在主程序中编写属于某一函数的代码是很有用的。通过在调用函数的位置编写代码，程序员可访问函数代码中变量的值，以便进行调试。而一旦代码段包含在一个函数中，变量就变为局部变量，在函数外部未定义，无法进行检查。当代码段正确执行时，可将代码移出主程序并放入函数。

函数由关键字 def 初始化，并通常由 return 语句结束。例如，函数 product 计算传递给函数的两个参数 x 和 y 的乘积：

```
def product(x,y):
    xy = x*y
    return xy
```

使用语句 z = product(a, b)调用该函数。变量 xy 是函数的本地变量，在程序外引用该变量会引发 NameError。但有时不需要返回声明；例如，函数 product 的另一个版本打印 x 和 y 的乘积：

```
def product(x,y):
     print(x*y)
```

请注意，xy 在函数外部未定义，因为它不会返回。

在调用函数前，必须由 Python 解释器编译该函数。因此，函数应该位于文件顶部；或者，将它放在包含一组函数的带有 py 扩展名的文件中，如 functions.py。可使用下面所示的指令将函数 product 导入主程序中：

```
from functions import product
```

3.6 教程：直方图的构建

本教程的目的显然是构建图 3.1。在构建直方图的过程中，读者将估计美国成年居民的体重指数分布，时间间隔大约为 10 年。此外，本教程还扩展了字典的使用，以便进行数据缩减，并使读者了解加权方法。本教程中使用的数据集来自疾病控制与预防中心(CDC)，并且应该引人注意，因为其中包含大量未利用的信息。

这些数据是在美国成年人的 BRFSS 年度调查过程中收集的。在电话采访中，对一群成年人进行了调查，询问了一系列关于健康和相关行为的问题。调查对象是通过抽样固定电话和手机号码并拨打电话号码和要求采访等方式选出的。由于使用了不同的协议对固定电话和手机号码进行抽样，因此抽样的个体不具有相同的抽样概率。也就是说，某些子群体，例如年轻的土地所有者可能在样本中的比例过高或过低。不考虑抽样设计可能导致对总体参数的估计存在偏差。为调整不相等的抽样概率，CDC 已将抽样权重附加到每个观察点。可将抽样权重结合到估计量中以校正不相等的抽样概率，而这是第 7 章中详细讨论的一个主题。在此只进行简单讨论。

首先，考虑估计总体平均值 μ。μ 的估计可以表示为：

$$\hat{\mu} = \sum_{j=1}^{n} w_j x_j \tag{3.9}$$

其中 w_j 是反映 x_j 对估计量的贡献的权重。传统的样本均值是加权均值——对于 j=1,…,n，w_j 被定义为 $w_j = 1/n$。当然，每次观察对估计都有相同的权重和贡献。可以使用任何权重集，只要所有权重都是非负的并且总和为 1 即可。通常，权重用于减少估计量的偏差。

样本比例也是样本均值，前提是被平均的变量是指标变量。指标变量标识第 j 个抽样单元是否具有特定属性。例如，可将 $I_{\geqslant 30}(x_j)$定义为识别肥胖个体的指标变量。肥胖被定义为体重指数大于或等于 $30\text{kg}/\text{m}^2$。 因此，指标变量为

$$I_{\geqslant 30}(x) = \begin{cases} 1, & x \geqslant 30 \\ 0, & x < 30 \end{cases} \tag{3.10}$$

其中 x 是个体的体重指数。可以说 I 是事件$\{x \geqslant 30\}$的指标变量。$I_{\geqslant 30}(x_1),\ldots,I_{\geqslant 30}(x_n)$的样本均值是样本中肥胖个体的比例。

在直方图的上下文中，感兴趣的属性是体重指数值 x_j 是否包含在区间 b_i 中。属于 b_i 的成员总体比例是通过指标变量的样本均值来估计的。

$$p_i = n^{-1} \sum_{j=1}^{n} I_i(x_j) \tag{3.11}$$

其中 $I_i(x)$是事件$\{x \in b_i\}$的指标变量。由于希望将抽样权重与 BRFSS 数据一起使用，因此将属于 b_i 的成员的总体比例的估计值定义为 $p_i = \sum_{j=1}^{n} w_j I_i(x_j)$，假设权重是非负的并且总和为 1。如果权重是非负的但总和不为 1，那么我们可通过计算下面的值来权衡权重：

$$p_i = \frac{\sum_j w_j I_i(x_j)}{\sum_j w_j} \tag{3.12}$$

这相当于使用一组权重$v_1 = w_1/\sum w_j, \ldots, v_n = w_n/\sum w_j$，其总和为 1。

由于我们的目标是比较 20 年来体重指数的成人分布，因此使用了每 10 年中 4 年的数据，分析中有 8 个数据文件。

(1) 创建一个用于存储数据文件的目录。建议将与本书相关的文件保存在一个目录中，每个章节都有子目录。由于一些数据文件和一些函数将在多个章节中使用，因此，分别构建一个包含这些数据文件和函数的子目录是很方便的[4]。建议使用以下目录结构：

```
Algorithms
    DataMaps
        PythonScripts
        Rscripts
        Data
    ScalableAlgorithms
        PythonScripts
        Rscripts
        Data
    Data
        LLCP2014.ASC
        LLCP2013.ASC
    ModuleDir
        functions.py
```

目录 ModuleDir 包含用户编写的模块。模块是可由任何 Python 脚本加载和使用的函数集合。使用函数和模块可以编写出更有组织的代码，并减少编写代码多次执行相同操作的可能性。

(2) 导航至 BRFSS 数据门户网站 http://www.cdc.gov/brfss/annual_data/annual_data.htm。检索表 3.1 中列出的文件并将它们放在步骤(1)所创建的数据目录中。解压缩每个文件并删除 zip 文件。

表 3.1　BRFSS 数据文件名以及体重指数、抽样权重和性别的子串位置。位置是单索引

年份	文件	体重指数		抽样权重		性别字段
		起始	结束	起始	结束	
2000	cdbrfs00asc.ZIP	862	864	832	841	174
2001	cdbrfs01asc.ZIP	725	730	686	695	139

4 第 7 章在所有教程中使用了这些 BRFSS 数据文件。

(续表)

年份	文件	体重指数		抽样权重		性别字段
		起始	结束	起始	结束	
2002	cdbrfs02asc.ZIP	933	936	822	831	149
2003	CDBRFS03.ZIP	854	857	745	754	161
2011	LLCP2011.ZIP	1533	1536	1475	1484	151
2012	LLCP2012.ZIP	1644	1647	1449	1458	141
2013	LLCP2013.ZIP	2192	2195	1953	1962	178
2014	LLCP2014.ZIP	2247	2250	2007	2016	178

(3) 如果要查看其中一个数据文件的内容，请打开 Linux 终端并提交以下格式的命令：

```
cat LLCP2011.ASC | more
```

BRFSS 数据文件中的每条记录都是一个字符串，没有分隔符来标识特定变量。文件格式是固定宽度的，这意味着变量是根据字符串中确定的不变位置来定位的(回顾一下，该记录是一个字符串)。因此，变量是作为每条记录的子字符串提取的。遗憾的是，字符串或字段位置取决于年份，并且每次处理不同年份时必须重新确定字段位置。表 3.1 包含几个变量的字段位置。字段位置与 BRFSS 码本完全一样。码本描述了变量和字段位置。例如，https://www.cdc.gov/brfss/annual_data/2014/pdf/codebook14_llcp.pdf 是 2014 年的码本。

表 3.1 中的字段位置是单索引。当使用单索引时，字符串 s 中的第一个字符是 s [1]。但 Python 使用零索引来引用 string 中的字符[5]，因此必须相应地调整表 3.1 中的值。

(4) 创建一个 Python 脚本。第一个代码段创建一个字典，其中包含体重指数和抽样权重的字段位置。另外，将创建一个字典的字典。外部字典名为 fieldDict，该字典的键是年份，虽然只使用年份的最后两位而不是全部四位。以下代码段中的第一条指令初始化 fieldDict。在初始化字典时定义键。

fieldDict 的值是字典，其中键是变量名称，这些内部字典的值是标识变量的第一个和最后一个字段位置的对。在初始化 fieldDict 之后的两行显示了 2000 年(field[0])和 2001 年(field[1])的字典：

```
fieldDict = dict.fromkeys([0, 1, 2, 3, 11, 12, 13, 14])
```

5 Python 字符串中的第一个字符是 s [0]。

```
fieldDict[0] = {'bmi':(862, 864), 'weight':(832, 841)}
fieldDict[1] = {'bmi':(725, 730), 'weight':(686, 695)}
```

(5) 通过使用表 3.1 中的信息，将剩余的内部字典条目添加到 fieldDict，即 2002 年、2003 年、2011 年、2012 年、2013 年和 2014 年对应的内容。然后打印 fieldDict 的内容并与表 3.1 进行比较来检查代码。遍历年份并打印：

```
for year in fieldDict:
    print(year, fieldDict[year])
```

(6) 在其他几个教程中还会用到 fieldDict，并添加其他变量和年份。为使脚本简短易读，请将构建 fieldDict 的代码段移到一个函数中。目前，将函数定义放在 Python 脚本的顶部。

```
def fieldDictBuild():
    fieldDict[0] = {'bmi':(862,864),'weight':(832,841)}
    ...
    fieldDict[14] = {'bmi':(2247,2250),'weight':(2007,2016)}
    return fieldDict
```

(7) 使用指令 fieldDict = fieldDictBuild()调用该函数。打印 fieldDict 并检查它是否与表 3.1 中的条目一致。

(8) 接下来的两条指令指导读者构建一个包含 fieldDictBuild 的模块。先创建一个名为 ModuleDir 的目录和一个名为 functions.py 的 Python 脚本。指令 1 提供了关于目录的结构和名称的建议。从其脚本顶部的位置删除 fieldDict 并将其放在 functions.py 中。现在，functions.py 是一个模块——可从其他程序调用的定义和函数的集合。函数 fieldDictBuild 通过执行以下指令创建 fieldDict：

```
fieldDict = functions.fieldDictBuild()
```

但在此函数调用成功执行之前，必须使用下面的指令导入 functions 模块。

```
from ModuleDir import functions
```

ModuleDir 是包含文件 functions.py 的目录。此外，该目录可能包含与 functions 无关的其他模块。

(9) 最后，如果包含 functions.py 的目录与正在执行的脚本的位置不同，则必须指示解释器在哪里搜索 functions.py。如果出现这种情况，则指示编译器在哪里搜索模块。假设 functions.py 的完整路径是/home/Algorithms/ModuleDir/functions.py，请将以下指令放在脚本的顶部：

```
import os,sys

parentDir = r'/home/Algorithms/'
if parentDir not in set(sys.path):
    sys.path.append(parentDir)
    print(sys.path)
from ModuleDir import functions
dir(functions)
```

你的路径(parentDir)可能会有所不同[6]。请注意，该目录的路径省略了包含该函数的目录的名称。在路径前添加 r 指示 Python 逐字读取反斜杠。如果在 Windows 环境中工作，则可能需要此功能。

当修改 functions.py 时，解释器只有重新加载它才能使更改生效。必须指示解释器重新加载它，否则就必须重新启动解释器[7]。可使用库中的函数重新加载模块。如果所用的是 Python 3.4 或更高版本，则可使用 import importlib 指令导入库 importlib。指令如下。

```
import importlib
reload(functions) # Python 3.4 or above
```

重新加载 functions。如果 reload 未更新对 functions.py 的更改，则重新启动控制台。重新启动 Python 控制台也将重新加载所有模块。如果所使用的 Python 版本是 3.3 或更低版本，则使用以下指令导入库 imp 并重新加载 functions：

```
import imp
imp.reload(functions) # Python 2 and 3.2-3.3
```

重新加载后，使用指令 dir(functions)检查模块 functions 的内容。dir(functions)将列出所有可用的函数，包括许多内置函数[8]。

(10) 函数 fieldDictBuild 将在调用时构建 fieldDict：

```
fieldDict = functions.fieldDictBuild()
```

在 reload(functions)指令之后将该指令添加到脚本中。

(11) 构建一个 for 循环，它将处理位于数据目录中的所有文件。首先创建一个包含目录中文件名称的列表。然后遍历列表，并随着遍历的进行，测试当前文件名是不

6 如果你的操作系统是 Windows，则不会以/ home / ...开头。

7 在 Spyder 中，关闭控制台，从而终止内核，然后启动一个新的控制台以重新启动解释器。

8 尽管调用了 reload 功能，但如果 functions.py 中的函数未编译，则执行 functions.py。

是表 3.1 中列出的 BRFSS 数据文件之一。这是通过从文件名中提取占据位置 6 和 7 的两个字符子串来完成的。如果双字符串无法转换为整数，那么文件名不是 BRFSS 数据文件之一，Python 解释器将抛出 ValueError。可使用异常处理程序执行字符串到整数的转换，这样一来就可在不导致程序终止的情况下传入目录中的任何不是 BRFSS 数据文件的文件。

```
path = r'../Data/' # Set the path to match your data directory.
fileList = os.listdir(path) # Creates a list of files in path
for filename in fileList:
  try:
      shortYear = int(filename[6:8])
      year = 2000 + shortYear

      fields = functions.fieldDict[shortYear]
      sWt, eWt = fields['weight']
      sBMI, eBMI = fields['bmi']

      file = path+filename
      print(file,sWt, eWt,sBMI, eBMI)
  except(ValueError, KeyError):
      pass
```

中间三条指令提取了抽样权重和体重指数的字段位置。第一条指令使用两位数年份作为关键字从 fieldDict 中提取 fields 字典。然后，提取变量的开始和结束位置。起始位置和结束位置是从 BRFSS 码本翻译过来的字段位置。可在与数据文件相同的网页上找到特定年份的 BRFSS 码本[9]。码本使用单索引列出字段位置。单索引将字符串中的第一个字段标识为第 1 列。但 Python 对字符串使用零索引，因此必须在提取值时进行调整。

(12) 当程序遍历文件列表时，以下代码段处理每个数据文件。代码必须嵌套在异常处理程序的 try 分支中(指令 11)。 在上面的 print 语句后插入代码段。

```
with open(file, 'r', encoding='latin-1') as f:
   for record in f:
      print(len(record))
```

在 Python 3 中，当 for 循环中断或到达文件末尾时，指令 with open 强制关闭文件。此时不需要 f.close()指令。因此，在读取文件时要执行的所有指令必须嵌套在 with open

9 码本包含大量有关数据和数据文件结构的信息。

指令中。

(13) 在指令12的for循环中，通过切片从每个记录中提取体重指数和抽样权重。如果使用指令 record[a:b]对名为 record 的字符串进行切片，那么结果是由字段 a, a+1, …, b-1 中的项组成的子字符串。请注意，字段b中的字符不包含在切片中。使用单索引字段位置 sWt 和 eWt 将抽样权重字符串转换为浮点数，并可以使用指令11中提取的 sBMI 和 eBMI 来提取包含体重指数值的字符串。

```
weight = float(record[sWt-1:eWt])
bmiString = record[sBMI-1:eBMI]
```

下一个代码段将 bmiString 转换为浮点数。

(14) 体重指数的 BRFSS 格式和缺失值代码取决于年份，因此可使用特定于年份的指令将字符串转换为浮点数。此外，小数点已从字符串中删除，必须插入。如果未遇到缺失值代码，则使用以下代码将 bmiString 转换为浮点值。而如果遇到缺失值代码，那么体重指数被赋值为0。由于没有直方图区间包含0，因此在直方图的构造中将有效地省略具有缺失值代码的记录。

```
bmi = 0
if shortYear == 0 and bmiString != '999':
    bmi = 0.1*float(bmiString)
if shortYear == 1 and bmiString != '999999':
    bmi = 0.0001*float(bmiString)
if 2 <= shortYear <= 10 and bmiString != '9999':
    bmi = 0.01*float(bmiString)
if shortYear > 10 and bmiString != ' ':
    bmi = 0.01*float(bmiString)
print(bmiString, bmi)
```

空字符串的长度必须与 bmiString 的长度相同。

(15) 当可正确地将包含体重指数的字符串转换为十进制表达式时，可在代码段之前放置以下声明，从而将其转换为函数：

```
def convertBMI(bmiString, shortYear):
```

然后缩进代码段并在代码段的末尾添加指令 return bmi。

(16) 添加下面的指令以调用函数：

```
bmi = convertBMI(bmiString, shortYear)
```

运行程序。如果成功，则将 convertBMI 的定义移动到 functions.py。在重新编译函数之前，该函数将不可用，因此请执行脚本 functions.py，并使用下面的指令调用该函数：

```
bmi = functions.convertBMI(bmiString, shortYear)
```

(17) 返回到程序的开头并设置字典以包含直方图。将为每一年份创建一个直方图，并且每个直方图都由一个字典表示，该字典使用区间作为关键字并将抽样权重的总和作为值(通常，该值为落在区间的下限和上限之间的观测计数)。每个直方图区间是一个元组，其中元组元素是区间的下限和上限。同时，该值还是一个浮点数，因为它是抽样权重的总和。使用列表推导将对应于直方图的一组区间创建为列表：

```
intervals = [(10+i, 10+(i+1)) for i in range(65)]
```

将该指令放在遍历 fileList 的 for 循环之前。第一个和最后一个键分别是(10, 11)和(74, 75)。根据测试观测值是否落入某一区间所使用的方式，直方图会暂时跨越一个半开区间(10, 75)。少数人的体重指数会超出此范围。我们将忽略这些个体，因为数量太少，不能影响直方图的形状或干扰可读性。

(18) 构建直方图的字典，其中键是年份，值是字典。

```
years = [2000, 2001, 2002, 2003, 2011, 2012, 2013, 2014]
histDict = {}
for year in years:
     histDict[year] = dict.fromkeys(intervals,0)
```

与键 year 相关联的值是一个字典。这些内部字典的键是年份的直方图区间。内部字典的值初始化为 0。

(19) 返回处理 fileList 的 for 循环。我们将在处理文件时填充与数据文件相对应的直方图或等效的年份。第一步是通过在提取权重和体重指数的字段位置之后立即添加指令 histogram = histDict [year]来识别要填充的直方图(指令 11)。

(20) 假设没有抛出 ValueError，从记录中成功提取了体重指数和抽样权重。增加包含体重指数值的直方图区间的权重总和。下面的 for 循环遍历直方图中的每个区间。区间的下限是 interval[0]，上限是 interval[1]。

```
for interval in histogram:
    if interval[0] < bmi <= interval[1]:
        histogram[interval] += weight
        break
```

当找到正确的区间时，break 指令终止 for 循环。

此代码段必须位于 for record in f 启动的 for 循环内，以便每次将 bmiString 转换为 float bmi 时执行，缩进应该与语句 if shortYear > 10 and bmiString ! = ' ':相同。

当到达文件末尾时，histogram 将包含式(3.12)的分子中显示的权重之和。由于设置了 histogram = histDict [year]且该指令的结果是 histDict[year]和 histogram 引用内存中的相同位置，因此字典 histDict [year] 也将被填充。可通过执行 print(id (histogram),id(histDict [year]))进行测试。函数 id 显示对象的唯一标识符[10]。

(21) 计算在区间(10, 75]之外的体重指数值的数量可能是有意义的。在处理文件前初始化两个变量 outCunter 和 n，并将它们设置为 0。添加下面所示的指令并进行缩进，以便它们在指令 20 中所示的代码段之后立即执行。

```
n += 1
outCounter += int(bmi < 10 or bmi > 75)
if n % 10000 == 0:
    print(year,n,outCounter)
```

到目前为止，该程序通过将记录映射到年度直方图来实现映射算法。下面所示的代码将年度直方图映射到十年直方图中，从而简化了算法。该代码段在处理完所有数据文件后执行。

(22) 初始化一个双元素列表 decadeWts，使其包含每十年的抽样权重总和。然后创建一个名为 decadeDict 的字典，其结构与 histDict 相同，但键是几十年而不是几年。与十年键相关联的值是一个直方图字典。该直方图字典的键是区间，值是抽样权重总和。代码如下所示：

```
decadeWts = [0]*2
decades = [0, 1]
decadeDict = {}
for decade in decades:
    decadeDict[decade] = dict.fromkeys(intervals, 0)
```

列表 intervals 是在前面创建的(指令 17)。

(23) 构造一个遍历列表 years 的 for 循环，并将年度直方图映射到适当的十年直方图：

```
for year in years:
    decade = int(year/2005)
    histogram = histDict[year]
```

10 在控制台上提交指令 a = b = 1 是有用的。 然后提交 a = 2 并打印 b 的值。此时所得到的教训是：当设置两个变量相等时要小心。

指令 decade = int(year / 2005)产生小于或等于 2005 /year 的最大整数，从而将十年确定为 0 或 1。

(24) 当指令 23 的 for 循环遍历年份时，将计算该年份的抽样权重之和。具体来说，提取与每个区间相关的抽样权重和，然后在十年字典中增加抽样权重和：

```
for interval in histogram:
    weightSum = histogram[interval]
    decadeDict[decade][interval] += weightSum
    decadeWts[decade] += weightSum
```

由于 for 循环要在每个年份执行，因此必须与指令 histogram = histDict [year]对齐。

(25) 现在可对十年直方图进行扩展，以包含在特定区间内体重指数下降的人口的估计比例。

```
for decade in decadeDict:
    histogram = decadeDict[decade]
    for interval in histogram:
        histogram[interval] = histogram[interval]/decadeWts[decade]
```

同样使用了这样一个事实，即将一个变量赋值给另一个变量只会为同一个变量(或内存位置)生成两个名称。

(26) 接下来将使用 Python 模块 matplotlib 来绘制二十年的直方图。在准备绘图时，从 matplotlib 导入绘图函数 pyplot 并创建包含直方图区间中点的列表 x。此外，要创建一个列表 y，其中包含与每个区间关联的估计比例。从 x 和 y 中排除超过 50 的区间，因为体重指数大于 50 的个体相对较少。

```
import matplotlib.pyplot as plt

x = [np.mean(pair) for pair in intervals if pair[0] < 50]
y = [decadeDict[0][pair] for pair in intervals if pair[0] < 50]
plt.plot(x, y)
y = [decadeDict[1][pair] for pair in intervals if pair[0] < 50]
plt.plot(x, y)
plt.legend([str(label) for label in range(2)], loc='upper right')
```

在同一个图上绘制了两个直方图。

直方图不具有传统的矩形或阶梯形。如果在调用 plt.plot(x，y)中包含参数 drawstyle ='steps'，直方图将显示为一系列阶梯(我们发现，如果将两个直方图显示为一系列阶梯，就很难区分它们了)。如果直方图显示在单独的图形上，则在绘制直方图之前设置图形编号。

```
x = [np.mean(pair) for pair in intervals if pair[0] < 50]
y = [decadeDict[0][pair] for pair in intervals if pair[0] < 50]
plt.figure(1)
plt.plot(x, y, drawstyle='steps')
y = [decadeDict[1][pair] for pair in intervals if pair[0] < 50]
plt.figure(2)
plt.plot(x, y, drawstyle='steps')
```

(27) 有可视化证据显示，在体重指数分布方面，数十年之间存在差异，但在我们看来，这似乎不是很有说服力的证据，支持美国正遭受肥胖症流行的断言。计算过去二十年中体重指数大于或等于 30kg/m^2 的肥胖人群的比例。第一个十年的计算方式如下。

```
print(sum([decadeDict[0][(a,b)] for a, b in decadeDict[0] if a >= 30]))
```

(28) 计算相对于前十年的百分比变化，如$100(\widehat{\pi}_{2010}-\widehat{\pi}_{2000})/\widehat{\pi}_{2000}\%$。该统计数据是否支持流行病正在发生的断言？[11]

述评

我们将关于体重指数的数百万观测结果压缩成一个非常紧凑的概要——两个直方图，由65个单位体重指数区间内估计的美国成年居民比例组成。从这两个直方图可得到明确的经验证据，表明体重指数在大约10年的时间跨度内发生了变化。

通常，当目标主要是两个或两个以上分布的视觉对比时，箱形图比直方图更好。当观测数量很少并且希望在视觉上识别异常值时，箱形图优于直方图。箱形图统计数据是第25、第50和第75百分位数，统称为四分位数。查找四分位数需要对数据进行排序，如果数据被划分为子集$D_1, D_2, \ldots, D_r$并单独处理以计算四分位数的r集，就没有方法可聚合每个子集的四分位数并获得D的确切四分位数。因此，Quartiles(箱形图统计数据)不是关联的。这就带来从大量的数据集中计算箱形图统计数据的算法的问题——没有明确的前进道路，问题变为妥协和近似。相反，从大量数据集构建直方图的道路是非常简单明了的。

---

11 我们是这么认为的。

3.7　多变量数据

本节将介绍多变量数据处理的基本算法，同时继续讨论可扩展和关联统计的主题。应该记住，多变量分析是一个广泛的领域，需要利用统计学和数值线性代数的各种方法。大多数方法在数学和计算上都很复杂，因此超出了本书的范围。事实上，如果没有矩阵代数的知识，就不能真正深入到这个主题。因此，假设读者熟悉矩阵表示法和涉及向量和矩阵的算术运算。第 1 章的 1.10.1 节提供了简短介绍。

假设数据是通过对总体进行抽样或观测一个过程而收集的一组多变量观测结果。NASDAQ 证券交易所交易活动产生的报价流就是一个过程的示例[12]。在交易的任何一分钟，可能对约 3100 只股票中的任何一只进行报价，如果报价以分钟为单位进行汇总，那么可以把交易看成在 3100 个元素的向量上生成一系列观测结果的过程。每个向量的元素是股票的最新报价。对这一数据流的实时分析已变得既有利可图，又在某些方面令人反感。我们将在第 11 章中使用 NASDAQ 的单变量形式和预测。3.6 节中讨论的 BRFSS 举例说明了人口抽样。从每个受访者都获得了许多问题的答案，因此每个问题实质上是多个变量中的一个。读者将使用这些数据和本节的算法来调查美国成年人肥胖、收入和教育程度之间的关系。

更一般地说，多变量数据分析的目标通常包括估计变量的平均水平和方差、计算变量之间的样本相关性以及估计从一个或多个其他变量预测一个变量的线性模型的系数。在开发可扩展算法来实现这些目标之前，需要建立一些符号和术语。

3.7.1　符号和术语

假设数据包含对 n 个单元的观测值，并且在每个单元上观测到 p 个变量的值。数据集表示为 $D=\{\boldsymbol{x}_1,\boldsymbol{x}_2,\ldots,\boldsymbol{x}_n\}$，其中 D 的第 i 个观测值是一个向量：

$$\underset{p\times 1}{\boldsymbol{x}_i}=[x_{i,1}\ x_{i,2}\ \cdots\ x_{i,p}]^{\mathrm{T}} \tag{3.13}$$

其中第 j 个元素 $x_{i,j}$ 是对第 j 个变量的观测。

从统计角度看，该数据通常被视为带有期望 $\mathrm{E}(\boldsymbol{X})=\boldsymbol{\mu}$ 和方差矩阵 $\mathrm{var}(\boldsymbol{X})=\boldsymbol{\Sigma}$ 的多变量随机向量 $\boldsymbol{X}=[\boldsymbol{X}_1\quad \boldsymbol{X}_2\quad \ldots\quad \boldsymbol{X}_p]^{\mathrm{T}}$ 的 n 个实现，其中：

12 NASDAQ 是 National Association of Securities Dealers Automated Quotations(全美证券交易商协会自动报价表系统)的缩写。

$$\underset{p\times 1}{\boldsymbol{\mu}} = [\mathrm{E}(\boldsymbol{X}_1)\ \mathrm{E}(\boldsymbol{X}_2)\ \cdots\ \mathrm{E}(\boldsymbol{X}_p)]^{\mathrm{T}} = [\boldsymbol{\mu}_1\ \boldsymbol{\mu}_2\ \cdots\ \boldsymbol{\mu}_p]^{\mathrm{T}} \tag{3.14}$$

设置 $\boldsymbol{\mu}_i = \mathrm{E}(\boldsymbol{X}_i)$。方差矩阵为：

$$\underset{p\times p}{\boldsymbol{\Sigma}} = \begin{bmatrix} \sigma_1^2 & \sigma_{12} & \cdots & \sigma_{1p} \\ \sigma_{21} & \sigma_2^2 & \cdots & \sigma_{2p} \\ \vdots & & \ddots & \vdots \\ \sigma_{p1} & \sigma_{p2} & \cdots & \sigma_p^2 \end{bmatrix}$$

对角线元素$\sigma_1^2, \ldots, \sigma_p^2$是每个单变量的方差。标准差$\sigma_j = \mathrm{E}[(\boldsymbol{X}_j - \boldsymbol{\mu}_j)^2]^{1/2}$可被解释为均值 $\boldsymbol{\mu}_j$ 和变量的实现值之间的平均(绝对)差。$\boldsymbol{\Sigma}$的非对角线元素称为协方差。协方差的主要用途是描述两个变量之间关联的强度和方向。具体而言，总体相关系数

$$\rho_{jk} = \frac{\sigma_{jk}}{\sigma_j \sigma_k} = \rho_{kj} \tag{3.15}$$

量化了第j个和第k个随机变量之间线性关联的强度和方向。相关系数以－1 和 1 为界，ρ_{jk}的值接近 1 或－1，表明两个变量几乎是彼此的线性函数。问题 3.6 要求读者验证这个表述。当 ρ_{jk} 为正数时，变量呈现正相关，随着一个变量的值增加，另一个变量的值也会增加。如果 $\rho_{jk} < 0$，则变量呈现负相关，随着一个变量的值增加，另一个变量的值减少。ρ_{jk} 的值接近 0 表示该关系(如果有)不是线性的。

相关矩阵是

$$\underset{p\times p}{\boldsymbol{\rho}} = \begin{bmatrix} 1 & \rho_{12} & \cdots & \rho_{1p} \\ \rho_{21} & 1 & \cdots & \rho_{2p} \\ \vdots & & \ddots & \vdots \\ \rho_{p1} & \rho_{p2} & \cdots & 1 \end{bmatrix}$$

$\boldsymbol{\mu}$、$\boldsymbol{\Sigma}$和 $\boldsymbol{\rho}$ 一起提供有关总体或过程的大量信息。但这些量很少能精确确定，必须从数据中估算出来。多变量数据分析通常从估计这些参数开始。

3.7.2 估计量

通过样本均值向量估计均值向量 $\boldsymbol{\mu}$。

$$\underset{p\times 1}{\overline{\boldsymbol{x}}} = n^{-1} \begin{bmatrix} \sum_i^n x_{i,1} \\ \sum_i^n x_{i,2} \\ \vdots \\ \sum_i^n x_{i,p} \end{bmatrix}$$

用于计算$\bar{\boldsymbol{x}}$的可扩展算法很简单，因为$\bar{\boldsymbol{x}}$是一个和向量的函数，并且总和是关联统计数据。用于计算样本均值向量的可扩展算法以块或逐行的方式读取数据以计算总和$\sum_i^n x_{i,j}, j=1,\ldots,p$。虽然不明显，但也可使用可伸缩算法从关联统计数据计算$\boldsymbol{\sigma}_j^2$的估计量。

此时不使用$\boldsymbol{\sigma}_i^2$的传统矩估计量，而使用与之几乎等效的估计量，这样一来可避免因为将估计量开发为一个关联统计数据的函数而产生的混乱。具体来说，使用 n 而不是传统的 $n-1$ 作为分母。n 的选择简化了计算，但在估计量中引入向下偏差。当 n 足够大时(至少为 100)，这种偏差可忽略不计。无论如何，方差估计值是：

$$
\begin{aligned}
\widehat{\sigma}_j^2 &= \frac{\sum_i (x_{i,j}-\overline{x}_j)^2}{n} \\
&= n^{-1}\left(\sum_i x_{i,j}^2 - n\overline{x}_j^2\right) \\
&= n^{-1}\sum_i x_{i,j}^2 - \overline{x}_j^2
\end{aligned}
\tag{3.16}
$$

变量 j 和 k 之间协方差的估计量为：

$$
\begin{aligned}
\widehat{\sigma}_{jk} &= \frac{\sum_i (x_{i,j}-\overline{x}_j)(x_{i,k}-\overline{x}_k)}{n} \\
&= n^{-1}\left(\sum_i x_{i,j}x_{i,k} - n\overline{x}_j\overline{x}_k\right) \\
&= n^{-1}\sum_i x_{i,j}x_{i,k} - \overline{x}_j\overline{x}_k
\end{aligned}
\tag{3.17}
$$

估算量$\hat{\sigma}_{jk}$也不同于σ_{jk}传统的矩估计量，因为前面所讲的原因而使用 n 作为分母代替 $n-1$——没有实际差异，但数学上更简单。

方差矩阵$\boldsymbol{\Sigma}$由以下矩阵估计：

$$
\begin{aligned}
\widehat{\boldsymbol{\Sigma}} &= \begin{bmatrix} \widehat{\sigma}_1^2 & \cdots & \widehat{\sigma}_{1p} \\ \vdots & \ddots & \vdots \\ \widehat{\sigma}_{p1} & \cdots & \widehat{\sigma}_p^2 \end{bmatrix} \\
&= \begin{bmatrix} n^{-1}\sum\limits_i x_{i,1}^2 - \overline{x}_1^2 & \cdots & n^{-1}\sum\limits_i x_{i,1}x_{i,p} - \overline{x}_1\overline{x}_p \\ \vdots & \ddots & \vdots \\ n^{-1}\sum\limits_i x_{i,p}x_{i,1} - \overline{x}_p\overline{x}_1 & \cdots & n^{-1}\sum\limits_i x_{i,p}^2 - \overline{x}_p^2 \end{bmatrix}
\end{aligned}
\tag{3.18}
$$

$\bar{\boldsymbol{x}}$与其自身的外积[13]是如下所示的 $p\times p$ 矩阵：

13　向量 $\boldsymbol{w}$ 与其自身的内积是标量 $\boldsymbol{w}^{\mathrm{T}}\boldsymbol{w}$。

$$\underset{p\times 1}{\overline{\boldsymbol{x}}}\,\underset{1\times p}{\overline{\boldsymbol{x}}}^{\mathrm{T}}=\begin{bmatrix}\overline{x}_1^2 & \cdots & \overline{x}_1\overline{x}_p\\ \vdots & \ddots & \vdots\\ \overline{x}_p\overline{x}_1 & \cdots & \overline{x}_p^2\end{bmatrix}$$

外积可生成式(3.18)的更简单替代公式：

$$\widehat{\boldsymbol{\Sigma}}=n^{-1}\boldsymbol{M}-\overline{\boldsymbol{x}}\overline{\boldsymbol{x}}^{\mathrm{T}} \tag{3.19}$$

其中

$$\underset{p\times p}{\boldsymbol{M}}=\begin{bmatrix}\sum x_{i,1}^2 & \sum x_{i,1}x_{i,2} & \cdots & \sum x_{i,1}x_{i,p}\\ \sum x_{i,2}x_{i,1} & \sum x_{i,2}^2 & \cdots & \sum x_{i,2}x_{i,p}\\ \vdots & \vdots & \ddots & \vdots\\ \sum x_{i,p}x_{i,1} & \sum x_{i,p}x_{i,2} & \cdots & \sum x_{i,p}^2\end{bmatrix}$$

是原始的或未居中的“矩”矩阵。统计数据 $\boldsymbol{M}$ 由总和组成，并且是关联的。因此，可以使用可扩展算法来计算 $\boldsymbol{M}$ 和 $\widehat{\boldsymbol{\Sigma}}$。稍后将介绍一种同时计算 $\boldsymbol{M}$ 和 $\overline{\boldsymbol{x}}$ 的算法。

估计量是相关矩阵：

$$\boldsymbol{R}=\begin{bmatrix}1 & r_{12} & \cdots & r_{1p}\\ r_{21} & 1 & \cdots & r_{2p}\\ \vdots & \vdots & \ddots & \vdots\\ r_{p1} & r_{p2} & \cdots & 1\end{bmatrix}$$

其中

$$r_{jk}=\frac{\sum(x_{i,j}-\overline{x}_j)(x_{i,k}-\overline{x}_k)}{\widehat{\sigma}_j\widehat{\sigma}_k} \tag{3.20}$$

矩阵 $\boldsymbol{R}$ 是对称的，因为对于每个 $1\leqslant j$，$k\leqslant p$，$r_{jk}=r_{kj}$。此外，$\boldsymbol{R}$ 是两个矩阵 $\boldsymbol{D}$ 和 $\widehat{\boldsymbol{\Sigma}}$ 的乘积，如下所示：

$$\boldsymbol{R}=\boldsymbol{D}\widehat{\boldsymbol{\Sigma}}\boldsymbol{D} \tag{3.21}$$

其中 $\boldsymbol{D}$ 是对角线矩阵：

$$\boldsymbol{D}=\begin{bmatrix}\widehat{\sigma}_1^{-1} & 0 & \cdots & 0\\ 0 & \widehat{\sigma}_2^{-1} & \cdots & 0\\ \vdots & \vdots & \ddots & \vdots\\ 0 & 0 & \cdots & \widehat{\sigma}_p^{-1}\end{bmatrix}$$

使用式(3.21)计算 $\boldsymbol{R}$ 很容易；当然，这取决于实现矩阵乘积操作符的编程语言。

如果通过将 1 连接到每个向量来增广数据向量，则会加快 $\overline{\boldsymbol{x}}$、$\widehat{\boldsymbol{\Sigma}}$ 和 $\boldsymbol{R}$ 的计算。从增广数据向量获得的“矩”矩阵是下一节讨论的主题。

3.7.3 增广“矩”矩阵

通过在数据值之前连接一个 1 来增广每个数据向量。第 i 个增广向量为：

$$\underset{(p+1)\times 1}{\boldsymbol{w}_i} = \begin{bmatrix} 1 \\ \underset{p\times 1}{\boldsymbol{x}_i} \end{bmatrix} = \begin{bmatrix} 1 \\ x_{i,1} \\ \vdots \\ x_{i,p} \end{bmatrix}$$

$\boldsymbol{w}_i$ 与其自身的外积是一个$(p+1)\times(p+1)$矩阵：

$$\boldsymbol{w}_i\boldsymbol{w}_i^{\mathrm{T}} = \begin{bmatrix} 1 \\ x_{i,1} \\ \vdots \\ x_{i,p} \end{bmatrix} \begin{bmatrix} 1 \; x_{i,1} \cdots x_{i,p} \end{bmatrix} = \begin{bmatrix} 1 & x_{i,1} & \cdots & x_{i,p} \\ x_{i,1} & x_{i,1}^2 & \cdots & x_{i,1}x_{i,p} \\ \vdots & \vdots & \ddots & \vdots \\ x_{i,p} & x_{i,p}x_{i,1} & \cdots & x_{i,p}^2 \end{bmatrix}$$

n 个外积的和形成增广矩阵 $\boldsymbol{A}$：

$$\begin{aligned} \underset{(p+1)\times(p+1)}{\boldsymbol{A}} &= \textstyle\sum_i \boldsymbol{w}_i\boldsymbol{w}_i^{\mathrm{T}} \\ &= \begin{bmatrix} n & \sum x_{i,1} & \sum x_{i,2} & \cdots & \sum x_{i,p} \\ \sum x_{i,1} & \sum x_{i,1}^2 & \sum x_{i,1}x_{i,2} & \cdots & \sum x_{i,1}x_{i,p} \\ \sum x_{i,2} & \sum x_{i,2}x_{i,1} & \sum x_{i,2}^2 & \cdots & \sum x_{i,2}x_{i,p} \\ \vdots & \vdots & \vdots & \ddots & \vdots \\ \sum x_{i,p} & \sum x_{i,p}x_{i,1} & \sum x_{i,p}x_{i,2} & \cdots & \sum x_{i,p}^2 \end{bmatrix} \end{aligned} \tag{3.22}$$

增广“矩”矩阵与“矩”矩阵 $\boldsymbol{M}$ 的不同之处在于，它在顶部和左侧增加了一行，其中包含 n 和每个变量的和。因此，增广矩阵可表示为如下形式。

$$\boldsymbol{A} = \begin{bmatrix} \underset{1\times 1}{n} & \underset{1\times p}{n\overline{\boldsymbol{x}}^{\mathrm{T}}} \\ \underset{p\times 1}{n\overline{\boldsymbol{x}}} & \underset{p\times p}{\boldsymbol{M}} \end{bmatrix} \tag{3.23}$$

增广“矩”矩阵是关联统计数据，从 $\boldsymbol{A}$ 中可以很容易地提取统计数据 $\boldsymbol{M}$ 和 $n\overline{\boldsymbol{x}}$。通过 $\boldsymbol{M}$ 和 $n\overline{\boldsymbol{x}}$，可使用式(3.19)计算方差矩阵 $\widehat{\boldsymbol{\Sigma}}$。同样，计算 $\boldsymbol{D}$ 和 $\boldsymbol{R}$ 也是很容易的。比较高效的计算方法是通过遍历 $\boldsymbol{x}_1,\ldots,\boldsymbol{x}_n$ 来计算 $\boldsymbol{A}$。估计 $\overline{\boldsymbol{x}}$、$\widehat{\boldsymbol{\Sigma}}$和 $\boldsymbol{R}$ 都是使用矩阵运算从 $\boldsymbol{A}$ 计算的。

在分布式环境中，$\boldsymbol{D}$ 被划分为子集 $D_1, D_2, \ldots, D_r$，且每个子集单独处理。子集 D_j 生成增广矩阵 $\boldsymbol{A}_j$，完成 r 次过程连接 $\boldsymbol{A}_1, \ldots, \boldsymbol{A}_r$：

$$\boldsymbol{A} = \sum_{j=1}^{r} \boldsymbol{A}_j$$

然后从$\boldsymbol{A}$提取$\boldsymbol{M}$和$\bar{\boldsymbol{x}}$，并计算$\widehat{\boldsymbol{\Sigma}}$、$\boldsymbol{D}$和$\boldsymbol{R}$。

3.7.4 述评

用于计算样本均值向量，样本方差和样本相关矩阵的计算序列是：

(1) 如有必要，将$\boldsymbol{D}$划分为r个子集，并将子集分布在不同节点上。在节点$j = 1, 2, \ldots, r$上执行步骤(2)和(3)。

(2) 在节点j处，将$\boldsymbol{A}_j$初始化为$(p + 1)\times(p + 1)$的零矩阵。

(3) 在节点j处，按顺序读取D_j，每次读取一条记录或按块读取。第i条记录：

a. 提取$x_{i,1}, \ldots, x_{i,p}$。

b. 从$x_{i,1}, \ldots, x_{i,p}$中得到增广观测向量$\boldsymbol{w}_i$。

c. 通过计算$\boldsymbol{A}_j + \boldsymbol{w}_i\boldsymbol{w}_i^{\mathrm{T}} \to \boldsymbol{A}_j$来更新$\boldsymbol{A}_j$。

(4) 将$\boldsymbol{A}_1, \ldots, \boldsymbol{A}_r$转移到单个节点并计算$\boldsymbol{A} = \sum_{j=1}^{r} \boldsymbol{A}_j$。

(5) 提取$\boldsymbol{A}$的第一行并计算样本均值向量$\bar{\boldsymbol{x}}$。

(6) 从$\boldsymbol{A}$中提取$\boldsymbol{M}$。

(7) 从n、$\bar{\boldsymbol{x}}$和$\boldsymbol{M}$计算$\widehat{\boldsymbol{\Sigma}}$。

(8) 构建$\boldsymbol{D}$。

(9) 计算$\boldsymbol{R} = \boldsymbol{D}\widehat{\boldsymbol{\Sigma}}\boldsymbol{D}$。

3.8 教程：计算相关矩阵

肥胖有时被认为是穷人的疾病[35]。从临床角度看，肥胖是身体脂肪过多的迹象，一种已被观察到与许多慢性病有关的疾病。为便于讨论，我们认为，声称肥胖是穷人的疾病与国家层面的肥胖率是矛盾的。具体而言，各国之间的比较表明，与中等收入和低收入国家相比，高收入国家的肥胖率往往更高[43]。在 BRFSS 数据库中，我们有机会确定美国成年居民的收入与肥胖之间是否确实存在关联。如果假设肥胖与饮食有关，而饮食又与营养知识有关，那么教育程度也可能与肥胖有关。因此也可在调查中包括教育程度。BRFSS 要求调查受访者报告家庭收入，或为更准确起见还要确定其收入来源。此外，受访者还报告了他们获得的最高教育程度、体重和身高。CDC 根据受访者报告的体重和身高计算体重指数。

肥胖症的临床定义是体重指数大于或等于 30kg/m^2。从数据分析的角度看，肥胖是一个二元变量，不适合计算相关系数[14]。此外，它来源于一个定量变量，即体重指数。从分析的角度看，体重指数通常是一个比肥胖更好的变量。人们只需要知道如果一个人的体重指数是 30 kg/m^2 或 60 kg/m^2，那么他就是肥胖的。身体脂肪过多的后果在两个体重指数水平之间存在显著差异，但肥胖的二元指标并未反映出这些差异。我们的调查将使用体重指数，并通过使用 BRFSS 数据计算受访者体重指数、收入水平和教育程度之间成对的相关系数来检验关联。

收入水平作为序数变量记录在 BRFSS 数据库中。序数变量具有定量和分类变量的属性。序数变量的 x 和 y 值是明确有序的，因此不存在关于 $x < y$ 是否存在的争论，反之亦然。另一方面，数值差 $x - y$ 的实际重要性可能取决于 x 和 y。例如，有八个收入值：1, 2, …, 8，每个都确定了一个家庭年收入的范围。值 1 表示收入低于 10 000 美元，值 2 表示收入在 10 000 美元到 15 000 美元之间，以此类推。目前尚不清楚在收入变量的上下区间，一级差异是否具有相同的含义。教育程度也是一个从 1 到 6 的序数变量，其中 1 表示受访者从未上过学，6 表示 4 年或更长时间的大学。超出这些范围的收入和教育程度值表示拒绝回答问题或无法回答问题。我们会忽略这些记录。

与其每次计算与三对变量相关的每个相关系数，不如计算一个包含所有系数的单一相关矩阵。2011 年、2012 年、2013 年和 2014 年的 BRFSS 数据文件将足以进行调查。以 3.6 节的教程为基础。3.10 节以及第 7 和第 8 章的教程都构建在该教程的基础上，因此作为一个实际问题，应该计划重用代码。

(1) 创建 Python 脚本并导入必要的 Python 模块。

```
import sys
import os
import importlib

parentDir = '/home/Algorithms/'
if parentDir not in set(sys.path):
    sys.path.append(parentDir)
    print(sys.path)
from ModuleDir import functions
reload(functions)
dir(functions)
```

functions.py 的完整路径假定为/home/Algorithms/ModuleDir/functions.py。

(2) 表 3.2 提供了感兴趣年份的收入和教育程度变量的字段位置。将收入和教育程度条目的字段位置添加到 3.6 节教程的字典 fieldDict 中。如果你完成了 3.6 节的教程，

14 Pearson 相关系数是线性关联的度量。当变量是定量的或有序时，线性关联是有意义的。

那么字段字典定义应该位于文件 functions.py 中。添加 2011 年至 2014 年的收入和教育程度的字典条目。例如，2014 年的新规范应如下所示：

```
fieldDict[14] = {'bmi':(2247, 2250),'weight':(2007, 2016),
                 'income':(152, 153),'education':150}
```

表 3.2 收入、教育程度和年龄变量的 BRFSS 数据文件名和字段位置

年份	文件	收入		教育程度	年龄	
		起始	结束	字段	起始	结束
2011	LLCP2011.ZIP	124	125	122	1518	1519
2012	LLCP2012.ZIP	116	117	114	1629	1630
2013	LLCP2013.ZIP	152	153	150	2177	2178
2014	LLCP2014.ZIP	152	153	150	2232	2233

(3) 使用 3.6 节教程中构建的函数 fieldDictBuild 创建字段字典。

```
fieldDict = functions.fieldDictBuild()
```

(4) 读取包含数据文件的目录中的所有文件。可使用 3.6 节教程中的代码。通过故意创建 ZeroDivisionError 类型的异常，忽略 2011 年以前的任何文件和表 3.2 中未列出的任何其他文件。异常是在执行期间检测到的错误。如果异常被异常处理程序所捕获，就不一定是致命的。

```
path = r'../Data/'
fileList = os.listdir(path)
for filename in fileList:
     try:
          shortear = int(filename[6:8])
          if shortYear < 11:
               1/0
          year = 2000 + shortYear
          file = path + filename
          fields = functions.fieldDict[shortYear]
     except(ValueError, ZeroDivisionError):
          pass
```

如果 shortYear 小于 11，则由指令 1/0 创建 ZeroDivisionError 异常。该异常将程序流指向 except 分支，而不执行 try 分支中的其余指令。 pass 语句将程序流引导回 for

循环的顶部，并处理 fileList 中的下一个文件名。如果字符串 filename [6:8]不包含数字，则会生成 ValueError 异常，程序流将再次返回到 fileList 中的下一个文件名。

(5) 从字典中提取收入、体重指数和教育程度的字段位置：

```
sInc, eInc = fields['income']
sBMI, eBMI = fields['bmi']
fEduc = fields['education']
```

此代码段将在从 fieldDict 中提取字段后立即执行。

(6) 既然已经确定了关于数据文件字段位置的必要信息，那么通过遍历文件对象(f)来读取文件，并打印每条记录中的前 10 个字符，作为程序正在读取数据的测试。

```
with open(file, encoding = "latin-1") as f:
    for record in f:
        print(record[:10])
```

在提取三个变量的字段位置后立即执行该代码段。

(7) 从 record 提取收入变量并测试收入字符串是否缺失。如果字段包含两个空格，即' '，则收入缺失。此时，将整数 9 分配给 income。将使用值 9 作为标记，指示该条记录应该被忽略。

```
incomeString = record[sInc-1:eInc]
if incomeString != '  ':
    income = int(incomeString)
else:
     income = 9
```

(8) 下一个教程会使用收入，因此为减少工作量，复制代码段并创建一个处理收入字符串的函数。该函数及其调用可设置为：

```
def getIncome(incomeString):
    if incomeString != '  ':
        income = int(incomeString)
    else:
        income = 9
    return income

income = functions.getIncome(record[sInc-1:eInc])
```

注意，传递给 getIncome 的参数是包含对收入问题的答复的字符串。使用前面的代码并通过调用函数计算和打印 income。当函数正常工作时，将函数定义移动到模块 functions.py 并保持函数调用。从主程序中删除将字符串转换为整数的代码段。

(9) 读取教育程度字符并进行空白测试。教育程度字段是一个单一的宽度字符，因此 record[fEduc-1]从字符串中提取变量。通过测试一个空白(而不是用于收入的双字符空白)来识别缺失数据。

(10) 将用于处理教育程度的代码段移到名为 getEducation 的函数中，并将该函数放在函数 functions.py 中。像收入一样对该函数进行测试。在调用 getIncome 之后插入对该函数的调用。

(11) 读取体重指数字符串并将其转换为浮点数。上一个教程创建了一个名为 convertBMI 的函数来执行将字符串转换为浮点类型的任务(参见第 3.6 节)。

(12) 通过打印收入、体重指数和教育程度值，检查代码是否正常运行。如果代码按预期运行，则删除 print 语句。

(13) 如果成功地将收入、体重指数和教育程度这三个变量转换为整数或浮点数，则创建一个包含这些变量值的向量 w。

```
if education < 9 and income < 9 and 0 < bmi < 99:
    w = np.matrix([1,income,bmi,education]).T
```

Numpy 函数 np.matrix 创建一个二维矩阵。通过向 Numpy 传递一个列表生成一个 $1 \times p$ 矩阵(数学上就是一个行向量)。将.T 属性赋给 np.matrix([1, income, bmi, education])，从而将 w 设置为该行向量的转置——即一个长度为 4 的列向量。向量 w 被创建为一个 Numpy 矩阵而不是一个 Numpy 数组，这样一来就可以使用 w 轻松地计算矩阵乘积。

(14) 在 for 循环遍历 fileList 之前初始化增广矩阵 A。A 的维数是 $q \times q$，其中 $q = p + 1 = 4$，即 w_i 的长度。

```
q = 4
A = np.zeros(shape=(q, q))
```

(15) 计算完 w 后，将 w 与其自身的外积添加到增广矩阵 A：

```
A += w*w.T
```

此时程序流应该如下所示：

```
for filename in os.listdir(path):
    try:
        ...
```

```
        with open(file, encoding = 'latin-1') as f:
            for record in f:
                ...
                if education < 9 and income < 9 and 0 < bmi < 99:
                    w = np.matrix([1,income,bmi,education]).T
                    A += w*w.T
                    n = A[0,0] # Number of valid observations
```

(16) 我们不会等到所有数据都被处理后再计算相关矩阵，只要有效的观测数是 10 000 的倍数就会进行计算，因为处理所有数据需要一些时间。以下代码段计算均值向量$\bar{x}$并从 A 中提取矩矩阵 M：

```
if n % 10000 == 0:
    M = A[1:,1:]
    mean = np.matrix(A[1:,0]/n).T
```

从 A 的第一行提取均值向量$\bar{x}$作为一个 $1\times q$ 矩阵。语法 A[1:, 0]从以第二行开头、以最后一行结尾的第一列中提取子向量。同样，使用.T 操作符将 mean 转换为列向量。

(17) 使用下面的指令计算方差矩阵估计$\widehat{\Sigma} = n^{-1}M - \overline{xx}^T$：

```
SigmaHat = M/n - mean*mean.T
```

(18) 用对角线元素$\hat{\sigma}_1^{-1},\cdots,\hat{\sigma}_p^{-1}$构造对角线矩阵 D：

```
s = np.sqrt(np.diag(SigmaHat))  # Extract the diagonal from S and
                                # compute the square roots.
D = np.diag(1/s)                # Create a diagonal matrix.
```

注意，Numpy 函数 diag 有两种不同用法。在第一种用法中，np.diag(SigmaHat)将对角线元素提取为向量 s，因为 diag 传递的是一个矩阵。在第二种用法中，传递一个包含标准偏差估计值$\hat{\sigma}_i^{-1}(i=1,\ldots,p)$的倒数的向量，并且该函数将向量作为 $p\times p$ 的零对角线矩阵线插入。

(19) 两个可乘 Numpy 矩阵 A 和 B 的乘积由指令 A*B 计算。计算相关矩阵 $R = D\widehat{\Sigma}D$。

(20) 处理完 10 000 个观测值后，通过计算 R 验证代码是否正常工作。可使用指令 sys.exit()在计算 R 后立即停止执行。R 的对角线元素必须等于 1，并且非对角线元素必须在-1 和 1 之间；否则，代码中存在错误。

如果相关矩阵不符合这些约束，那么使用 R 检查$\widehat{\Sigma}$和 D 的计算可能有所帮助。首先，使用指令 X = np.zeros(shape =(10000, 3))初始化一个包含数据的矩阵。在处理数据时存储数据。因为 X 是零索引的，所以从 n 中减 1：

```
if n <= 10000:
    X[n-1,:] = [x for x in w[1:]]
```

(21) 当 n 达到 10 000 时，使用以下指令将数据写入文件：

```
np.savetxt('../X.txt',X,fmt='%5.2f')
```

该文件将以空格分隔。字段宽度至少为 5，小数点右边有两位。通过 R，使用下面的指令将数据读入数据帧：

```
X = read.table('../X.txt')
```

指令 var(X)和 cor(X)将计算 $\frac{n}{n-1}\widehat{\Sigma}$ 和 R。函数 diag 等效于同名的 Numpy 函数。

(22) 处理整个文件，并使用 Numpy 函数 savetxt 将相关矩阵写入输出文件。相关矩阵如表 3.3 所示。

表 3.3 2011 年、2012 年、2013 年和 2014 年从 BRFSS 数据文件计算的收入、体重指数和教育程度之间的样本相关矩阵，n = 1 587 668

	收入	体重指数	教育程度
收入	1	－0.086	0.457
体重指数	－0.086	1	－0.097
教育程度	0.457	－0.097	1

由于变量之间的相关系数为－0.086，因此体重指数与收入之间存在非常弱的关联。

小结

相关系数 r_{ij} 在－0.3 和 0.3 之间表示变量 i 和 j 之间的线性关联很弱或很小。中等水平的关联由 $0.3 \leqslant |r_{ij}| \leqslant 0.7$ 表示，而强线性关联由大于 0.7 的值表示。根据表 3.3 可得出结论，体重指数与收入之间以及体重指数与教育程度之间几乎没有关联。负数的关联性表明，较高水平的收入和教育程度与较低的体重指数水平相关。考虑到饮食、行为、遗传和体重之间的复杂关系，该结果并不出乎意料。虽然数据不能直接衡量这些变量，但可预期收入和教育程度将反映这些变量。事后看来，这些变量不足以代表

饮食质量和营养知识。我们还没准备好放弃这些数据。接下来使用这些数据调查一个相关问题：收入、教育程度和身体质量指数在多大程度上共同解释了一个人对自己健康看法的变化？下一节将介绍一种调查该问题的方法。

3.9　线性回归简介

线性回归是数据科学的关键方法。除其他目的外，它对于调查变量之间的关系和预测非常有用。第 6 章将讨论线性回归方法学。在本节中，将消除从大型数据集计算线性回归估计所涉及的计算障碍。主算法直接扩展了前面计算相关矩阵的算法。虽然本节的重点是计算，但对线性回归重要方面的概述有助于奠定基础。

在线性回归设置中，其中一个变量将被建模或预测为 p 个预测变量的函数。具体而言，在给定预测向量 $\boldsymbol{x}$ 的情况下，采用目标随机变量 $\boldsymbol{Y}$ 的期望值模型。例如，我们可能会问，人口统计学特征可在多大程度上解释一个人的健康？为调查这个问题，需要确定一种健康指标，将其用作目标变量，并将收入、教育程度和体重指数的衡量指标用作预测变量。

线性回归模型无疑将提供一个复杂关系的简单近似。“模型充分解释目标变量的程度”在具体背景下具有特殊重要性。我们的算法将计算充分性或模型拟合(称为调整后的确定系数)的度量。

在继续前，先考虑相关矩阵是否足以解决上述问题。相关矩阵可度量从一组变量中提取的变量对之间的线性关联度。无法通过相关性令人满意地探讨一个变量与多个其他变量是否相关，但线性回归基于“目标变量”概念，由一组预测变量来解释。因此，线性回归分析是前进的方向，并且几乎总比检查相关矩阵更有洞察力。从计算的角度看，得到这种额外洞察力的成本很低，因为在计算线性回归估计和确定系数方面，3.8 节的相关矩阵算法需要做的工作非常少。

3.9.1　线性回归模型

我们感兴趣的是目标变量和一组预测变量之间的关系。目标变量在分析中具有突出的作用，而预测变量在某种意义上是从属于目标变量的。线性回归模型将目标值描述为两个术语：一个术语是将目标的期望值描述为预测值的函数，另一个术语是预测值无法解释的随机项。在统计学术语中，目标变量是随机变量 $\boldsymbol{Y}$，并且预测向量 $\boldsymbol{x}$ 被认为是一个已知值的向量。该模型为 $\boldsymbol{Y}=f(\boldsymbol{x})+\varepsilon$。术语 $f(\boldsymbol{x})$是未知的并且需要估计，而 ε 是随机变量，通常认为是正态分布的，并且确定起来比较麻烦。回归分析的一个经常性主题是通过找到模型 $f(\boldsymbol{x})$的良好形式来最小化 ε 的重要性。我们现在不必关心 ε 的分布。

例如，$\boldsymbol{Y}$ 可表示个体的健康状况，度量为 1 到 6 之间的分数，$\boldsymbol{x}$ 可能代表被认为是总体健康预测变量的伴随测量。为了研究关系或使用观测到的预测变量预测未观察到的目标值，采用 $\boldsymbol{Y}$ 的期望值的线性模型。可考虑观测许多个体，所有个体都具有相同的预测变量值集。他们的健康评分将在某个平均值上变化，线性回归模型将平均值描述为预测变量的线性函数。通常希望随机项的幅值很小，使得 $\boldsymbol{Y}\approx f(\boldsymbol{x})$。如果这样，则可通过线性模型以一定精度对目标进行预测。

线性回归模型指定 $\mathrm{E}(\boldsymbol{Y}|\boldsymbol{x})$($\boldsymbol{Y}$ 的期望值或平均值)为:

$$\mathrm{E}(\boldsymbol{Y}\mid\boldsymbol{x})=\beta_0+\beta_1 x_1+\cdots+\beta_p x_p$$

预测向量由常数 1 和预测变量值组成，因此，$\boldsymbol{x}=[1\ \boldsymbol{x}_1 \ldots \boldsymbol{x}_p]^{\mathrm{T}}$。参数向量为 $\beta=[\beta_0\ \beta_1 \ldots \beta_p]^{\mathrm{T}}$。系数 $\beta_0,\ldots,\beta_p$ 是未知的，必须进行估算。线性回归模型可用矩阵形式更紧凑地表达为:

$$\mathrm{E}(\boldsymbol{Y}\mid\boldsymbol{x})=\boldsymbol{x}^{\mathrm{T}}\boldsymbol{\beta} \tag{3.24}$$

$\boldsymbol{x}$ 和 β 的内积被认为是包含 $\boldsymbol{x}$ 的 p 变量的线性组合。$\boldsymbol{Y}$ 的模型可写成 $\boldsymbol{Y}=\boldsymbol{x}^{\mathrm{T}}\beta+\varepsilon$。

现在转而解决使用一组数据估计 β 的问题。数据由目标变量 $\boldsymbol{Y}$ 和相关预测向量 $\boldsymbol{x}$ 的观测值对所组成。所以，设 $D=\{(y_1,\boldsymbol{x}_1),\ldots,(y_n,\boldsymbol{x}_n)\}$表示数据集。第 i 个预测向量为 $\boldsymbol{x}_i=[1\ x_{i,1} \ldots x_{i,p}]^{\mathrm{T}}$。 如果要在 β 的两个估计量之间进行选择，比如说$\widehat{\beta}$和$\tilde{\boldsymbol{\beta}}$，那么我们更喜欢选择所产生的预测值平均更接近实际值的估计量。

考虑到这一点，β 的估计量为参数向量$\widehat{\beta}$，其最小化目标值y_i和预测值$\boldsymbol{x}_i^{\mathrm{T}}\hat{\beta}$之间的平方差之和，$i$=1, …, n。术语“残差”(residual)用于描述模型未考虑的内容和参数估计$\widehat{\beta}$；因此，第 i 个残差为$y_i-\boldsymbol{x}_i^{\mathrm{T}}\hat{\beta}$。

3.9.2　β的估计值

通过找到最小化平方残差之和的向量来确定 β 的最小二乘估计量:

$$S(\boldsymbol{\beta})=\sum_{i=1}^{n}\left(y_i-\boldsymbol{x}_i^{\mathrm{T}}\boldsymbol{\beta}\right)^2 \tag{3.25}$$

最小化 $S(\beta)$相对于 β 是最小二乘准则(least squares criterion)。目标函数 $S(\cdot)$可通过将预测向量叠加成矩阵的行来表示为矩阵形式:

$$\underset{n\times q}{\boldsymbol{X}} = \begin{bmatrix} \underset{1\times q}{\boldsymbol{x}_1^{\mathrm{T}}} \\ \vdots \\ \underset{1\times q}{\boldsymbol{x}_n^{\mathrm{T}}} \end{bmatrix}$$

矩阵 $\boldsymbol{X}$ 被称为设计或模型矩阵。还设置了 n 向量 $\boldsymbol{y}=[y_1 \quad y_2 \quad \cdots \quad y_n]^{\mathrm{T}}$ 以包含目标观测值。

$$\mathrm{E}(\boldsymbol{Y}|\boldsymbol{X}) = \underset{n\times q}{\boldsymbol{X}}\underset{q\times 1}{\boldsymbol{\beta}} \tag{3.26}$$

是期望值的 n 向量。此外，还可将目标函数写为观测值向量与期望向量之间差异的内积：

$$S(\boldsymbol{\beta}) = (\boldsymbol{y}-\boldsymbol{X}\boldsymbol{\beta})^{\mathrm{T}}(\boldsymbol{y}-\boldsymbol{X}\boldsymbol{\beta}) \tag{3.27}$$

当然，β 是未知的，目前的任务是确定最佳的估计量。由于使用了最小二乘准则来判断估计量，因此最佳估计量是可以最小化 $S(\beta)$的向量$\widehat{\beta}$。估计量的形式可通过将 $S(\beta)$相对于 β 进行微分来确定，同时将偏导数的向量设置为零向量，并求解得到的 β 方程组。该方程组(通常称为正规方程组)为：

$$\underset{q\times q}{\boldsymbol{X}^{\mathrm{T}}\boldsymbol{X}}\underset{q\times 1}{\boldsymbol{\beta}} = \underset{q\times n}{\boldsymbol{X}^{\mathrm{T}}}\underset{n\times 1}{\boldsymbol{y}} \tag{3.28}$$

练习 3.3 引导读者完成推导。求出正规方程组的解，因此 β 的最小二乘估计量为：

$$\widehat{\boldsymbol{\beta}} = (\boldsymbol{X}^{\mathrm{T}}\boldsymbol{X})^{-1}\boldsymbol{X}^{\mathrm{T}}\boldsymbol{y} \tag{3.29}$$

式(3.29)所示的解要求 $\boldsymbol{X}^{\mathrm{T}}\boldsymbol{X}$ 是可逆的；如果 $\boldsymbol{X}^{\mathrm{T}}\boldsymbol{X}$ 是单数，那么 β 的估计量的计算将变得更困难。最紧迫的问题是，式(3.29)表示的$\widehat{\beta}$的解可能在计算上不易处理，因为它需要 $\boldsymbol{X}$(一个 n 行的矩阵)，并且 n 可能太大以至于无法存储 $\boldsymbol{X}$。开发避免通过构建 $\boldsymbol{X}$ 来计算$\widehat{\beta}$的计算算法并不难，因为可使用与用于计算相关矩阵的方法相同的方法。

计算相关矩阵的算法解决了大型设计矩阵难以求解的问题，因为 $\boldsymbol{X}^{\mathrm{T}}\boldsymbol{X}=\boldsymbol{A}$(式(3.22))并且 $\boldsymbol{A}$ 的维数是 $q\times q$。矩阵 $\boldsymbol{A}$ 是增广矩阵和关联统计数据。同时向量 $\boldsymbol{z}=\boldsymbol{X}^{\mathrm{T}}\boldsymbol{y}$ 也是关联的，因此可以非常容易地计算出式(3.29)所示的解中的两项。更改符号以编写涉及关联统计数据的解，解可设置为：

$$\widehat{\boldsymbol{\beta}} = \underset{q\times q}{\boldsymbol{A}^{-1}}\underset{q\times 1}{\boldsymbol{z}} \tag{3.30}$$

矩阵 $\boldsymbol{A}$ 和 $\boldsymbol{z}$ 不仅很小，而且可在不将所有数据都保存在内存中的情况下进行计算。为理解为什么 $\boldsymbol{A}=\boldsymbol{X}^{\mathrm{T}}\boldsymbol{X}$ (式(3.22))，接下来设 $\boldsymbol{x}_k$ 表示第 k 个预测变量上观测值的 $n\times 1$

列向量，$k=1,2,\ldots,p$，同时 1 表示这些观测值的 $n\times1$ 向量。然后，可将 $\boldsymbol{X}^{\mathrm{T}}\boldsymbol{X}$ 表示为由 q^2 个内积组成的矩阵：

$$
\begin{aligned}
\underset{q\times q}{\boldsymbol{X}^{\mathrm{T}}\boldsymbol{X}} &= \underset{q\times n}{\begin{bmatrix} 1^{\mathrm{T}} \\ \boldsymbol{x}_1^{\mathrm{T}} \\ \vdots \\ \boldsymbol{x}_p^{\mathrm{T}} \end{bmatrix}} \underset{n\times q}{\begin{bmatrix} 1 & \boldsymbol{x}_1 & \cdots & \boldsymbol{x}_p \end{bmatrix}} \\
&= \underset{q\times q}{\begin{bmatrix} 1^{\mathrm{T}}1 & 1^{\mathrm{T}}\boldsymbol{x}_1 & \cdots & 1^{\mathrm{T}}\boldsymbol{x}_p \\ \boldsymbol{x}_1^{\mathrm{T}}1 & \boldsymbol{x}_1^{\mathrm{T}}\boldsymbol{x}_1 & \cdots & \boldsymbol{x}_1^{\mathrm{T}}\boldsymbol{x}_p \\ \vdots & \vdots & \ddots & \vdots \\ \boldsymbol{x}_p^{\mathrm{T}}1 & \boldsymbol{x}_p^{\mathrm{T}}\boldsymbol{x}_1 & \cdots & \boldsymbol{x}_p^{\mathrm{T}}\boldsymbol{x}_p \end{bmatrix}} \\
&= \begin{bmatrix} \sum_i^n x_{i,1} & \sum_i x_{i,1} & \cdots & \sum_i x_{i,p} \\ & \sum_i x_{i,1}^2 & \cdots & \sum_i x_{i,1}x_{i,p} \\ \vdots & \vdots & \ddots & \vdots \\ \sum_i x_{i,p} & \sum_i x_{i,p}x_{i,1} & \cdots & \sum_i x_{i,p}^2 \end{bmatrix} = \sum_{i=1}^{n} \boldsymbol{x}_i\boldsymbol{x}_i^{\mathrm{T}}
\end{aligned}
\tag{3.31}
$$

因此，$\boldsymbol{A}=\boldsymbol{X}^{\mathrm{T}}\boldsymbol{X}$，因为 $\boldsymbol{A}$ 是外积的总和。式(3.31)表明 $\boldsymbol{A}$ 是关联的。类似地，式(3.29)中的第二项 $\boldsymbol{z}=\boldsymbol{X}^{\mathrm{T}}\boldsymbol{y}$ 也是一个关联统计数据：

$$
\begin{aligned}
\underset{q\times 1}{\boldsymbol{z}} &= \underset{q\times n}{\boldsymbol{X}^{\mathrm{T}}} \underset{n\times 1}{\boldsymbol{y}} \\
&= \underset{q\times 1}{\begin{bmatrix} 1^{\mathrm{T}}\boldsymbol{y} \\ \boldsymbol{x}_1^{\mathrm{T}}\boldsymbol{y} \\ \vdots \\ \boldsymbol{x}_p^{\mathrm{T}}\boldsymbol{y} \end{bmatrix}} = \begin{bmatrix} \sum y_i \\ \sum x_{i,1}y_i \\ \vdots \\ \sum x_{i,p}y_i \end{bmatrix} = \sum \underset{q\times 1}{\boldsymbol{x}_i} \underset{1\times 1}{y_i}
\end{aligned}
\tag{3.32}
$$

向量 $\boldsymbol{x}_i^{\mathrm{T}}$ 是第 i 行向量(此时使用索引 i 表示行向量和 k 表示列向量)。$\boldsymbol{A}$ 和 $\boldsymbol{z}$ 都可通过遍历观测值对$(\boldsymbol{x}_1,\ y_1),\ldots,(\boldsymbol{x}_n,\ y_n)$来计算。有另一个可显式预测变量的$\widehat{\beta}$表达式是非常有用的：

$$
\widehat{\beta} = \left(\sum_{i=1}^{n} \boldsymbol{x}_i\boldsymbol{x}_i^{\mathrm{T}}\right)^{-1} \sum \underset{q\times 1}{\boldsymbol{x}_i} \underset{1\times 1}{y_i}
\tag{3.33}
$$

设 $\boldsymbol{t}(D)=(\boldsymbol{A},\ \boldsymbol{z})$表示统计数据对。它是关联的，因为 $\boldsymbol{A}$ 和 $\boldsymbol{z}$ 都是关联的。只需要对计算相关矩阵的算法稍加修改，就可以得到了一种可扩展的计算 $\boldsymbol{t}(D)$的算法。如前所述，该算法遍历数据集 $D=\{(y_1,\boldsymbol{x}_1),\ldots,(y_n,\boldsymbol{x}_n)\}$中的观测值。初步步骤如下所示：

(1) 将 $\boldsymbol{A}$ 初始化为 $q\times q$ 的零矩阵。

(2) 将 $\boldsymbol{z}$ 初始化为 0 的 q 向量。

按顺序处理 D 并执行以下步骤：

(1) 从 D 的第 i 对中提取 $y_i, x_{i,1}, \ldots, x_{i,p}$，并根据下面的等式构造 $\boldsymbol{x}_i$：

$$\{x_{i,1} \quad \cdots \quad x_{i,p}\} \rightarrow [1 \quad x_{i,1} \quad \cdots \quad x_{i,p}]^{\mathrm{T}} = \underset{q\times 1}{\boldsymbol{x}_i}$$

假设截距 β_0 将包含在模型中。如果没有，$\boldsymbol{x}_i$ 不会增加 1。

(2) 根据下式更新 $\boldsymbol{A}$ 和 $\boldsymbol{z}$：

$$\boldsymbol{A} + \boldsymbol{x}_i\boldsymbol{x}_i^{\mathrm{T}} \rightarrow \boldsymbol{A}$$

和

$$\boldsymbol{z} + y_i \boldsymbol{x}_i \rightarrow \boldsymbol{z}$$

(3) 如果数据被划分为集 $D_1,\ldots,D_r$，那么按照上式计算 $\boldsymbol{A}_1, \ldots, \boldsymbol{A}_r$ 和 $\boldsymbol{z}_1, \ldots, \boldsymbol{z}_r$。完成后，计算

$$\begin{aligned} \boldsymbol{A} &= \textstyle\sum_{j=1}^{r} \boldsymbol{A}_j \\ \boldsymbol{z} &= \textstyle\sum_{j=1}^{r} \boldsymbol{z}_j \end{aligned} \tag{3.34}$$

(4) 计算 $\widehat{\boldsymbol{\beta}} = \boldsymbol{A}^{-1}\boldsymbol{z}$。

3.9.3　准确性评估

通常，为评估预测函数(不一定是线性回归预测函数)的准确性，最好使用交叉验证或自举来完成。交叉验证将在第 9 章中讨论。幸运的是，基于回归的预测函数的基本和信息精度估计基本上可在计算参数估计时同时进行。下面将开发一种这样的精度度量，它提供了一种预测变量值的度量来解释目标变量的变化。此外，它将用于确定收入、教育程度和体重指数的值，以解释健康评分的变化。

回顾一下，标准偏差估计量 $\widehat{\sigma} = \left[n^{-1}\sum(y_i - \widehat{\mu})^2\right]^{1/2}$ 度量了使用 $\widehat{\mu}$ 作为 $\boldsymbol{Y}$ 的期望值的估计量得到的平均绝对误差。如果没有以预测向量 $\boldsymbol{x}_i$ 的形式提供关于 $\boldsymbol{Y}_i$ 的信息，那么传统上通过样本均值 $\overline{y}$ 来估计 μ。当使用回归估计响应变量的第 i 个期望值时，也会对误差进行类似的计算。回归均方误差 $\widehat{\sigma}_{\mathrm{reg}}{}^2$ 是与使用 $\boldsymbol{x}_i^{\mathrm{T}}\widehat{\boldsymbol{\beta}}$ 作为 $\boldsymbol{Y}_i$ 的期望值的估计值相关联的预期平方误差，而 $\widehat{\sigma}_{\mathrm{reg}}$ 是使用 $\boldsymbol{x}_i^{\mathrm{T}}\widehat{\boldsymbol{\beta}}$ 作为 $\boldsymbol{Y}_i$ 的期望值的估计值而得到的估计误差。信息回归模型的误差应该比样本均值 $\overline{y}$ 小得多。下一步是开发模型精度的度量，与样本均值相比，回归模型的误差较小。

σ^2 和 σ_{reg}^2 的估计值分别为：

$$\widehat{\sigma}^2 = \frac{\sum_{i=1}^{n}(y_i - \overline{y})^2}{n}$$
$$\widehat{\sigma}^2_{\text{reg}} = \frac{\sum_{i=1}^{n}(y_i - \widehat{y}_i)^2}{n-q} \tag{3.35}$$

其中$\widehat{y}_i = \boldsymbol{x}_i^{\mathrm{T}}\widehat{\boldsymbol{\beta}}$是第$i$个拟合值。除非在特殊情况下，否则很难在未引用$\widehat{\sigma}^2$的情况下解释$\widehat{\sigma}^2_{\text{reg}}$。这种困难激发了模型拟合的相对度量，即调整后的确定系数：

$$R^2_{\text{adjusted}} = \frac{\widehat{\sigma}^2 - \widehat{\sigma}^2_{\text{reg}}}{\widehat{\sigma}^2} \tag{3.36}$$

将拟合回归模型与最简单的基于数据的预测函数(即$\overline{y}$)进行比较时会发现，调整后的确定系数度量了均方误差的相对减小量。R^2_{adjusted}的范围为0~1，R^2_{adjusted}值通常大于0.8，这表明拟合回归模型对预测有用。此外，还可将R^2_{adjusted}解释为由拟合回归模型解释的Y的变化比例。

3.9.4 计算R^2_{adjusted}

现在转到计算R^2_{adjusted}的问题上，式(3.36)是术语$\widehat{\sigma}^2$和$\widehat{\sigma}^2_{\text{reg}}$的简单函数。式(3.35)表明必须对数据进行两次处理才能计算以下项：第一次计算$\overline{y}$和$\widehat{\beta}$，第二次计算平方偏差之和。然而，从式(3.16)可看到只需要对数据进行一次遍历即可计算$\widehat{\sigma}^2$，因为$\widehat{\sigma}^2 = n^{-1}\sum y_i^2 - \overline{y}^2$。因此，也可在不对数据进行第二次遍历的情况下计算回归均方误差。

$$\widehat{\sigma}^2_{\text{reg}} = \frac{\sum_i y_i^2 - \boldsymbol{z}^{\mathrm{T}}\widehat{\boldsymbol{\beta}}}{n-q} \tag{3.37}$$

其中

$$\underset{q\times 1}{\boldsymbol{z}} = \sum_{i=1}^{n} \underset{q\times 1}{\boldsymbol{x}_i}\ \underset{1\times 1}{y_i}$$

练习3.8将引导读者验证式(3.37)。

在计算$\widehat{\beta}$时算法遍历观测值对$(y_1, \boldsymbol{x}_1), \ldots, (y_n, \boldsymbol{x}_n)$，累积平方和$\sum_i y_i^2$。计算$\widehat{\beta}$的必要条件是$z$，因此当算法结束时可用来计算$\widehat{\sigma}_{\text{reg}}$。

如果n远大于q使得$n - q \approx n$，那么计算R^2_{adjusted}就变得更简单了。在计算$\widehat{\sigma}^2_{\text{reg}}$时不必使用正确的分母$n-q$，而使用$n$。

$$
\begin{aligned}
R^2_{\text{adjusted}} &= \frac{\widehat{\sigma}^2 - \widehat{\sigma}^2_{\text{reg}}}{\widehat{\sigma}^2} \\
&\approx \frac{n^{-1}\sum_i y^2 - \overline{y}^2 - n^{-1}\left(\sum_i y^2 - \boldsymbol{z}^{\text{T}}\widehat{\boldsymbol{\beta}}\right)}{\widehat{\sigma}^2} \\
&= \frac{n^{-1}\boldsymbol{z}^{\text{T}}\widehat{\boldsymbol{\beta}} - \overline{y}^2}{\widehat{\sigma}^2}
\end{aligned}
\tag{3.38}
$$

如上所述的计算$\widehat{\sigma}^2_{\text{reg}}$的替代方法对数据文件进行第二次遍历。唯一的目的是计算平方预测误差的总和：

$$
\sum_{i=1}^{n}(y_i - \boldsymbol{x}_i^{\text{T}}\widehat{\boldsymbol{\beta}})^2 = (n-q)\widehat{\sigma}^2_{\text{reg}} \tag{3.39}
$$

3.10　教程：计算 $\hat{\beta}$

长期以来人们一直认为收入与健康有关[16,17]。支持这一论点的证据因为难以量化像健康这样复杂的状况而变得模糊不清。此外，该问题还与有关个人健康的潜在敏感数据所产生的保密问题相混淆。在本教程中，我们通过探索 BRFSS 的数据来研究这个问题。具体来说，建立一个非常简单的健康度量的回归模型，你认为你的总体健康状况如何呢？该问题的答案是：问题是多重选择，可能的答案如表 3.4 所示。

表 3.4　问题“你认为你的总体健康状况如何呢？”的可能答案和代码

代码	描述
1	极好
2	非常好
3	好
4	较好
6	较差
7	不知道或不确定
9	拒绝回答
空白	未被询问或丢失

在丢弃了包含代码 7、9 或空字符串的记录之后，记录的变量是有序的且适于进行回归分析。

BRFSS 数据文件中记录了大量的人口统计变量，但我们将预测变量限制为少数人口统计描述，当然包括年度家庭收入。目标仅限于评估变量收入、体重指数和教育程度对预测健康的相对重要性。此外，还想判断收入是否比其他变量更重要。为实现这些目标，我们拟合了健康度量的线性回归模型，并检查了每一单位变化对健康的估计影响。

本教程将再次使用2011年、2012年、2013年和2014年的BRFSS数据文件。除了上一个教程中提取的收入、体重指数和教育程度信息外，还需要提取对健康问题的回复。表3.5显示了变量的字段位置。有效回复是1到6之间的整数。此外，还将忽略数据文件中输入为7、9或空白的总体健康回复记录。

表3.5 总体健康变量的BRFSS数据文件名和字段位置。总体健康变量包含受访者对其健康状况的评估

年份	文件	位置
2011	LLCP2011.ZIP	73
2012	LLCP2012.ZIP	73
2013	LLCP2013.ZIP	80
2014	LLCP2014.ZIP	80

本教程以3.8节的相关教程为基础。下面的指令假定读者已经编写了一个脚本，该脚本为一些BRFSS变量计算相关矩阵。 如果没有脚本，则应该完成3.8节的教程并创建相关脚本。

(1) 加载上一个教程中使用的模块和函数：

```
import sys
import os
import importlib

parentDir = '/home/Algorithms/'
if parentDir not in set(sys.path):
    sys.path.append(parentDir)
    print(sys.path)
from ModuleDir import functions
reload(functions)
dir(functions)
```

执行脚本并纠正任何错误。

(2) 编辑模块 functions.py 并将总体健康变量的字段位置条目添加到 fieldDict。

表 3.5 列出了字段位置。2011 年的字典条目可能显示为：

```
fieldDict[11] = {'genhlth':73, 'bmi':(1533, 1536), 'income':124, 125},
      'education':122}
```

(3) 使用 fieldDictBuild 函数创建字段字典。

```
fieldDict = functions.fieldDictBuild()
```

(4) 在数据目录中创建一个文件列表并遍历该列表。处理 2011 年、2012 年、2013 年和 2014 年的文件。

```
path = r'.../Data/'
fileList = os.listdir(path)
print(fileList)
n = 0
for filename in fileList:
    try:
        shortYear = int(filename[6:8])
        if shortYear < 11:
            1/0
        year = 2000 + shortYear

        file = path+filename
        print(filename)
        fields = fieldDict[shortYear]
    except(ValueError, ZeroDivisionError):
        pass
```

代码使用了一个异常处理程序来跳过那些不是数据文件的文件，此外还使用异常处理程序跳过 2011 年之前的数据。代码段中的最后一个语句检索当前年份的字段位置。

(5) 使用上一个教程中创建的函数提取教育程度、收入和体重指数的字段位置。获得总体健康的字段位置 fGH。

```
fEduc = fields['education']
sInc, eInc = fields['income']
sBMI, eBMI = fields['bmi']
fGH = fields['genhlth']
```

(6) 通过遍历记录来处理数据文件。提取预测变量值：

```
file = path + filename
```

```
with open(file, encoding = "latin-1") as f:
    for record in f:
        education = functions.getEducation(record[fEduc-1])
        income = functions.getIncome(record[sInc-1:eInc])
        bmi = functions.convertBMI(record[sBMI-1:eBMI],shortYear)
```

此代码段在 for 循环中执行，该循环遍历 fileList。因此，for record in f 语句必须与指令 5 的代码段具有相同的缩进。下一个代码段处理总体健康的无效值。

(7) 将字符串 genHlthString 映射到整数 genHlth，如下所示。首先测试字符串是否为空白。如果为空，则将-1 分配给 genHlth。如果不为空，则将字符串转换为整数。然后测试该整数是 7 还是 9(或者简单地讲大于 6)，如果是，则将-1 分配给 genHlth。不需要其他转换。

当程序遍历记录以检查代码时，打印 genHlthString 和 genHlth 的值。除了{-1,1,2,3,4,5,6}这些值之外，不应生成 genHlth 的其他值。

(8) 将指令 7 中的代码段封装为一个函数。定义和返回语句如下所示：

```
def getHlth(HlthString):
    ...
    return genHlth
```

(9) 调用以下函数。

```
y = functions.getHlth(record[fGH-1])
```

通过打印返回值 y 来检查函数 getHlth 是否正常工作。当该函数正常工作时，将其移到 functions 模块，并从主程序中删除该代码段。计算 bmi 后调用 getHlth。

(10) 如果提取的值都是有效的，则通过教育程度、收入和体重指数生成预测向量 $\boldsymbol{x}$。向量 $\boldsymbol{x}$ 被创建为 4×1 的 Numpy 矩阵，以便轻松地计算外积 $\boldsymbol{x}\boldsymbol{x}^{\mathrm{T}}$。如果一个或多个提取的值无效，则会创建 ZeroDivisionError 异常，并将程序流定向到下一条记录。

```
try:
    if education < 9 and income < 9 and 0 < bmi < 99 and y != -1:
        x = np.matrix([1, income, education, bmi]).T
        n += 1
    else:
        1/0
    except(ZeroDivisionError):
        pass
```

(11) 下一组操作从 $\boldsymbol{x}$ 和 $\boldsymbol{y}$ 构建矩阵 $\boldsymbol{A}$ 和 $\boldsymbol{z}$。但在计算矩阵 $\boldsymbol{A}$ 和 $\boldsymbol{z}$ 之前，有必要将

它们初始化为零矩阵，因为它们是通过连续地向矩阵中添加附加项来计算。必须在处理任何数据文件之前进行初始化。初始化代码段为：

```
q = 4
A = np.zeros(shape = (q, q))
z = np.matrix(np.zeros(shape = (q, 1)))
sumSqrs = 0
n = 0
```

变量 sumSqrs 将包含 $\sum_i y_i^2$(需要计算$\widehat{\sigma}^2$)。

(12) 返回到内部 for 循环，在处理每条记录时，更新 $\boldsymbol{A}$ 和 $\boldsymbol{z}$。更新代码遵循对目标和预测变量的有效值的测试。

```
A += x*x.T
z += x*y
sumSqrs += y**2
n += 1
```

仅当有效值的测试为 True(指令 10)时，才执行上面的指令。因此，更新 $\boldsymbol{A}$ 后，测试代码段紧跟其后。

(13) 在处理完大量观测值后计算下式。

$$\widehat{\boldsymbol{\beta}} = \boldsymbol{A}^{-1}\boldsymbol{z} \tag{3.40}$$

可使用 Numpy 函数 linalg.inv()计算 $\boldsymbol{A}^{-1}$，例如，invA = np.linalg.inv(A)，然后计算 betaHat = invA * z。然而，从数值观点看，最好不要计算 $\boldsymbol{A}^{-1}$，而使用针对对称矩阵优化的 LU 分解法解 β 的线性方程组 $\boldsymbol{A}\beta = \boldsymbol{z}$。[15]方程组的解就是$\widehat{\beta}$。在处理连续的 10 000 个观测值后计算$\widehat{\boldsymbol{\beta}}$：

```
if n % 10000 == 0 and n != 0:
    b = np.linalg.solve(A,z)
    print('\t'.join([str(float(bi)) for bi in b]))
```

这里所示的$\widehat{\beta}$的计算是通过 LU 分解法进行的。Join 操作符从$\widehat{\beta}$元素创建一个字符串，并在每个元素之间插入制表符。

(14) 接下来的任务是使用方差估计：

$$R^2_{\text{adjusted}} = \frac{\widehat{\sigma}^2 - \widehat{\sigma}^2_{\text{reg}}}{\widehat{\sigma}^2} \tag{3.41}$$

计算

15 LU 分解法比先求逆再相乘更快、更准确。

$$\widehat{\sigma}^2 = n^{-1}\sum_i y_i^2 - \overline{y}^2$$
$$\widehat{\sigma}^2_{\text{reg}} = n^{-1}\left(\sum y_i^2 - \boldsymbol{z}^{\text{T}}\,\widehat{\boldsymbol{\beta}}\right) \tag{3.42}$$

除了$\overline{y} = n^{-1}\sum_i y_i$外，计算$R^2_{\text{adjusted}}$需要的所有项都被计算了。总和$\sum_i y_i$存储在$\boldsymbol{z}$的第0行。因此，可使用如下指令计算$\widehat{\sigma}^2$。

```
ybar = z[0]/n
varEst = sumSqrs/n - ybar**2
```

(15) 计算调整后的确定系数。可从式(3.38)中得到R^2_{adjusted}的近似公式。

```
rAdj = (z.T.dot(b)/n - ybar**2)/varEst
```

.dot 操作符用于计算 Numpy 数组 z 和 b 的内积。由于 Numpy 函数 linalg.solve 不返回矩阵(它返回一个数组)，因此矩阵乘法操作符*无法正确地将 z 乘以 b。可使用函数 type()确定对象的类型。

(16) 将以下代码放在指令 13 的条件语句的 if 分支内，这样，每当 n 对 10000 取余等于 0 且 $n>0$ 时，会打印R^2_{adjusted}和$\widehat{\boldsymbol{\beta}}$的值。

```
bList = [str(round(float(bi),3)) for bi in b]
print(n,'\t'.join(bList),str(round(float(rAdj),3)))
```

计算R^2_{adjusted}所需的打印语句和所有中间计算应在计算$\widehat{\beta}$时执行。在代码段的第一行中，b 从一个 Numpy 矩阵转换为字符串列表[16]。

(17) 如果第 i 个预测变量增加一个单位且所有其他变量保持不变，那么第 i 个参数估计值$\widehat{\beta}_i$可解释为$\text{E}(\boldsymbol{Y}|\boldsymbol{x})$的估计变化[17]。例如，与收入相关的参数估计值$\widehat{\beta}_1 = -0.145$，这意味着收入变量的 1 个单位变化与总体健康评分为－0.145 的平均改善水平相关。我们认为这一变化是一种改进，因为总体健康评分 1 表示健康状况良好，6 表示健康状况不佳。回顾一下，收入变量是有序的，收入变量的 1 个单位变化相当于每年大约 5000 美元的收入。体重指数中 1 个单位的增加与健康评分中$\widehat{\beta}_3 = 0.037$ 的增加相关。体重指数的计算方法是用体重(千克)除以身高(米)的平方，因此，如果个体体重增加 10 千克，那么估计总体健康评分增加 0.37。很难说哪个变量更重要，因为单位不同(美元和千克不具有可比性)。

(18) 从模型中删除教育程度并计算 R_{adjusted}。根据使用模型中所有三个值以及仅使

16 即使长度为 1 或维度为 1×1，Numpy 矩阵和数组也不能舍入。

17 第 6 章将详细解释回归系数。

用收入和体重指数所计算的 R_{adjusted} 之间的差值可衡量教育程度的重要性。由于差值为 0.016，因此可认为在总体健康评分变化中教育程度占了 19.9%-18.3% = 1.6%，该比例并不高。

小结

本教程发现了调整后的确定系数为 0.199，表明这些变量解释了总体健康评分中 19.9%的变化。该模型未能解释总体健康评分的大部分变化，因为收入和教育程度不会直接影响健康。尽管总体健康评分存在该模型无法解释的巨大变化，但我们发现，体重指数和收入的差异与受访者健康状况(由健康评分进行度量)的差异有关。

如果我们从模型中去除收入，则确定系数小于 - 0.134，而如果删除体重指数，则 $R_{\text{adjusted}} = 0.158$。从这个比较中可推断出，与教育程度或体重指数相比，收入是总体健康评分更重要的决定因素。而这一结果支持了收入和健康相关的观点。

3.11　练习

3.11.1　概念练习

3.1　假设 s 是统计数据，并且对于形成集合 D 的一个分区的任何两个集合 D_1 和 D_2，都有 $s(D_1 \cup D_2)= s(D_1)+ s(D_2)$。假设 $r> 2$ 且 $D1, D2, \ldots, D_r$ 也是 D 的分区。请证明 $s(D)= s(D_1)+ s(D_2)+\ldots+ s(D_r)$。

3.2　证明统计数据 $t(D)=(A，z)$(式(3.22)和式(3.32))是一个关联统计数据。回顾一下，对是以组件的方式添加的；因此，$(x_1, y_1)+(x_2, y_2)=(x_1+ x_2, y_1+y_2)$。

3.3　证明最小二乘估计是正规方程组(3.28)的解。具体来说，最小化关于 β 的目标函数 $S(\beta)$(式(3.25))。要相对于 β 来区分 $S(\beta)$。将偏导数的向量设置为等于 $\boldsymbol{0}_{q\times1}$ 并求解 β。解就是最小二乘估计。注意，本题需要多变量微积分。

3.4　回顾一下，$\widehat{\sigma}^2$ 可以写成：

$$\widehat{\sigma}^2 = \frac{\sum(x_i - \widehat{\mu})^2}{n}$$

并考虑式(3.16)中提出的方差估计值。

a. 验证式(3.3)是正确的；也就是说，验证是否可根据该公式从 s_1、s_2 和 s_3 计算出 $\widehat{\mu}$ 和 $\widehat{\sigma}^2$。

b. 传统的统计教科书主张使用如下样本方差：

$$s^2 = \frac{\sum(x_i - \widehat{\mu})^2}{n-1}$$

估计σ^2，因为它是无偏的。实际上，$\widehat{\sigma}^2$是σ^2的有偏估计。可证明当$n\to\infty$时$\widehat{\sigma}^2$和s^2之间的差值趋于0。因此，当n很大时，$\widehat{\sigma}^2$的偏差可忽略不计。

3.5 设

$$\underset{n\times 1}{\boldsymbol{j}} = \begin{bmatrix} 1 \\ \vdots \\ 1 \end{bmatrix}$$

表示长度为n的求和向量。

a. 证明对于任何n维向量$\boldsymbol{x}$，$n^{-1}\boldsymbol{j}^{\mathrm{T}}\boldsymbol{x} = \overline{\boldsymbol{x}}$。

b. 假设从数据矩阵$\underset{n\times p}{\boldsymbol{X}}$计算样本均值$\overline{\boldsymbol{x}}$的$\boldsymbol{p}$向量。证明：

$$\overline{\boldsymbol{x}}^{\mathrm{T}} = (\boldsymbol{j}^{\mathrm{T}}\boldsymbol{j})^{-1}\underset{1\times n}{\boldsymbol{j}^{\mathrm{T}}}\ \underset{n\times p}{\boldsymbol{X}} \tag{3.43}$$

c. 假设$\boldsymbol{j}$和$\boldsymbol{X}$已经被构造为Numpy矩阵，给出一个用于计算$\overline{\boldsymbol{x}}^{\mathrm{T}}$的单行Python指令。

d. 注意式(3.43)和β的最小二乘估计之间的相似性。你可推导出作为估值的样本均值是多少吗？

3.6 假设$X_2 = aX_1 + b$，其中X_1是具有有限均值和方差的随机变量，$a\neq 0$且b是实数。证明总体相关系数$\rho_{12}=1$。

3.7 写出$\widehat{\boldsymbol{\Sigma}}\boldsymbol{D}$的一些元素，然后写出乘积$\boldsymbol{D}(\widehat{\boldsymbol{\Sigma}}\boldsymbol{D})$的元素，从而证明：

$$\boldsymbol{R}=\boldsymbol{D}\widehat{\boldsymbol{\Sigma}}\boldsymbol{D}$$

3.8 通过将$\sum(y_i - \widehat{y}_i)^2$扩展为下式来证明式(3.37)：

$$\sum(y_i - \widehat{y}_i)^2 = \boldsymbol{y}^{\mathrm{T}}\boldsymbol{y} - 2\boldsymbol{y}^{\mathrm{T}}\boldsymbol{X}\widehat{\beta} + \widehat{\beta}^{\mathrm{T}}\boldsymbol{X}^{\mathrm{T}}\boldsymbol{X}\widehat{\beta} \tag{3.44}$$

然后证明$\widehat{\beta}^{\mathrm{T}}\boldsymbol{X}^{\mathrm{T}}\boldsymbol{X}\widehat{\beta} = \boldsymbol{z}^{\mathrm{T}}\widehat{\beta}$。

3.12.2 计算练习

3.9 第i个参数估计值$\widehat{\beta}_i$的标准偏差由以下矩阵的第i个对角线元素的平方根估计：

$$\widehat{\text{var}}(\widehat{\boldsymbol{\beta}}) = \widehat{\sigma}_{\text{reg}}^2(\boldsymbol{X}^{\text{T}}\boldsymbol{X})^{-1} \tag{3.45}$$

β_i的近似大样本 95%置信区间是：

$$\left[\widehat{\beta}_i - 2\sqrt{\widehat{\text{var}}(\widehat{\beta}_i)}, \widehat{\beta}_i + 2\sqrt{\widehat{\text{var}}(\widehat{\beta}_i)}\right] \tag{3.46}$$

计算 3.10 节中估计的参数 β_1、β_2 和 β_3 的置信区间。

3.10 Mokdat 等人[40]根据对 BRFSS 数据的分析，估计 2000 年和 2001 年肥胖的美国成年居民的百分比分别为 19.8%和 21.5%。通过修改 3.6 节的教程来计算表 3.1 所列 8 年中每一年的肥胖受访者比例，从而确定他们的计算是否正确。

3.11 用一个 BRFSS 数据集来估计美国成年人口中女性的比例。计算一个估计值作为所有观测值中女性的样本比例。性别变量字段位置列在 BRFSS 码本中。可在 CDC 网站 https://www.cdc.gov/brfss/annual_data/2014/pdf/codebook14_llcp.pdf 查看 2014 年码本。在 BRFSS 数据文件中分别通过值 1 和值 2 来识别男性和女性。设 x_j 表示第 j 个被调查者的性别。

计算两个估计值：常规样本比例，以及使用 BRFSS 抽样权重的加权比例。这两个估计值是：

$$\begin{aligned} p_1 &= n^{-1}\textstyle\sum_{j=1}^{n} I_F(x_j) \\ p_2 &= \frac{\sum_{j=1}^{n} w_j I_F(x_j)}{\sum_{j=1}^{n} w_j} \end{aligned} \tag{3.47}$$

其中，如果第 j 个抽样个体为女性，则 $I_F(x_j)$取值为 1，否则为 0，w_j 为分配给第 j 个观测值的 BRFSS 抽样权重，n 为观测值数量。与公布的美国成年人中女性比例的估计值相比较。美国人口普查局报告称，2010 年，50.8%的人口是女性。

3.12 加州大学欧文机器学习存储库[5]维护与家庭电力消耗相关的数据集。数据记录器连接到三个电力数位分表，分别测量三个独立电路的电力消耗。从 2006 年 12 月到 2010 年 11 月，数据以分钟为单位收集了大约 47 个月。有关该研究的更多信息可在加州大学欧文机器学习存储库获得。有功功率是响应变量。而无功功率则主要反映了由于阻力造成的能量损失，在本练习中忽略了。

a. 通过构建键-值对字典 hourlyDict，将有效功率的每分钟消耗量的数据映射到有功功率的每小时消耗量的数据，其中键是日和小时对(例如(02/11/2007, 13))，而值是包含一小时内三个电力数位分表的消耗的列表，如[3, 16, 410]。

b. 使用 hourlyDict 中所包含的每小时消耗数据计算三个电路的相关矩阵。

c. 将 hourlyDict 中包含的每小时数据映射到小时。可通过创建字典 hourDict 来实现这一点，其中键是 0, 1, …, 23，而值是一天中特定小时获得的所有测量值的平均值。在单个图中，图表表示三个电力数位分表中每个分表的消耗量与小时的比较，并按小时描述使用模式。

第4章 Hadoop 和 MapReduce

摘要：在本章中，将考虑单个主机不够用的情况，因为数据量或处理需求超出主机的容量。流行的解决方案通过计算机网络或为任务创建的短期网络(一个集群)分发数据和计算。这种情况下，每个集群节点(计算单元)存储和处理数据的一个子集。当所有节点完成其任务时，将各自的结果合并为一个结果。要使用此解决方案，计算算法必须符合某种结构，并且必须管理集群执行。Hadoop 环境和 MapReduce 编程设计提供了所需的管理和算法结构。Hadoop 是一个软件和服务的集合，用于构建集群、在集群中分布数据以及控制数据处理算法和结果传输。而 MapReduce 编程设计可确保可扩展性，并且可扩展性可确保结果独立于集群配置。讨论了基本组件后，将介绍 Hadoop 和 MapReduce 的应用。

4.1 引言

Google 公司开发了 MapReduce 编程设计模式[14,15]。开发 MapReduce 的动机是需要构建和定期更新所有网页的索引。随着网页数量的增加，计算工作需要一种将计算负载分配给多个处理单元的方法。完成后，再将各个处理器的结果进行合并，并且不会丢失信息。该标准意味着算法结果应该独立于处理单元的数量和数据分配到单元的方式。换句话说，对于任何硬件配置，算法输出都应该相同。这一属性大家应该比较熟悉了——第 3 章中将其称为"可扩展的"。Google 公司的解决方案被称为 MapReduce。

要在一个分布式计算环境中使用 MapReduce 算法，还需要一样东西。需要一个系统将数据集划分为子集，将子集分配给处理单元(有时称为 DataNode)并控制进程，最后将结果从数据节点传回到单个主机(NameNode)。这些任务由一组称为 Hadoop 生态系统的软件程序完成。

4.2 Hadoop 生态系统

Apache Software Foundation 是一个组织，负责维护和推行与开源 Hadoop 相关项目的开发。Hadoop 架构适用于分布式计算的各种方法[37]。可以说，Hadoop 是由 Apache Software Foundation 管理和控制的开源 Apache 项目的集合，也就是说 Apache 之外的个人是 Hadoop 的重要贡献者。不应该假设 Hadoop 开发人员必须连接到 Apache Software Foundation。许多商业企业也开发了 Hadoop 的实现，旨在增强和简化其使用[1]。

集群是由两个或多个计算机通过高速网络连接在一起的集合。组成计算机通常称为节点或主机，在 Hadoop 生态系统中，节点可分为主节点或工作节点。NameNode 是主节点，它通过两个子系统控制 Hadoop 生态系统，即 Hadoop 文件分布式系统(HDFS)和称为 YARN(Yet Another Resource Negotiator 的简称)的资源分配和管理系统。在 YARN 下，主节点将计算过程分配给工作节点，目的是最合理地利用集群资源。在 DataNode 上执行的过程由称为节点管理器的辅助管理器进行管理。

4.2.1 Hadoop 分布式文件系统

Hadoop 分布式文件系统的目的是将数据作为块集合(即子集)划分和分布在集群中。客户端或用户通过应用程序接口(API)与 HDFS 进行通信。数据块到 DataNode 的分发以及 DataNode 的监视都在名为 NameNode 的主机上进行。HDFS 在 NameNode 上维护一个目录来存储所有文件以及存储数据的位置。NameNode 上没有存储任何数据，数据块都位于 DataNode 上。当节点数量较大时，至少在一个 DataNode 上发生致命错误的概率非常大[2]。练习 4.1 表明，虽然任何一个节点失败的可能性很小，但对于大型集群来说，至少有一个节点发生故障的可能性仍然很大。因此，冗余是通过将每个数据块分发到多个数据节点而构建到集群中的。当一个节点发生故障时，其他节点将接管分配给故障节点的数据处理任务。主 NameNode 有一个备用 NameNode 备份，以防 NameNode 失败。图 4.1 是 Hadoop 生态系统的简化图。

1 较知名的商业供应商有 Cloudera、Hortonworks 和 MapR。
2 由 HDFS 创建和控制的集群可能由数千个节点组成。

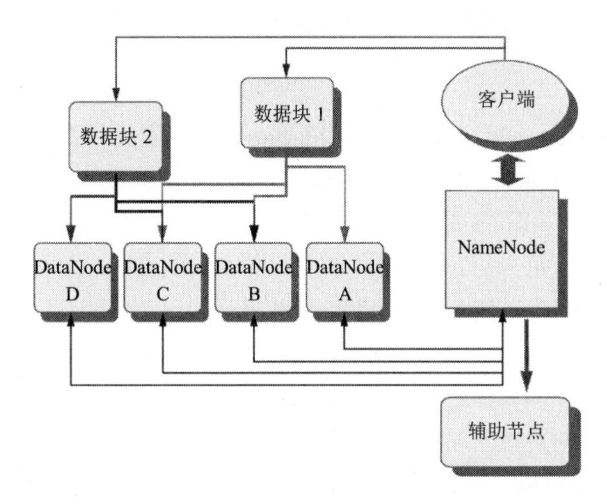

图 4.1 流程图显示了从 NameNode 到 Hadoop 生态系统中 DataNode 的数据传输

在确定所有 DataNode 已准备好接收数据后，NameNode 启动从客户端到 DataNode 的数据块传输。例如，Amazon Web Service Elastic MapReduce 将默认块大小设置为 128 MB，并通常会为每个块创建三个重复项。例如，数据块 1 可被复制到 DataNode A，然后从 A 复制到 B，最后从 B 复制到 C。而数据块 2 可被复制到 B，然后 B 到 C，最后 C 到 D。而算法输出以类似的方式检索。

接下来将使用 Amazon 的 Elastic MapReduce(EMR)进行分布式计算。在此系统下，集群的生命周期较短，因为它是专门为用户提交的任务创建的。EMR 在非常大的计算机网络中标识一组可用计算机，并将这些计算机分配给集群。NameNode 控制集群并通过 Hadoop，协调任务的执行。任务完成后，计算机将被释放回网络。

4.2.2 MapReduce

Hadoop 生态系统中的数据处理必须符合一种被称为 MapReduce 的特定结构。MapReduce 由三个连续阶段组成。在第一个阶段中，映射器将数据映射到一组键-值对。然后，在 Shuffle 阶段对键-值对进行排列，以便特定键的所有实例都位于单个 DataNode 上。第三阶段是 Reducer 阶段，其中数据被简化为一组统计数据，或列表、表格，又或是分析人员设想的其他一些汇总形式。例如，数据分析人员创建 Mapper 和 Reducer 作为 Python 脚本。而 Shuffle 阶段由 Hadoop 执行。

当 Hadoop 启动时，数据被划分为 g 块并分发到 DataNode $N_1, N_2, \ldots, N_g$。下一阶段是通过 MapReduce 开始简化数据。在以下各节中，将详细介绍 MapReduce 的组成部分。

4.2.3 映射

映射是 MapReduce 算法的第一步。Mapper 的目的是组织数据以进行简化。组织结构与第 2 章中所讨论的字典结构密切相关。在每个 DataNode 上，数据记录映射到键-值对。这些键允许将可扩展性内置到 MapReduce 算法中，因此，对于大规模数据集的优化处理是必不可少的。而键的选择是分析人员的责任，因此也必须与数据分析的目标一致。展望一下，所有与某个特定键相关联的记录一起被简化，而与不同键相关联的值则不会一起简化。因此，如果目标是按年龄组估计糖尿病患病率，那么年龄级是键的合适选择。但如果还要按照性别来估算患病率，那么使用年龄级作为键则会产生很大的困难。对男性的观测值将最终出现在不同的 DataNode 上，计算男性的患病率需要很多记录信息。但如果键是年龄和性别对，那么用于估算特定性别比率的 MapReduce 解决方案就相对简单得多。

键的重要性体现在 MapReduce 的下一个阶段，即 Shuffle 阶段。Shuffle 阶段将键-值对移到集群周围，以便具有特定键的所有对都位于单个 DataNode 上。例如，假设 k_i 是第 i 个键，对于 $i = 1, \ldots, g$，并且有 n_i 个观测值与 k_i 相关联。这些 n_i 条记录都将写入特定的 DataNode。Reducer 将根据分析人员在 Reducer 算法中编写的指令简化所有与 k_i 相关的 n_i 个观测值。如果数据分析人员想要生成特定键的输出，例如，第 i 组的样本均值和标准差，$i= 1, \ldots, g$，那么分布式计算解决方案所需的信息不会缺失。但如果第 i 组计算需要其他一些与不同键相关联的值，那么算法很可能会失败。

例如，7.3 节的教程引导读者评估美国每个州的糖尿病发病率[3]。发病率是成人糖尿病患病率的年变化率。要完成评估，可将键设置为州。而值的选择有多种。例如，值可以是由特定受访者的糖尿病的二元指标和观察年份所组成的对。另外，Mapper 也可以生成标识州和县的键。第一种方法可以生成 52 个唯一键(50 个州以及波多黎各和哥伦比亚特区各一个键)。而第二种方法生成大约 3100 个唯一键，每个县一个。Mapper 在所有数据块中生成的记录数与记录总数相同(假设 Mapper 没有因为数据值无效而清除任何记录)。如果使用县作为键的一部分，就迫使分析人员生成针对特定县的估算。由于观测值来自相同的州，因此 Reducer 将无法计算每个州的单个估计值，但在 Shuffle 阶段后不同的县可能最终在不同的数据节点上。然而，如果分析人员计划进行这种聚合，那么可以先对特定于县的估计值进行聚合，然后计算州的估计值。

如果简化过程可生成关联统计数据，那么 Mapper 也可简化数据。例如，如果键是州，那么值可以是一个三个整数的列表：年份、抽样个体的数量和抽样的糖尿病患者的数量。在特定 DataNode 上生成的键-值对的示例是(k_1, v_1)=(AK, [2000, 1002, 77])。

3 具体而言，就是全美 50 个州、哥伦比亚特区以及波多黎各。

由此可推断出驻留在该 DataNode 上的数据块包含 2000 年对 1002 名阿拉斯加人的观测值，其中 77 人是糖尿病患者。如果在另一个 DataNode 上生成了来自阿拉斯加州的另一个键-值对，比如说(k_2, v_2)=(AK，[2000, 1310, 62])，那么 Reducer 会计算 2000 年阿拉斯加州的流行率估计值为(77 + 62)/(1002 + 1310)=0.060。

由于 Shuffle 算法要求键和值之间的分隔符是制表符，因此 Mapper 程序的实际输出将采用不同的格式。例如，Mapper 算法的输出记录可能为 AK \t 2000,1002,77(\t 是制表符)。

Reducer 算法将根据以下模型计算最小二乘估计：

$$\pi_{i,j} = \beta_{0,i} + \beta_{1,i}\text{year}_j \tag{4.1}$$

其中 $\pi_{i,j}$ 是州 i 在年份 j 中糖尿病的真实患病率，$\beta_{0,i}$ 和 $\beta_{1,i}$ 是州 i 的截距和变化率(或发生率)。相关分析将在 7.2.2 中详细讨论。

除了构建键-值对外，Mapper 通常还执行其他操作。例如，Mapper 可丢弃不完整的记录并忽略 Reducer 算法未使用的变量。

4.2.4 约简

Reducer 算法的作用是将数据简化为有用的解释形式。通常，Reducer 输出是每个键的一组汇总统计信息。4.2.3 节中糖尿病发病率的示例说明了这一点。在该示例中，Reducer 计算了每个州的发病率的最小二乘估计值 $\widehat{\beta}_{i,1}$。

如果没有自然的划分来形成键，那么也可使用 MapReduce 算法，但需要假设使用所有的观测值来拟合糖尿病发病率的最小二乘模型。MapReduce 算法根据 $\widehat{\beta}=\boldsymbol{A}^{-1}\boldsymbol{z}$ 使用关联统计数据 $\boldsymbol{A}$ 和 $\boldsymbol{z}$ 来计算参数向量 β 的最小二乘估计。假设必须在分布式环境中计算 $\boldsymbol{A}$ 和 $\boldsymbol{z}$。现在，观测值的州来源与数据的预期用途无关。但是 Shuffle 需要键，所以当 Mapper 读取数据文件时，保持一个记录计数器 n 并将第 n 条记录的键设置为 $k_n = n$ mod 10。因此，键将是集合 K={0, 1, ..., 9}中的值，键将数据集划分为 10 个子集，这些子集大致等于记录的数量。Shuffle 将把所有带有键 k_n 的观测值指向单个 DataNode，比如说 N_j。在节点 N_j 上运行 Reducer 算法，计算关联统计数据 $\boldsymbol{t}(D_j)=(\boldsymbol{A}_j, \boldsymbol{z}_j)$，其中：

$$\boldsymbol{A}_j = \sum_{(y_i,\boldsymbol{x}_i)\in D_j} \boldsymbol{x}_i\boldsymbol{x}_i^{\mathrm{T}} \text{ 且 } \boldsymbol{z}_j = \sum_{(y_i,\boldsymbol{x}_i)\in D_j} y_i\boldsymbol{x}_i \tag{4.2}$$

$j = 1,\ldots, r$，其中 r 是 DataNode 的数量。我们无法预测 DataNode 的数量是否为 K，因为某些键可能被洗牌到同一个 DataNode。但可以说 $r \leqslant 10$。分析的最后阶段发生在 MapReduce 算法完成后。Reducer 输出 $\boldsymbol{t}(D_1), \ldots, \boldsymbol{t}(D_r)$用于计算最小二乘估计：

$$\hat{\beta} = \left(\sum_{j=1}^{r} \boldsymbol{A}_j\right)^{-1} \sum_{j=1}^{r} \boldsymbol{z}_j = \boldsymbol{A}^{-1}\boldsymbol{z} \tag{4.3}$$

使用所有州所计算的发病率估计值是$\hat{\beta}_1$。作为最后的评论，任何具有足够多的独特标签的标签都可以用作键。但是，当数据没有自然划分时，由 Reducer 计算的统计数据是关联的，这一点至关重要。否则，就无法保证 Reducer 输出可采用确定的、最优的方式进行聚合。如果出现这种情况，那么即使使用 Hadoop 和 MapReduce，算法也不可扩展。因此，MapReduce 算法不一定是可扩展算法。

4.3 开发 Hadoop 应用程序

接下来将采用一种两阶段的方法将 Hadoop 用于分布式计算。第一阶段以 Mapper 和 Reducer Python 程序的形式生成 MapReduce 代码。对 Mapper 和 Reducer 进行编程是在单个本地主机环境中完成的。独立计算机构成了本地主机环境。程序可在诸如 Spyder 的集成开发环境(IDE)中编码，但在开发周期结束时，必须修改程序，以便通过命令行界面进行操作。命令行界面并不是特别难用，但它与我们大多数人习惯熟悉的图形用户界面不同。4.6 节的教程将帮助读者熟悉命令行。

使用 Hadoop 的第二阶段是在 Hadoop 分布式计算环境中设置并运行 Mapper 和 Reducer 程序。我们将使用 Amazon Web Services，因为它具有广泛的可用性和稳定的用户界面。相关的细节将在 4.7 节的教程中介绍。下一节将讨论在医疗保健领域中具有一定重要性的公开数据源。

4.4 医疗保险支付

医疗保险是由医疗保险和医疗补助服务中心(CMS)为 65 岁或以上的个人管理的联邦健康保险计划。患有某些残疾或疾病的年轻人也被包含其中。而 Medicaid 是针对收入和资源有限的个人的类似健康保险计划，因此 Medicaid 参与者通常比 Medicare 参与者年轻。2010 年，有 4800 万人参加了 Medicare。其中，4000 万人年龄在 65 岁以上，其余的人年龄都小于 65 岁。

Medicare 和 Medicaid 的支出是巨大的。CMS 报告 2014 年的支出为 6 187 亿美元，估计约占全国卫生支出总额的 20%。[4]相比之下，私人医疗保险支出估计为 9 910 亿美元——估计低于 Medicare 和 Medicaid 的总支出[12]。值得赞扬的是，医疗保险和医疗

4 医疗保险支出约为 4958 亿美元。

补助服务中心积极向公众提供有关支出的数据。我们将通过分析一个这样的公共数据集(Physician and Other Supplier Public Use File)来调查 Medicare 支付的地理差异。这些数据包含了向 Medicare 受益人提供医疗服务和程序的医疗专业人员的提供者费用和 CMS 报销费用信息。除了支付和收费之外，特别感兴趣的属性是供应商名称和邮政编码、医疗保健通用程序代码(HCPC)以及程序代码的叙述。2012 年、2013 年和 2014 年的数据文件都是可用的[5]。

图 4.2 显示了 2012 年和 2013 年在多个区域向医生和其他医疗服务提供者完成的 Medicare 支付的分布情况。可以看到，在迈阿密和纽约市区域支付的中位数(即第 50 百分位数)约为 60 美元，而在蒙大拿州、巴吞鲁日和西弗吉尼亚州中南部约为 40 美元。支付的区域差异并不出乎意料，因为影响医疗费用的一些因素因区域而异，例如租金。还有一些人观察到 Medicare 支付的差异程度更大[59]。由于美国医疗保险和医疗补助服务中心有责任对医疗服务提供者向其客户提供的服务进行公平的补偿，因此读者可通过检查图 4.2 所示区域之外的其他区域的支付分配来证实 Medicare 支付差异的存在。

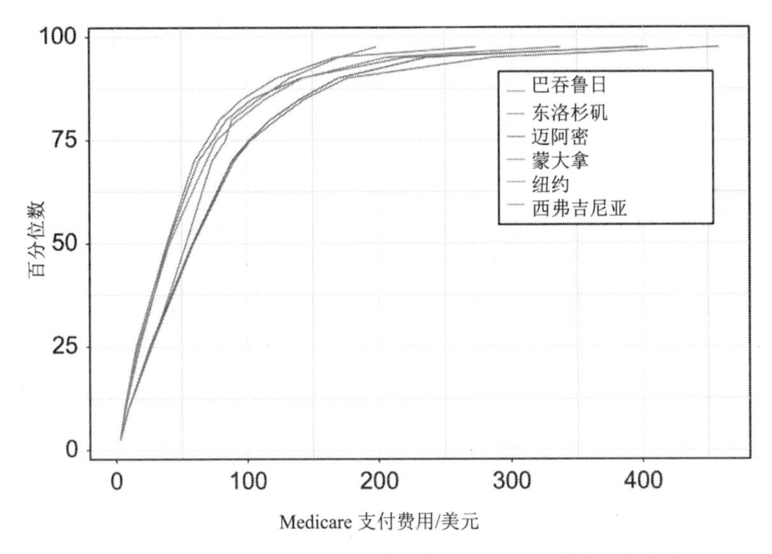

图 4.2　5 个三位数邮政编码的平均 Medicare 支付费用的分布

4.5　命令行环境

在下一个教程中，我们还将遇到一个额外的挑战，即如何在一个新的、有时是神秘的环境中进行谈判。此环境通常称为命令行。数据科学家非常热衷于这种环境，尽

5 2014 年数据文件与 2012 年和 2013 年数据文件格式略有差异。

管人数不是很多。下面我们将在命令行环境中工作，因为 Mapper 和 Reducer 算法是通过命令行与 Hadoop 相连接。通过从命令行运行 Mapper 和 Reducer 程序，可识别和纠正在分布式计算环境中进行纠正的昂贵且更耗时的错误。本教程的 Python 脚本在两个方面与前面所介绍的其他 Python 程序存在不同。首先，脚本是从命令行启动的，其次，数据文件的处理方式不同。

到目前为止，都是假设读者一直在集成开发环境(如 Sypder)中编写 Python 脚本。这些环境通过透明地向操作系统传递指令使脚本提交执行的过程自动化。相比于使用文本编辑器编辑脚本并从命令行执行脚本的替代方案，编写和调试脚本往往更容易、更快。现在，我们将从命令行执行脚本。用户可以使用 IDE 来编辑脚本。使用带有编辑器的 IDE 可以检查语法错误和其他有用的功能，例如自动缩进控制。

在命令行，用户和 Linux 操作系统通过 shell 程序进行交互。默认的 Linux shell 是 Bourne Again Shell，称为 bash。Windows 也有一个 shell，并富有想象力地称为 Windows shell。可根据具体情况打开 Linux 终端窗口或 Windows 命令提示符窗口来使用 shell，并从命令行输入和提交命令。接下来将讨论执行教程所需的命令行指令，但数量不是很多。对于有兴趣了解命令行环境的读者来说，可阅读 Data Science at the Command Line[30]。

4.6 教程：编程实现 MapReduce 算法

本教程的目的是构建一个 MapReduce 算法，该算法将总结一个或多个三位数邮政编码区域的 Medicare 支付的分布情况。由于大约有 900 个三位数邮政编码的区域，因此全面分析本身就非常复杂。由于主要关注的是算法本身，因此将使用 MapReduce 算法来比较少数主观选择的邮政编码，从而初步看一下区域变化。读者将提取六个邮政编码区域，这些区域在居民的年收入、人口密度和居民的人口统计特征方面存在很大差异。表 4.1 列出了服务每个区域的以美国邮政服务设施命名的区域。读者当然也可以将自己的邮政编码区域或任何其他区域添加到列表中。维基百科网页 https://en.wikipedia.org/wiki/List_of_ZIP_code_prefixes 描述了美国的三位数邮政编码区域。

表 4.1 一些知名的三位数邮政编码前缀和服务于邮政编码区域的 USPS 部门中心设施的名称[68]

位置	三位数邮政编码
Boulder, CO	803
Detroit, MI	482

(续表)

位置	三位数邮政编码
Stamford, CT	069
Santa Monica, CA	904
Stockton, CA	952
Wolf Point, MT	592

回顾一下，编写 MapReduce 算法是通过分布式计算和 Hadoop 进行数据简化的两阶段过程的第一阶段。在实践中，使用完整数据集的子集来开发 MapReduce 算法通常是有效且必要的，因为第一阶段是在具有相对有限的计算资源的本地主机环境中执行的。第二阶段(在下面的教程中讨论)是将 MapReduce 算法移动到不受资源限制的 Hadoop 环境中。

(1) 打开终端，获取对 shell 的访问权限。

a. 在 Linux 中，通过在 Search 框中输入 terminal，从而从 Application Launcher 打开终端窗口。终端将在根目录下打开。输入 pwd(后跟 Enter 键)以显示当前目录。我们将在主目录中工作，因此通过输入 cd / home 然后按 Enter 来更改当前目录。

b. 在 Windows 中，可单击开始按钮或按键盘上的 Windows 键。在搜索框中输入 command prompt，然后按 Enter 键。

(2) 检查主目录。

a. 在 Linux 中，输入 ls -l(列出文件和目录)，并与文件管理器显示的列表进行比较。

b. 在 Windows 中，在命令行输入 dir，然后按 Enter 键。与 Windows 资源管理器显示的列表进行比较。

(3) 创建一个顶级目录和两个名为 Data 和 PythonScripts 的子目录。首先发出指令 mkdir MapReduce 来创建顶级目录。然后，使用 cd MapReduce 移动到目录，并创建名为 Data 和 PythonScripts 的子目录。指令 rmdir Data 将删除目录 Data。这些指令同样适用于 Windows shell。

(4) 导航至 Medicare & Medicaid 服务中心网页：

```
https://www.cms.gov/Research-Statistics-Data-and-Systems/
    Statistics-Trends-and-Reports/
    Medicare-Provider-Charge-Data/Physician-and-Other-Supplier.html
```

单击 2013 年数据文件链接 Medicare Physician and Other Supplier Data CY 2013。在标题 Detailed Data-Tab Delimited Format 下单击标题为 Medicare Physician and Other Supplier PUF, CY2013, Tab Delimited Format 链接，同意许可条款，并将主数据文件

Medicare_Provider_Util_Payment_PUF_a_CY2013.zip 下载到数据目录。

(5) 在 Data 目录中解压缩文件。从 Linux 命令行，使用更改目录指令 cd Data 导航到数据目录。然后提交以下指令：

```
unzip Medicare_Provider_Util_Payment_PUF_CY2013.zip
```

如果不在 MapReduce 目录中，则更改目录指令会失败。如果不在 MapReduce 目录中，请移动到 Data 目录，可提供完整路径，例如 cd /home/.../MapReduce/Data。指令 pwd 将显示当前位置的完整路径。

(6) 通过将前 20 条记录写入 Linux 终端窗口来检查数据文件的结构：

```
cat Medicare_Provider_Util_Payment_PUF_CY2013.txt | more
```

函数名称 cat 是 concatenate 的缩写。管道符号“|”将可选参数与函数名称分开。如果没有 more，那么整个文件都将被写入控制台。按 Enter 键将下一行写入终端。Ctrl+C 组合键将终止 cat 并将命令行的控制权返回给用户。类似的 Windows 指令如下所示：

```
type Medicare_Provider_Util_Paymont_PUF_CY2013.txt | more
```

(7) 返回 CMS 数据存储库(指令 4)并下载 2012 年数据文件。

4.6.1 映射器

映射器被编写为 Python 脚本。

(8) 打开一个编辑器(最好是 Python IDE)并创建一个空脚本。如果操作系统是 Linux，那么脚本的第一行必须是：

```
#!/usr/bin/env python
```

该行代码有时被称为 shebang。字符对#!指示 Linux 解释器将脚本的执行交给 Python 解释器完成。Python 解释器的位置被指定为/ usr / bin / env。shebang 的第一个字符是 Python 注释符号，其目的是阻止 Python 解释器尝试执行注释后面的指令(该指令是针对 shell 的，不遵守 Python 注释符号)。

如果操作系统是 Windows，则不需要 shebang。

(9) 向脚本添加指令以导入 sys 模块。使用名称 mapper.py 保存文件。

(10) 名为 sys.stdin 的标准输入是默认文件对象。以前是通过使用 open 函数显式地创建文件对象来处理数据文件的。其中一个参数是数据文件名。然后，通过遍历文件对象逐行读取数据。代码如下所示：

```
with open(fileName, 'r') as f:
    for record in f:
```

但是现在，在不需要创建的情况下就可以使用标准输入(sys.stdin)。将以下代码段添加到脚本中：

```
for record in sys.stdin:
    variables = record.split('\t')
    print(variables)
    sys.exit('Terminated')
```

数据文件以制表符分隔，并且 record.split 指令在制表符字符上拆分字符串记录。结果是生成一个名为 variables 的子字符串列表，每个子字符串对应于数据集中的一个变量。

将代码段添加到脚本中。如果尝试从 IDE 运行该程序，程序将启动并等待来自 sys.stdin 的输入(该输入将不会出现)。此时可能必须终止并重新启动 IDE。

该程序将从命令行运行，而不是在集成开发环境中运行。但是在命令行运行 mapper.py 之前，必须给出权限。

(11) 允许从命令行执行 mapper.py(在 Linux 下这是必需的，但在 Windows 下则不是必需的)。导航到包含 mapper.py 的目录。如果按照上面的指令操作，则目录为../MapReduce/PythonScripts。由于需要成为超级用户才能在 Linux 中更改权限，因此第一步是获得超级用户级权限。超级用户是指拥有修改文件和目录并执行程序的所有权限的用户。超级用户比普通用户拥有更多的操作系统权限和控制权。但同时超级用户更可能破坏系统。大多数用户在非必要时不应该获得超级用户权限，并应该在不再需要时放弃相关权限。

在命令行中输入 su，请求成为超级用户。系统会要求输入超级用户或 root 密码。作为超级用户，可通过从命令行发出以下指令来授予 mapper.py 执行权限：

```
chmod +x mapper.py
```

如果在数据目录中，则命令 chmod + x ../ mapper.py 将找到 mapper.py 并更改其权限。

(12) 程序将使用一个数据文件，该文件使用下面所示的命令行指令通过管道传输到标准输入。

```
cat datafile | ./mapper.py
```

指令 cat 指示 bash 开始流式传输(或写入)数据文件。管道符号将数据流定向到管道后面的设备；在本示例中，设备就是 mapper.py。符号对./指示 Linux 解释器处理 mapper.py 中包含的代码。mapper.py 中的 shebang 指示 bash 解释器允许 Python 解释器接管该过程。

从 PythonScripts 目录(包含 mapper.py)，使用下面的指令执行 mapper.py：

```
cat ../Data/Medicare_Provider_Util_Payment_PUF_CY2013.txt
    | ./mapper.py
```

该脚本将使用数据文件中的第一条记录，打印变量，并在处理 sys.exit()指令时终止。

如果使用 Windows，则必须找到 python.exe 解释器(有时这是一项非常重要的任务)。最好使用 Windows 资源管理器查找位置。搜索 python.exe。找到该解释器后，从窗口顶部的路径栏复制路径，称为 pathToPython。从数据目录执行 Mapper 的命令行指令几乎相同：

```
type Medicare_Provider_Util_Payment_PUF_CY2013.txt
    | pathToPython\python mapper.py
```

(13) 处理所有数据记录。首先向 mapper.py 引入一个计算记录数的变量，然后在 for 循环中插入一条指令，每隔 10 000 条记录打印一次计数器。

将 sys.exit()语句移动到脚本的末尾且在 for 循环之外。

使用下面的指令执行 mapper.py：

```
cat ../Data/Medicare_Provider_Util_Payment_PUF_CY2013.txt
| ./mapper.py
```

如果在命令行输入 Ctrl+C，则会终止程序。

(14) 实现我们的目标需要两项信息：邮政编码的前三位数和 Medicare 支付。此外，还需要重建医疗服务提供者的名称。提供者名称必须作为一个字符串来构建，该字符串由名、姓以及中间名缩写(如果有)组成。

```
try:
    lastName = variables[1]
    firstName = variables[2]
    middleInitial = variables[3]
    provider = lastName + '_' + firstName + '_' + middleInitial
    zipcode = variables[10][:3]
    payment = round(float(variables[26]), 2)
except(ValueError):
```

```
    pass
```

下画线字符用于分隔名和姓以及中间名。

(15) 根据下面的指令，有效记录应写为输出字符串：

```
print(zipcode + '\t' + provider + '|' + str(payment))
```

提取支付变量后，打印指令属于异常处理程序的 try 分支。

邮政编码和提供者之间的标签分隔符很重要，因为它将 Hadoop 键与值分开(邮政编码是键，而值由提供者和支付对组成)。如果正在为 Hadoop 编写代码，那么除了用于分隔键和值外，其他情况不应该使用制表符。

print 语句将从邮政编码、提供者和支付构建的字符串指向标准输出。指令 12 没有为 print 语句创建的输出流指定输出文件。因此，输出被定向到终端窗口。如果通过在命令中添加> output.txt 来扩展指令，输出将被定向到文件 output.txt 并覆盖其内容。

当没有从标准输入接收到更多数据时，遍历结束，并且程序终止。

(16) 使用步骤(12)中所示的相应指令从命令行运行程序。如果输出正确，则再次执行程序，此时将输出传递给一个文件：

```
cat ../Data/Medicare_Provider_Util_Payment_PUF_CY2013.txt
        | ./mapper.py > ../Data/mapperOut.txt
```

由于目标(在本例中为 mapperOut.txt)被覆盖，因此应该注意>字符。

(17) 如果 Mapper 要处理 2012 年和 2013 年的数据文件，那么 Linux 指令的格式为 cat datafile1 datafile2 |./mapper.py。Windows 指令的格式为 datafile1 datafile2 | pathToPython \ python mapper.py。

(18) 检查输出文件：

```
cat ../Data/mapperOut.txt | more
```

当 Mapper 和 Reducer 程序在分布式环境中与 Hadoop 一起使用时，Shuffle 步骤在 Mapper 执行之后且 Reducer 开始执行之前发生。Shuffle 将带有键 k_i 的所有输出记录定向到一个 DataNode。假设带有键 k_j 的记录对于使用键 k_i 处理记录的 Reducer 来说是完全无法访问的，设 $i \neq j$。

4.6.2　约简器

开发 MapReduce 算法的下一个阶段是对数据简化映射进行编程，也称为 Reducer。

Reducer 的输出是任何一组用户选择的三位邮政编码的百分位数列表[6]。要计算邮政编码 z 的百分位数，需要一个列表，其中包含向邮政编码中地址的提供者支付的所有款项。使用字典可非常方便地从每个选定的邮政编码构建支付列表。字典键是三位数的邮政编码，而值是支付列表。

可使用 Python 模块 collections 中的容器类型来简化代码，从而降低编程错误的可能性。具体来说，使用字典类型 defaultdict，并在将支付附加到支付列表时使用属性 setdefault。使用 defaultdict 可避免在将支付附加到邮政编码支付列表之前测试邮政编码是否已作为字典中的键输入。

(19) 首先创建一个名为 reducer.py 的脚本。该程序将从标准输入读取 Mapper 的输出。如果操作系统是 Linux，请在第一行输入 shebang。

(20) 添加导入 sys 的指令。从模块 collections 中导入函数 defaultdict。然后将 numpy 导入作为 np。最后，从 mathplotlib 导入 pyplot 函数作为 plt：

```
import matplotlib.pyplot as plt
```

(21) 用下面的指令初始化字典：

```
zipcodeDict = defaultdict(list)
```

zipcodeDict 中的值是列表。相反，如果指定了 defaultdict(set)，则值将是集合。

(22) 将语句 sys.exit('Complete')添加到脚本的末尾。

(23) 如有必要，可指示 shell 允许 reducer.py 执行指令 11 中针对 Mapper 所完成的操作。使用以下 shell 指令来执行程序：

```
./reducer.py
```

如果你与 reducer 程序不在同一目录中，必须将该文件的路径添加到文件名中。

(24) 添加以下代码段，以便从标准输入读取 mapper.py 创建的输出文件。在读取记录时，在制表符上拆分记录，从而创建两个变量：键以及包含提供者名称和支付的列表。然后将列表拆分为提供者名称和支付金额。

```
for record in sys.stdin:
    zipcode, data = record.replace('\n', '').split('\t')
    provider, paymentString = data.split('|')
```

(25) 通过添加一条语句来打印提供者名称，从而测试代码。从命令行执行下面的

---

6 回顾一下，p%的分布值小于第 p 个百分位数，且(100 - p)%的分布值更大。因此，中位数是第 50 百分位数。

代码：

```
cat ../Data/mapperOut.txt | ./reducer.py
```

如果该脚本正确打印出提供者名称，则注释掉或删除 print 语句。

(26) 将 paymentString 转换为名为 payment 的浮点变量。添加一条语句以打印 payment 并通过运行该语句来测试脚本。

(27) 使用 setdefault 函数根据三位数的邮政编码将 payment 存储在 zipcodeDict 中。指令为：

```
zipcodeDict.setdefault(zipcode,[]).append(payment)
```

传递给 setdefault 的参数对(zipcode，[])指示 Python 解释器：如果 zipcode 在字典中没有对应的条目，就将与键 zipcode 相关联的值初始化为空列表。在测试完键并将键和空列表值添加到 zipcodeDict 后，将浮点数 payment 添加到列表中。

(28) 添加一个变量 n 以计算从标准输入读取的记录数。

(29) 每当 n mod 10 000 等于零时，添加指令以打印 zipcodeDict 的长度。通过执行该脚本来测试代码。zipcodeDict 的长度约为 900。

(30) 程序执行到此时，所有数据都已从标准输入中读取。下一步是简化 zipcodeDict 中所包含的数据。

首先，创建一个名为 shortSet 的集合，其中包含表 4.1 中的三位数邮政编码以及你所感兴趣的其他任何邮政编码。

(31) 创建一个与感兴趣的百分比值对应的值列表以及一个包含颜色的列表，每种颜色对应一个选定的三位数邮政编码：

```
p = [5, 10, 25, 50, 70, 75, 85, 90, 95]
colorList = ['black', 'red', 'blue', 'yellow', 'green', 'purple']
```

将此代码段放在脚本的开头附近(但绝对不要放在 for 循环中)。

(32) 遍历 shortSet 中的邮政编码并提取每个三位数邮政编码的支付列表。该列表将传递给提取百分位数的 Numpy 函数[7]。

```
for i, zipC in enumerate(shortSet):
    payment = zipcodeDict[zipC]
    print(i, zipC, len(payment))
    percentiles = np.percentile(payment, p)
```

7 percentile 函数将计算可通过 Numpy 转换为数组的任何对象的百分位数。

enumerate 函数在 for 循环遍历时生成了索引 i。当提取 zipc 中的第一个条目时，i = 0，当提取 zipc 中的第二个条目时，i = 1，以此类推。该代码段在创建 colorList(指令 31)之后执行。返回的数组 percentiles 包含百分位数 $x_5, \ldots, x_{95}$。

(33) 打印百分位数并构建类似于图 4.2 的图。因此，通过在指令 32 所示的 for 循环中插入以下函数调用，在单个图形上为每个三位数的邮政编码区域绘制 x_p 和 p：

```
plt.plot(percentiles, p, color = colorList[i])
```

该指令在计算完百分位数之后立即执行。

(34) 使用以下指令创建包含绘图的文件：

```
plt.savefig('percentiles.pdf')
```

处理完 shortSet 中所有邮政编码后，换句话说，完成 for 循环后，该指令执行一次。

(35) Mapper 和 Reducer 程序将在下一个教程中移至 Hadoop 环境。在该环境中，无法创建绘图，而将百分位数组写入已分配给标准输出的文件。然后，这些数据将被读入 Python 或其他可用于创建绘图的程序或语言。添加下面指令以将百分位数写入标准输出：

```
pList = [str(pc) for pc in percentiles]
print(zipC + ',' + ','.join(pList))
```

(36) 检查 Reducer 程序中仅剩的唯一打印语句是否将百分位数写入标准输出。删除任何其他剩余的打印语句。同时删除或注释掉两个绘图函数调用。

(37) Mapper 的输出可直接流入 Reducer 程序，而不需要创建中间输出文件。假设要分析 2012 年和 2013 年的 Medicare 提供者数据，则指令为：

```
cat ../Data/Medicare_Provider_Util_Payment_PUF_CY2013.txt
    ../Data/Medicare_Provider_Util_Payment_PUF_CY2012.txt
    | ./mapper.py | ./reducer.py > output.txt
```

通过从命令行提交该指令来测试 Mapper 和 Reducer 的组合。检查输出文件是否包含百分位数。

4.6.3　概要

前面使用本地主机环境来创建 MapReduce 算法。Mapper 和 Reducer 是用 Python 编写的。之所以选择这样的环境和编程语言是为了方便起见。其他脚本语言，例如 Java 和 Ruby，也可用于编写 Mapper 和 Reducer 程序。Hadoop 实用程序 Streaming 可容纳几乎所有具有使用标准输入和输出进行读写的脚本语言。

执行时间和计算资源可能受到 Medicare 数据集的影响，具体取决于本地主机的配置。如果只处理具有完整数据的 18 441 152 条记录中的一小部分，那么可减少计算负载[8]。另一种方法是在本地主机上安装 Hadoop 并运行 Mapper 和 Reducer 程序，而不是简单地编写用来生成键-值对的 Mapper 以及用来根据键进行聚合的 Reducer。Hadoop 的本地主机安装位于一台计算机上。由于数据和计算负载不是通过网络分布的，因此本地主机 Hadoop 环境没有计算优势。使用本地主机 Hadoop 的原因是因为该环境与分布式网络环境非常相似，从而在开发的第一阶段更接近实际情况。但我们并不采用这种方法，因为安装 Hadoop 的过程因操作系统而异，并且在技术上具有挑战性。

下一个教程为读者提供了在亚马逊网络服务托管的分布式计算环境中使用 Hadoop 的机会。

4.7　教程：使用亚马逊网络服务

亚马逊网络服务(Amazon Web Services)是一种执行分布式计算的相对轻松的方式。在本教程中，将使用 Amazon Web Services 提供的两种服务来访问分布式计算和 Hadoop 生态系统。这两种服务分别是 S3(简单存储服务)，一个基于云的数据存储系统，以及 Elastic MapReduce，它实质上为 Hadoop 提供了前端。S3 存储输入数据、日志文件、程序和输出文件。而 Elastic MapReduce 服务提供 Hadoop 生态系统和真正的分布式计算。此外，Elastic MapReduce 的图形用户界面简化了设置 Hadoop 集群的过程。在此上下文中，集群是为执行 MapReduce 算法而连接的计算机网络。通过 Elastic MapReduce 接口，用户可发出指令以创建集群，并选择与集群相关的选项。Elastic MapReduce 设置构成 Hadoop 集群的 NameNode 和 DataNode。NameNode 和 DataNode 不是物理计算机(虽然我们已这样称呼它们)，而是虚拟机或实例。虚拟机是计算机内的计算机。它有自己的操作系统、专用内存和处理单元。可快速创建和终止虚拟机。一旦实例可用，构成 Hadoop、HDFS 和 YARN 核心的两个程序就会在实例之间分布数据块、Mapper 程序以及 Reducer 程序，启动并控制 Mapper 程序和 Reducer 程序的执行。Amazon Web Services 提供了几个跟踪 Hadoop 集群进度的网页，并允许用户确定集群何时完成以及集群是否已完成且没有错误。当然，Hadoop 无法检测 Mapper 和 Reducer 中的非致命错误。

Amazon 不提供免费服务，如果想使用它们的服务应该支付费用[9]。需要一个

---

8 条件语句(如 m%3 == 0)可用于选择每个第三条记录进行处理。

9 读者可以获得学术折扣，也可以免费试用。

Amazon.com 账户；如果你曾经从亚马逊购买过东西，那么可能拥有一个账户。强烈建议尽可能在本地主机环境中开发 Mapper 和 Reducer 程序，以节省时间和金钱。

第一步是将程序和数据上传到 S3。首先创建存储桶(目录)来存储输入数据、日志文件以及 Mapper 和 Reducer 程序。

(1) 导航到 https://aws.amazon.com/console/并登录 Amazon Web Services 控制台或创建一个账户。

(2) 找到标题 Storage & Content Delivery，然后单击 S3 图标。单击 Create Bucket，输入名称，然后选择一个区域。请记住区域名称，因为在启动 Hadoop 集群时会使用它。单击 Create。导航到新创建的存储桶并在存储桶中创建三个目录。

a. EMR 生成的日志文件将存储在名为 logfiles 的目录中。

b. 创建一个名为 Data 的目录。进入该目录。使用 Actions 下拉菜单向目录上传两个数据文件：

```
Medicare_Provider_Util_Payment_PUF_CY2012.txt
Medicare_Provider_Util_Payment_PUF_CY2013.txt
```

首先选择 Upload，然后选择一个文件，最后单击 Upload Now。

c. 创建一个名为 programs 的目录，并将 Mapper 和 Reducer Python 程序上传到该目录中。

不要为集群的输出创建输目录。

(3) 返回 Services 页面，选择 Analytics 然后选择 EMR 来设置集群。最后选择 Create Cluster。

(4) 在名为 General Configuration 的顶部区域下，指定集群名称或接受默认值。

(5) 在 Software Configuration 面板中，选择 Amazon 作为 vendor，并选择 Elastic MapReduce 的当前版本(撰写本文时为 emr-4.6.0)。选择 Core Hadoop 作为应用程序。接受 Hadoop 的默认版本[10]。接受默认硬件配置以及默认安全和访问选项。

(6) 页面顶部是标题为 Go to Advanced Options 的指向更多选项的链接。必须设置几个选项才能生成集群，因此请单击该链接。

在 Software Configuration 字段中，关闭除 Hadoop 之外的所有软件选项[11]。不要编辑软件设置。

(7) 在 Add Steps 面板中，选择 Streaming Program 作为步骤类型。此选择允许 Mapper 和 Reducer 编程语言为 Python。

(8) 单击 Configure，转到 Add Steps 网页。在 Configure 面板中，指定程序和数据

10 撰写本书时，默认版本为 2.7.2。

文件的位置。此外，还要指定不存在的输出目录的名称。EMR 将使用所指定的名称和路径创建输出目录。Reducer 程序的输出将出现在此输出目录中。如果它已存在，则集群将以错误终止。

(9) 按照下面的步骤确定 Mapper 和 Reducer 程序及其位置如下。要选择 Mapper 程序，请单击文件夹图标并导航到包含该文件的目录，然后选择该文件。重复上述操作以选择 Reducer 程序。对数据文件执行相同操作，但选择的应该是目录的名称而不是数据文件名称。HDFS 将处理数据目录中的每个文件。

(10) 按如下步骤方确定输出目录。选择顶级目录。假设你已将包含程序和数据的 S3 存储桶命名为 Medicare，则顶级目录应为 s3://Medicare/。接下来，将输出目录的名称附加到顶级目录的名称。例如，将输出目录设置为 s3://Medicare /output/。注意，如果输出目录已存在，则集群将以错误终止。因此，如果多次执行 MapReduce 配置，则必须在每次执行之后删除输出目录或为输出目录指定一个新名称。此新目录不得存在于 s3:// Medicare 目录中。

(11) 在 Add Steps 页面上要修改的最后一个设置是 Action on Failure 设置。选择 Terminate Cluster。如果集群未终止，则不会释放分配给集群的资源，即使这些资源没有被使用，也必须为资源付费。由于费用取决于资源的保留时间，因此尽快终止集群非常重要。

(12) 查看 Add Steps 参数。确保选择了选项 Auto-Terminate Cluster After the Last Step Is Completed。

如果选择是正确的，那么可在不修改默认设置的情况下，逐步执行其余的高级选项，直到到达最后一页为止。最后一页上有一个用于创建集群的 Create Cluster 按钮。或者，也可通过单击标题为 Go to Quick Options 的按钮跳过其余高级选项页面，直接进入 Create Cluster-Quick Options 页面。在此页面的底部，有一个用于创建集群的 Create Cluster 按钮。

(13) 创建集群。根据一天中的时间(以及来自其他用户的活动负载)，执行时间将在 5 分钟到 30 分钟之间。如果传递 1 小时标记，则终止集群。请查看相关的错误。

(14) 要诊断终止错误，请找到 Cluster Details 页面，然后展开 Steps 项。显示两个步骤：Streaming Program 和 Setup Hadoop Debugging。展开 Streaming Program 步骤会显示发送到 HDFS 的参数。特别是，程序的名称以及数据和输出目录都被识别出来。同时列出 Mapper 和 Reducer 程序的特定名称。格式如下。

```
Main class:None
    hadoop-streaming -files (path to mapper), (path to reducer),
      -mapper (name of mapper)
      -reducer (name of reducer)
```

```
    -input (path to data directory)
    -output
Arguments (output path)
```

上面括号中的路径和名称取决于集群。检查名称和路径是否与 S3 中的结构相匹配。在设置集群时输入的任何内容都会显示在括号中。在 Arguments 关键字后面列出的输出路径将与第 10 项中指定的输出目录相匹配。

有关集群执行的信息显示在标题 Log Files 下。syslog 提供了有关故障的信息，对我们非常有用。

(15) 如果集群已成功完成，则返回 S3 并检查输出目录的内容。Reducer 的输出包含在名为 part-0000x 的文件中，其中 $x\in\{0,1,\ldots,6\}$(你的输出可能会有所不同)。有些文件可能是空的，但有些文件将包含列出一个或几个邮政编码百分比的记录。例如，集群为文件 part00001 生成了以下内容：

```
708,2.68,6.44,16.17,40.6,68.78,76.76,94.43,114.86,143.77,212.23,348.7
127,2.67,6.7,14.52,34.13,64.35,75.42,83.99,104.8,130.41,171.29,245.23
```

Shuffle 将具有键 708 和 127 的所有记录定向到相同的 DataNode。Reducer 程序处理这些记录并计算每条记录的百分位数。在 708 邮政编码区域，向提供者支付的 Medicare 费用的第 5 百分位数是 2.68 美元，第 95 百分位数是 348.70 美元。百分位数是用来自这些邮政编码的所有记录来计算的，因为没有其他 DataNode 收到来自这些邮政编码的记录。

述评

当数据可能驻留在单个计算机上而几乎不消耗所有可用存储容量且执行时间不会过长时，Hadoop 并不是一种有效的解决方案。当数据量不是太大时，独立计算机优先于集群，因为在集群中分布数据块并构建冗余需要一定开销。对于许多不常见的 Hadoop 用户而言，在 Hadoop 生态系统中工作比在更熟悉的独立环境中要花费更多的用户时间。大多数情况下，构建和测试 Mapper 和 Reducer 的第一阶段在时间上大致与独立的解决方案相同。因此，Hadoop 是一种资源，当数据集过于庞大或计算任务过于耗时，无法让单个计算机进行管理时使用。向读者提供真正需要 Hadoop 环境进行分析的问题是不现实的；为简要介绍真正的分布式计算，最后一个教程引导读者了解商业 Hadoop 环境 Amazon Elastic MapReduce。但即使在这种情况下，分析也可在本地进行，并且人工和计算工作量大大减少。

4.8　练习

4.8.1　概念练习

4.1　假设 n 是集群的 DataNode 数量，并且每个 DataNode 将以概率 $p = 0.001$ 失败。此外，假定失败是独立发生的。证明容错是必要的，因为一个或多个 DataNode 失败的可能性会随着 DataNode 的数量呈指数增长。具体而言，如果集群由 1000 个 DataNode 组成，计算一个或多个 DataNode 失败的事件概率。

4.8.2　计算练习

4.2　在 4.6.2 节中，使用了 defaultdict 字典来构建支付字典。请用传统字典替换 defaultdict 字典。在附加支付信息并从邮政编码和支付中创建键-值对之前，必须测试邮政编码是不是字典中的键。

4.3　这个问题调查了 Medicare 支付的不同类型的提供者。

a. 对于所选择的邮政编码，请根据平均付费确定前五种提供者类型(第 26 列)。

b. 对于所选择的邮政编码，请根据付费总额确定前五种提供者类型。要计算付费总额，请计算加权总和：

$$\sum_i n_i x_i \tag{4.4}$$

其中 n_i 是在第 i 个邮政编码中从医疗服务提供者处接受服务的不同 Medicare 受益人的数量(第 20 列)，x_i 是 CMS 向提供者提供的估计平均 Medicare 支付(第 26 栏)。对于所选择的邮政编码，请根据付费总额确定前五种提供者类型。

4.4　编写一个 MapReduce 算法，使用变量 payment(第 26 列)、提交的金额(第 24 列)以及所允许的金额(第 22 列)计算相关矩阵。在 Mapper 中，使用 n 计算处理的记录数，并将键定义为 $n \bmod 100$。该值是支付、提交金额和允许金额的三个值。Reducer 用于计算增广“矩”矩阵(式(3.23))。下载 Reducer 输出，如 $\boldsymbol{A}_1, \ldots, \boldsymbol{A}_r$，并聚合为 $\boldsymbol{A}$。然后从 $\boldsymbol{A}$ 计算相关矩阵。

第II部分

从数据中提取信息

第5章 数据可视化

一幅插图使我一眼就能了解到书中十页的内容。

——Ivan Turgenev，《父与子》

摘要：如果能将数据中所含的信息有效传输给观众，那么可视化就是成功的。数据可视化是一门致力于将数据转换为可视化形式的原理和方法的学科。本章将讨论产生成功可视化的原则，并通过最佳和最差实践的例子说明了这些原则，最后一节将介绍最佳示例图形的构建。

5.1 引言

人类是视觉动物。我们通过视觉最有效地获得感官信息。毫无疑问，数据可视化对于从数据中提取信息是非常有效的。正如在本书中所看到的那样，收集大量数据从未如此简单。而在几十年前，显示这些信息是很难的，需要专门的工具或熟练的操作。随着从数据中创建图形的不断发展，我们比以往任何时候都能创建更多可视化图形。与此同时，我们也有能力开发出最佳实践。图形包含着来自数据集的信息，将这些数据以墨水形式显示在页面上，或更常见的是作为屏幕上的像素显示。这种编码利用过去几个世纪发展起来的一种方言。通常读者都可理解笛卡儿平面及其坐标轴。我们知道如何确定散点图中的点值，并轻松管理组的颜色编码。

当可快速而准确地解码时，可视化是有效的——其中的要点应该立即显现出来。Edward Tufte 是一位改善图形服务的传道者，他将此称为“Interocular Trauma Test”：可视化是否会眨眼间立即出现？关于脚本语言(如 Python 和 Perl)的一个常见表达是，它们应该让简单的事情变得更简单，让困难的事情成为可能。良好的可视化也是如此：叙述的关键特征应该立即出现，更微妙的关系应该尽可能显现出来。

数据可视化结合了几个不同的线程。首先是理解图形学的指导原则。在本节中，非常依赖William Cleveland的开创性工作，他是真正将图形带入新时代的研究人员。人们在数据科学新闻中所看到的大多数优秀图形都是使用他介绍的思想构建的[1]。其次是对图形范例的基本理解，这些范例通常用于不同类型的数据。了解这些范例将有助于我们创建图形的抽象版本。这种绘制所要创建图形的抽象版本的能力至关重要。如果都不知道要去哪里，就无法按照地图走。最后，必须能告诉软件包如何渲染我们脑海中的图像。在分析的背景下创建数据可视化的最佳工具是 R 中可用的 Hadley Wickham 的ggplot2[65,66]。[2]包名中的gg代表"图形语法"。可将这种语法看成一种半秘密的语言，只有熟练掌握这种语言，才能从数据中发现图形的潜力。了解了上述现实后，接下来将介绍该语法并用R语法说明其实现。

本章以及第10章中所使用的数据来自美国最大的合作社食品店。我们接收到了大约20GB字节的交易级数据，涵盖了6年的商店活动。数据基本上是收银机或销售点收据。与自动记录的销售点信息一样，相当多的关联元数据附加到收据上。通常对两个变量进行处理：商品的部门分类(例如，农产品)以及顾客是否是合作社的成员。合作社是会员制的，约四分之三的交易记录来自会员。其余来自非成员。如果购物者是会员，则会在收据上附加一个唯一的匿名标识符，以便在购物者级别分析数据。

本章将使用的合作社数据来说明各种数据可视化。在第10章，开发了一个预测函数，可将非会员购物者分类为客户群，最终目标是更好地了解非会员购物者。

5.2　数据可视化的原则

在描述什么是良好的数据可视化时，有两条路可走：简单性和详尽性。目前有很多书详细地介绍了后一条路，因此我们选择了前一条路，它能给读者提供最少的指导，并指引读者更彻底地了解相关原理。毕竟，我们的目标是获得良好的可视化效果并改进现有的可视化方式。

---

1 三个很好的例子：

•来自纽约时报的Upshot：http://www.nytimes.com/section/upshot。

•Five Thirty Eight，由Nate Silver创建，开创了数据科学新闻领域。http://fivethirtyeight.com。

•Flowing Data，由Nathan Yau创建的网站，致力于创建美观且信息丰富的数据可视化效果。http://flowingdata.com。

2 如果你通过网络构建交互式图形或大型图形，则可以使用更好的工具。请检查bootstrap、D3和crossfilter。

当分析者试图向观众传达的信息被传输时，数据可视化是有效的。复杂信息有时需要复杂的可视化，但我们通常可根据原则来组织自己的想法。

让数据说话。如果有一个总体目标，那么这就是所需的：应该允许数据为自己说话。正如 Strunk and White 所说，“充满活力的写作是简洁的”。同样，良好的数据可视化使数据能够讲述其故事。Tufte 为可视化元素创造了一个不难理解的术语：chartjunk。Tableau 公司的 Robert Kosara 对 chartjunk 的一个很好的且经过修正的定义是：图表中任何无助于澄清预期消息的元素。从历史上看，最严重违反这一原则的是 Excel。现在，Excel 中的默认设置避免了 chartjunk 的最糟糕示例，但添加它们的选项比比皆是，特别是在一维或二维数据集中添加了神秘的第三维、无缘无故的颜色编码以及妨碍理解的模式。对于图中的每个元素，必须问一下该元素是否正在服务于“让数据说话”这一主要目标。

让数据清楚地表达出来。对前面的观点的一个微妙补充是让数据清晰而快速地讲述故事。正如后面所看到的，两个变量之间的关系(经常在一个散点图中对照绘制)可通过添加一条平滑或拟合的线来阐明。另一方面，图 5.1 说明了某些可视化，这种情况下，广受诟病的饼图可能会混淆整个故事。在饼图版本中，识别主要模式非常困难——存在两组具有不同均值的观测值。图 5.1 中的第二幅图显示了一个点图，可让数据自己说明一切，并使用合理的观测顺序。这种可视化传达了更多信息，并允许立即解码。

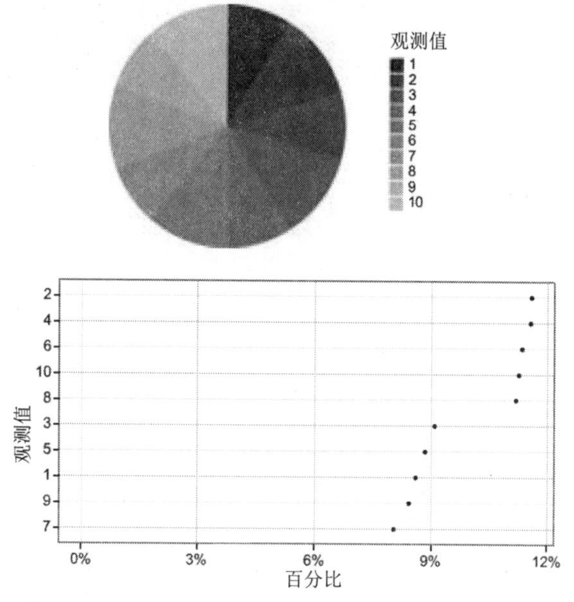

图 5.1　饼图使数据中的模式难以解码，而点图是一种改进

我们将在 5.3 节中介绍点图。它是显示单变量数据的最佳选择。除了饼图之外还有其他类型的图表可以妨碍理解，特别是堆叠的条形图和区域图。堆叠的条形图使得难以理解各个元素的行为，如图 5.2 所示。该图包含一家杂货店的四个大型部门按月平均销售数据的两个视图。在上面的面板中，可看到 5 月是最大总销售月份(通过查看条形的高度并忽略颜色)。可看到包装食品部门在 7 月左右的销售额似乎较低，同时肉类和散装食品部门是较小的部门，但难以衡量差异的大小。而在下面的面板中，用线连接的点替换堆叠的条形。这些点可以精确估计单个观测值，而线条和颜色可帮助我们将各个部门组织在一起。现在可看到，相对于其他两个部门，包装食品和农产品部门较大，几乎是两倍以上。请注意，下图并不完美，因为垂直轴未延伸到 0。此外可看到，农产品部门的年度周期与其他部门不同，在北美夏季达到峰值。当圆形基于某些不会被绘制的变量进行缩放时，通常会出现饼图等区域图。有些情况下这些图是很有用的，例如，通过区域缩放将样本大小添加到图表中。研究表明，人们能对区域进行解码来感知顺序，但难以准确地从区域中感知幅度。

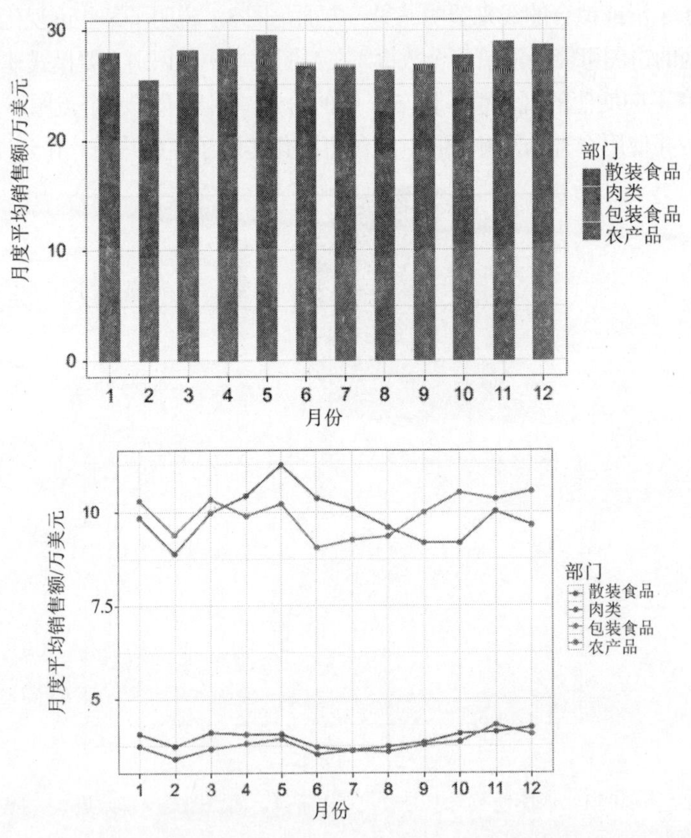

图 5.2 四个部门月度销售的两种视图，堆叠的条形图混淆了线图表达的许多信息

明智地选择图形元素。在构建图形时，存在许多选择：颜色、阴影、线条类型、线条宽度、绘图字符、轴、刻度线、图例等。需要深思熟虑地做出这些选择。当需要颜色根据分类变量指示成员资格时，通常使用颜色。当实践者感到厌烦并随意添加颜色时，颜色的使用通常很糟糕。可明智地使用轴来突出显示某些观测观察数据或数据范围。平滑线可说明二元数据的趋势或错误地掩盖观测结果。可使用一个很好的图形包，如 5.4 节介绍的 R 包 ggplot2，图中的每个元素都可以被操纵。

帮助你的受众。尽可能调整所显示的数字，以帮助受众更好地理解数据。必须在图 5.1 的第二幅图中进行选择。默认行为按名称对观测值进行排序。如果我们的目标是允许读者快速找到列表中的给定观测结果并查找值，这就是所需的顺序[3]。但如果是这个目标，那么表格可能是更好的选择。如果按值对观测值进行排序，那么可立即看到最小值和最大值以及定义两组之间断点的观测值。通过使用 R 函数 reorder 来操作数据，可通过多种方式帮助你的受众。该原则的另一个例子是通过标记重要的观测结果来突出它们。

限制范围。大多数有趣的项目都会产生大量数据，而且随着可视化数据的工具不断出现，试图用单一图形来讲述整个故事的诱惑也越来越大。一个写得很好的段落通常有一个主题句和一个统一的思想。将此概念应用于图形需要遵守一定的准则和对细节的注意。有时你可能想在已经讲述故事的图表中添加其他元素。但请注意新元素不能偏离中心消息。具有两个不同轴的折线图就是过度延伸的一个典型示例。如果你发现自己正在构建这样一个图表，就很难清晰而有力地讲述这个故事。

有了这些一般原则，我们就可在下一节中深入研究可能遇到的数据类型。将描述为单变量、双变量和多变量数据提供有用可视化的元素。随后将学习如何在 R 中生成这些图形。

5.3 做出正确选择

许多可视化任务由将要绘制的变量的数量和类型来定义。第一个也是最重要的区别是定量数据和定性数据。定性或分类变量被编码为 R 中的 factor。就绘制的变量数量而言，当有一个或两个变量时，可使用一些较明确的方法进行绘制。可一旦数量较多时，就有一些有效的一般原则，但创造力发挥着越来越大的作用。必须注意不要试图用一张图表做太多事情。

---

3 当排序是一个问题时，它经常被称为“Alabama First！”问题，Alabama 常排在字母顺序排列不整齐的列表的最前面。而你应该按照有意义的顺序排列列表，例如因素。

5.3.1　单变量数据

使用单变量定量数据的目标通常是为了了解数据的分布。通常首先描述分布的中心和扩散，并识别异常观测值，通常称为“异常值”。更深入的分析描述了分布的形状，这是一项可提供更多信息并需要付出更多努力的任务。研究形状的经典起点是直方图(在第3章3.4.2节中详细描述)、经验密度函数或箱形图的几种变化形式之一。在第一部分中，使用了杂货店数据集，特别是6年内按月和部门的销售额。首先看一下销售额的分布。

图5.3的顶部面板显示了一个直方图，该图根据垂直条的高度显示了落入每个间隔(或bin)的观测值数量。可看到杂货部门按月销售量，条形高度代表落入bin(由 x 轴上的间隔表示)的观测值数量。

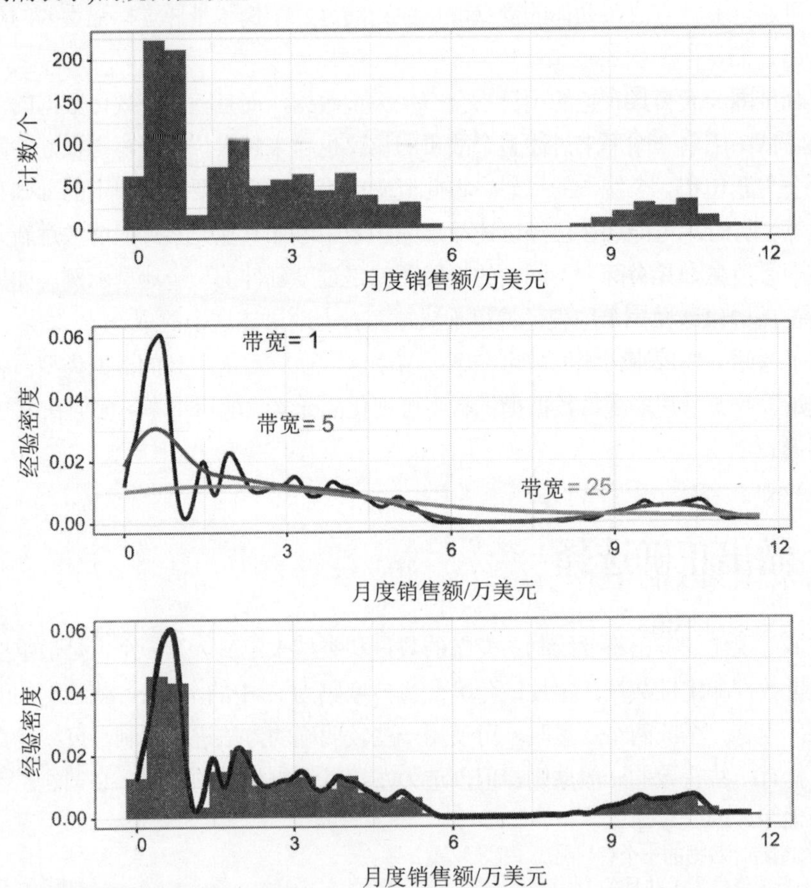

图5.3　在杂货店数据中按部门查看月度销售额的三种不同方式：直方图、几个说明带宽参数可能变化的经验密度以及叠加在直方图上的密度

第二个面板展示了一种更强大、更复杂的方法来可视化定量变量的分布——经验密度函数。经验密度函数是数据来源的概率分布的数据驱动估计。更简单地说，它们是平滑的直方图。生成经验密度函数的公式为：

$$\widehat{f}_b(x) = \frac{1}{n \cdot b} \sum_{i=1}^{n} K\left(\frac{x - x_i}{b}\right) \tag{5.1}$$

其中 n 是观测值数量，b 是带宽，K 是核(Kernel)[4]。带宽通常用于通过确定个体差异 x-x_i 对函数的影响来控制函数的平滑度。如果将带宽设置为较小的值(例如 1)，则会导致分布非常不平坦。而如果将它设置为一个较大值，则可能使分布过于平滑并消除了 $b = 1$ 时可见的一些辅助模式。就像直方图的 bin 宽度选择一样，为了捕捉分布的有趣特性，可能需要进行一些尝试。在 R 中由 bw.nrd0 选择默认的带宽，并且由于历史原因，目前它仍然是默认带宽。但最推荐的选择是 bw.SJ(基于 Sheather 和 Jones[54]的方法)。5.4 节将演示如何设置带宽。

图 5.3 的中间面板显示了三种不同的带宽。底部面板显示同一图表上的直方图和密度，这需要将直方图上的单位更改为相对频率。请注意，所有描述显示了一些销量较低的部门月份，一个较大的组从 2 万到 5.5 万美元，一个组是 10 万美元。

显示分布的另一种有用方法是使用箱形图或小提琴图。如图 5.4 所示，这些图是每月销售额分布的更紧凑显示。箱形图最早由 John Tukey 在 20 世纪 70 年代开发，它使用五个数字来总结分布。该箱子由第一和第三个四分位数 Q_1 和 Q_3 定义，并用中位数分开。四分位数范围是 IQR = Q_3 - Q_1。IQR 是一种有用的非参数传播度量。可在 R 中定制长度的最大值最小值须线(whisker)的默认设置为 Q_1-1.5×IQR 和 Q_3 + 1.5×IQR。在最大值最小值须线之外的点被单独标出并被识别为异常值。

异常值的定义可能看似随意，但如果数据是正态分布的，它就能以可预测方式捕获数据特征。假设一个正态分布，数据的第 25 百分位数为 $x_{25} = \mu$-0.67×σ，IQR 的长度为 1.34×σ。因此，1.5×IQR≈2σ。须线的边缘距平均值±2.67σ，因此预计不到 0.8%的数据会落在须线外。注意，在示例中，单独绘制了许多点，表明正态分布不是月销售分布的合适近似值。

4 核是统计数据的一个有趣的侧面区域，本章后面讨论 LOESS 平滑器时会介绍它们。为使函数成为核，必须集成为 1 并且关于 0 对称。核用于求给定值 x 附近的点的平均值。一个简单的平均值对应于一个统一的核(所有点都获得相同的权重)。当给定的 x 进一步移动时，大多数高性能核所使用的权重会减小到 0。Epanechnikov 核随距离的平方逐渐减小，在区域外趋于 0，它对于均方误差是最优的。大多数实践者使用 Gaussian 核，即 R 中的默认值。

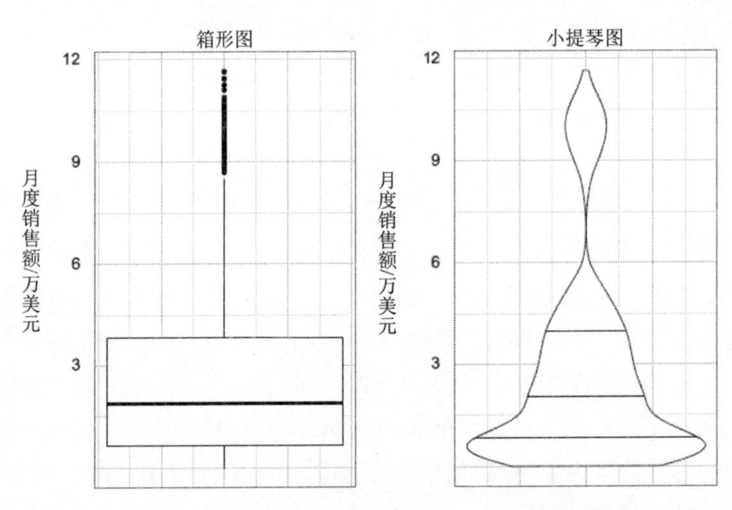

图 5.4 两种不同的可视化月销售数量分布的方式，箱形图或小提琴图

相比之下，小提琴曲线利用了数据的更多特征，可以看成是箱形图的替代品。该图显示了其侧面分布的平滑表示，并提供更详细的分布可视化。图的宽度反映了观测值的密度。在第一、第二和第三个四分位数添加水平线后，与箱形图相比不会丢失信息。此外，该分布最有趣的特点是，箱形图掩盖了销售额在 6 万到 8 万美元之间的部门-月份，但通过小提琴曲线可很容易地看到。

当需要使用带有标记的单变量数据时，可看到最好的可视化之一：点图。这些图表使我们能够清楚地描述单个值，并传达出这些估计值的不确定性(在适当的情况下)。在图 5.1 中，可看到了点图是如何优于饼图的。而在图 5.5 中，看到了另一个点图示例，这次显示了摘要统计信息。此图显示了每个部门的月支出，其中条形表示值范围。请注意，此时按照最高支出到最低支出的顺序对部门进行排序，从而避免了“Alabama First!”问题。在该描述中，可清楚地看到有两个最大的部门(农产品和包装食品部门)、中等部门的范围(冷藏食品部门到奶酪部门)以及较小的部门。我们已将 x 轴变量转换为 $\log_{10}$ 尺度。这样选择可以更好地了解小部门的月销售情况，但对于表示范围的灰色条来说，这种解释可能有点棘手。乍一看，似乎烤制食品部门和鲜花部门的月销量跨度是最大的，按照百分比来说是这样；烤制食品部门几乎超过了一个数量级，从最低 1000 美元到近 10 000 美元。相比之下，农产品的范围约为 40 000 美元，样本平均接近 100 000 美元。需要重点注意的是：x 轴显示了将值转换为 $\log_{10}$ 尺度后的月销售额。然而，这些标签显示的是原始的、未改变的月销售额。通过以美元形式保留标签，读者能更好地解释变量。Cleveland 推荐的最佳做法是将此轴放在图形底部，并在顶部放置相应的基于对数的刻度。但遗憾的是，ggplot2 很难做到这一点，因此标签显示了五个值。

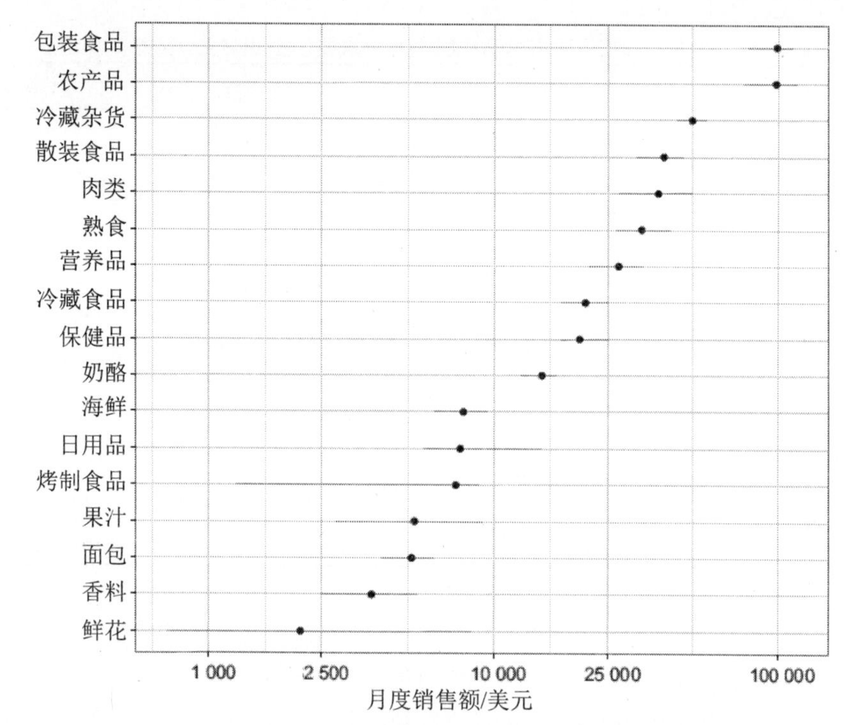

图 5.5　按部门按月支出的点图，其中条形表示数据的范围，每月的销售额已经转变为 $\log_{10}$ 尺度

我们可能希望可视化的最终数据类型是单变量分类数据。如果类别数量很少，那么简单的条形图是比较每个类别中比例的最佳选择。但如果类别的数量非常大，那么使用如图 5.5 中的点图进行汇总通常是最佳做法。

5.3.2　双变量和多变量数据

双变量数据通常可直观地进行可视化。实际上有三种主要可能性：两个分类变量，一个定量和分类变量，以及两个定量变量。

由所有分类变量组成的数据通常由列联表汇总，因此没有理由偏离这种做法。列联表是根据分类变量的值对观测值进行交叉的表格。例如，如果存在变量 A 的 a 个级别以及变量 B 的 b 个级别，则表格包含 $\times b$ 个单元格，单元格的内容是具有特定级别组合的观测值数量。表 5.1 是一个根据客户群和部门对收据进行交叉分类的列联表。可通过检查该表来了解一般趋势，但具体和细微的差别并不能立即辨别出来。

表 5.1 按部门和三大客户群(轻度、次要、主要)交叉分类的收据数量

部门	客户群		
	轻度	次要	主要
营养品	439	55 657	90 017
奶酪	859	96 987	147 679
冷藏食品	647	97 808	152 940
肉类	653	107 350	149 251
熟食	5830	138 722	155 086
散装食品	2713	144 862	178 520
冷藏杂货	3491	194 758	197 463
农产品	3971	211 226	199 978
包装食品	6980	223 815	200 737

然而，存在一种有用的可视化方法，可快速地表达分类变量之间的关系，即马赛克图(mosaic plot)。图 5.6 显示了一个马赛克图，其中图块的面积表示落入列联表的每个单元格的相对观测值数。例如，可看到，主要购物者比轻度购物者多得多。包装食品部门在轻度消费者中占了很大比例，而在不太受欢迎的部门中，主要消费者占了较大比例。

列联表的一些主要特征如下：

- 主要和次要购物者构成了大部分观测结果。
- 四大部门——农产品、包装食品、冷藏杂货和散装食品——占了主要购物者购物活动的一半左右。次要购物者使用这些部门的程度大于主要购物者，而轻度购物者使用这些部门的程度甚至更大。
- 营养品只占所有购买商品的一小部分。
- 一般来说，主要购物者倾向于从更多部门购买。

马赛克图的一个优点是它可以估计分类变量之间关系的强度。而缺点是无法显示统计特征，例如大小差异的置信区间。此外，在二维空间中显示变得非常笨拙。图 5.7 显示了由两个独立随机变量生成的数据所构建的马赛克图，这些随机变量离散均匀分布。该图没有显示出有关联的证据。当跨一行或移到下一列时，对一个变量进行调节会显示大致相等的矩形。

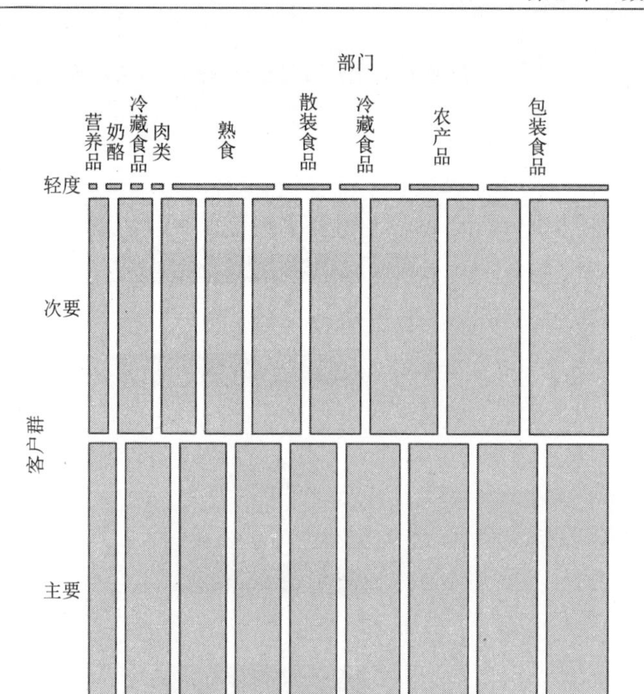

图 5.6 显示客户群和购物部门之间关系的马赛克图

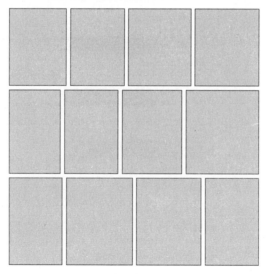

图 5.7 马赛克图显示两个分类变量之间没有关系。在查看马赛克图时，请记住这样的参考图

但需要可视化的大多数数据都不是分类的。在定量变量和分类变量的例子中，已看到几种展示关系的好方法。图 5.5 显示按一个分类变量(杂货店部门)划分的几个数字

结果(按月计算的最小、平均和最大支出)。在图 5.8 中，以类似格式看到了更多信息。上一张图表显示了部门层面的支出。而图 5.8 显示了 10 000 个购物者月度样本的个人消费水平。

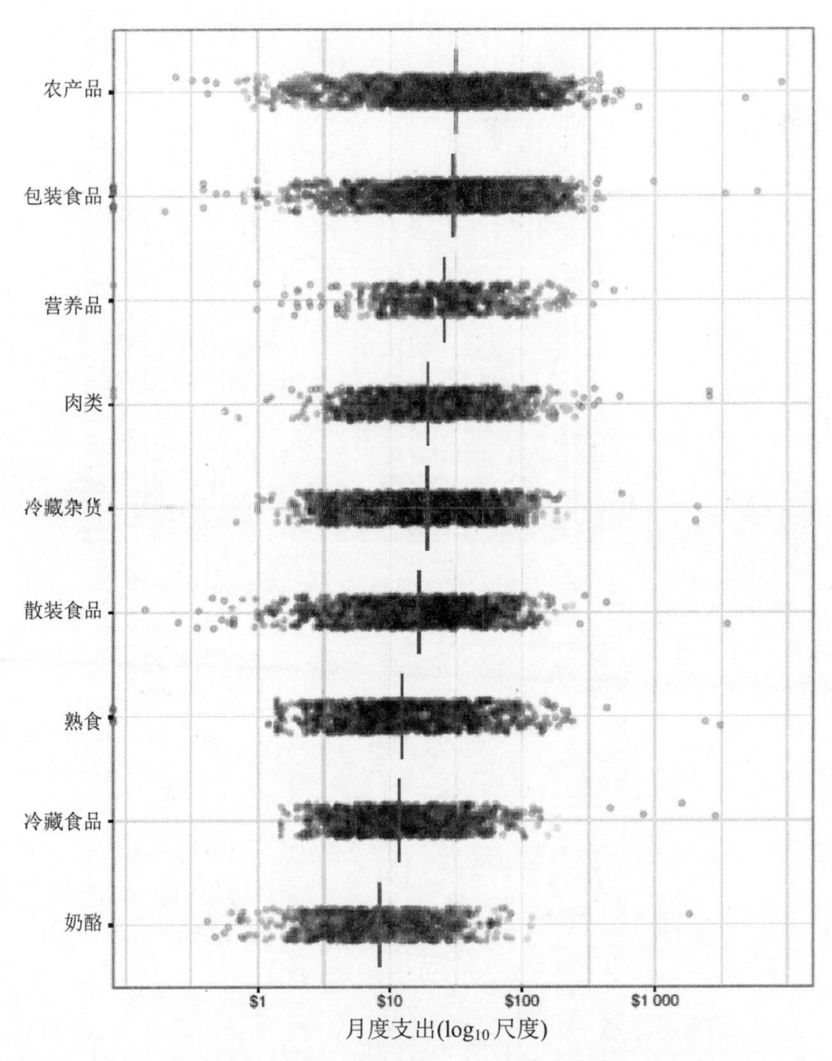

图 5.8　第二个点图示例按照部门显示了 10 000 个购物者的个人消费水平

图 5.8 显示了杂货店中九个部门一个月内个人在 $\log_{10}$ 尺度上的支出情况。各部门按月支出中位数排序，以垂直线表示。水平轴对应于一个对数刻度，以允许在刻度的下端看到额外细节。似乎 $\log_{10}$ 标尺显示出更对称的分布——零售数据几乎呈对数正态分布并不罕见。

图 5.8 展示了一些我们尚未见过的技术。y 轴显示了部门的级别。在每个级别绘制

的值都被抖动，以便可以看到更多值。抖动在每个绘制对的垂直坐标上添加了一个小的随机值，比如介于-ε和ε之间。如果没有抖动，所有点都会坍缩到最近的水平网格线上。此外，还使用了透明度，设置为 ggplot2 值 α= 0.1。该值的解释是在相同位置绘制的不少于 1 / α 点将显示为完全不透明。营养品显然比散装食品要卖得少得多，但平均花费更高，大概是因为营养品部门的每一种产品都更贵。

对于双变量数值数据，自然绘图技术是散点图。图 5.9 说明了这种技术。

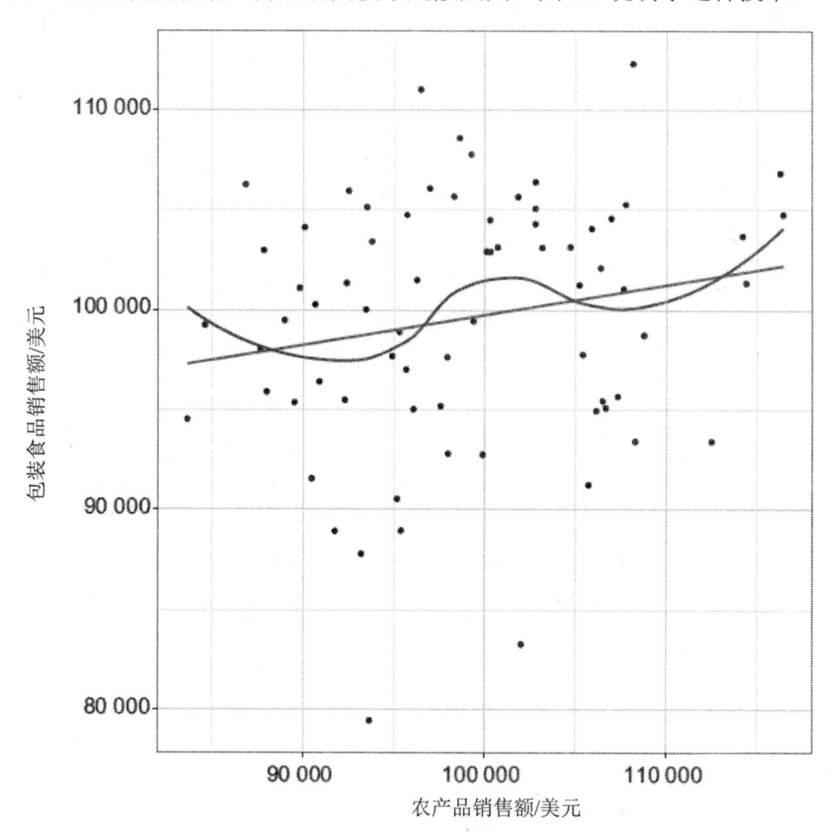

图 5.9　基本散点图，显示了两个最大的部门 6 年的月销售额。图中加入了线性回归线和本地散点平滑线(LOESS)，以帮助解释这种关系

散点图很简单，并且遵循 5.2 节中列出的基本原则，从而使实践者保持在正确的轨道上。数据本身就说明了这一点，在这个示例中，按照月份来衡量农产品和包装食品支出的差异。总的来说，部门销售一起变动，但关系上存在相当大的差异。

在说明关系时，应该强烈考虑在图中添加一条拟合线，以帮助观察者对关系解码。在图 5.9 中，添加了两条拟合线：一条由线性回归构建的线以及一条由局部加权回归创建的曲线。前者在这里几乎不需要详细阐述，因为线性回归将在第 6 章中介绍。局部加权回归是 Cleveland 于 1979 年引入并于 1988 年完善的技术[13]，是一种揭示两个数值变量之间关系的强大技术。共有两个相互竞争的术语，LOWESS(局部加权回归散点平滑法)和 LOESS(本地散点平滑线)，似乎后者已经变得更卓越。它们密切相关，在 x 值附近建立加权邻域和拟合回归线主要受 x 附近点的影响。与前面所讨论的核平滑器非常相似，需要指定带宽参数 α 。在每个邻域中，将拟合一个 d 的多项式[5]，并且需要选择 $\alpha \in [\frac{d+1}{n}, 1]$。R 中的默认设置是 $\alpha = 0.75$ 和 $d = 2$。对于大小为 $n\alpha$ 的每个子集，要拟合一个多项式。这种拟合基于对点的加权，典型的权重函数是三次方权重。假设有一个观测值 x_i，一个围绕 x_i 由 $N(x_i)$表示的邻域，其宽度为 r_i。然后权重函数是：

$$w_i(x) = \begin{cases} \left(1 - \left|\frac{x - x_i}{r_i}\right|^3\right)^3, & x \in N(x_i) \\ 0, & x \notin N(x_i) \end{cases}$$

三次方核(tricube kernel)几乎与 Epanechnikov 核一样有效。实际上，核的选择并不像带宽选择那么重要。

现在将注意力转向多变量数据。多变量数据被定义为每个观测值包括至少三个协变量的数据，并且如前所述，大多数解决方案都需要经过深思熟虑。可应用前面所提到的一般原则，并还有许多其他选择。如果有一条原则凌驾于其他原则之上，就可以避免做其他太多的事情。这种诱惑几乎是不可抗拒的。当一个图形可完成几页文本的繁重工作时，或图形在幻灯片上显示几分钟就能解释清楚时，人们可能会违背相关规则。这不是常态，如果受众时间紧迫，数据科学家明智的做法是将其分成多个图形。

图 5.10 是对图 5.8 的补充，通过添加第 10 章中所看到的购物数据的客户细分来实现多元变量。其中出现了许多有趣的特性，特别是除了营养品之外的所有部门的次要和主要购物者之间出现的分离。每一段的中值线的增加有助于理解，对于轻度购物者而言更是如此，他们只占购物者的一小部分。有趣的是，可以看到熟食店的支出有所压缩——该部门是最受轻度购物者欢迎的部门之一。

图 5.10 本质上是一个带有位于顶部的第三维群体的二维数据可视化。使用带有附加信息的二维图对其他变量进行编码是一种常见的技术。如图 5.11 所示的另一种变体根据第三个变量将二维图分为成对的小倍数。由 Tufte 创造的“小倍数”一词表明，读者一旦被导向一个单独的情节，就能很快地在一系列情节中发现相似和不同之处。

每个小面板(被称为“分面(facet)”)是给定部门内的支出与项目的散点图。每个面板都添加了本地散点平滑线。相对于简单重复散点图，分面有几方面的优点：首先是

5 在实际工作中，d 几乎总是 1 或者 2。

简约代码，可以对布局空间进行有效的利用，从而能够以合理的方式对分面进行排序，其次是便于比较的公共轴。通过这种处理，可以快速识别数据中的有趣模式：

- 相对于其他部门而言，农产品、包装食品和冷藏杂货的销售量很大。
- 陡峭的曲线表示价格较低商品(如农产品、熟食)的部门，而平缓的曲线表示价格较高商品(如营养品、肉类)的部门。
- 某些部门没有大笔支出(奶酪，冷藏食品和散装食品)。

此部分内容相当于一个没有地图的旅行。我们已经看到了目的地，但现在必须学习如何到达目的地。通过使用接下来将要介绍的 ggplots 包，构建这些图所需要的代码量极少，部分原因是隐藏了大量的复杂性。但遗憾的是，图形软件是一个存在漏洞的抽象概念，因此接下来将说明如何从基本元素构建这些图表。

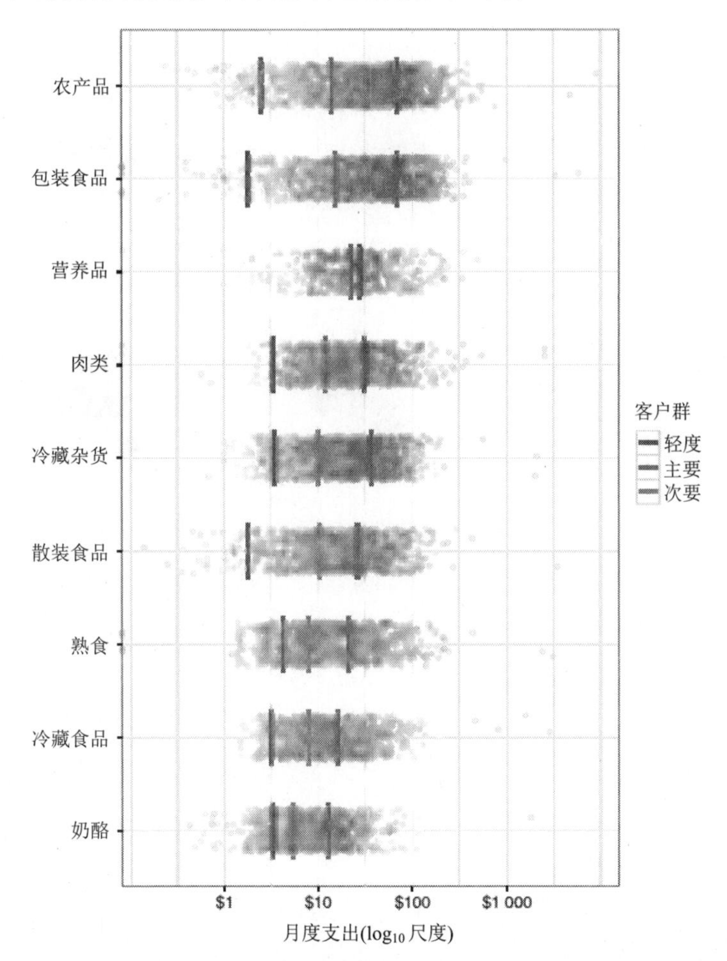

图 5.10 多元数据示例。消费部门的点图现在根据购物者的不同群体(主要的、次要的或轻度的)进行着色。每个段的中位数显示为彩色编码线

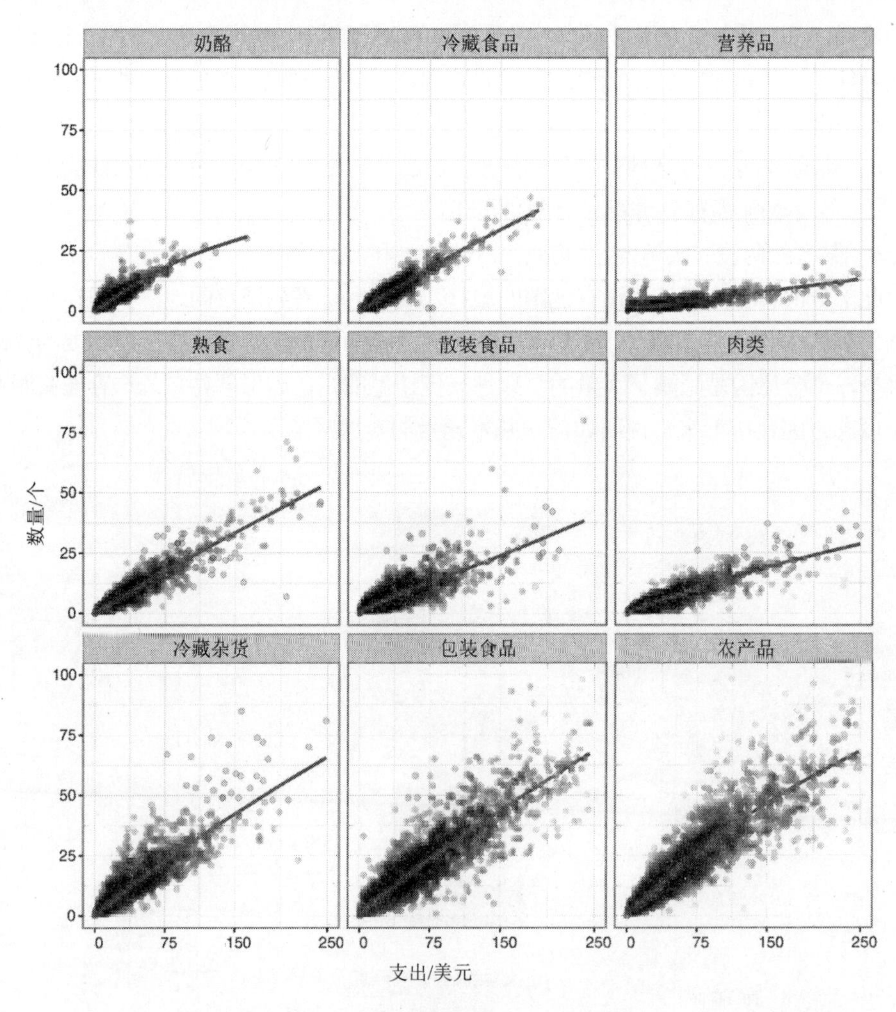

图 5.11 按部门划分的开支与物品的散点图，每个面板添加了本地散点平滑线

5.4 利用好这台机器

本章中的图是都使用 R 包 ggplot2 制作的。强烈建议在对个人数据进行可视化时使用该包。有三种与 R 相关的广泛使用的图形包：base、lattice [53]和 ggplot。base 包对于快速绘图和学习基本技术非常有用。虽然可使用 base 包控制绘图的许多方面，但构建具有出版品质的图形并不容易。第二个包 lattice 以 Cleveland 的思想为基础，但不是在正式模型的框架下开发的。lattice 框架限制了其可扩展性。ggplot 包更灵活、更易于使用。

包名 ggplot2 反映了版本号(2)以及传承，即 Wilkinson 的图形语法[69]。引用 ggplot2 的主要作者 Hadley Wickham 的话，“Wilkinson 创建了图形语法来描述所有统计图形背后的深层特征”[66]。Wickham 的书籍详细介绍了该语法。后面的内容很大程度上借鉴了 Wickham 的文章。

ggplot 语法需要读者完成部分工作。然而，一旦掌握了它，ggplot2 为用户提供了很多灵活性和强大功能。

图形语法由如下的许多组件组成，这些组件合并起来形成语法。

(1) **data**　以可视方式呈现的数据。如果使用 ggplot，那么数据必须是 R 数据帧。R 数据帧是数据的矩形排列，具有比简单矩阵更多的特异性和开销。例如，数据帧可能包含几种类型的变量，例如，定量(R 字典中的数字)和分类(R 字典中的因子)。

(2) **aes**　aes 是 aesthetic mapping 的简写。aes 告诉 ggplot2 如何将数据转换为图形元素。aes 标识在 x 轴和 y 轴上绘制的变量。可以在 aes 中添加更多内容。例如，在 aes 中标识确定点或线的颜色的分类变量。

(3) **geoms**　geoms 是“几何对象”(geometric objects)的简写。这些都是可视化描绘数据的元素。示例包括点、线、线段、误差线和多边形。所有几何对象规范都采用 geom_points()等形式。

(4) **stats**　这些是用于减少和汇总数据的统计变换。上面看到的平滑线就是统计变换的例子，因为数据以某种方式被减少以产生平滑线。

(5) **scales**　scales 提供原始数据和图形之间的映射。scales 也用于创建图例和专用轴。

(6) **coord**　坐标系将我们从数据带到图形平面。注意，这个组件用于将轴刻度从变量的原始单位更改为不同的单位，例如对数。

(7) **facet**　正如在图 5.11 中看到的，分面根据分类变量将图形划分为子图形。此图形组件定义了分面的排列方式。

在 ggplot 中将可视化构建为一系列层的过程是对传统过程的显著改进。ggplot 中的图形首先是创建一个由基本图形组成的基础，然后以层的形式向基础图形中添加更多信息和数据。每个图层可能包含来自上面属性列表的特定信息。通常，图层会从最初创建的图形中继承大部分属性值。图层的规范可能非常简单，因为只需要更改每层中的几个项目即可。因此，图层使构建复杂图形的任务变得更容易。我们倾向于一次构建一个图形层。这样一来就可以看到每个图层对图形的影响，从而更容易地纠正编码错误。有关该主题的可读性教程，请访问 https://rpubs.com/hadley/ggplot2-layers。

本章的目的不是系统回顾 ggplot2 技术，而是提供对 ggplot2 中可视化构建的一般理解。本章剩余部分将解释如何构建上面所讨论的图形。此外，还会利用互联网资源，特别是 Stack Overflow(https://www.stackoverflow.com)。如果你无法解决一个问题或记住一条指令，那么可以在互联网上搜索信息。将 ggplot 添加为搜索字符串，从而更可能找到与 R 相关的结果，特别是 ggplot2 绘图包。在搜索字符串中使用包的词汇表对于高效搜索很重要。

接下来介绍创建本章数据的代码。首先读取数据并加载必要的库。

```
library(ggplot2)
library(scales)
library(RColorBrewer)
```

前两个库 ggplot2 和 scale 与绘图直接相关。最后一个库 RColorBrewer 基于 Brewer 等人在色彩和感知方面的开创性工作[7]，是不可或缺的，并且高度推荐。

5.4.1 绘制图 5.2

图 5.2 是从名为 month.summary 的汇总表构建的。该数据帧保存了四个部门的月销售额总和。前五行如表 5.2 所示。

表 5.2 数据帧 month.summary 的前几行

行	月份	部门	销售额
1	6	包装食品	90 516.72 美元
2	6	农产品	103 650.8 美元
3	6	散装食品	37 105.20 美元
4	6	肉类	35 221.97 美元
5	5	包装食品	102 178.30 美元

代码如下所示：

```
month.summary <- read.delim("../data/month_summary.txt")

ggplot(data=month.summary,
       aes(x=factor(month), y=sales/1000, group=Dept, col=Dept) )
  + scale_color_brewer(palette="Set1")
  + geom_point()
  + geom_line()
  + theme_bw()
  + scale_y_continuous(label=dollar)
  + ylab("Avg Annual Sales in Month (000s)")
```

```
  + xlab("Month")
  + theme(legend.key.size=unit(0.5, "cm") )
```

在读取数据后，开始在 ggplot2 中逐层构建图形。

(1) **data**　使用表 5.2 中显示的数据。

(2) **aes**　将月份分配给 x 轴，销售额除以 1000 后分配到 y 轴。部门用作分组变量。设置 group = Dept 的结果是将属于同一部门的点通过线连接起来。各部门将按颜色进行标识。在构建使用分组和颜色的图形时，通常会忘记在 aes 中包含分组变量。作为练习，我们鼓励读者在没有在 aes 中声明分组变量的情况下构建图形。所产生图形的外观带有对角线，是缺少分组变量的标记。

(3) **geoms**　图中使用了两个几何对象：点和线。它们作为单独的图层添加，并继承了 aes 的分组和颜色。

(4) **scales**　我们将使用连续刻度，对于轴标签，利用库 scales 来减少读者理解绘制内容的工作量。因为单位是美元，所以将关键字 dollars 传递给 label 参数。此参数将确保轴标签的格式为美元符号、逗号和美分。其他选项包括 percent 和 comma，所有这些都提高了可读性。出于相同的原因，此时也使用 RColorBrewer 所提供的颜色。

(5) **theme**　虽然不是原始列表的一部分，但主题有助于调整图形的外观。调用简单且干净的 theme_bw，标记轴，并缩小图例中的框。这些功能几乎总是包含在图形中。

5.4.2　绘制图 5.3

下一个代码段构建了直方图和经验密度函数。

```
# Read in grocery store summary data.
working.dir <- "../data/"
gd <- read.delim(paste0(working.dir, "grocery_data.txt"))
ggplot(gd, aes(x = ownerSales/1000))
  + geom_histogram(aes(y=..density..))
  + geom_line(stat="density",col="gray50",size=1.5,
          bw="SJ") + # Changing the bandwidth algorithm to 'SJ'
  + theme_bw()
  + scale_x_continuous(label=dollar)
  + ylab("Density")
  + xlab("Monthly Sales (000)")
```

用于构造该图的关键特征如下所示。

(1) **data**　直方图总结了构建时的分布。在构建该图前，不必进行数据简化。该过程由 ggplot 在直方图的构造中完成。

(2) **aes** 直方图由分配给 *x* 轴的单个变量定义。ggplot2 根据我们的指引确定 *y* 值。

(3) **geoms** 第一个几何对象是直方图。aes 参数设置了 *y* 轴的比例。将直方图的单位选择为比例。*y* 轴显示每个区间中观测值的比例，并通过设置 y = .. density..进行指定。..density..的语法看起来很奇怪。句点模式(开头两个点，结尾两个点)表示统计计算是必要的。另一个常选择的选项显示每个区间中的观测值计数。从控制台输入?stat_bin 可提供更多信息。

此外，指定了第二个 geom, line。stat 参数指定要绘制的线是经验密度函数的图形(参见 5.3.1 节)。还指定了其他几个属性：颜色、线宽(通过调整 size)，计算带宽采用 Sheather 和 Jones 的方法[54]。

5.4.3 绘制图 5.4

接下来是图 5.4 中小提琴图的代码。

```
ggplot(gd, aes(x=1, y=ownerSales/1000))
  + geom_violin(draw_quantiles = c(0.25,0.5,0.75))
  + theme_bw()
  + scale_y_continuous(label=dollar)
  + xlab("")
  + ylab("Monthly Sales (000)")
  + theme(axis.text.x=element_blank(),axis.ticks=element_blank())
  + labs(title="Violin Plot of Monthly Sales")
```

该代码中使用了一些新技术。

(1) **aes** *x* 轴设置为常数。结果是小提琴图将绘制在图形的中心。

(2) **geoms** geom_violin 接受指定要绘制分位数的参数。此时指定参数为第一、第二、第三四分位数。

(3) **theme** 由于 *x* 轴没有任何意义，因此希望避免显示刻度线和标签。theme 的参数消除了这些特征。如果在互联网上搜索类似于“ggplot blank x axis”的内容，将得到更详细的信息。

5.4.4 绘制图 5.5

图 5.5 中的点图需要准备好数据帧 dept.summary，其中包含杂货店的 17 个部门的样本最小、平均和最大销售额。前五行如表 5.3 所示。

表 5.3　dept.summary 数据帧的前五行

行	部门	最小值	平均值	最大值
1	包装食品	79 434.24	99 348.55	112 303.60
2	农产品	76 799.20	98 711.50	116 442.92
3	散装食品	31 610.05	39 482.60	45 908.04
4	冷藏杂货	44 239.77	49 940.93	55 656.07
5	奶酪	12 407.99	14 674.32	16 404.14

将摘要数据读入数据帧后，按样本均值重新排序。

```
    dept.summary <- read.delim("../data/dept_summary.txt")
    dept.summary$dept <- reorder(dept.summary$dept,
dept.summary$mean.val)

    ggplot(dept.summary, aes(x=mean.val, y=dept))
      + theme_bw()
      + geom_errorbarh(aes(x=mean.val, xmax=max.val, xmin=min.val,
                    y=dept),height=0, color="gray60")
      + geom_point(col="black")
      + ylab("")
      + xlab("Monthly Sales (000s) - Log Scale")
      + scale_x_continuous(label=dollar,trans="log10",
                       breaks=c(1000,2500,10000,25000,100000))
```

(1) **aes**　当一个因子被用作 aes 中的 x 或 y 变量时，因子水平被映射到连续的整数，比如说 1, 2, …, g，其中 g 是水平数。当添加抖动之类的特性时，了解 x 轴整数位置上的水平是很重要的。

(2) **geoms**　使用另一个新 geom，即 geom_errorbarh。h 代表水平——垂直变化不需要后缀。geom_errorbarh 的 aes 映射要求我们提供 x 或 y 变量以及误差线的起始和终止位置。参数 height 指定误差线的最大值最小值须线的宽度。此时我们取消了该须线，因为它们没有添加任何信息。注意，在中值处需要点，并接受它们自己的 geom。

(3) **scale_x_continuous**　我们重复前面的标签技巧并指示 ggplot 根据 $x \rightarrow \log_{10}(x)$，转换在 x 轴上绘制的变量。另外使用 breaks 参数设置标签位置。

5.4.5 绘制图 5.8

接下来的一系列代码段将构建图 5.8 和图 5.10。我们开始使用 sample.int 从购物者数据集中绘制一个可管理大小的随机样本。使用指令 set.seed 设置随机数生成器的种子可确保结果在重复运行时是相同的。此外，还根据每个部门的总销售额中位数来订购部门。

```
set.seed(3939394)
# Read in grocery store detail data.
gdd <- read.delim(paste0(working.dir,"shopper_dept_segment.txt"))
this.data <- gdd[sample.int(nrow(gdd),size=10000,replace=F),]
this.data$DepartmentName <- reorder(this.data$DepartmentName,
                                    this.data$TotalSales,
                                    FUN=median)
```

绘制用于描绘中位数的垂直线需要计算这些值，如果将它们分配到各自的数据帧中，就会非常清楚。我们称之为数据帧 medians。

```
medians <- aggregate(this.data$TotalSales,
                     list(this.data$DepartmentName),
                     FUN=median)
names(medians) <- c("DepartmentName","TotalSales")
medians$y.val <- as.numeric(medians$DepartmentName)
```

现在，准备构建图 5.8。

```
ggplot(this.data, aes(x = TotalSales, y = DepartmentName))
  + theme_bw()
  + geom_point(position=position_jitter(h = 0.4),
         alpha=0.1)
  + ylab("")
  + xlab("Monthly Customer Spend - Log Scale")
  + scale_x_continuous(label=dollar, trans="log10",
                       breaks=c(1,10,100,1000))
  + geom_segment(data = medians,
        aes(x = TotalSales, xend = TotalSales,
           y = y.val -0.4, yend = y.val+ 0.4),
        col="red")
```

(1) **data** 使用了两个数据集来构建该图形。主要数据集是单个购物者杂货数据的样本。第二个数据集称为 medians，用于绘制垂直线，并直接传递到必要的 geom_segment 中。

(2) **aes**　此图形使用了与之前看到的类似美学，将分类变量 departmentName 分配给 y 轴。单个购物者的销售额分配到 x 轴。与 geom_segment 一起使用了一组独立的 aes 映射。

(3) **geoms**　在该图形中使用了两个 geom，一个用于点，一个用于线段。之前已用过 geom_point，但现在将展示如何向图形添加抖动特性。回顾一下，抖动会扰乱点，以便减少过度绘图，并且更容易看到单个点。命令 position = position_jitter(h = 0.4)指示 ggplot2 将点放置在原始 x 轴坐标处并干扰 y 轴坐标。参数 h = 0.4 控制随机扰动的大小。

另一个 geom 层(geom_segment)使用了第二个数据集。我们在 x 轴和 y 轴上指定起始和终止线段坐标。

(4) **scale**　再次使用库 scales 的美元标签。正如在其他图中所做的那样，指示 ggplot 根据映射 $x \rightarrow \log_{10}(x)$，转换在 x 轴上绘制的变量，并指定希望标签出现的位置。

5.4.6　绘制图 5.10

用于构造图 5.10 的代码是用于构造图 5.8 的代码的相对简单的修改。关键区别在于希望根据客户群对点进行着色，并为各群分别设置中间线。首先，必须计算每个部门和客户群的中位数。

```
medians <- aggregate(this.data$TotalSales,
                     list(Segment=this.data$Segment,
                          DepartmentName=this.data$DepartmentName),
                     FUN=median)
names(medians)[3] <- "TotalSales"
jit.val <- 0.6 # More jittering with segments
```

函数 aggregate 方便地根据一个或多个其他变量汇总一个变量。我们对包含计算中位数的列进行重命名，以匹配图形中使用的 aes。

正如将要看到的，可快速添加一个允许对点进行着色的分组变量，该技术类似于我们在图 5.2 中所做的工作。此时，使用分组和颜色美学，以确保部门每月销售一条线以及共同的颜色。这里变量 Segment 将扮演这个角色。

```
ggplot(this.data,
      aes(x=TotalSales, y=DepartmentName, group=Segment, col=Segment))
  + theme_bw()
  + geom_point(position=position_jitter(h=jit.val),
```

```
        alpha=0.1)
+ ylab("")
+ scale_color_brewer(palette = "Set1")
+ xlab("Monthly Customer Spend - Log Scale")
+ scale_x_continuous(label=dollar,trans="log10", breaks=
        c(1,10,100,1000))
+ geom_segment(data = medians,
 aes(x = TotalSales,xend=TotalSales, group=Segment, col=Segment,
     y = y.val-0.5*jit.val, yend=y.val+0.5*jit.val), size=1.25)
```

这段代码和之前的代码有什么区别呢？只是在 ggplot 和 geom_segment 中分别添加了参数 group = Segment 和 col = Segment。图形的其他方面保持不变。

5.4.7 绘制图 5.11

最后一个例子是构建图 5.11。虽然大部分功能前面都介绍过，但还是将代码列出来。

```
set.seed(3939394)
this.data <- gdd[sample.int(nrow(gdd),size=25000,replace=F),]
this.data$DepartmentName <- reorder(this.data$DepartmentName,
                    this.data$TotalSales,
                    FUN=sum)
ggplot(this.data, aes( x = TotalSales, y = Items))
    + geom_point(alpha=0.1)
    + stat_smooth(se=F)
    + facet_wrap(~DepartmentName)
    + scale_x_continuous(label=dollar, limits=c(0,250),
          breaks=c(0,75,150,250))
    + scale_y_continuous(limits=c(0,100),label=comma)
    + theme_bw()
    + xlab("Spend")
    + ylab("Number of Items")
```

第一个新功能是一个独立的统计数据(而不是像上面看到的那样隐藏在 geom_line 中)。函数 stat_smooth 非常有用，可以根据指定的方法向图形添加一条线。在生成图 5.9 的代码中，我们在两个层中添加了两条平滑线。一个层添加了默认的平滑方法，即 LOESS，第二个层使用指令 stat_smooth(method ="lm")添加一个拟合的线性回归线。默认设置是包含标准误差包络。可通过传递参数 se = F 来抑制包络。

另一个新功能是 facet_wrap，这是控制面板创建的功能。wrap 版本创建了一个矩形的面板阵列。为因子 DepartmentName 的每个级别创建一个面板。只有与特定水平的因子相关的观测结果才会在面板中显示出来。可控制行和列。可在波浪号(~)的右侧设置多个变量，以便通过变量级别的组合对数据进行分区。与 facet_wrap 相类似的是 facet_grid，它用于在表格数组中设置面板，使用相同的波浪号操作符指定行因子和列因子。上述代码中未更改的一个重要参数是 scale 值，可设置为 free、free_x、free_y 和 fixed。默认值是最后一个，它强制每个面板使用一组轴。free 允许轴不相同，并为每个面板生成最佳的视觉匹配。如果面板的目的是比较和对比组，那么 free 选项通常是错误的，因为读者必须考虑不同面板中的不同比例。最佳可视化取决于数据科学家的目标。

最后再说一句忠告和鼓励的话。使用 ggplot2 进行绘图最初会产生比较陡峭的学习曲线。但付出的代价是值得的——不要低估清晰有效沟通的重要性。而可视化是实现它的最佳方式。学习 ggplot 的关键是从简单开始，然后一层一层地增加复杂性。首先使用 geom_point 构建一个简单的散点图，然后添加一个按颜色标识组的图层。添加一个显示平滑线的图层。清楚地标记轴并调整字体大小。在使用 ggplot2 的前 6 个月创建的每个成功的图形都是通过循序渐进的步骤完成的。

5.5　练习

5.1　使用包含按月销售额的数据集 grocery_data.txt，并按部门构建月销售额的点图。将部门放在 y 轴上，将销售额(以千计)放在 x 轴上。包括以下功能：

a. 根据平均销售额对部门进行排序。

b. 在垂直方向上抖动点并设置 alpha 以减少过度绘图。

c. 使用美元标记 x 轴。

d. 删除 y 轴标签，并对 x 轴使用合理的标签。

部门中出现了什么样的模式？各部门的销售分布有何不同？为什么会这样？

5.2　在问题 5.1 中添加代表按部门划分的月销售中位数的垂直红线。

5.3　构建图 5.3 中的中间面板，带宽参数设置为 1、5 和 25，“SJ”方法返回的带宽是多少？它与 bw.nrd0 方法[6]相比如何？

5.4　继续使用数据集 grocery_data.txt，构建一个分面图形，显示按部门每月销售的经验密度。允许 x 轴和 y 轴在面板内变化。使用 SheatherJones 带宽选择算法。比较密度。

---

6 最后两个问题的目的是学习如何直接从 R 中提取带宽信息。

5.5 现在对问题5.4的解决方案进行微调，使其具有出版价值。添加以下功能：

a．将 x 轴标签调整为45°（提示，可通过?theme 搜索 axis.text.x)。

b．使用黑白主题。

c．从图形中删除啤酒和葡萄酒段，因为该段中的观测值非常少。

d．缩小分面标题的字体大小(称为 strip.text)，以便适合较长名称的显示。

5.6 用小提琴图重复问题 5.1。添加四分位线并在所有月份和所有部门的月平均总销售额上画一条红色垂直线。在小提琴图中使用参数 scale="width"以避免“宽度与样本大小成比例”这一默认行为。

除了从问题5.1中学到的知识之外，这种数据视图是否会增加任何其他见解？

5.7 构建如图5.6所示的马赛克图。此图不是由 ggplot 创建的，而使用包 vcd 中的 mosaic 函数创建。控制轴标签的方向是很棘手的；我们建议用缩写替换部门和段名称。

5.8 使用 gdd 数据按年、月和段构建销售总额。按时间顺序将它们显示在折线图中，每个分段都是自己的折线。

5.9 使用 gdd 数据按年．月和段构建销售总和。按年份和月份的销售金额进行汇总，每一段由一条单独的线表示。在图形中包含以下功能：

a．垂直对齐年-月标签。

b．在对数刻度上绘制 y 轴并选择合理的断点。使用“美元”格式标记轴。

c．从2010-1开始每12个月标记一次 x 轴。

d. 在图形中按段添加一条线性趋势线。可从此图表中推断出有关轻度购物者段的哪些信息呢？

第6章 线性回归方法

摘要：线性回归是一个广泛的统计领域。统计方法的核心就是线性回归。线性回归方法在统计学和数据分析中普遍存在，这源于人们易于拟合用来描述过程或总体主要特征的处理模型。线性回归不仅对描述有用，对于预测也非常有用，因为模型通常提供了与复杂关系非常近似的关系。在统计学领域，假设检验和置信区间通常用于线性回归分析。由于机会性收集数据的普遍存在，将这些方法推广到数据科学领域往往是不成功的。大多数情况下，机会性收集的数据不能支持推理方法，因为这些方法所产生推论的质量是未知的。我们在此讨论推论，以便读者可了解这些方法的成功和失败的可能性。然而，重点是数据分析主题的基本和最有用的方面——拟合模型。线性回归的主题提供了获得统计软件包 R 的经验途径，统计软件包 R 是数据科学家使用的最流行软件包之一。

6.1 引言

本章的主题适用于广泛的数据分析问题。这些问题具有共同特征：其中一个变量非常重要，其目的要么是更好地理解生成变量的过程，要么是预测变量的未观测值，通常是未来值。例如，如果存在可用性有限且需求变化的资源，那么为了满足需求，了解需求变化的方式和原因就变得非常重要了。如果分析师能够通过线性回归分析对该过程有相当好的理解，那么合乎逻辑的下一步就是开发一个预测模型，用于预测未来的需求。线性回归的预测应用通常比理解“一个变量和一组解释变量之间的关系”的问题更窄，更容易定义。由于数据科学的很大一部分涉及预测和预测分析，因此线性回归是数据分析的一个非常重要的组成部分。不应忘记，线性回归可成功地用于学习数据的起源和预测过程的未知值。

在进行示例之前先设置线性回归模型。

6.2 线性回归模型

在线性回归设置中，数据可被视为一组 n 对。可使用符号 $D = \{(y_1, \boldsymbol{x}_1),\ldots,(y_n, \boldsymbol{x}_n)\}$ 来表示数据。统计视图假设 $y_i(i = 1,2,\ldots,n)$ 是随机变量的实现，并被识别为响应变量 Y_i，同时与 y_i 配对的伴随解释向量 $\boldsymbol{x}_i$ 不是随机的，可用来解释 y_i，具体内容稍后详细介绍。有时，统计目标是使用从数据构建的预测函数通过观测到的向量 $\boldsymbol{x}_0$ 预测未观测到的实现值 y_0。在统计中，我们预测随机变量的实现并估计描述随机变量分布的参数。

变量 y_i 和 $\boldsymbol{x}_i$ 本质上是不同的——y_i 目的是描述或模型化随机变量 Y_i 的期望值，而 x_i 是次要的解释变量的向量。通常，在统计应用中，假设解释向量没有分布，而是固定的，没有误差，或完全由研究者控制。虽然这种假设通常是似是而非的，但线性回归是一种有价值的方法，可提取有关数据来源的过程或总体的信息。在预测问题中，线性回归模型通常提供了一个较好的、相对简单的关于 Y_0 的期望值与预测向量 $\boldsymbol{x}_0$ 之间复杂关系的近似。根据分析目的的不同，向量 $\boldsymbol{x}$ 可称为解释向量或预测向量。为简单起见，将向量 $\boldsymbol{x}_i$ 和 $\boldsymbol{x}_0$ 称为预测向量，因为分析人员可能只对解释响应变量的期望值与伴随的预测向量之间的关系感兴趣。

线性回归模型指定 Y_i 的期望值是 $\boldsymbol{x}_i$ 的线性函数：

$$\mathrm{E}(Y_i|\boldsymbol{x}_i) = \beta_0 + \beta_1 x_{i,1} + \cdots + \beta_p x_{i,p} \tag{6.1}$$

可使用向量更紧凑地表示该模型：

$$\mathrm{E}(Y_i|\boldsymbol{x}_i) = \boldsymbol{x}_i^{\mathrm{T}}\boldsymbol{\beta}$$

其中 $\beta = [\beta_0\ \ \beta_1 \ldots \beta_p]^{\mathrm{T}}$ 是一个未知常数的向量。向量 $\boldsymbol{x}_i = [1\ x_{i,1} \ldots x_{i,p}]^{\mathrm{T}}$ 包含对 p 个预测变量的观测值。为方便起见，设置 $q = p + 1$，使得 β 和 $\boldsymbol{x}_i$ 的长度为 q。

为说明适合回归分析的典型问题，假设 Y_i 是特定股票在时间步骤 i 时的价格。线性回归模型可将 Y_i 的期望值描述为之前某个时间步长的其他股票价格的函数。很明显，实现价格不会与线性模型完全一致(影响价格的因素太多)，但当预测向量等于 $\boldsymbol{x}_i$ 时，用 $\boldsymbol{x}_i$ 中各项的线性组合近似得到多个观测值的平均值是合理的。现在希望预测未来的股票价格，可在一段时间内自动收集数据[1]，并使用收集的数据计算 β 的估计量。下一步是评估预测模型。如果所观测到的股票价格通常接近股票价格的模型预测，那么该模型具有预测的前景。

预测应用程序非常简单，因为如果预测模型能够准确预测 Y，那么其细节不是特

1 为此目的编写的 Python 脚本将在第 11 章 11.10 节介绍。

别重要。通常，我们感兴趣的是了解每个预测变量对 Y 的影响，或者更准确地说是对 Y 的期望值的影响。可将 Y_i 的期望值模型展开为 $\boldsymbol{x}_i$ 的线性函数，以指定 Y_i 分布的形式。当 Y_i 的分布满足某些条件(例如正态性)时，可实现一组扩展的推理。

扩展推理依赖于一组条件，在此将其描述为推理模型。推理模型如下所示：

$$\begin{aligned} Y &= \mathrm{E}(Y|\boldsymbol{x}) + \varepsilon, \\ \mathrm{E}(Y|\boldsymbol{x}) &= \boldsymbol{x}^{\mathrm{T}}\boldsymbol{\beta}, \\ \varepsilon &\sim N(0, \sigma_\varepsilon^2) \end{aligned} \tag{6.2}$$

第三条语句指定残差随机变量 ε 作为正态随机变量分布，期望值为 0，方差为 σ_ε^2。ε 的方差与 $\boldsymbol{x}$ 无关，并且对于 $\mathrm{E}(Y|\boldsymbol{x})$ 的每个值都是相同的。常数方差意味着，对于任意 $\boldsymbol{x}$ 的选择，Y 的实值与模型估计 $\mathrm{E}(Y|\boldsymbol{x})$ 之间的差值应该大致相等。最后一个条件对于精确的假设检验和 σ_ε^2 的无偏估计是必要的。该条件声明数据值 $y_1,\ldots, y_n$ 是由独立随机变量 $Y_1,\ldots,Y_n$ 生成的，所有这些都遵循模型(6.2)。

有时，也可不用常数 1 增加 $\boldsymbol{x}$，以便从模型中省略截距 β_0，这种情况下 $q=p$。如果 $\boldsymbol{x}=0$ 意味着 Y 必须取 0 值，则将省略截距，例如，Y 是反应速率并且 $\boldsymbol{x}$ 包括对反应物浓度的测量值。

6.2.1　示例：抑郁症、宿命论和简单化

可以用 Ginzberg 数据集[19]来说明推理线性模型(6.2)有用的情形类型。抑郁症是一种有时会使人丧失行为能力的精神疾病，如果想要治疗，首先应该了解其原因。人们认为抑郁症与一些不那么复杂的情况、宿命论和简单化有关。宿命论指的是人们认为自己无法控制一个人生活的世界。一个人看待事件和环境的程度是积极的还是消极的，可用“简单化”一次性描述，而没有层次性和复杂性。定量地衡量宿命论和简单化与抑郁症的关联程度是理解抑郁症与这些情况之间相互关系的重要一步。

Ginzberg 数据集包含 82 项针对抑郁症住院患者的观测结果。对患者在抑郁症的严重性、简单化和宿命论方面进行评分。这些变量按比例进行了缩放，因此较大的值反映了简单化、宿命论以及更严重的抑郁症的更强烈表现。用 Pearson 的相关系数衡量，宿命论与抑郁症的线性关联强度为 $r = 0.657$，简单化与抑郁症的线性关联强度为 $r = 0.643$。相关系数表明抑郁症与每个变量之间存在较强的正线性关联度，并可确定抑郁症与宿命论和简单化之间存在联合关系。接下来的任务是量化这种关联的强度并描述关系，或者更确切地说，生成一个客观和易处理的近似，在个体患者的层面上它必须是复杂和变化的关系。

接下来考虑以下线性模型：

$$\mathrm{E}(Y|\boldsymbol{x}) = \beta_0 + \beta_1 x_{\text{fatalism}} + \beta_2 x_{\text{simplicity}} = \boldsymbol{x}^{\mathrm{T}}\boldsymbol{\beta} \tag{6.3}$$

其中 Y 是抑郁症得分，$\boldsymbol{x} = [1\ x_{\text{fatalism}}\ x_{\text{simplicity}}]^{\mathrm{T}}$。实际上，模型 6.3 充其量只是实际关系的粗略近似。

我们希望从近似中收集一些信息。第 3 章介绍了一种计算方法，可计算线性模式的参数向量 β(例如式(6.3)的右边部分)的估计量。类似的算法生成了表 6.1 所示的参数估计，但仍要解释表中所示置信区间的含义。然而，可用数学方法解释参数估计。由于将宿命论和简单化得分进行缩放，使其平均值为 1，标准差为 0.5，因此可直接比较参数估计量。特别是，当简单化保持不变时，宿命论增加一个单位估计会导致抑郁症得分增加 0.418 个单位，并当宿命论保持不变时，简单化增加一个单位，估计会使抑郁症得分增加 0.380 单位，所以可以说宿命论和简单化在决定抑郁症得分上几乎是相等的，但宿命论比简单化更重要。这个论点是在一个人为背景下进行的，因为态度和信仰，特别是宿命论和简单化得分是不可能通过增加一个而固定另一个来操纵的。事实上，宿命论和简单化是相关的($r = 0.631$)。一般来说，宿命论得分较高的个体也会比宿命论得分较低的个体表现出更高的简单化得分。

表 6.1 模型参数的参数估计、标准误差和近似 95%置信区间

变量	参数估计	标准误差	95%置信区间下限和上限	
常数	0.2027	0.0947	0.0133	0.3921
宿命论	0.4178	0.1006	0.2166	0.6190
简单化	0.3795	0.1006	0.1783	0.5807

包含单个变量的拟合线性模型，比如说 $\widehat{\mathrm{E}}(Y|x_1) = \widehat{\beta}_0 + \widehat{\beta}_1 x_1$ 描述了一条线，从某种意义上说，每一个使用 x_1 的值计算的拟合值都是同一直线上的一点[2]。对于两个变量，拟合模型描述了一个平面，从模型得到的每个拟合值和预测向量 $\boldsymbol{x} = [x_1\ x_2]^{\mathrm{T}}$ 是同一平面上的一个点[3]。图 6.1 显示了拟合的抑郁症模型。请注意，平面与盒子的垂直线在相对两侧相交，形成了斜率相同的直线，尽管直线的垂线位置不同。这一观测结果与一种解释是相一致的，即当宿命论保持不变时，简单化每增加一个单位，抑郁症得分就会增加 0.380 个单位，而与宿命论得分无关。以上关于响应变量(抑郁症)作为解释变量函数的变化的相关陈述是统计推理的例子。这些陈述基于一个数据样本，但正在推广到患有抑郁症的更多人。推理可能是错误的，也许是非常错误的，因为抑郁症和两个解释变量之间没有关系。

2 这是意料之中的，因为拟合模型是一条直线的方程。

3 拟合模型是描述平面的方程。

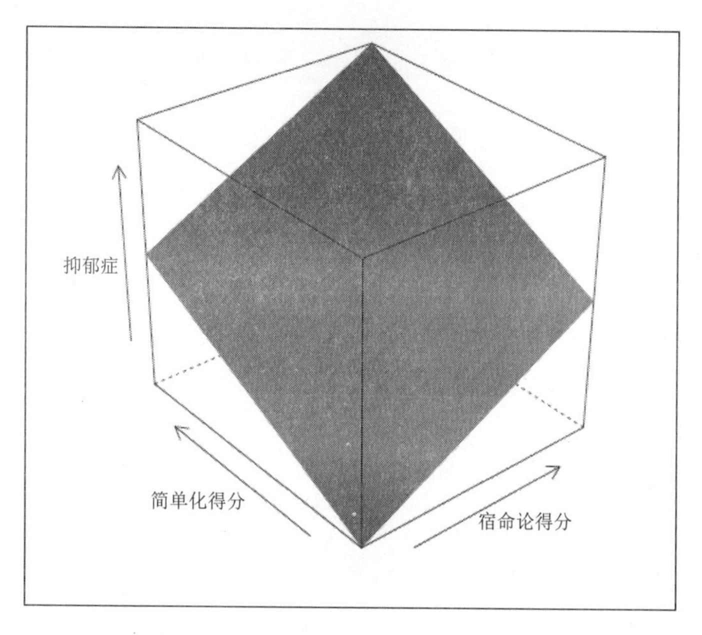

图 6.1　抑郁症的拟合模型显示了给定宿命论和简单化得分的抑郁症得分的估计预期值。该平面显示了三元组(x_{fatalism}, $x_{\text{simplicity}}$, $\widehat{y}$)，其中$\widehat{y} = 0.203 + 0.418 \times x_{\text{fatalism}} + 0.378 \times x_{\text{simplicity}}$

对总体的错误描述的根源可能来自从一个样本计算的估计量以及模型是一个近似值。抽样在参数估计中引入了误差。如果对总体中的每一个人都进行观测，并且数据集相当于人口普查，就不存在抽样误差。

与一个特定估计相关的误差度由估计量的标准误差量化。该统计数据可以粗略地解释为真实的、未知的参数与从总体或过程中独立观察的样本计算出的参数估计之间的平均绝对差。表 6.1 显示了与每个参数估计相关的标准误差$\widehat{\sigma}(\widehat{\beta}_1)$和$\widehat{\sigma}(\widehat{\beta}_2)$。标准误差不能立即提供关于估计误差度的有用信息。置信区间提供了另一种解释，有时是处理与抽样有关的估计不精确的更好方法。在展开讨论置信区间之前，先回顾一下最小二乘法。

6.2.2　最小二乘法

线性回归分析的第一个计算任务是计算参数向量 β 的估计。在统计学和数据科学中，最小二乘估计量始终是估算值的首选，因为它易于理解和计算。此外，在很多问题上，它的准确性可与更复杂的方法相媲美。关于参数 $\beta_0, \beta_1, \ldots, \beta_p$ 的置信区间和假设检验也是很简单的。从模型(6.2)中所得出的推理的准确性取决于对当前情况的推理模型是否恰当。所有计算属性都源自最小二乘估计方法。

最小二乘的目标是最小化残差平方和。残差是观测值 y_i 和拟合值 $\hat{y}_i = \boldsymbol{x}_i^{\mathrm{T}}\hat{\boldsymbol{\beta}}$ (i=1, …, n)之间的差值，其中 β 是实数的 q 长度向量。平方残差的总和是：

$$\begin{aligned} S(\widehat{\beta}) &= \textstyle\sum_{i=1}^{n}(y_i - \widehat{y}_i)^2 \\ &= \textstyle\sum_{i=1}^{n}\left(y_i - \boldsymbol{x}_i^{\mathrm{T}}\widehat{\beta}\right)^2 \end{aligned}$$

通过选择 β 使残差平方和最小化。当然，β 是未知的——需要生成一个值来进一步执行其他操作。用来最小化 S(·)的向量 $\widehat{\beta}$ 被称为最小二乘估计量，并且根据定义，每个其他向量将生成至少与最小二乘估计量一样大的平方误差之和[4]。最小二乘估计量的计算形式可使用多变量微积分来确定。相关的推导过程不再介绍，而将讨论局限在 β 的最小二乘估计量是正规方程的解。

$$\boldsymbol{X}^{\mathrm{T}}\boldsymbol{X}\beta = \boldsymbol{X}^{\mathrm{T}}\boldsymbol{y}$$

构建 $\underset{n\times q}{\boldsymbol{X}}$ 的详细过程在 3.9.2 节中介绍过。Rencher 和 Schaalje [50]对线性模型理论进行了清晰而深入的阐述。简言之，通过堆叠预测向量 $\boldsymbol{x}_1^{\mathrm{T}}$, …, $\boldsymbol{x}_n^{\mathrm{T}}$ 形成 $\boldsymbol{X}$。向量 $\boldsymbol{y} = [y_1 \cdots y_n]^{\mathrm{T}}$ 由随机变量 Y_1, …, Y_n 的 n 个实现组成。如果 $\boldsymbol{X}^{\mathrm{T}}\boldsymbol{X}$ 是可逆的，那么正规方程的解就是：

$$\widehat{\beta} = (\boldsymbol{X}^{\mathrm{T}}\boldsymbol{X})^{-1}\boldsymbol{X}^{\mathrm{T}}\boldsymbol{y} \tag{6.4}$$

如果 $\boldsymbol{X}^{\mathrm{T}}\boldsymbol{X}$ 不可逆，则$(\boldsymbol{X}^{\mathrm{T}}\boldsymbol{X})^{-1}$不存在，求解正规方程更困难。计算 $\widehat{\beta}$ 的算法是 3.10 节的主题。

如果推理模型(式(6.2))正确或近似地描述了 E(Y)和 $\boldsymbol{x}$ 之间的关系以及 ε 的分布，那么以下估计量的方差在形式上是简单的。假设推理模型是正确的。然后，Y 关于其条件期望 E($Y\,|\,\boldsymbol{x}$)=$\boldsymbol{x}^{\mathrm{T}}\beta$ 的方差由以下公式估计：

$$\widehat{\sigma}_{\varepsilon}^2 = \frac{\sum_{i=1}^{n}(y_i - \widehat{y}_i)^2}{n-q}$$

其中 $\widehat{y}_i = \boldsymbol{x}_i^{\mathrm{T}}\widehat{\beta}$。参数估计量 $\widehat{\beta}$ 的方差是 $q\times q$ 矩阵：

$$\mathrm{var}(\widehat{\beta}) = \sigma_{\varepsilon}^2(\boldsymbol{X}^{\mathrm{T}}\boldsymbol{X})^{-1}$$

var($\widehat{\beta}$)的对角元素是各个估计量 $\widehat{\beta}_0$, …, $\widehat{\beta}_p$ 的方差，而非对角线元素是各个估计量之间的协方差。方差矩阵的一般估计量为 $\widehat{\mathrm{var}}(\widehat{\beta}) = \widehat{\sigma}_{\varepsilon}^2(\boldsymbol{X}^{\mathrm{T}}\boldsymbol{X})^{-1}$。从 $\widehat{\mathrm{var}}(\widehat{\beta})$ 的对角线中提取单个估计量 $\widehat{\beta}_i$ 的估计方差。估计方差的平方根通常被称为 $\widehat{\beta}_i$ 的标准误差，并且：

4 如果 $\boldsymbol{X}$ 不是满秩，则需要修改最优语句。

$$\widehat{\sigma}(\widehat{\beta}_i) = \sqrt{\widehat{\sigma}^2(\widehat{\beta}_i)}$$

标准误差广泛用于置信区间建立和假设检验。如上所述，这些估计量的适当性取决于推理模型的真实性。

点估计$\widehat{\beta}_i$ $(i=0, 1, \ldots, p)$可解释为β_i的唯一、最佳可能估计量。尽管是最佳的，但必须承认$\widehat{\beta}_i$几乎肯定不会完全等于β_i。除了点估计外，还有其他值，但都在点估计附近，这些值与数据是一致的，从这一点上讲，数据集支持每个值都可能是β_i真实值的可能性。除了点估计外，通常还需要给出数据一致性值的区间。如果是，则置信区间是合适的。

6.2.3　置信区间

参数的置信区间是参数的一组可能值，这些值与数据一致。例如，表 6.1 显示了β_{fatalism}的大约 95%置信区间。根据计算得出：

$$[\widehat{\beta}_{\text{fatalism}} - 2\widehat{\sigma}(\widehat{\beta}_{\text{fatalism}}), \widehat{\beta}_{\text{fatalism}} + 2\widehat{\sigma}(\widehat{\beta}_{\text{fatalism}})] = [0.217, 0.619]$$

可以说β_{fatalism}介于 0.217 和 0.619 之间的可能性是 95%。区间中未包含的所有值都被认为与数据不一致，因此我们确信真值不在区间外。术语$2\widehat{\sigma}(\widehat{\beta})$指误差范围。间隔的宽度是上限和下限之间的差，因此约为$4\widehat{\sigma}(\widehat{\beta})$，或误差范围的两倍。窄置信区间比宽置信区间更可取，宽度可忽略的区间是最佳的，因为 95%确信真实值基本上是估计值。

置信水平(confidence level)是过程生成包含参数的区间的概率。在数学上，置信水平为 $1-\alpha$，其中 $0<\alpha<1$。α的标准选择是 0.01、0.05 和 0.1。置信水平可解释如下：如果多次重复收集样本并计算置信区间，那么 $100(1-\alpha)\%$的置信区间包含参数，前提是推理模型(式(6.2))是正确的。应该注意，参数要么处于特定计算区间，比如[0.217, 0.619]，要么不是，但是我们不可能知道哪种情况是真的。因此，说β_{fatalism} 的值在 0.217 和 0.619 之间的概率为 0.95 是不正确的。正确的解释是，过程生成包含真实参数值的区间的概率是 $1-\alpha$。不能直接使用概率来确定β_{fatalism}是否介于 0.217 和 0.619 之间。因此，我们选择了一种启发式的、有些模棱两可的陈述，即 $100(1-\alpha)\%$相信参数在 0.217 和 0.619 之间。

置信区间是否以概率 $1-\alpha$ 捕获参数取决于两个事件。首先，区间必须以真值β为中心，而真值β又取决于采用的线性模型是否正确。如果 $E(Y|\boldsymbol{x})$和$\boldsymbol{x}$之间的关系不是近似线性的，则区间可能不以真值为中心。非线性关系的线性近似的精确度不依赖于样本大小，因此通过增加观测值数量无法避免不良模型的失败。其次，标准误差估计$\widehat{\sigma}(\widehat{\beta}_i)$必须是从样本到样本的参数估计中真实变异性的准确估计，并且$\widehat{\sigma}(\widehat{\beta}_i)$的准确性

取决于用来描述总体或过程的若干分布条件，相关内容稍后介绍。

表 6.1 总结了从 Ginzberg 数据集获得的参数估计和置信区间。由于 $\beta_{\mathrm{simplicity}}$ 的 95% 置信区间为[0.178，0.581]，因此表 6.1 给出一些结论，即假定宿命论的情况下，抑郁症和简单化之间存在着一定关系。术语“假定”表达了这样一种观点，即通过将宿命论包含在模型中来解释它的影响。$\beta_{\mathrm{simplicity}}$ 为 0 的可能性与数据不一致，因为与数据一致的 $\beta_{\mathrm{simplicity}}$ 的最小可能值是下限 0.178，远不等于 0。

到目前为止，对置信区间的讨论都假设样本大小 n 足够大。如果 n 很小(例如，小于 100)，则需要进行调整，以适应由于 n 过小而引起的精度不足。对于 $n-q$ 小于 80 的值，β 的更精确的 $100(1-\alpha)\%$置信区间为：

$$\widehat{\beta} \pm t^*_{n-q,\alpha/2}\widehat{\sigma}(\widehat{\beta})$$

其中 $t_{n-q,\alpha/2}$ 是自由度为 $n-q$ 的(中心)t 分布的 $100\alpha/2$ 百分位数。当 $n-q$ 小于 80 时，t 分布与标准正态分布非常相似，但尾部稍长。当 $n>80$ 时，通常根据$\widehat{\beta}\pm 2\widehat{\sigma}(\widehat{\beta})$计算 β 的近似 95%置信区间。选择 2 乘以$\widehat{\sigma}(\widehat{\beta}_i)$的理由是标准正态分布的 2.5 百分位数是−1.96，略大于−2。

6.2.4　分布条件

置信区间所声称的置信水平是近似的，因为精确度取决于一组在现实中无法精确满足的条件。可将这些条件简洁地描述为推理模型(式(6.2))。考虑到推理条件的重要性，进一步的讨论是值得的。如果条件基本满足，那么所述置信水平很可能接近事实。这些条件通常被称为假设，该术语有时被误解为分析者只需要假设条件适用于正在考虑的问题和数据。事实上，只有至少近似满足这些条件才能取得可靠结果。其中三个条件描述了响应变量的分布，第四个条件描述了观测值。

(1) **线性**：Y 和 $\boldsymbol{x}$ 的期望是线性的。换句话说，模型 $\mathrm{E}(Y|\boldsymbol{x})=\boldsymbol{x}^{\mathrm{T}}\beta$ 是正确的。

(2) **常数方差**：对于 $\boldsymbol{x}$ 的每个值，Y 关于 $\mathrm{E}(Y|\boldsymbol{x})$的分布具有相同的方差$\sigma^2_\varepsilon$。

(3) **正态性**：对于 $\boldsymbol{x}$ 的每个值，Y 的分布是正态的。同样，$\varepsilon\sim N(0，\sigma^2_\varepsilon)$。

条件 1 和 2 指定了 Y 的均值和方差，因此正态分布条件可以与均值和方差条件相组合。简而言之，对于 $\boldsymbol{x}$ 的每个值，$Y\sim N(\mathrm{E}(Y|\boldsymbol{x})，\sigma^2_\varepsilon)$。

(4) **独立性**：观测值是 n 个独立的随机变量。具体地，y_i 是随机变量 Y_i 的实现，其中 $i=1, \ldots n$，$Y_1, Y_2, \ldots, Y_n$ 是独立的随机变量。

将所有条件集合为一个条件，就得到了 $Y_i(i=1, \ldots, n)$独立分布为$N(\boldsymbol{x}_i^{\mathrm{T}}\beta, \sigma^2_\varepsilon)$个随机变量。

这些条件的重要性很大程度上取决于拟合模型的预期目的。如果线性条件被破坏，

拟合回归模型将局部偏置，并且对于某些 $\boldsymbol{x}$ 值，将被低估或超过估计 $E(Y|\boldsymbol{x})$。然而，当 $E(Y|\boldsymbol{x})$和 $\boldsymbol{x}$ 之间的关系不是线性时，线性模型仍可为未知的真实关系提供合理准确的近似。如果预测是唯一的目标，而且拟合模型足够准确，可达到预期目的，就可以允许 $E(Y|\boldsymbol{x})$和 $\boldsymbol{x}$ 之间非线性的关系。研究模型失效的程度是残差分析的一部分，而这是 6.8 节的主题。

违反常数方差条件对参数估计几乎没有影响，因此对拟合模型的预测效用几乎没有影响。非常数方差可能会偏离标准误差$\widehat{\sigma}(\widehat{\beta}_i)$。有偏差的标准误差的结果是置信区间太宽或太窄，并且过程捕获参数的概率不是所要求的 $1-\alpha$。

正态条件对拟合模型的参数估计和预测效用影响不大。只有在样本量较小的情况下(例如 $n-q<80=$，该条件才对置信区间至关重要，因为中心极限定理(Central Limit Theorem)保证了当 n 值很大时随机变量的线性组合近似于正态分布。为应用中心极限定理，某些条件必须成立，但这些条件并不总是成立。

一个常见错误是调查响应$y_1, \ldots, y_n$的正态性。这是一个错误，因为响应有不同的期望，而这种情况打乱了对正态性的分析。相反，应该使用残差($\widehat{\varepsilon}_1 = y_1 - \widehat{y}_1, \ldots, \widehat{\varepsilon}_n = y_n - \widehat{y}_n$)或残差的标准化版本来调查正态条件。接下来的任务是确定残差的分布是否与平均值为 0 的正态分布一致。如果样本量较小，且残差明显不是正态分布，则置信区间可能与所声称的置信水平不一致。

6.2.5 假设检验

每个数据集的后面隐藏着一个数据收集的总体或过程。当然并非总是如此，但我们假设已实现的数据是从总体中获取的样本或由过程生成的一组实现。这种情况下，随机变量 $Y_1, \ldots, Y_n$ 表示用于实现$y_1, \ldots, y_n$的随机机制。我们分析一组实现的目的最终不是要了解实现。相反，我们的目的是了解生成实现的底层总体或过程。我们经常想回答一个问题，即响应变量 Y 和一个或多个预测变量之间是否确实存在关系。变量之间关系的问题是应用统计中的一个经常性问题，而假设检验通常用于评估支持存在关系的论点的证据力度。虽然在线性回归的数据科学应用中假设检验可能是适用且有用的，但通常假设检验不适合当前的情况。一些数据科学家认为不应该使用假设检验和 p 值。在此，我们忽视了纯粹主义者的抗议，并深入研究假设检验的主题，以理解该方法以及何时适用于数据分析。

接下来考虑线性回归模型(式(6.1))，并进行 Y 和 X_i(即第 i 个预测变量)之间是否存在线性关系的检验。假设检验从两个相互矛盾的假设开始：

$$\begin{aligned} &H_a: \beta_i \neq 0, \text{ the alternative} \\ &H_0: \beta_i = 0, \text{ the null} \end{aligned} \tag{6.5}$$

如果$\beta_i=0$(因此，H_0为真)，则Y的期望值与第i个预测变量之间不存在线性关系，且该变量不具有解释或预测价值。另一方面，如果数据支持H_a，则有理由在$E(Y|\boldsymbol{x})$模型中包含第i个变量。模型拟合的传统统计方法是仅保留数据支持备选假设的那些变量。如果分析人员采用这种方法，那么大多数情况下，模型拟合是对不同预测变量或预测变量组合进行的一系列假设检验。

式(6.5)中的假设可扩大，以检验Y与预测因子$X_j, \ldots, X_k$之间是否存在线性关系。这种情况下，假设为：

$$
\begin{aligned}
&H_a\text{：}\beta_j,\ldots,\beta_k\text{中至少一个不为0}\\
&H_0:\beta_j=\cdots=\beta_k=0
\end{aligned}
\tag{6.6}
$$

其中$0\leqslant j<k\leqslant q$。如果检验不支持$H_a$超过$H_0$，则整个变量集不应包含在模型中。可使用一个样本来检验假设6.5和6.6。使用术语“检验”可能并不一定恰当，因为我们常常不会得出明确的结论(如H_a是真)，而是报告支持H_a的证据的力度。在大多数应用中，通常会报告p值以及一些解释，例如“强有力的证据表明X与Y的预期值之间线性相关”。p值的较小值支持H_a。p值是一个估计的概率，因此以0和1为界。

有时可能也会做出接受或拒绝的决定。两种可能性是：拒绝H_0而支持H_a(从而断定H_a是真的)，或者不能拒绝H_0(并接受H_0)。在第二种情况下，H_0通常不是真的；相反，结论是没有足够的证据可根据数据排除H_0。通常情况下，更多数据会显示H_0不正确。

略微提前一点，表6.2显示了两个假设检验的结果，这些检验有助于回答预期抑郁症得分和解释变量之间是否存在线性关系的问题。以t统计量为首的一栏包含了用于衡量支持H_a: $\beta_i>0$且反驳H_0: $\beta_i\leqslant 0$的证据的力度的检验统计量。p值列显示了证据力度。表6.2显示了抑郁症和宿命论之间存在线性关系的有力证据，因为p值非常小。同样的结论也适用于抑郁症和简单化。此时省略了涉及β_0的检验，因为它与变量之间的关联问题没有密切关系。

表6.2　从宿命论和简单化的抑郁症得分的线性回归得到的参数估计和标准误差。通过t统计量和p值对H_0: $\beta_i\leqslant 0$与H_a: $\beta_i>0$的检验进行总结

变量	估计值	标准误差	t统计值	p值
常数	0.2027	0.0947		
宿命论	0.4178	0.1006	4.15	<0.0001
简单化	0.3795	0.1006	3.77	0.0002

接下来系统地开发表6.2中所示的检验。确定Y和X_i之间是否存在任何关联需要检验假设H_0: $\beta_i=0$以及H_a: $\beta_i\neq 0$。这种形式的检验是合理的，因为$\beta_i=0$意味着Y和

X_i之间没有关联。关于 β_0 的检验通常没有多大意义，但在某些情况下检验截距是否为特定值是有意义的。任何情况下，都用 β 表示$\{\beta_0, \beta_1, \ldots, \beta_p\}$中的任何特定参数。

有时，β 的特定值不同于零，需要进行检验。假设值 β_{null}，任何包括 0 的实数均可用于 β_{null}。通常需要检验如下三对假设。

(1) H_a: $\beta > \beta_{\text{null}}$ 与 H_0: $\beta \leqslant \beta_{\text{null}}$

(2) H_a: $\beta < \beta_{\text{null}}$ 与 H_0: $\beta \geqslant \beta_{\text{null}}$

(3) H_a: $\beta \neq \beta_{\text{null}}$ 与 H_0: $\beta = \beta_{\text{null}}$

表 6.2 使用了第一种假设形式，因为我们的假设(H_a)是抑郁症与宿命论之间存在关联，并且该关联是积极的。我们不认为这种关联可能是消极的，因此 H_a 不同于简单地说存在一种关联。

对于所有三个假设对，支持 H_a 和反对 H_0 的证据的力度是由一个检验统计量决定的。在涉及单个回归系数的这种情况下，检验统计量是一个由以下公式给出的 t 统计量：

$$t = \frac{\widehat{\beta} - \beta_{\text{null}}}{\widehat{\sigma}(\widehat{\beta})}$$

其中$\widehat{\sigma}(\widehat{\beta})$是$\widehat{\beta}$的标准误差。

如果零假设为真，那么$\widehat{\beta}$将接近 β_{null} 并且检验统计量预计接近 0，因为分子接近 0。如果 H_a 为真，并且指出 $\beta>\beta_{\text{null}}$，那么 T 的实现值有望支持 H_a，并且在支持度和积极度上相对较大。将 T 的实现值转换为支持度是通过计算 p 值来完成的。从形式上，p 值是获得任何大于或小于 T 实现值且在 H_0 为真的情况下支持 H_a 的概率。因此，如果 H_a: $\beta>\beta_{\text{null}}$，那么 T 的较大值支持 H_a，并且：

$$p=\Pr(T \geqslant t | H_0 \text{ is true})$$

如果 p 值很小，就会观测到不可能的结果，从而对 H_0 为真的假设提出质疑。例如，通常认为如果 p 值小于 0.05，则有证据表明 X_i 和 Y 之间存在正线性关联。该论述背后的逻辑是，当 H_0 为真时，所观测事件在二十次中所发生的次数少于一次，因此要么发生了意外，要么 H_0 为假，H_a 为真。

尽管分析人员有自己的想法[5]，但 p 值是假设 H_0 为真时计算得来的，以便说服持怀疑态度但客观的争论者相信 H_0 为真。在努力使其相信 H_0 是真的时，为便于论证，我们接受争论者的立场并进行检验(因此假设 H_0 为真)。如果 p 值非常小，就会发生不大可能发生的事件。由于争论者是客观的，因此他必须承认计算 p 值的前提可能是错误的。这个前提是零假设。客观的争论者可能不会放弃他们对 H_0 的意见，但会承认我

5 分析人员通常认为 H_a 是正确的。

们已提供了支持 H_a 和反驳 H_0 的合法证据。

为详细介绍 p 值计算的细节，假设 T 的观测值是 t。然后，根据以下三种情况之一计算 p 值。

(1) 如果 H_a: $\beta > \beta_{\text{null}}$，那么 p 值 $= \Pr(T \geqslant t \mid H_0)$

(2) 如果 H_a: $\beta < \beta_{\text{null}}$，那么 p 值$= \Pr(T \leqslant t \mid H_0)$

(3) 如果 H_a: $\beta \neq \beta_{\text{null}}$，那么 p 值$= 2\Pr(T \geqslant |t| \mid H_0)$

假设 $T \sim T_{n-q}$ 计算 p 值。第三个计算使 t 分布的右尾部区域加倍。尾部区域加倍的逻辑是反驳 H_0: $\beta=\beta_{\text{null}}$ 且支持 H_a: $\beta \neq \beta_{\text{null}}$ 的 T 值可以是正的也可以是负的，并且观测检测统计量反驳 H_0 且支持 H_a 的概率的度量值允许大于$|t|$或小于$-|t|$。由于 t *分布*是对称的，因此可根据下面的公式计算双侧 p 值：

$$
\begin{aligned}
p &= \Pr(T < -|t||H_0) + \Pr(T > |t||H_0) \\
&= 2\Pr(T > |t||H_0)
\end{aligned}
$$

两个最后的评论：如果 n 足够大(例如，$n \geqslant 80$)并且 H_0 为真，则 T 近似为标准正态分布，并可使用标准正态分布来计算 p 值，而不是使用 T_{n-q} 分布。其次，指定假设、计算检验统计量和 p 值以及说明证据的力度的过程通常被称为显著性检验。根据经验，小于 0.01 的 p 值可能被描述为有力的证据；0.01 和 0.05 之间的 p 值等同于证据(无修饰语)；0.05 和 0.1 之间的 p 值可能被描述为弱证据；而大于 0.1 的 p 值则被描述为很少或没有证据支持 H_a 且反驳 H_0。

接下来证明这一点，虽然没有理由相信在查看数据之前抑郁症得分和宿命论就存在负关联，但假设一个正关联是合乎逻辑的。然后，为度量支持(正)关联假设的证据力度，可以采用备选假设 H_a: $\beta > 0$ 以及反假设 H_0: $\beta \leqslant 0$。

有强有力的证据表明抑郁症得分和宿命论之间存在线性关联，同样，有证据表明抑郁症得分与简单化之间存在线性关联(表 6.2)。调整后的决定系数是 0.507，因此，宿命论和简单化解释了抑郁症得分的几乎 51%的变化。

6.2.6　警示语

人们对推理模型做了大量研究，并认为推理模型必须是真实的。如果推理模型不真实，则置信区间和 p 值就不准确。本文中使用的大多数数据都是在没有随机抽样的情况下收集的，正如数据科学中的常见情况一样。假设检验在绝大多数情况下是不适用的。

即使检验是适当的，假设检验也不是很有用。我们经常被另一种假设打败，即参数大于零。如果换个角度看，上面的 H_a 表明 $\beta_i \in (0,\ \infty)$。如果 β_i 无穷大，那么另一种假设就是正确的，这种情况下，我们可能支持零假设，并且不希望报告有大量证据

支持 H_a，即使它是真的。

当只有一个预测变量时，让我们看一下检验统计量。检验统计量为：

$$\begin{aligned} T &= \frac{\widehat{\beta}_1 - \beta_{\text{null}}}{\widehat{\sigma}(\widehat{\beta}_1)} \\ &\approx \sqrt{n}\frac{\widehat{\sigma}_x(\widehat{\beta}_1 - \beta_{\text{null}})}{\widehat{\sigma}_\varepsilon} \end{aligned} \tag{6.7}$$

其中$\widehat{\sigma}_x$是预测变量的估计标准差。$\widehat{\sigma}_x$和$\widehat{\sigma}_\varepsilon$很大程度上不受 n 的影响，同样$\widehat{\beta}_1$-β_{null}也不受 n 的影响。因此，如果数据量非常大，由于乘数$\sqrt{n}$，T 也会非常大。例如，4.7 节中的组合 Medicare 数据集包含超过 1800 万条记录。测试关于变量的假设是没有意义的——即使 β 和 β_{null} 之间的最小差值也可能导致较大的 T 统计量和非常小的 p 值。真正需要的是对假设 H_a: $\beta_i > \eta$ 与 H_0: $\beta_i \leqslant \eta$ 的检验，但是在进行检验之前(而不是在之后)确定 η 是非常困难的，并且在实践中很少进行这种形式的检验[6]。在模型拟合后设置 η 是一种不好的做法，因为目前有一种倾向，即安排检验来支持一个人的先入之见，甚至当分析人员在分析后进行客观检验时，许多观察者也不倾向于相信结果。

你可能会问：假设检验是线性回归的基础，但在数据分析中却几乎毫无用处，这是为什么呢？原因在于，在过去一个世纪中，手工数据收集意味着数据是昂贵的，因此，通常使用生成代表性样本的设计来仔细收集数据。样本量通常很小，可能会生成虚假结果。需要一种衡量证据力度的方法来解释由小样本量引起的不确定性。假设检验就是出于这种需要生成的。但现在，需求发生了变化，假设检验的效用也就大大降低了。

6.3 R 语言简介

尽管存在与其应用相关的限制，但统计方法通常用于数据分析。线性回归可能是数据分析中使用最多的统计方法。线性回归不仅是数据科学家必备的能力，而且是使用成熟和复杂的统计语言的能力[7]。因此，在本章中，我们将离开 Python，转向一个不同的环境来进行数据分析。该环境是开源统计软件包 R。在 R 中进行统计计算通常很容易。R 脚本语言成熟(也就意味着是一个历史比较悠久的语言)，特别容易用于基于矩阵的计算。对于实践数据科学家来说，R 是一个很好的分析工具，它强调的是统计过程，但它不是数据处理的好选择。

接下来的一系列教程的目标是学习如何使用 R 语言，特别是使用数据对象、for

6 从计算上讲，这种检验很容易执行。

7 语言规定的复杂性将 Excel 排除在统计分析的平台之外。

循环、while 循环、条件语句以及线性回归。数据科学家的基本技能是数据可视化，因此读者将学习构建一些广泛使用的图形。第一个教程假定读者熟悉 R 接口，能创建"hello world"类型的脚本并执行其中包含的代码。第 1 章中所介绍的两个在线教程(其中许多免费提供)将帮助读者熟悉 R 环境。我们的教程假设 R 在集成开发环境 RStudio 中使用；本教程中描述的操作与基本 R 环境中的操作没有本质上的区别。

6.4 教程：R 语言

澳大利亚运动员数据集[60]包括从参加 12 项运动的国家级运动员收集的血液学和形态学测量结果。该数据集可从 DAAG 库[38]获得，并提供了使用 R 进行回归分析的详细介绍。本教程的目的是确定皮褶厚度、体脂百分比和性别之间的关系。人体脂肪的百分比是通过将个体浸入水箱中以确定个体的位移来测量的[8]，被认为是测量人体脂肪最精确的方法。皮褶厚度是另一种测量身体脂肪的方法，它使用卡尺测量皮下脂肪的厚度，通常根据若干个位置的平均测量值进行计算。虽然测量皮肤的厚度比在水箱中测量身体脂肪的百分比要花费更少的时间和成本，但人们对其测量儿童体脂的准确性表示担心[49]。接下来开始使用澳大利亚运动员数据集来研究这两个测量值之间的关系。

(1) 启动 R。假设已经安装了 R 并且用户熟悉 R 环境。

(2) 通过在 R 控制台中提交指令 library(DAAG)来确定库 DAAG 是否可用。如果响应是 Error in library (DAAG) : there is no package called 'DAAG'，则请使用下面的指令安装该库：

```
install.packages('DAAG')
```

或者，也可通过下拉菜单安装软件包。在安装软件包之前必须选择一个存储库。

(3) 通过从下拉菜单中打开一个新文件来创建脚本文件。

(4) 脚本的第一条指令将从 DAAG 库加载函数和数据集。指令是 library(DAAG)。单击 Run 按钮运行该指令。

(5) 添加对函数 head 的调用，以便查看数据文件的前六条记录。然后，添加对函数 str 的调用以确定数据集中每个变量的结构。该脚本如下所示：

```
library(DAAG)
head(ais)
str(ais)
```

8 体重也用来计算肌肉、骨骼和脂肪密度的差异。

如果正在使用 RStudio，则单击 Source 按钮(在编辑窗口上方)以执行脚本。或者，突出显示代码段并按 Ctrl+Enter 键执行代码段。

(6) 在控制台提示符下运行命令?ais，以便了解有关变量的更多信息。请注意，针对每个运动员都记录了三个与体脂相关的变量：体脂百分比、皮褶厚度和体重指数。

(7) 添加下面的指令：

```
plot(ais$ssf,ais$pcBfat)
```

以便根据皮褶厚度绘制体脂百分比。语法 ais$ssf 从数据帧 ais 中提取变量 ssf 作为列向量。数据帧是一个具有多个有用属性的对象，例如列名和行名。数据帧可以包含不同类型的变量，例如定量和定性。相反，一个 R 矩阵只能由一种类型的变量组成，比如数字或因子。创建该图形。

(8) 两个变量之间似乎存在很强的线性关系。使用下面所示的指令将拟合的最小二乘线添加到图形中：

```
abline(lm(ais$pcBfat ~ ais$ssf))
```

外部函数 abline 在现有图形上添加了一条线。如果参数是 y~x 并且返回一个对象，则内部函数 lm 通过在 x 上回归 y 来拟合线性模型。函数 abline 从对象中提取斜率和截距以创建该条线。

(9) 在控制台中，执行指令 str (lm (ais$pcBfat~ais$ssf))。将看到从对 lm 的调用返回的对象具有许多属性，可使用$操作符访问这些属性。其中最重要的是参数估计。可使用下面的指令将参数估计的向量保存为向量 b：

```
b = lm(ais$pcBfat ~ ais$ssf)$coefficients
```

在控制台中输入 b 以查看 b 的内容并按 Enter 键。

(10) 通过在图形中添加彩色点来识别男性和女性运动员：

```
males = which(ais$sex == 'm')
points(ais$ssf[males], ais$pcBfat[males], col = 'blue', pch = 16)
points(ais$ssf[-males], ais$pcBfat[-males], col = 'red', pch = 16)
```

函数 which 创建了一个变量 sex 等于' m '的行的索引向量。最终结果是 males 包含男运动员的索引。函数 points 为图形添加实心圆，因为绘图字符 pch 已设置为 16。对象-males 从 ais$ssf 数据向量中删除男性，因此第三条指令使用红色实心圆标识女性。

对该图的研究表明，对于皮褶厚度的特定值，女性身体脂肪的比例往往更高。这意味着女性的内脏脂肪比具有相当数量的皮下脂肪的男性更多[9]。

(11) 要查看拟合回归模型的统计摘要，请将以下指令添加到脚本中并执行脚本：

```
lm.obj = lm(ais$pcBfat~ais$ssf)
summary(lm.obj)
confint(lm.obj)
```

代码段的第三行计算并显示 β_0 和 β_1 的 95%置信区间。分析人员应注意假定刚刚调用的置信区间过程将在 95%的时间捕获真实参数。实际覆盖率取决于这些数据符合 6.2.4 节中所描述条件的程度。检查条件将在 6.9 节中讨论。

(12) 由于男性和女性之间的关系不同，因此添加一个标识女性的变量：

```
females = as.integer(ais$sex == 'f')
print(females)
```

变量 females 被称为指标，并在数学上定义为：

$$x_{i,\text{female}} = \begin{cases} 1, \text{如果第 } i \text{ 个运动员是女性} \\ 0, \text{如果第 } i \text{ 个运动员是男性} \end{cases} \tag{6.8}$$

接下来将指标变量纳入预期体重百分比模型：

$$\mathrm{E}(Y_i|x_i) = \beta_0 + \beta_1 x_{i,\text{ssf}} + \beta_2 x_{i,\text{female}} \tag{6.9}$$

使用函数调用 lm(ais$pcBfat~ais$ssf + females)来拟合此模型。由于 4.115 = 2.984 + 1.131，因此第 i 个运动员的最终拟合模型可表示为：

$$\begin{aligned} \widehat{y}_i &= 1.131 + 0.158x_{i,\text{ssf}} + 2.984x_{i,\text{female}} \\ &= \begin{cases} 1.131 + 0.158x_{i,\text{ssf}} & \text{如果第 } i \text{ 个运动员是男性} \\ 4.115 + 0.158x_{i,\text{ssf}} & \text{如果第 } i \text{ 个运动员是女性} \end{cases} \end{aligned}$$

如果比较具有相同皮褶厚度的男性和女性运动员，估计澳大利亚女运动员的体脂比澳大利亚男性运动员多 2.98%。验证真实差异的 95%置信区间是[2.62%, 3.35%]。由于 0 不包括在区间内，因此得出结论，男女运动员在体脂(皮下和内脏脂肪)分布上确实存在差异。

(13) 通过将对象 lm.ob$_\text{j}$ 传递给 summary 函数所生成的汇总表包含了由回归模型解释的体脂百分比变化比例的度量值。该统计量就是调整后的决定系数 R^2_{adjusted}(式(3.36))。对于具有和不具有女性指示变量的模型，R^2_{adjusted} 的值分别为 0.986 和 0.927。两种预测模型都是准确的，但是考虑了性别差异的模型更准确。通过将女性指标变量添加到第一个模型，从而使无法解释的变化减少了 100(0.986 - 0.927)/(1 - 0.927)≈80.8%。

9 内脏脂肪位于腹腔内。

(14) 在图中添加一条蓝线，显示了男性皮肤厚度与体脂百分比的关系。

```
abline(a = 1.131, b = 0.158, col='blue')
```

(15) 在图中添加一条红线，显示适合女性的模型。

(16) 调查按运动项目分组的运动员体内脂肪百分比是否存在差异。可用箱形图[10]来可视化运行项目分布：

```
boxplot(ais$pcBfat ~ ais$sport, cex.axis=0.8, ylab = 'Percent body fat')
```

通过设置参数 cex.axis 减小了轴标签的大小，以便所有名称都可见[11]。

述评

该教程表明，皮褶厚度可很好地代表体脂百分比。我们推断，对身体脂肪的分析可使用皮褶厚度，而不是体脂百分比进行，且准确性几乎没有损失，在分析过程中考虑到性别时更是如此(也就是说，对男性和女性分别进行分析)。

6.5　教程：大数据集和 R 语言

本教程的目标是开发一些使用 R 处理大型数据集的技术。R 是为统计分析而不是数据分析而构建的，因此与使用 Python 相比，通常需要一些额外的时间和精力来处理更大的数据集。

消费者金融保护局是一个联邦机构，负责执行联邦消费者金融法律，保护消费者，防止金融服务和产品提供者的渎职行为。消费者金融保护局维护着一个消费者投诉数据库。数据库会定期更新，因此内容会随时间而变化。本教程的目的是确定哪一种商业产品最常成为向消费者金融保护局投诉的对象。

(1) 从下面的地址中下载数据文件：

```
https://catalog.data.gov/dataset/consumer-complaint-database
```

(2) 打开 Linux 终端窗口或 Windows 命令提示符窗口。使用 Linux 命令 cat 或 Windows 命令 type 将文件的前几行写入控制台。数据文件的第一条记录是一个属性列表。

(3) 通过 R 使用数据的常用方法是将整个集合读入内存。必须逐行读取数据文件

10 3.6 节简要讨论了箱形图。

11 无板篮球只有女性参与。

以处理丢失的数据。打开一个新的脚本文件。将以下命令放在脚本中并修改文件路径以匹配计算机上文件的位置：

```
fileName = ".../Consumer_Complaints.csv"
x = read.table(fileName, sep=',', header=TRUE)
```

该文件有一个csv(逗号分隔值)扩展名，它将结构标识为使用逗号分隔变量。不能保证每条记录都有相同数量的逗号。

分别运行每一行(突出显示该行并按Ctrl + Enter键执行该行)。第一行不应该生成任何错误。运行第二行。read.table函数尝试将数据文件读入一个矩形数据帧。该命令很可能失败，因为某一行的元素数量与数据文件头中的列名数量不同。传统上，分析人员会在编辑器中打开数据文件，并试图查找和纠正错误。对于这样大小的数据集而言，这种类型的工作是不切实际的，因为可能有太多错误，无法手工纠正所有错误。2014年版的数据文件约为175MB。必须采取不同战略。

(4) 接下来将使用两种技术来处理文件。首先，一次读取一个块，块有一行或多行(如1000行)，这样就不会遇到内存限制。其次，每个块被读取为单个字符串，以便丢失或轻度损坏的数据在读取操作期间不会产生错误。将以下代码段添加到脚本中。通过执行代码，可打开文件并读取一行。参数n = 1指示解释器读取一行。

```
f = file(fileName, open = "r")  # Open the file for reading.
names = readLines(f, n = 1)     # Read the first line. It
                                # contains a comma-delimited
                                # list of attributes.
print(names)
names = strsplit(names, ',')    # Split the string into a
                                # vector of names.
print(names)
```

(5) 共有九类商业产品。我们将确定每种产品的相对发生频率以及及时解决产品投诉的次数。设置一个包含产品类别的向量：

```
products = c('Bank account or service','Credit card','Credit
            reporting',
   'Debt collection','Money transfers','Mortgage','Payday loan',
   'Prepaid card','Student loan')
```

(6) 初始化一个向量来存储每个产品的发生频率，以及初始化一个矩阵来存储“是否及时解决投诉”的评估。

```
countVector = rep(0,length(products))
timelyMatrix = matrix(0, length(products), 2)
```

矩阵 timelyMatrix 将包含肯定响应以及否定响应的数量。timelyMatrix 的每一行对应一种产品，两列分别包含肯定和否定响应的数量。

(7) 在控制台中，执行 block<- readLines(f, n = 10)。文件对象 f 必须是打开的。此外，还可能必须执行步骤(4)中讨论的命令 f = file(filename, open ="r")。将读取一个 n = 10 个字符串的块并将其存储在名为 block 的数组中[12]。打印内容：print(block)。通过在控制台中输入 str(block)来验证 block 是一个长度为 n 的向量，其中每个元素都是一个字符串。函数 str()显示参数的结构。

(8) 通过在控制台提交指令 block[2]，验证块的第二个条目是否为字符串。与 Python 不同，R 使用单索引；因此，向量的第一个元素被索引为 1。

(9) 用逗号分隔字符串，显示结果，并提取第二个元素：

```
lst = strsplit(block[2],',')
print(lst)
print(lst[[1]][2])
```

拆分块将生成一个列表。可使用指令 length(lst)验证列表的长度是否为 1。但列表中的项是一个包含 18 个或更多项的字符向量(输入 length(lst [[1]]))。字符向量中的项就是我们感兴趣的数据。可以使用指令 unlist(lst)提取字符向量。

记录包含可变数量的项目。这也解释了 read.table()失败的原因。函数 read.table()通过在逗号处拆分字符串，将数据存储在由行和列组成的表结构中。当遇到包含多于或少于预期项目数的字符串时，read.table()将以错误消息终止。

(10) 在脚本中，构建一个 while 循环来处理文件。该循环通过读取块并处理块中的每一行来处理文件。基本结构如下所示：

```
f = file(fileName, open = "r") # Open the file for reading.
counter = 0
test = TRUE
while (test){
    block <- readLines(f, n = 1000)
    counter = counter + length(block)
    print(c(counter, length(block)))
    if (length(block) == 0) break
}
```

12 字符串被位于每条记录末尾的行结束符分隔。

```
close(f)    # Destroy the file object and close the file.
```

花括号括起来的指令将按顺序重复执行，直到 block 为空且 block 的长度为 0 为止。然后，break 命令指示 R 解释器终止 while 循环。

while 循环使用了 1000 行的块。使用语句 c(counter, length(block))构造一个由 counter 和 length(block)组成的列向量。此外，有必要创建一个向量，因为 print 语句只接受一个参数。

(11) 返回到脚本，在 while 循环中插入一个 for 循环，以便从块中的每条记录提取产品。

```
for (i in 1:length(block)){
    record = unlist(strsplit(block[i],','))
    product = record[2]
    print(product)
}
```

使用命令 unlist 将 record 从列表转换为向量，从而使子脚本更简单。执行代码。在注意到 record 中的第二个条目可能不是产品后，你可能会中断执行[13]。因此，有必要测试该产品是该组产品中的元素。

(12) 接下来尝试在提取的字符串与向量 products 中的一个产品之间找到匹配。如果匹配，则该产品的计数递增。

```
w = which(products == product)
if (length(w) > 0) {
      countVector[w] = countVector[w] + 1
}
```

在 for 循环中插入此代码段，以便处理 block 中的每个字符串。

函数 which 非常有用——当传递一个布尔向量时，它会创建一个索引向量，用于标识为真的布尔元素。声明 products == product 创建与 products 长度相同的布尔向量。如果没有匹配项，则意味着 product 不是一个产品而是其他字符串，而且 w 的长度为 0。

(13) 处理整个文件。完成后，打印出 productVector 和 countVector 的内容。按照从小到大顺序对产品进行排序，并打印每种产品的产品名称和频率：

```
index = order(countVector)
orderedProducts = products[index]
```

13 对于特定版本的投诉文件，在 record 的第二个位置可能存在其他各种属性。

```
orderedCounts = countVector[index]
```

向量 index 包含将 countVector 按照从最小值到最大值的顺序排列的索引。当 index 用作 products 的索引向量时，它会将 orderedProducts 中的元素排列为与对象 orderedCounts 中的有序计数相对应。

(14) 创建一个包含产品名称、发生次数以及每种产品的百分比(按从小到大的顺序)的数据帧：

```
df = data.frame(orderedProducts, orderedCounts,
     round(100*orderedCounts/sum(orderedCounts), 2))
print(df)
```

该数据帧 df 由一个包含产品名称的字符列以及两个数字列组成。

(15) 如果在程序流程上存在问题，那么关键指令如下所示：

```
while (test){
   block <- readLines(f, n=10000)
   if (length(block) == 0) break
   for (i in 1:length(block)){
         if (length(w) > 0) {
               countVector[w] = countVector[w] + 1
         }
   }
}
```

(16) names 向量包含属性名，记录投诉人对“公司是否及时对投诉作出回复”的回应。及时响应变量的索引随年份而变化，但我们假设正确的索引是 17(与 2016 年 5 月一样)。

检查答案是“是”还是“否”，如果是，则递增产品的计数器。每种产品的每个响应(是或否)都有一个计数器。将下面的代码段添加到 for 循环块，可参见步骤(11)。

```
if (record[17] %in% c('Yes','No')) {
    timelyMatrix[w,1] = timelyMatrix[w,1] + (record[17] =='Yes')
    timelyMatrix[w,2] = timelyMatrix[w,2] + (record[17] =='No')
}
```

代码(record[17] %in% c('Yes', 'No')返回一个布尔值，具体取决于及时响应字符串是否在向量 c('yes'，'no')中。将一个布尔变量添加到一个数值变量中，如果布尔值为假，则布尔值自动转换为 0。如果布尔值为真，则转换为 1。在此代码段中，record[17]== 'Yes' 的评估结果是布尔值(真或假)，因此可将结果添加到 timelyMatrix [w, 1]。

(17) 在处理完所有记录并关闭文件后，按投诉最少到最多的顺序打印结果。可以通过创建一个对计数向量进行排序的名为 index 的向量来实现。该排序向量用于从 df 创建新的数据帧，其中包含产品名称、计数、百分比以及所需顺序的及时响应比例。

```
tv = round(timelyMatrix[,1]/rowSums(timelyMatrix), 2)
cv = round(100*countVector/sum(countVector), 2)
df = data.frame(products, countVector, cv, tv)
index = order(countVector)
print(df[index, ])
```

rowSums 函数计算矩阵的每一行的总和，并将总和存储在具有与矩阵相同行数的向量中。语法 df [index,]创建按 index 排序的数据帧。df [index,]中缺少的列索引指示 R 解释器将 df 的所有列放在数据帧中。最终结果是生成一个类似于表 6.3 的表。

表 6.3　2012 年 1 月至 2014 年 7 月期间向消费者金融保护局提交的 $n = 269\,064$ 起投诉中获得的消费者投诉类型分布

类型	相对频率	计数	及时响应的比例
发薪日贷款	0.00	1012	0.476
汇款	0.00	1231	0.981
消费贷款	0.03	7696	0.925
助学贷款	0.03	8183	0.959
信用报告	0.12	32 547	0.983
讨债	0.12	33 478	0.376
银行账户或服务	0.13	33 877	0.482
信用卡	0.14	37 554	0.984
抵押	0.42	113 486	0.072

6.6　因子

因子是一个定性的解释变量。6.5 节教程中所介绍的消费者投诉类型变量就是一个因子示例。因子的值不能明确排序，并且不能使用这些值进行算术运算。而性别是另一个因子示例。想要以无可争议的方式用男性和女性的值来定义算术运算是不可能的。为将因子与定量变量区分开，在讨论因子时，有时使用术语“级别”来代替值(因此，女性是性别的一个级别)。在回归分析中，因子通常识别出相对于响应变量和另一个预测变量之间的关系可能存在差异的子群体。例如，对澳大利亚运动员数据集的分析研

究了体脂百分比和皮褶厚度之间的关系。图 6.2 有力地表明，女性和男性之间皮褶厚度与体脂百分比之间的关系不同。具体而言，似乎女性的体脂百分比平均大于具有相同皮褶厚度的男性。换句话说，在图 6.2 中，女性回归线的截距大于男性回归线的截距。

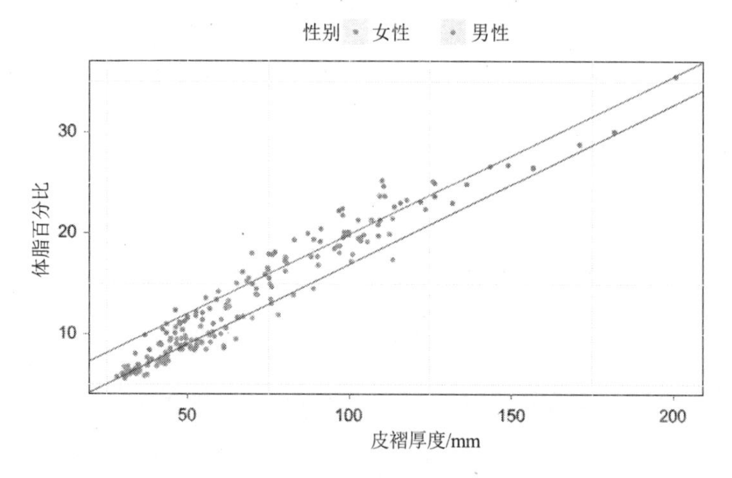

图 6.2　202 名澳大利亚运动员的体脂百分比与皮褶厚度的关系图。还显示了最小二乘回归线，近似于每个性别的体脂百分比和皮褶厚度之间的关系

对这些数据的其他分析可能得益于将性别作为解释变量。此外，由于运动员的形态和生理需求在不同的运动项目中存在差异，因此将运动作为回归分析的一个因子可能是有用的。

在线性回归分析中，通常采用指标变量来调节因子。在式(6.8)中设置了一个指标变量，并用它创建了图 6.2。通常，因子的级别 A 的指示变量按如下方式定义：

$$x_{i,A}=\begin{cases}1,\text{如果第 } i \text{ 次观测值级别在 } A \text{ 下进行}\\0,\text{如果第 } i \text{ 次观测值级别不在 } A \text{ 下进行}\end{cases}$$

接下来检验由式(6.9)定义的以预期体脂百分比作为皮褶厚度(ssf)函数的模型。该模型意味着每种性别可能有不同的截距。如果第 i 名运动员是男性，那么 $x_{i,\text{female}}=0$ 且模型为：

$$\mathrm{E}(Y_i|\boldsymbol{x}_i)=\beta_0+\beta_1x_{i,\text{ssf}}$$

另一方面，如果第 i 名运动员是女性，则模型为：

$$\begin{aligned}\mathrm{E}(Y_i|\boldsymbol{x}_i)&=\beta_0+\beta_1x_{i,\text{ssf}}+\beta_2\times 1\\&=(\beta_0+\beta_2)+\beta_1x_{i,\text{ssf}}\\&=\beta_0^*+\beta_1x_{i,\text{ssf}}\end{aligned}$$

其中 $\beta_0^*=\beta_0+\beta_2$。如果 $\beta_2=0$，则 $\beta_0^*=\beta_0$，皮褶厚度与性别无关。假设皮褶厚度相同，

模型项$\beta_2 x_{\text{female}}$解释了男性和女性之间平均或预期体脂百分比的差异。总之，体脂百分比和皮褶厚度之间的关系由值$\widehat{\beta}_2$所表示的平行线偏移量来建模。表 6.4 显示了模型的参数估计和显著性检验。性别指标变量的表格条目总结了 H_0: β_2=0 且 H_a: $\beta_2 \neq 0$ 的检验。总结信息显示了女性和男性之间皮褶厚度存在差异的有力证据(t=16.03，p 值<0.0001)，该结果在 6.4 节的教程中已经介绍过。关于皮褶厚度的替代假设(第 2 行)是片面的，因为对于不存在皮褶厚度关系的假设来说，唯一合乎逻辑的替代方法是皮褶厚度与体脂百分比之间存在正线性关系。因此，p 值是 Pr(t≥55.11)或 Pr(t≥55.11)+ Pr(t≤-55.11)的一半，该值在拟合回归模型的 R 总结信息中给出。因为 Pr(t≥55.11)+ Pr(t≤-55.11)小于 0.0001，所以不需要做任何事情。通过 202 次观测可以发现，如果 p 值带有 3 或 4 位有效数字，就会给人一种虚假的准确感。

表 6.4　模型的参数估计和显著性检验

变量	参数估计	标准误差	t 统计值	p 值
常数	1.131	0.184		
皮褶厚度	0.1579	0.0029	55.11	<0.0001
性别(女性)	2.984	0.186	16.03	<0.0001

如果一个因子有 $r+1$ 个等级，就需要 r 个指标变量来识别观测等级。对于性别，$r=1$。如果 $x_{i,\text{female}}$=1，则观测值 i 是从女性获得的，如果 $x_{i,\text{female}}=0$，则观测值 i 是从男性获得的。此时不需要另一个指标变量来识别男性。而如果 $r>1$，并且所有 r 个指标变量对于观测值 i 都为 0，就必须在 $r+1$ 等级获得观测值。在回归中因子的 $r+1$ 等级的指标变量不包括在内，因为根据模型拟合算法的复杂程度，可能会引起不同程度的问题。拟合问题的根源是 $r+1$ 个指标变量不是线性独立的。然后，$\boldsymbol{X}^{\mathrm{T}}\boldsymbol{X}$ 不是满秩也不是不可逆的。可通过为男性创建指标变量并将其引入包含女性指标变量的模型来研究该问题。

6.6.1　交互

在涉及一个定量变量和一个或多个因子的情形中经常出现的一个问题是，完全独立的回归模型是否适用于一个因子的每个级别。表 6.4 给出了一个模型的结果，在该模型中，回归线并不完全分开，因为男性和女性模型有一个共同的斜率，$\widehat{\beta}_1$=0.158。可通过在定量变量和与因子级别相关联的每个指标变量之间包含一个交互变量来允许不同的斜率。由于只有两个性别级别(男性和女性)，因此只有一个指标变量。交互或者说无约束的模型为：

$$\mathrm{E}(Y_i|\boldsymbol{x}_i) = \beta_0 + \beta_1 x_{i,\mathrm{ssf}} + \beta_2 x_{i,\mathrm{female}} + \beta_3 x_{i,\mathrm{interaction}} \tag{6.10}$$

其中

$$x_{i,\mathrm{interaction}} = x_{i,\mathrm{ssf}} \times x_{i,\mathrm{female}}$$

$$= \begin{cases} x_{i,\mathrm{ssf}}，如果第i个人是女性 \\ 0，如果第i个人是男性 \end{cases}$$

因此，如果第 i 名运动员是男性，那么模型就是：

$$\begin{aligned}\mathrm{E}(Y_i|\boldsymbol{x}_i) &= \beta_0 + \beta_1 x_{i,\mathrm{ssf}} + \beta_2 x_{i,\mathrm{female}} + \beta_3 x_{i,\mathrm{ssf}} \times x_{i,\mathrm{female}} \\ &= \beta_0 + \beta_1 x_{i,\mathrm{ssf}} + \beta_2 \times 0 + \beta_3 x_{i,\mathrm{ssf}} \times 0 \\ &= \beta_0 + \beta_1 x_{i,\mathrm{ssf}}\end{aligned}$$

如果第 i 名运动员是女性，则模型为：

$$\begin{aligned}\mathrm{E}(Y_i|\boldsymbol{x}_i) &= \beta_0 + \beta_1 x_{i,\mathrm{ssf}} + \beta_2 x_{i,\mathrm{female}} + \beta_3 x_{i,\mathrm{ssf}} \times x_{i,\mathrm{female}} \\ &= \beta_0 + \beta_1 x_{i,\mathrm{ssf}} + \beta_2 \times 1 + \beta_3 x_{i,\mathrm{ssf}} \times 1 \\ &= (\beta_0 + \beta_2) + (\beta_1 + \beta_3) x_{i,\mathrm{ssf}}\end{aligned}$$

通过这种设置，β_0 完全由从男性获得的观测结果确定，而 β_2 是 β_0 和截距之间的差值，在皮褶厚度上体脂百分比的回归中，该截距仅使用女性来计算。因此，$\beta_0 + \beta_2$ 是一个仅在女性回归中计算的截距。对于斜率参数 β_1 和 β_3，可给出一组平行的解释。表 6.5 总结了拟合的交互模型。由于没有证据表明斜率取决于性别($t = -1.07$，p 值= 0.284)，因此采用交互模型(6.9)。但我们更喜欢无交互模型，因为它们更易于解释和使用。

表 6.5　交互模型的参数估计及得到的标准误差(式(6.10))，不感兴趣的显著性检验被忽略了

变量	参数估计	标准误差	t 统计量	p 值
常数	0.849	0.320		
皮褶厚度	0.163	0.0058		
性别(女)	3.416	0.4429		
交互	-0.0072	0.0067	-1.07	0.284

表 6.5 省略了个体变量性别和皮褶厚度的显著性检验，原因有两个。回顾一下，在没有交互项的情况下，H_a: $\beta_1 \neq 0$ 的检验测试皮褶厚度是否与体脂百分比线性相关。通过模型中的交互项，H_a: $\beta_3 \neq 0$ 的检验相当于测试皮褶厚度是否与体脂百分比线性相关，并且该关系取决于性别。拒绝零假设并断定 H_a: $\beta_3 \neq 0$ 为真意味着皮褶厚度与体脂百分比线性相关。没必要进行第二次检验。

没有从交互模型中移除 x_{female} 的第二个原因是，如果移除了 x_{female}，那么得到的模型允许女性和男性具有不同的斜率但不允许两种性别的截距相同。许多情况下，从科学的角度看，常见的拦截约束是不合理的。问题 6.3 要求读者表明，如果从模型中删

除 x_{female}，那么拦截对于两种性别都是常见的。

为拓展因子的使用，我们将使用红细胞计数作为反应变量来研究运动员血液的携氧能力。此时将性别和体育都视为因子。线性模型拟合函数 lm 将构建指示变量，考虑到参考运动和其他运动之间平均红细胞计数的差异，但前提条件是 R 将变量 sport 识别为一个因子[14]。通过使用指令 ais$sport = relevel(ais$sport，'Row')将参考运动设置为划船，不是接受由 R 指定的任意级别。参考级别是没有指示变量的级别。然后，与非参考级别相关联的参数度量了参考级别(划船)和非参考级别之间的平均差异。

双因子模型为：

$$\mathrm{E}(Y_i|\boldsymbol{x}_i) = \beta_0 + \beta_{\mathrm{male}}x_{i,\mathrm{male}} + \beta_{\mathrm{gym}}x_{i,\mathrm{gym}} + \cdots + \beta_{\mathrm{wPolo}}x_{i,\mathrm{wPolo}}$$

其中，除了划船外，还有一项任意的运动。

$$x_{i,\mathrm{sport}} = \begin{cases}1，\text{如果第}i\text{名运动员参加了这项运动}\\0，\text{如果第}i\text{名运动员没有参加这项运动}\end{cases}$$

而 β_{sport} 是指定运动的参与者和划船的参与者之间红细胞计数的平均差异，前提是性别保持不变。下一个要解决的问题是，在不同的体育运动中，红细胞平均计数是否存在差异。例如，正值 $\widehat{\beta}_{\mathrm{T\_Sprint}}$ 意味着田径短跑运动员的平均红细胞计数大于划船运动员的平均红细胞计数[15]。虽然每个级别与参考级别的比较可能具有中心意义[16]，但通常情况下，更一般的假设更可取——一个表明因子与响应变量的平均水平相关的替代假设以及一个没有指定任何关系的零假设。扩展平方和 F 检验用于检验这些假设。

6.6.2 扩展平方和 F 检验

假设一个因子由一组 r 个指标变量表示，并且与指标变量相关的参数是 $\beta_{i+1}, \beta_{i+2}, \ldots, \beta_{i+r}$。对响应是否取决于因子的检验等同于对以下假设的检验。

$$\begin{aligned} &H_0: \beta_{i+1} = \beta_{i+2} = \cdots = \beta_{i+r} = 0 \\ &H_a: \beta_{i+1}, \beta_{i+2}, \ldots, \beta_{i+r}\text{ 中至少有一个不为 }0 \end{aligned} \tag{6.11}$$

例如，$\beta_{i+1}, \beta_{i+2}, \ldots, \beta_{i+r}$ 可以是 $r = 9$ 个参数，分别为参考运动划船和其他运动之间的红细胞计数的平均差异。而零假设对 r 参数施加约束，表明每个参数的值为零。因此，参考级别和每个其他级别之间的 $\mathrm{E}(Y|\boldsymbol{x})$没有差异。参考级别和每个其他级别之间没有差异意味着各因子级别之间对 $\mathrm{E}(Y|\boldsymbol{x})$没有差异，因此，该因子与 $\mathrm{E}(Y|\boldsymbol{x})$无关。替代假设放宽了等式约束，允许参数为任意值。当任何参数与 0 不同时，则 $\mathrm{E}(Y|\boldsymbol{x})$取决

14 R 确实将变量 sport 视为一个因子，因此不需要采取任何操作。可使用函数调用 x = as.factor(x)将变量 x 转换为因子。

15 该证据支持上述陈述。

16 例如，参考水平可能是实验中的控制组。

于因子。最后一个条件等同于替代假设声明，即至少一个级别与参考级别不同。

平方和 F 检验提供了对假设(6.11)的检验，因此，也就提供了该因子是否与响应变量的均值相关的检验。对扩展平方和 F 检验进行更广泛的解释有助于理解什么时候可以使用它，什么时候不使用它。当一个模型是另一个模型的约束版本时，该检验会比较两个竞争模型的拟合。检验统计数据将与模型的约束版本相关联的拟合不足或错误与模型的无约束版本的拟合不足进行比较。如果模型之间的误差有很大差异，那么证据支持更好的拟合模型。接下来让我们以更严谨的态度来研究上述思想。

一个给定模型是否失拟是由残差平方和$\sum(y_i - \widehat{y}_i)^2$来量化的。如果将另一个变量输入模型，残差平方和不会增加，因为将新参数设置为 0 会恢复原始和约束模型。附加变量总是减少残差平方和。因此，无约束模型的残差平方和 SSR_u 不能大于约束模型的残差平方和 SSR_c。因此，$\text{SSR}_u \leqslant \text{SSR}_c$。

σ_ε^2的估计量是与无约束模型相关的估计残差的方差：

$$\widehat{\sigma}_u^2 = \frac{\text{SSR}_u}{n - p_u}$$

其中 p_u 表示参数化无约束模型的系数个数。此时使用了关于无约束模型的残差方差，因为即使该因子与 $\text{E}(Y|\mathbf{x})$无关，$\widehat{\sigma}_u^2$ 也将是相当准确的。而另一方面，如果因子与 $\text{E}(Y|\mathbf{x})$相关，那么与错误且受约束模型相关联的估计残差方差将高估σ_ε^2。检验统计量是残差平方和的比例差：

$$\begin{aligned} F &= \frac{\text{SSR}_c - \text{SSR}_u}{r\widehat{\sigma}_u^2} \\ &= \frac{\text{MS}_{\text{lack-of-fit}}}{\widehat{\sigma}_u^2} \end{aligned}$$

其中 $\text{MS}_{\text{lack-of-fit}}=(\text{SSR}_c - \text{SSR}_u)/r$ 是由于失拟而产生的均方误差。如果 H_0 是正确的，那么 F 是带有 r 分子自由度和 $n\text{-}p_u$ 分母自由度的 F 分布。较大的 F 值反映了残差平方和的较大差异。因此，较大的 F 值与 H_0 相矛盾，从而支持 H_a，并且 p 值被定义为 $F_{r,n-p_u}$ 分布的上尾区。

$$p=\Pr(F \geqslant f \mid H_0)$$

其中 f 是检验统计量的观测值。

表 6.6 总结了运动的扩展平方和 F 检验。有令人信服的证据表明，无约束模型拟合优于约束模型的拟合($F_{9191} = 5.70$，p 值<0.0001)，因此可以得出结论，运动员的平均红细胞计数因参加体育运动和性别差异而不同。仔细观察表 6.6，标记为“失拟”的行显示了 $\text{SSR}_c - \text{SSR}_u$，即不包含运动的模型与包含运动的模型之间的残差平方和的差异。失拟而导致的均方误差为 $\text{MS}_{\text{lack-of-fit}} = 0.5324$。$F$ 统计量的值为 $F = 0.5324/0.0933$

≈ 5.70，p 值$=\Pr(F \geqslant 5.70) < 0.0001$。

表 6.6　运动的扩展平方和 F 检验的详细信息。F 统计量显示，有强有力的证据表明，运动员参加体育运动时红细胞的平均数量有所不同

差异来源	残差平方和	自由度	均方差	F 统计量	p 值
约束模型	22.618	200			
失拟	4.791	9	0.5324	5.70	<0.0001
无约束模型	17.826	191	0.0933		

R 函数 anova 将计算扩展平方和 F 统计量。两个参数传递给函数。左参数是从约束模型获得的线性模型对象，右参数是从无约束模型获得的线性模型对象。例如，使用下面所示的代码段对性别与运动的交互进行测试：

```
lm.constr = lm(rcc~sex+sport,data=ais)
lm.unconstr = lm(rcc~sex*sport,data=ais) # interaction model
anova(lm.constr,lm.unconstr)
```

函数调用的输出为：

```
Model 1: rcc ~ sex + sport
Model 2: rcc ~ sex * sport
  Res.Df   RSS Df Sum of Sq         F Pr(>F)
1      191 17.826
2      185 17.376 6 0.45023 0.7989 0.5719
```

从输出中可看出 $n-p_c=191$ 和 $n-p_u=185$，因此分子自由度是 $r=6$。七种运动的参与者都是男性和女性。而对于剩下的运动，则只有一种性别参与。因此，必须有六个指标变量，以便使每项运动的效果独立于性别。约束模型的残差平方和为 $\mathrm{SSR}_c=17.826$，无约束模型的平方和为 $\mathrm{SSR}_u=17.376$，差值是 0.4502。F 统计量的实现价值如下。

$$F=\frac{0.4502/6}{17.376/185}\approx 0.799$$

表 6.7 总结了检验结果。受约束模型的残差平方和为 $\mathrm{SSR}_c=17.826$，也就是表 6.6 中最后一次检验无约束模型的残差平方和。

表 6.7　运动与性别交互作用的扩展平方和 F 检验。没有证据表明参与体育运动与性别之间存在交互作用(p 值 = 0.57)

差异来源	残差平方和	自由度	均方差	F 统计量	p 值
约束模型	17.826	191			
失拟	0.450	6	0.0750	0.7989	0.5719
无约束模型	17.376	185	0.0939		

6.7　教程：共享单车

共享单车系统允许个人在城市内的特定位置租用自行车并将其返回到不同的位置。这些系统是通过减少交通负荷和提供娱乐机会来改善城市地区生活质量的一种相对廉价的方式。自行车共享系统所面临的一个问题是确保在所有地点都可共享到自行车。但是，人类的行为不利于实现广泛和一致的可用性。在工作日的早晨，自行车的运动主要从住宅区到商业区，而下午晚些时候则出现反向运动。结果是自行车的空间分布不均衡。预测和满足需求对于最大化系统价值至关重要[42]。在满足需求前，需要在一定程度上了解自行车的时空分布。本教程的目标比时空分析更普遍。我们将着手确定几个因子对整个系统的影响。

本教程中使用的数据用于 Kaggle[32]竞赛。读者可在网站 https://www.kaggle.com/c/bike-sharing-demand 了解更多有关 Capitol 自行车共享系统和比赛的信息。简而言之，比赛的目的是准确预测华盛顿特区首都自行车共享计划中自行车租赁需求，并将其作为天气和其他变量的函数[18]。数据文件中有三个潜在的响应变量：注册用户租用的自行车数量，临时用户租用的自行车数量，以及两类用户租用的自行车数量。数据是每小时计数，一天中的小时对于预测使用情况可能很重要。虽然小时可以被认为是定量变量，但是由于使用情况不会在一天中线性变化，因此将其视为定量变量是不适当的。如果变化是线性的，那么一天中任何 2 小时之间的变化将仅取决于 2 小时之间的差异。从早上 7 点到早上 9 点的变化与晚上 9 点到晚上 11 点之间的变化是相同的。然而在早上，变化率将是正的，而在晚上，变化率变为负的。

一种有效的分析方法是将一天中的小时作为一个因子，这样每小时就会产生与其他时间无关的影响。

(1) 数据文件名为 bikeShare.csv。csv 扩展名表示列以逗号分隔。使用以下指令将数据存储为 R 数据帧。

```
Data = read.csv('.../bikeShare.csv')
```

(2) 为列指定名称：

```
names = c('datetime', 'season', 'holiday', 'workingday',
    'weather', 'temp', 'atemp', 'humidity', 'windspeed', 'casual',
    'registered', 'sum')
colnames(Data) = names
```

(3) 使用 head 和 str 函数检查数据帧的前 25 条记录并确定列变量的结构。

(4) 下一步是检查使用计数和一天中小时之间的关系。创建一个变量，用于标识收集特定记录的一天中的小时。一天中的小时包含在变量 datetime 中。datetime 的值是字符串，一天中的小时存储在位置 12 和 13 中。函数 substr(子字符串)将提取小时。从每条记录中提取小时，并将小时数保存为名为 Hour 的向量。然后生成一个汇总表，显示每小时收集的观测值数量，以及显示两种类型用户租用的自行车数量分布的箱形图：

```
Hour = as.integer(substr(Data$datetime,12,13))
table(Hour)
boxplot(Data$sum~Hour)
```

(5) 通过使用 ggplot2 库构建 facet 图，比较已注册用户和临时用户按小时分配的计数。使用函数调用 install.packages('ggplot2')安装软件包。然后通过调用 library(ggplot2)加载库。

(6) 构建一个数组，其中来自注册用户的观测结果堆叠在临时用户的观测结果之上，并包括一个标识用户类型的附加变量。构建该数据框的指令为：

```
n = dim(Data)[1] # Determine the number of observations.
labels = c(rep('Casual',n),rep('Registered',n))
df = data.frame(as.factor(rep(Hour,2)),c(Data$casual,
Data$registered)
    ,labels)
colnames(df) = c('Hour','Count','Rider')
```

指令 labels= c(rep('Casual', n), rep('Registered', n))创建一个向量，其中前 n 个值是字符串 Casual，第二个 n 是字符串 Registered。创建数据帧的指令形式为 df = data.frame (x, y, z)。由于将三个参数传递给 data.frame，因此生成的数据框由三列组成。由于 ggplot2 需要一个因子，因此小时的内容被转换为 R 因子。临时用户计数和注册用户计数通过指令 c(Data$casual, Data$registered)连接为一个向量。

(7) 构建图形：

```
ggplot(data = df, aes(x = Hour, y = Count)) + geom_boxplot(fill='red')+
    facet_wrap(~ Rider)
```

结果如图 6.3 所示。

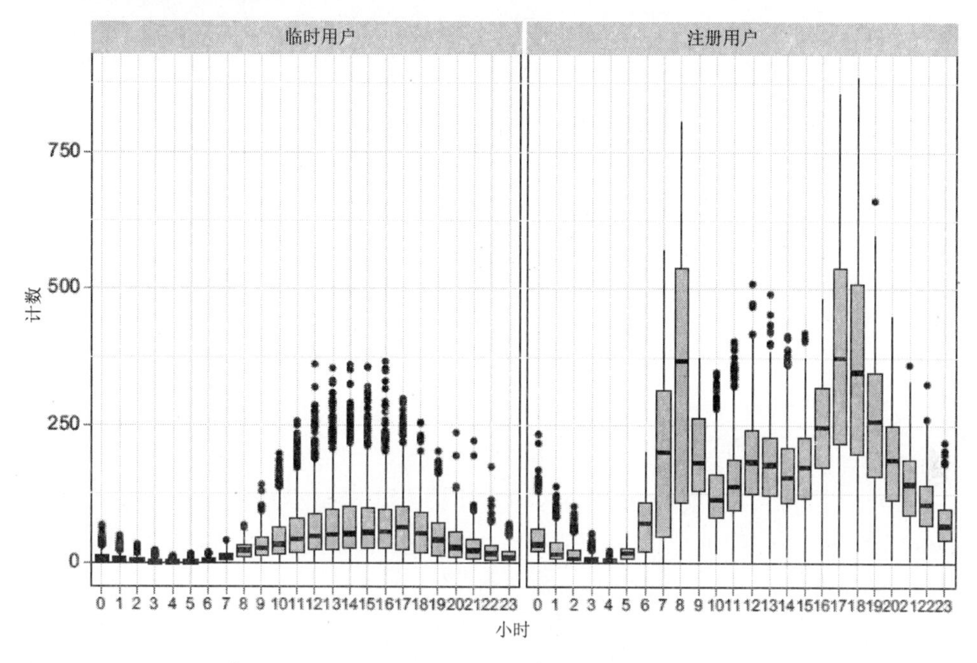

图 6.3 注册用户和临时用户的小时数分布

由于小时使用模式之间存在很大差异，因此最好考虑对注册用户和临时用户进行单独分析。为简单起见，将分析限制为注册用户。

(8) 此时考虑一个简单的初始模型，该模型基于一天中小时和计数之间明显的强关联(图 6.3)。初始模型假设一天中的小时是解释注册用户数量变化的一个因子。该模型如下所示。

$$E(Y_i|\boldsymbol{x}_i) = \sum_{h=0}^{23} \beta_h x_{i,h} \tag{6.12}$$

其中：

$$x_{i,h} = \begin{cases} 1, & \text{如果在小时}h\text{收集了第}i\text{次观测值} \\ 0, & \text{其他情况} \end{cases}$$

并且 $h \in \{0,1,\ldots,23\}$。该模型包含 $p = 24$ 个参数并省略了截距。模型中的变量由 24 个指标变量组成。

使用 lm 函数拟合模型，并通过将-1 指定为模型项，从模型中省略截距项：

```
lm.obj = lm(registered ~ -1 + as.factor(Hour),data = Data)
summary(lm.obj)
```

在步骤(4)中，变量 Hour 被创建为一个值为 0,1,…,23 的整数向量。将变量 Hour 传递到 lm 函数时更改了它的类型。Hour 仍然是 lm 函数调用之外的整数向量。

(9) 由 lm 函数计算的决定系数是两个模型(拟合模型和没有解释变量的模型)的平均平方和的相对差。通常，没有解释变量的模型是 E(Y)= β_0，因此表示使用观测值的平均值的简单零模型$\overline{y} = \widehat{\beta}_0$，用于测量解释变量的信息值。但是该拟合模型不包含截距，因此空模型是 E(Y)= 0。该模型作为测量解释变量的信息值的基线模型几乎没有价值。基线模型应该是目标变量的一个简单而合理的近似值。模型 E(Y)= 0 是不合适的。

验证 summary(lm())的输出中的 Multiple R-squared 等于：

$$\frac{\widehat{\sigma}^2_{\text{null}} - \widehat{\sigma}^2_{\text{reg}}}{\widehat{\sigma}^2_{\text{null}}} = \frac{\sum y_i^2/n - \sum(y_i - \widehat{y}_i)^2/(n-p)}{\sum y_i^2/n} \tag{6.13}$$

其中$\widehat{\sigma}^2_{\text{null}} = n^{-1}\sum y_i^2$是模型 E(Y)= 0 的均方残差。可通过残差平均误差的平方或者计算 var(lm.obj $ resid)来计算$\widehat{\sigma}^2_{\text{reg}} = \sum(y_i - \widehat{y}_i)^2/(n-p)$。

(10) 计算估计均方误差的比例减少量，比较使用小时作为解释变量的拟合模型与零模型 E(Y)= β_0。由于β_0的零模型估计是$\overline{y}$，因此该模型的均方误差是样本方差$\widehat{\sigma}^2$。调整后的决定系数是均方误差的比例减少量：

$$R^2_{\text{adjusted}} = \frac{\widehat{\sigma}^2 - \widehat{\sigma}^2_{\text{reg}}}{\widehat{\sigma}^2} \tag{6.14}$$

注意，标记为 R(0.771)的调整后的决定系数的值远远大于正确的调整后的决定系数(0.529)。

(11) 经过一番努力可看出，在传统的具有截距的线性模型中，决定系数 R^2 是观测值与拟合值之间的平方样本相关系数。式(3.20)意味着：

$$R^2_{\text{adjusted}} = \frac{\left[\sum(y_i - \overline{y})(\widehat{y}_i - \overline{y})\right]^2/(n-p)}{\widehat{\sigma}^2\,\widehat{\sigma}^2_{\text{reg}}} \tag{6.15}$$

式(6.15)的分子是拟合模型的残差与模型 E(Y)= μ 的残差之间的协方差。在利用线性回归计算拟合值时，拟合值的样本均值等于观测值的样本均值，从而得到式(6.15)。[17] 但是，式(6.15)不是必需的，因为R^2_{adjusted}可根据 cor(lm.obj$fitted, Data$registered)^ 2 计算得到。式(6.14)中表示的平方相关系数与方差的比例减少量之间的关系非常有用，因为除了线性回归作为解释变量集合的信息值的度量外，它还可应用于涉及模型的许多情况。可计算用于预测函数的经过调整的或伪决定的系数，该预测函数将生成所观测的响应变量的拟合值或预测值。

验证 cor(lm.obj$fit, Data$registered)^ 2，计算调整后的决定系数。

17 如果使用不同的预测函数(例如，k-最近邻回归)计算拟合值，则样本均值可能不等于拟合值的样本。这种情况下，为简单起见，我们主张将拟合度量作为拟合值与观测值之间的平方相关来计算。

(12) 变量 workingday 标识数据集中被视为传统工作日(除了节假日和周末之外)的天数。包括一个截距，并将 workingday 添加到模型(6.12)。使用注册用户数量作为响应变量：

```
r.obj = lm(registered ~ as.factor(Hour) + workingday,data = Data)
summary(r.obj)
confint(r.obj)
```

confint(r.obj)指令为模型中的每个参数构建了 95%置信区间。相同的模型也适用于临时用户数量。注意，临时用户模型解释的变化比例小于注册用户的变化比例。

(13) 获取与两个模型(注册用户和临时用户)的变量 workingday 相关的参数估计值，并验证表 6.8 中的参数估计值是否正确。

表 6.8　来自用户计数模型的汇总统计数据，以小时和工作日指标变量为函数。显示了两个模型的工作日参数 95%的置信区间

模型	$\widehat{\sigma}_{\varepsilon}$	R^2_{adjusted}	95%的置信区间	
			下限	上限
注册用户	102.2	0.54	34.95	42.19
临时用户	38.16	0.42	-35.89	-32.82

不一致的结果

表 6.8 所示的决定系数的比较表明，注册用户模型对响应变量(用户验车次数)的变化的解释比临时用户模型要多。然而，对于注册用户而言，工作日参数的置信区间比从临时用户获得的置信区间宽得多。差异在于残差标准偏差，102.2 名用户对 38.16 名用户[18]。尽管调整后的决定系数较大，但注册用户模型在参数估计和预测方面实际上并不太准确。这种不一致之所以存在，是因为注册用户数量的变化比临时用户数量的变化大得多。与临时用户模型相比，注册用户模型在响应变量中的变化比例减少了，但仍有更多无法解释的变化。读者应该注意依靠单一统计量(此时为调整的决定系数)来判断模型拟合。

6.8　残差分析

残差分析的目的是调查模型的充分性。在涉及小数据集的一些分析中，残差分析

18　该模型用相同数量(n=10 886)的观测数据进行拟合。

也可能试图调查特定异常观测值的来源。本节的讨论集中在本章开头提及的条件是否适当的问题上。首先，该分析探讨了该模型能否充分逼近响应变量均值与预测变量之间的真实关系。

当进行假设检验时，应研究常数方差和独立条件，如果样本量较小，则还应该检查正态性条件。研究的目的是确定残差是不是均值为零且方差不变的独立正态分布随机变量的实现。前面在声明中描述了常数方差条件，即所有残差具有共同方差σ_ε^2。在大多数应用中，常态条件相对容易确认或反驳。然而，当n远大于p时，正态性条件的重要性逐渐降低，因为当n较大时(比如n>100p)，中心极限定理意味着估计量$\widehat{\beta}$在分布上几乎是正态的。当p很大时，要彻底研究常数方差和独立条件通常是非常困难的。

当n很小时，检查单个残差(特别是异常值)是非常有效的。当样本量很小时，分析人员可通过识别一些数量级较大的单个残差$r_j = y_j - \mathbf{x}_j^{\mathrm{T}}\widehat{\beta}$, j=1, …, r以及检查数据对(y_j, $\mathbf{x}_j$)，j=1,…,r的来源来收集有关总体或过程的信息。可能这些数据对具有与Y相关联的之前未被识别的特征。例如，在使用澳大利亚运动员数据集对红细胞计数进行分析时，可能存在由于使用增效药物而导致的异常残差。原则上，分析人员可能通过名字识别运动员。此外，当样本量较小时，单个数据对可能对β的计算造成异乎寻常的影响，因此，也就对拟合模型造成影响。而当n很大时，对影响进行检查通常是没有意义的，因为许多对中的一个或几个数据对的影响是可以忽略的。我们忽略了对影响的讨论，而将重点放在源自大型数据集的残差上。Jame 等人[29]以及 Ramsey 和 Schafer[48]提供了有关影响的讨论。

与澳大利亚运动员数据形成对比的是自行车共享数据。将与特定日期和小时相关联的单个残差识别为异常没有多大的实际价值。但残差分析很重要。我们很快就会看到一个注册用户的模型，该模型将一天中的小时作为一个预测变量，从而能够在周末生成负值残差。对该残差进行观察会发现，当注册用户借用自行车时，他们主要是在上下班时往返。引入一个考虑工作日和周末差异的变量可能会改进模型。总之，数据分析方向是寻找系统模型缺陷，以努力改进模型，而不是发现和研究个别异常值。

6.8.1　线性

线性模型$\mathrm{E}(Y\,|\,\mathbf{x})=\mathbf{x}^{\mathrm{T}}\beta$应该没有局部偏差。局部偏差指模型高估或低估由预测变量$\mathbf{x}_1,\ldots,\mathbf{x}_n$所包围的$\mathbb{R}^p$的某个子区域中响应变量的情况。其目标是确保模型不会在局部高估或低估$\mathrm{E}(Y\,|\,\mathbf{x})$。我们使用残差来识别模型倾向于高估或低估响应变量的区域。残差之和始终为0，因此平均而言，模型永远不会高估或低估$\mathrm{E}(Y\,|\,\mathbf{x})$。但是如果检查

由 $\boldsymbol{x}_1,\ldots,\boldsymbol{x}_n$ 所跨越空间的邻域，那么高度或低估则是可能的。来自自行车共享问题的图 6.4 说明了局部偏差，因为当拟合值很小时，模型始终低估了注册计数。接下来要回答的问题是预测何时变小。不过，现在推迟提出这个问题。

线性的研究基于以下准则。在没有局部偏差的情况下，残差

$$r_i = y_i - \widehat{y}_i = y_i - \boldsymbol{x}_i^{\mathrm{T}}\widehat{\boldsymbol{\beta}},\ i=1,\ldots,n$$

在绘制任何变量(未必是预测变量)时不会显示趋势或模式。如果残差表现出趋势或模式，则存在局部偏差。通过绘制残差与实际和潜在预测变量的关系来研究线性。

应该通过修改模型来消除局部偏差，可通过添加另一个预测变量或转换响应变量并重新设计模型。常见的变换是对数、logit 和幂函数(例如，$y^{1/2}=\sqrt{y}$)。接下来继续使用自行车共享数据，以了解线性和残差分析。

6.8.2　示例：共享单车问题

残差分析主要包括图形技术的应用，以揭示了残差分布的各个方面。从这一点开始，通过一系列可视化来说明残差分析。我们将使用自行车共享数据，从一个相对简单的注册计数模型开始，它是三个因子的线性函数：一天的每个小时、假日和工作日。假日因子确定天数是否为假日，而工作日因子标识星期一至星期五的日子。

从残差与拟合值的关系图(图 6.4)开始。有几个有趣的特性。首先，残差堆叠在垂直带中，因为最多有 24×2×2 = 96 个唯一拟合值，这是由于一天中的小时变量有 24 个等级，同时工作日和假日变量各有两个等级。其次，很难看到单个残差，因为唯一拟合值的数量相对于残差的数量来说很小(10 886)。最后，随着拟合值变大，残差的分布在宽度上逐步扩展。此模式是非常数方差的典型示例。残差的分布不是恒定的，而取决于拟合值的大小。因此，精确假设检验的必要条件之一是模型残差不能满足检验的计算。与显著性检验相关的 p 值可能不准确。然而，每个显著性检验都明确主张在模型中包含相关变量。我们对变量的重要性毫不怀疑——可以看到，自行车的使用与上下班往返有关，上下班人数会随着一周的小时和天数的变化而变化。最后的观测结果是，由于与最小五个拟合值相关的所有残差均为正，因此拟合模型似乎存在局部偏差。考虑到当拟合值大于每小时 10 个用户时残差存在可变性，因此这种偏差不太重要。

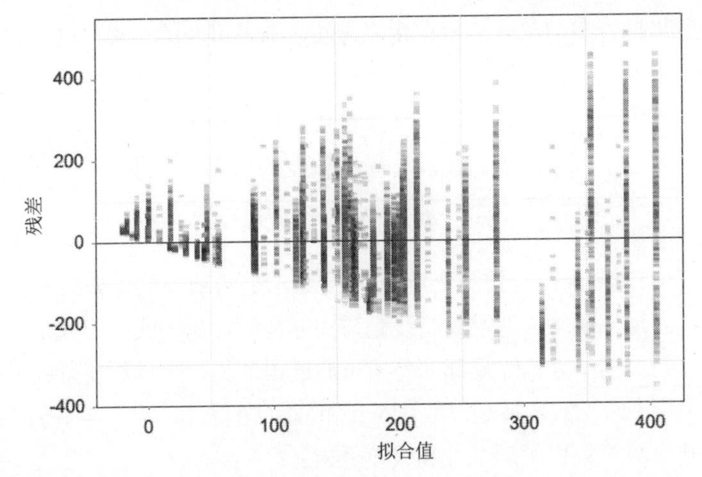

图 6.4　根据从注册计数(按照一天的每个小时、假日和工作日)的回归中得到的拟合值而绘制的残差；$n = 10\,886$，$p = 23 + 1 + 1 = 25$

仔细研究与最小拟合值相关的偏差是有益的。接下来只考虑一天中的小时和假期作为因子的模型。特别是考虑

$$\mathrm{E}(Y_i|\boldsymbol{x}_i) = \beta_0 + \beta_1 x_{i,\text{holiday}} + \sum_{j=1}^{23} \beta_{j+1} x_{i,\text{hour } j} \tag{6.16}$$

其中模型中的每个变量都是特定级别的指示器。下面是一个示例。

$$x_{i,\text{holiday}} \begin{cases} 1, & \text{如果第}i\text{天是假日} \\ 0, & \text{如果第}i\text{天不是假日} \end{cases}$$

该模型可以显示一天中的小时和假日的每种可能组合(共有 48 = 24×2 种组合)。表 6.9 中显示了一些组合的模型。模型的具体形式显示了这些选择的组合。请注意，β_0 是注册用户的基线预期计数，因为它出现在表的每个单元格中。所有其他预期的计数都是通过对这个基准水平进行调整而获得的。参数 β_1 是假期的预期天数与非假期根据小时平均的天数之间的差值，因为 β_1 出现在每一行中。参数 β_2 是根据每天(假日和非假日)平均的小时 0(午夜时分到凌晨 1 点)和小时 1(凌晨 1 点到凌晨 2 点)之间的预期计数的平均差值。由于所有参数都用于描述多个级别的组合，因此不会独立于在其他级别观测到的计数来确定估计的预期计数。其结果是对参数估计施加约束，因为它们是最小二乘拟合的。具体讲，确定参数估计，使得平方残差的总和最小化。如果对一个参数估计进行操作，以生成在清晨一小时内分布在零附近的残差，那么所生成的结果是，其他级别的估计值将无法拟合，残差平方和也不会被最小化。

我们推导出，减小与较大拟合值相关的残差的大小可以改善残差平方和，但代价是在较小的拟合值中引入偏差。从预测计数的实际角度看，这种局部偏差是完全可以接受的。与较大的拟合值相关的误差相比，局部偏差显得微不足道，因此它的影响也很小。

表 6.9　一天中的小时与假日的特定组合的模型 6.16。估计值是 $\widehat{\beta}_0$= 9.93，$\widehat{\beta}_1$= 13.93，$\widehat{\beta}_2$=−3.80，$\widehat{\beta}_3$=−5.50

小时	非假日	假日
0	β_0	$\beta_0+\beta_1$
1	$\beta_0+\beta_2$	$\beta_0+\beta_1+\beta_2$
2	$\beta_0+\beta_3$	$\beta_0+\beta_1+\beta_3$
…	…	…

6.8.3　独立性

残差是否独立的问题很难详尽地研究，因为没有一个单一的检测或者图形可以立即提供关于独立或不独立的信息。分析人员必须预见缺乏独立性的原因。缺乏独立性表现在两个方面。首先，一个残差的值(比如 r_i)可提供关于另一个残差的信息。例如，如果知道 r_i 的值提供了关于某些其他残差(如 r_j)的值的一些信息，那么该残差不是独立的。抽象地说，检测依赖关系的问题取决于预测依赖关系的原因，从而决定要研究哪些对(r_i, r_j)。如果同一观测单元(例如，一个人)生成多个观测值，那么观测结果不是独立的，因为同一观测单元的观测结果比不同观测单元的观测结果更相似。在不知道数据生成机制的情况下检测“缺乏独立性”可能是非常困难的。

通过分析可以发现的两个常见的独立性缺失来源是序列相关性和空间相关性。如果残差是序列相关的，则在相近时间上观测到的残差将比在时间上分隔良好的残差更相似。这是不寻常的，但序列相关的残差可能比在时间上分隔良好的残差差异更大。如果空间上相近的观测结果比空间分隔良好的观测结果更相似或差异更大，那么残差将具有空间相关性。由于计算的是整个区域每小时使用的自行车数量，因此无法对自行车共享问题进行空间相关性研究。如果将位置附加到计数上，那么空间相关性可能由残差来表示。

可研究这些数据的序列相关性，因为每个计数都附加了一个时间戳。由于可按时间组织残差，因此可计算表示残差相似性的滞后相关系数，这些残差按照 1 小时、2 小时等分开。滞后 r 相关系数 ρ_r 度量由 r 个时间步骤(本例中为小时)分隔的观测值之间的相关性。滞后 r 相关系数的估计量是从数据对(y_t, y_{t-r})($t = r + 1, \ldots, n$)计算得到的样本相关系数，其中 t 记录了自第一次观测以来经过的时间步长。如果没有序列相关，那么$\widehat{\rho}_r,\ldots,\widehat{\rho}_k(k>1)$的随机变化约为 0，且幅度很小。图 6.5 显示了以一天中的小时、节假日、工作日为因子，从模型残差计算得到的前 $k=30$ 个滞后相关系数。该图由 R 函数 acf 生成，并且无意义地包括滞后零自相关系数(当然始终为 1)。注意，$\widehat{\rho}_{10}$、$\widehat{\rho}_{11}$和$\widehat{\rho}_{12}$较大，可能是因为早晚上下班人数正相关。$\widehat{\rho}_{22},\ldots,\widehat{\rho}_{26}$的较大值暗示第一天的使用与第二天同一时间的使用有一定的相关性。

图 6.5 还消除了任何认为观测值可以被视为近似独立的说法。由于残差之间存在显著的自相关关系，与先前进行的假设检验相关的 p 值的精度未知。虽然这对于假设检验来说是遗憾的，但对预测却有积极意义。具体而言，可以得出结论，第 d 天第 h 小时的计数包含有用信息，可用于预测第 $d+1$ 天第 h 小时的计数。

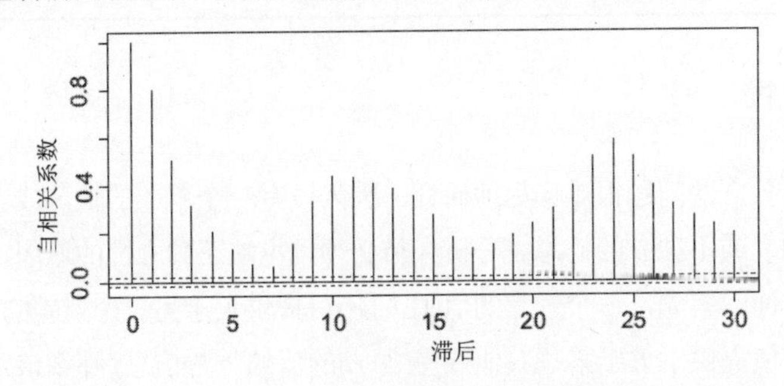

图 6.5　样本自相关系数$\widehat{\rho}_r$, $r=0, 1, \ldots, 30$，用滞后(r)绘制。数据为根据小时、假日和工作日的回归得到的残差

假设自行车共享系统的受欢迎程度将随着人们熟悉操作和自行车停放位置，或者随着自行车年久失修而在数周和数月内发生变化。如果这个假设是正确的，那么随着时间的推移，残差不仅会在 24 小时周期内呈现趋势，还会根据某些非周期性的长期模式呈现趋势。趋势是随时间发生的一个非常重要的属性，幸运的是，它很容易观察。图 6.6 绘制了模型自 2011 年 1 月 1 日(数据集中最早的一天)以来的残差。使用残差绘制一条概括了总体趋势的平滑线。作为 Kaggle 比赛的一部分，天数序列中创建了经常出现的间隔。这些日子是故意拖延的。比赛的参与者将预测缺失的计数[19]。图 6.6 显示了时间趋势，既不是线性的也不是周期性的。从预测的角度看，将该趋势建模并纳入未来计数的预测是有益的。在自行车共享数据分析这一点上，可以考虑检查正态性条件。然而，没有什么可以获得的，因为检查正态性条件的唯一要点与假设检验和置信区间建立的适当性有关；无论哪种情况都是合理的，因为在残差中存在序列相关性(来

19　比赛管理员使用所保存的数据作为测试集，用以客观地评估参赛者的预测。我们认为保存期(10 天)太长。对预测准确性的更好测试将使用时间序列中随机散布的较短周期(3 天或更短)。

自两个来源)。

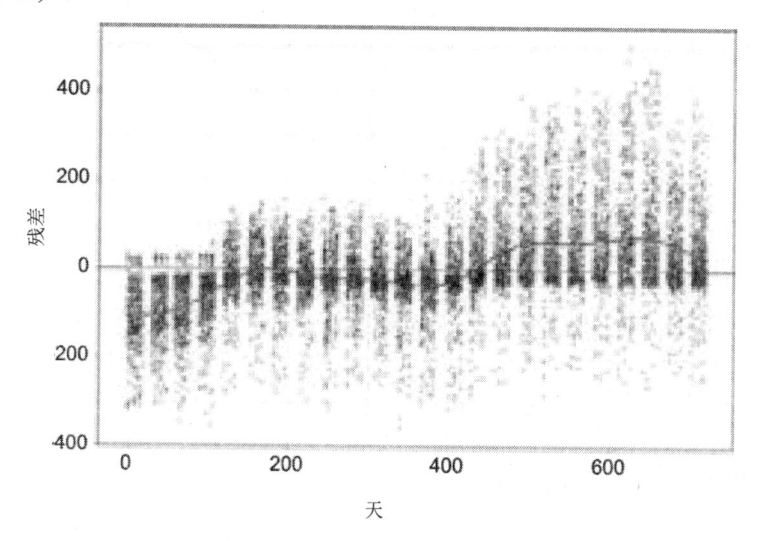

图 6.6 从 2011 年 1 月 1 日起，从注册计数与一天中的小时、假日和工作日的回归算出的残差。绘制了一个平滑图来总结趋势

继续研究正态性。分位数图是一种方便的工具，可以可视化残差样本分布与正态分布的一致性。该图形的基础是从标准正态分布中抽样 n 个观测值并预期生成一个分布，其中最小的观测值大约等于 $1/n$ 分位数，第二小的观测值大约等于 $2/n$ 分位数，以此类推。这提供了一个直观的检查：样本分位数应与预期的分位数一一对应。第 k 个标准正态分位数是满足 $k/n=\Pr(Z<x_{(k)})$的值 $x_{(k)}$，其中 Z 具有标准正态分布。样本分位数与预期分位数的关系图应该生成描述直线的设置点。但遗憾的是，对直线的一致程度取决于 n。R 函数 qqnorm(scale(y))将从观察向量 $\boldsymbol{y}$ 中生成分位数-分位数图。图 6.7 是一个分位数-分位数图，它是根据注册用户数与一天中的小时、假日和工作日的回归的残差构成的。由 R 生成的水平轴标签是理论分位数(我们将一直使用术语“预期分位数”而不是“理论分位数”)。图 6.7 提供了令人信服的可视化证据，证明样本残差分布不正常。可以观察到当标准化残差大于 1.5 时，样本分位数一致性大于预期。小于中位数的残差符合正态分布的形状。这种观察结果和正态分布的对称性意味着模型残差的分布是右偏的。右偏分布的右尾比左尾长。

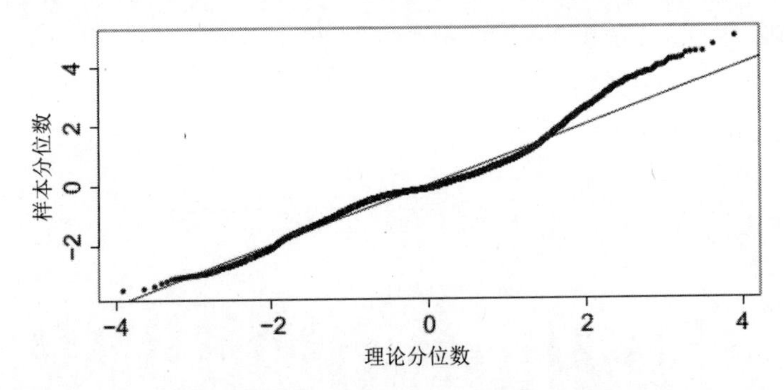

图 6.7 残差分布与标准正态分布的比较分位数图。这条对角线的斜率为 1，截距为 0。如果样本分布是正态的，那么这些点将落在对角线上或附近

6.9 教程：残差分析

下面，继续使用自行车共享数据，并使用临时用户数作为响应变量。

(1) 重复上一个教程的前两个指令，从而将数据文件 bikeShare.csv 存储为名为 Data 的数据框。

(2) 以小时(Hour)和 workingday 为因子，拟合临时用户的期望数模型。将拟合的模型命名为 c.obj。验证调整后的决定系数是否为R^2_{adjusted}=0.416。在模型中包含截距。

(3) 提取与 c.obj 相关的残差和拟合值，并保存为数据帧。在数据帧中包含小时变量:

```
Hour = as.integer(substr(Data$datetime,12,13))
df = data.frame(c.obj$fitted,c.obj$resid,Hour)
colnames(df) = c('Fitted','Residuals','Hour')
```

(4) 使用 ggplot2 库函数根据小时数绘制残差:

```
library(ggplot2)
plt = ggplot(df, aes(x = Fitted,y = Residuals))+ geom_point(alpha = 0.2,
   pch = 16)
plt = plt + xlab("Fitted values") + ylab("Residuals")
print(plt)
```

传递给 geom_point()的参数 alpha = 0.2 会生成半透明的绘图符号，这是绘制大量数据时非常有用的功能。

此时再次看到，残差的方差随着拟合值的增加而增加，并且当计数很小时，模型

低估了计数。这个陈述基于“与最小拟合值相关的残差都是正的”这一观测结果。正残差(比如$r_i = y_i - \widehat{y}_i$)意味着$\widehat{y}_i < y_i$。

(5) 通过拟合下面所示的模型，允许在一天中的小时与工作日之间进行交互：[20]

$$\begin{aligned} \mathrm{E}(Y_i|\boldsymbol{x}_i) = \beta_0 + \textstyle\sum_{j=1}^{23} \beta_j x_{i,\text{hour } j} + \beta_{24} x_{i,\text{working day}} \\ + \textstyle\sum_{j=1}^{23} \beta_{j+24} x_{i,\text{interaction } j} \end{aligned} \tag{6.17}$$

其中

$$x_{i,\text{interaction } j} = x_{i,\text{hour } j} \times x_{i,\text{working day}}$$

指令

```
c.obj = lm(casual ~ as.factor(Hour) * workingday, data = Data)
```

将拟合模型(6.17)。该交互模型的作用是，允许小时和工作日的每个组合拥有一个估计的期望计数，而不受小时和工作日的其他组合所获得的观测结果的约束。其结果是，小时和工作日的任何特定组合的残差都以零为中心。这种情况下，以零为中心意味着任何特定组合的残差之和将为零。根据此模型的拟合值绘制残差。函数调用plot(c.obj)将生成残差图和分位数-分位数图以及与此处的讨论没有密切关系的另外两个图。

(6) 构建残差的分位数-分位数图：

```
qqnorm(scale(c.obj$resid),main=NULL,pch=16,cex=0.8)
abline(a=0,b=1)
```

在样本分布的上下两个范围内，观测到的分位数均小于正态分布的分位数，这意味着与正态分布有明显的偏离。

(7) 利用残差绘制滞后相关系数的曲线图：

```
acf(c.obj$resid)
```

(8) 根据自 2011 年 1 月 1 日(有数据的第一天)以来经过的天数绘制残差。首先，将 datetime 变量从一个因子转换为 datetime 对象。julian 函数将日期时间转换为自 1960 年 1 月 1 日以来经过的天数。

```
datetime = strptime(as.character(Data$datetime),
    format="%Y-%m-%d %H:%M:%S")
elapsedDays = as.integer(julian(datetime) - 14975)
```

---

20 6.6.1 节讨论了交互的相关内容。

从所有儒略日期中减去 14 975，以便最小的经过日期为 0。

(9) 使用 ggplot2 绘制针对 elapsedDays 的残差，并添加一条平滑线：

```
df = data.frame(elapsedDays,c.obj$resid)
colnames(df) = c('Day','Residuals')
plt = ggplot(df, aes(x=Day,y=Residuals))+geom_point(alpha=.2,pch=16)
plt = plt + xlab("Day") + ylab("Residuals") + geom_hline(yintercept=0)
plt = plt + geom_smooth()
print(plt)
```

有一种局部高估和低估的模式，这似乎是季节的表现。

最终评论

通过检查残差可了解很多关于模型充分性的知识。任何使用拟合模型的人都应该知道它的失败，而且几乎所有模型在某些方面都失败了。一些作者，特别是 Ramsey 和 Shafer[48]认为残差分析应该基于包含大多数(甚至全部)可用变量的模型的残差。换句话说，它们的作用是用于残差分析(并且仅用于残差分析)，过度拟合模型优于欠拟合模型。其逻辑是，无信息变量的存在不会对残差产生重大影响，因为无信息变量对模型的拟合没有多大贡献，因此对残差也没有多大贡献。当变量的数量几乎与观测值数量一样大时，就会出现此规则的例外情况。这种情况下，拟合值将部分由无信息变量确定。另一方面，如果一个模型遗漏了有用的变量，那么它所生成的残差将比正确拟合模型所生成的残差大。在分析人员检查了来自(可能)过拟合模型的残差后，可能对残差是否符合准确的假设检验和置信区间构建所需的条件做出明智的决定。模型拟合后不需要重复残差分析，除非最终模型的拟合比第一个模型差很多。

有很多关于模型拟合主题的文献。我们基本上忽略了这个主题，因为它有点偏离了数据科学算法。James 等人[29]以及 Hastie 等人[28]提供比 Ramsey 和 Shafer[48]的面向统计的建议更适合数据科学应用的现代讨论。给定一个较小的候选预测变量池，会发现自己经常开始使用一个或几个预测变量(在我们看来，这些预测变量属于模型)进行模型拟合的过程，并在尝试添加其他预测变量时检查残差图。我们倾向于忽略假设检验，并关注拟合R^2_{adjusted}和$\widehat{\sigma}_\varepsilon$的数值度量，特别是当数据集很大($n > 50\,000$)时，因为即使模型拟合的改进非常小，在统计学上也是显著的。可在任何阶段检查p值，以寻找一个好的模型来确认关联的可视化证据。在此过程中，无法快速确定特定的p值阈值来包含或排除变量。一般而言，我们倾向于使用较少的预测变量并限制模型中交互项的数量。由于候选预测变量较多，且对这些变量了解较少，因此我们倾向于使用 Lasso 进行自动变量选择[28,29]。

6.10　练习

6.10.1　概念练习

6.1　证明式(6.13)是正确的。

6.2　6.7 节的共享单车教程所使用的模型(6.12)只有一个因子，但没有截距。基于该特定模型，R 为该因子的每个级别生成一个指示符变量。可使用函数调用 X = model.matrix(lm.obj)来提取模型拟合中使用的设计矩阵 $\boldsymbol{X}$。

a.　$\boldsymbol{X}$ 的维度是多少？

b．回顾一下，β 的最小二乘估计量是根据 $\widehat{\beta} = (\boldsymbol{X}^{\mathrm{T}}\boldsymbol{X})^{-1}\boldsymbol{X}^{\mathrm{T}}\boldsymbol{y}$ 计算得到的。矩阵 $\boldsymbol{X}^{\mathrm{T}}\boldsymbol{X}$、$(\boldsymbol{X}^{\mathrm{T}}\boldsymbol{X})^{-1}$ 和 $\boldsymbol{X}^{\mathrm{T}}\boldsymbol{y}$ 的元素是可识别的——描述了相关元素。

c. 用计数描述来 $\widehat{\beta}$。为什么与单个估计量 $\widehat{\beta}_0,\ldots,\ \widehat{\beta}_{23}$ 相关的标准误差大致相等？

d. 考虑式(6.12)所给出的模型以及针对下面假设的检验统计数据：

$$
\begin{aligned}
H_0 &: \beta_i = 0 \\
H_a &: \beta_i \neq 0
\end{aligned}
\tag{6.18}
$$

$i = 0,1,\ldots,23$。R 在 summary(lm())生成的输出表中总结了这些检验。但是，H_a 并不适合当前的情况。重述 H_a，使其与响应变量一致。计算 β_3 的适当 H_a 的 p 值并解释假设检验的结果。

e. 将变量 holiday 添加到预期注册用户的模型中。给定具体时刻，确定数据是否支持注册用户的预期计数随变量 holiday 而变化的假设。如果有统计证据，则报告估计的效果并给出真实效果的 95%置信区间。针对临时用户进行重复分析。评价推理方法的准确性。

f. 根据一天中给定的小时和 holiday 检验 workingday 的重要性，但这一次，计算每个响应变量的检验统计数据：注册用户的数量，临时用户的数量，以及注册和临时计数的总和(sum)。为什么 sum 的检验结果与注册和临时计数的结果不一致？

6.3　考虑式(6.10)给出的交互模型。从中可看到，如果从模型中移除变量 x_{female}，则模型暗示男性的线性模型和女性的线性模型具有不同的斜率但具有相同的截距。大多数情况下，从交互中移除 x_{female} 或 x_{ssf} 会生成一个以非逻辑方式约束的模型。

6.10.2　计算练习

6.4　使用自行车共享数据(第 6.7 节)，回答以下问题。

a. 一个额外程度的环境空气温度对注册用户的计数有何影响？通过 workingday、

一天中的小时和环境空气温度(temp)使模型适合注册用户的数量。报告与 temp 相关的参数估计值以及与 temp 相关的参数的 95%置信区间。

b. 温度的影响是否取决于一天中的小时？通过进行额外的平方和 F 检验来研究这个问题，该检验比较了两种模型的失拟，一种模型不允许影响依赖于小时，另一种模型允许不同时间的不同温度效应。绘制估计的温度效应与小时的差异，并进行解释。

6.5 返回澳大利亚运动员数据集并考虑响应变量为体脂百分比的模型，解释变量为皮褶厚度。

a. 首先只选择男性，以拟合女性和男性的不同模式。可使用 subset 参数来完成。例如：

```
plot(ais$ssf,ais$pcBfat)
m.obj = lm(pcBfat~ssf,subset = (sex=='m'),data = ais)
males = which(ais$sex == 'm')
points(ais$ssf[males],ais$pcBfat[males],col='blue',pch=16)
abline(m.obj,col = 'blue')
```

对女性重复该过程。在同一个图形上显示性别和单独的回归线。

b. 比较拟合模型。考虑到抽样多样性，斜率是否几乎相等？表达抽样多样性意味着需要进行统计检验来回答该问题。

c. 通过检索每个拟合截距的置信区间来比较截距。置信区间是否重叠？从置信区间中可以推断出真正截距的哪些信息？

6.6 研究人员对澳大利亚运动员的兴趣[60]集中在血液学、形态学和与运动员运动相关的生理需求之间的关系。

a. 拟合以血浆铁蛋白(ferr)为响应变量的模型，以皮褶、体脂百分比和女性为解释变量。铁蛋白是一种与铁结合的蛋白质，铁是体内氧运输的关键。据推测，高水平的铁蛋白有助于氧运输。构造一个表格，显示参数估计值及其标准误差。

b. 与拟合模型相关的调整后的决定系数是多少？对于三个解释变量中的每一个，将 t 检验和相关的 p 值添加到参数估计表中。描述一下支持皮褶厚度与血浆铁蛋白相关的论点的证据强度。针对体脂百分比和性别重复该过程。

c. 删除 p 值最大的变量后，重新拟合模型。与新拟合模型相关的调整后的决定系数是多少？对于剩下的两个解释变量，报告 p 值并描述支持“该变量与血浆铁蛋白相关”这一论点的证据的强度。

d. 重新拟合原三变量模型并提取残差。构建一组并排的箱形图，显示每项运动的残差分布。请注意，与 y_i 相关的负残差意味着模型对 y_i 的预测过高，而正残差意味着模型对 y_i 的预测过低。哪些运动员的铁蛋白含量高于预期？

6.7　72 名女性厌食症患者参加了一项旨在评估两种行为疗法治疗厌食症疗效的实验[24]。每个受试者参与三种治疗中的一种：控制、家庭疗法或认知行为疗法，持续 6 周。记录实验前和实验后的体重。该分析的目的是确定治疗是否有效并且如果有证据表明体重增加是真实的，则估计平均体重增加。

有必要考虑分析中的实验前的体重，因为由于该变量存在大量变化，而且简单地比较实验后的体重会受到组内体重变化的影响。

a. 数据包含在 R 库 MASS 中，数据集称为 anorexia。加载 MASS 库并检索数据集。检查前 50 条记录。使用函数 str 确定变量的结构。使用指令 table(anorexia$Treat) 确定三个治疗组的观测次数。

b. 使用 ggplot，将实验后体重与实验前体重进行对比。通过形状和颜色识别源自特定治疗组的点：

```
plt = ggplot(anorexia, aes(x = Prewt, y = Postwt))
   + geom_point(aes(shape = Treat,color = Treat), size = 3)
```

c. 通过连续向图形添加属性来增强图形。为每个治疗组添加最小二乘回归线，并按颜色识别线条：

```
plt = plt + geom_smooth(aes(colour = Treat), method ='lm')
```

打印 plt 并注意 ggplot 自动为平均响应添加置信区间。

d. 添加斜率为 1 且截距为 0 的线：

```
plt = plt + geom_abline(intercept = 0,slope=1)
```

检查图形并注意处理组线相对于斜率等于 1 的线的位置。如果基于治疗组线相对于具有斜率 1 且截距为零的线的相对位置，那么治疗效果如何呢？

e. 另一种查看数据的方法是根据治疗组拆分图形窗口。使用 ggplot 函数 facet_grid：

```
plt = ggplot(anorexia, aes(Prewt, Postwt)) + facet_grid(.~Treat)
plt = plt + geom_smooth(aes(colour = Treat), method ='lm')
plt = plt + geom_point(aes(colour = Treat), size = 2)
plt = plt + scale_colour_discrete(guide="none")
```

打印 plt。

f. 检查图形中显示的每个回归模型。需要使用 lm 函数调用中的 subset 参数来拟合三个单独的回归模型。可使用以下指令拟合控制组模型：

```
summary(lm(Postwt~Prewt,subset = (Treat=='Cont'),data = anorexia))
```

使模型拟合其他治疗方法。对于三种治疗中的任何一种，是否存在治疗前和治疗后体重之间存在关联的证据？

g. 将居中的实验前体重作为解释变量：

```
anorexiaPrewtMean = mean(anorexia$Prewt)
lm.obj = lm(Postwt~I(Prewt - anorexiaPrewtMean),
         subset = (Treat=='Cont'),data = anorexia)
summary(lm.obj)
```

当一个变量在 lm 函数调用中被转换时，它通常必须被包装在函数 I 中，就像在表达式 I(Prewt -anorexiaPrewtMean)中所做的那样。

考虑每个拟合模型(使用居中的实验前体重)中的截距。报告每个截矩以及每个截距的 95%置信区间。解释一下这些截距的含义。请记住，截距是垂直轴上的拟合线与垂直轴相交的位置。如果居中变量等于零，则非居中值等于平均值。

h. 基于三个截距，控制组和家庭治疗组之间是否存在显著差异？控制组和认知行为治疗组之间是否存在显著差异？得出关于治疗方法的结论：有统计学证据表明治疗有效吗？ 你得出结论的根据是什么？

i. 对于治疗的重要性，需要进行额外的平方和 F 检验。约束模型应包含治疗前的体重和治疗；无约束模型应包含治疗前体重、治疗，还应包括治疗前体重和治疗之间的相互作用。我们有把握得出“治疗影响实验后平均体重”的结论吗？为什么？

第7章 医疗分析

摘要：医疗分析指的是应用于医疗领域的数据分析方法，由于疾病带来的社会性和经济性负担，以及为了有机会通过数据分析更好地理解医疗系统，医疗分析正成为一个相当突出的数据科学领域，本章将通过介绍糖尿病的患病率和发病率向读者介绍该领域，本章中的数据是从疾病控制与预防中心的 BRFSS 中提取得到的。

7.1 引言

医疗在美国国内生产总值中所占比例高达 17%，远远高于世界上的其他国家。医疗服务提供部门为了既能提高服务水平又能削减开支，承担着巨大压力。极需要了解在维持医疗水平时最主要的支出。而且，医疗系统非常复杂、不透明并且时时变化，所有这一切让回答有关这个系统的最基本问题都十分困难，也难以让人们信赖这个系统。发展医疗分析的目的就是要获取能够帮助改善医疗服务水平的信息。

政府部门、责任医疗组织[1]和保险公司都与电子病历的分析有关，以此确定最好的医疗实践、物有所值的医疗方案以及干预措施。例如，如果机构确定某个客户群发生慢性病的风险非常高，那么当这类客户参与到减少此类风险的医疗活动时，该机构能为他们提供一些物质奖励。社区和人口健康是医疗分析的另一个用武之地，例如，疾病控制与预防中心以及世界卫生组织都涉足于监控和预测发病率和患病率，其目标是更好地理解健康、相关行为、环境卫生、水质以及其他因素之间的关系。

---

1 责任医疗组织(Affordable Care Organization，ACO)是一个由能够为病患提供医疗服务的医生和医院组成的一个网络化组织，ACO 的一项责任就是保证医疗服务质量和限制医疗开支，同时对病人在选择特定的医疗服务方面给予一定自由。

本章开头提到一个值得注意的统计数字：美国国内生产总值的17%都花费在医疗上。将这种状况归咎于医疗制度并不完全公平，个人也应承担一些责任。据报道，很多美国人的行为不负责任，结果就是在医疗制度在治疗疾病方面变得更有成效的同时，各种不同的慢性病的发病率也在增长。干预措施是逆转这种情况的关键，它依赖于在个人真正患病之前识别出其患病的风险。

为揭示医疗数据及其分析，我们对糖尿病的患病率和发病率进行了分析。患病率是指健康出现状况或罹患某种疾病的人群所占的比例或百分比，该术语通常用于慢性疾病，例如：糖尿病、哮喘、心脏病等。发病率则指新发病例的人群的比例。例如，如果糖尿病的患病率是0.12，那么每100个人当中就有12个人患有此病。糖尿病的发病率则是罹患此病的人数的年度比率。如果发病率是0.004，那么可以预料到每1000个以前未确诊的人当中有4个新发病例。

2型糖尿病(也称为成人发病型糖尿病)在美国的公共健康领域具有重要意义，因为它是一种严重的慢性疾病。它的患病率较高、难以估计，这部分是由于在某些人身上可能还没有得到确诊，但我们估计2014年美国成年人口中有10%患有2型糖尿病。而且，在过去几十年间该病的患病率一直在增长[2]。该病伴随一系列并发症，包括但不限于神经和肾脏损伤、心血管病、视网膜病变、皮肤病以及听力受损。糖尿病被认为是不可能治愈的，但对很多人而言，该病可以通过饮食和锻炼进行预防和控制[3]。根据发病时的年龄，一个人一生的花费估计为130 800美元[71]。

7.2　行为风险因素监测系统

为了解影响美国成年人口健康状况的因素，美国疾病控制与预防中心在1984年启动了行为风险因素监测系统(BRFSS)，目的是了解影响美国成年人口健康的因素。为推进这一目标，每年都会在世界范围内进行一次抽样调查[4]，该调查针对从美国成年居民中抽取的样本提出了大量关于健康以及与健康有关的行为的问题，讨论的焦点集中在糖尿病，主要感兴趣的问题是：医生、护士或者其他健康专业人士是否曾经告知过你患有糖尿病？可能的答案有：(1)是；(2)否；(3)否，但告诉过我处于糖尿病前期或患有临界糖尿病；(4)是，但是该病仅在孕期发病；(5)不知道/不确定；(6)拒绝回答。调查者可能还会输入代号7表示该问题未被提问。绝大部分答案都能提供信息，为进行说明，以2014年的样本为例，代号为5、6、7的答案累计只占0.18%。向受访者提出

2　本章中的教程将揭示全美范围内患病率和发病率在地理上的显著差异。

3　所谓得到控制，是从相关症状(例如视网膜病变)能够避免或延迟的意义上而言的。

4　第3章中已经讨论和使用了BRFSS数据。

的问题并未区分1型和2型糖尿病，但2型糖尿病要常见得多，因为据估计1型糖尿病病例大约仅占4.3%[4]。

下述教程的目的是针对2000—2014时间段估计各州的患病率和发病率。为简单起见，我们仅通过第一个列出的答案“是”来确认病例，而认为所有其他答案都表示不是病例。由于没有剔除最后三个没有意义的答案，我们对患病率的估计会偏小。我们没办法解决答案的真实性问题。直到2013年，疾病控制与预防中心都会公布受访者居住地所在的县，从那时开始，出于隐私的考虑，县的识别码在调查中被隐藏了，从空间上进行分辨的最佳层级是州。

行为风险监测系统的调查是通过电话进行的，最初通过固定电话，但从1993年开始，则通过固定电话以及手机联系受访者。抽样人数在最近几年变得非常庞大(2014年共计有464 664名受访者)。抽样设计规定对手机号码进行随机抽样，对固定电话号码则采用不等比例分层抽样方法进行抽样，这种设计的结果就是样本既不太随意，也不是太具有代表性。因此，传统的估计量(如样本均值)并不能生成无偏估计，这是因为美国人口中的一些亚群相对于其他亚群而言过抽样了。疾病控制与预防中心提供了一组抽样权重，这些权重能够反映选择属于某个特定亚群的受访者的似然性，一个特定亚群可以根据年龄、性别、种族以及若干其他人口统计变量进行定义[10,11]。这些权重提供了一种方法，通过这种方法，偏差可能会被减少或者可能被消除[5]。

以$v_k\left(k=1,\cdots,n\right)$表示分配给第$k$条记录或观测的抽样权重，其中$n$表示某个特定年份中能够提供有效信息的受访者的数量，从概念的角度看，对权重进行缩放使其加和为1能有所帮助，方法是再定义一组权重$w_k=v_k/\sum_{j=1}^{n}v_j(k=1,\cdots,n)$。为调整传统的估计量使其适应抽样偏差，我们将估计量修改成线性估计量。

线性估计量是观测量的线性组合，因此，线性估计量可根据包含在向量$\boldsymbol{y}=[y_1\ldots y_n]^{\mathrm{T}}$中的观测量计算得到，它可表示为一个线性组合：

$$l(\boldsymbol{y})=\sum_{k=1}^{n}w_k y_k \tag{7.1}$$

上式中，w_k是已知系数，其性质为：对于所有i，有$0\leqslant w_i\leqslant 1$成立，并且$\sum_{i=1}^{n}w_i=1$。例如，样本均值就是一个线性预测量，因为针对每个$k$设置$w_k=n^{-1}$就会得到样本均值。还可采用另一种方式，即利用BRFSS抽样权重按照式(7.1)计算得到均值的估计量。

5 抽样权重反映的是选择特定受访者的似然性，但它们不是选择受访者的概率。

7.2.1 患病率的估计

让我们为估计患病率设定一个目标，也即美国各州以及波多黎各和哥伦比亚特区患有糖尿病的成年人口的比例。患病率等于从人群中随机抽取一个人患有糖尿病的概率。由于极难获得每个州人口的临床诊断的概率样本，所以我们取而代之的是估计在 BRFSS 的调查问卷中对有关糖尿病的问题做出肯定回答的人口比例。在 BRFSS 的抽样调查中对有关糖尿病的问题做出肯定回答的成年人口的样本比例是对患病率的一种估计。当然，可能由于调查者的偏差从而歪曲了估计结果，所谓调查者偏差指的是一些作答的受访者会受到调查者的影响(调查者会设法让受访者对自己更有好感)。

常用的患病率估计量是在非此即彼的答案中选择“是”的样本比例，当然，前提是假定这些样本是从人群中随机抽取出来的。我们来考虑一下随机抽样，并假定肯定答案被编码为 1，否定答案被编码为 0，第 k 个答案被记为y_k，所以y_k可能有两个值：0 或者 1。然后可根据$n^{-1}\sum y_k$来计算样本比例。如果抽样不是随机进行的，那么可用加权的患病率估计量，并且抽样权重是变量。如式(7.1)是一个线性估计量，我们将其表示为：

$$\widehat{\pi}(\boldsymbol{y}) = \sum_{k=1}^{n} w_k y_k = \frac{\sum_k v_k y_k}{\sum_k v_k}$$

上式中，v_k 是第 k 个受访者的抽样权重。

另一个线性估计量的例子是对式(3.29)和式(3.33)中的线性回归参数向量的最小二乘估计量：

$$\begin{aligned}\hat{\beta} &= (\boldsymbol{X}^{\mathrm{T}}\boldsymbol{X})^{-1}\boldsymbol{X}^{\mathrm{T}}\boldsymbol{y} \\ &= (\textstyle\sum_{k=1}^{n}\boldsymbol{x}_k\boldsymbol{x}_k^{\mathrm{T}})^{-1}\textstyle\sum_{k=1}^{n}\boldsymbol{x}_k y_k\end{aligned} \tag{7.2}$$

上式中，$\boldsymbol{x}_k$ 是与第 k 个响应y_k相关联的预测变量向量，可通过用加权求和代替每个未加权求和，在估计量 β 中引入权重：

$$\begin{aligned}\hat{\beta}_w &= (\textstyle\sum_{k-1}^{n} w_k\boldsymbol{x}_k\boldsymbol{x}_k^{\mathrm{T}})^{-1}\textstyle\sum_{k-1}^{n} w_k\boldsymbol{x}_k y_k \\ &= (\boldsymbol{X}^{\mathrm{T}}\boldsymbol{W}\boldsymbol{X})^{-1}\boldsymbol{X}^{\mathrm{T}}\boldsymbol{W}\boldsymbol{y}\end{aligned} \tag{7.3}$$

上式中，$\boldsymbol{W}$ 是一个对角矩阵，对角线上的项为 $w_1,\cdots,w_n$。

我们将使用线性预测变量来针对每个州和年份的组合估计患病率，所以用 i 和 j 分别作为州和年份的索引，针对第 i 个州和第 j 个年份的患病率估计量是：

$$\widehat{\pi}_{i,j} = \sum_{k=1}^{n_{i,j}} w_{i,j,k} y_{i,j,k} = \frac{\sum_k v_{i,j,k} y_{i,j,k}}{\sum_k v_{i,j,k}} \tag{7.4}$$

上式中，$y_{i,j,k}$是针对第 i 个州第 j 个年份的 $n_{i,j}$ 个答案中的第 k 个答案，$w_{i,j,k}$是与 $y_{i,j,k}$相关联的 BRFSS 抽样权重。

7.2.2　发病率的估计

就我们手头要解决的问题而言，糖尿病的发病率是指从 2000 年到 2014 年的患病率的年平均变换率。这个定义意指一个值就能概括出这 15 年的发病率，实际上，我们把这 15 年的发病率当作常量处理，这种处理方式很实用，因为 15 年的数据太少了，不足以充分地为 50 个州逐个地估计和总结随时间变化的发病率。

第 i 个州的发病率的估计量是 $\beta_{1,i}$ 的最小二乘估计量，参数化表示为如下所示的简单线性回归模型：

$$\pi_{i,j} = \beta_{0,i} + \beta_{1,i}\text{year}_j \tag{7.5}$$

截距 $\beta_{0,i}$ 并没有实际含义，因为它是公元第 0 年的患病率，我们来改变一下设置，让 $\beta_{0,i}$ 具有实际意义。为此，用 x_j 表示时间跨度的中点(2007 年)与 year_j 的差值，并在模型中用 x_j 替换 year_j，如此一来，$\beta_{0,i}$ 就是 $y|x_j=0$ 时(或者说是 2007 年)的患病率。如果目的是预测患病率，那么我们可以转换年份值，使得 $\beta_{0,i}$ 是 2014 年的患病率。转换年份会生成两个感兴趣的估计：发病率的估计 $\beta_{1,i}$ 以及中间年份患病率的估计 $\hat{\beta}_{0,i}$，后者用到了全部 15 年的数据，而不是点估计 $\hat{\pi}_{i,2007}$ 。[6]由于转换年份变量会为分析增添更多信息，因此我们可以用如下所示的模型进行处理。

$$\pi_{i,j} = \beta_{0,i} + \beta_{1,i} x_j \tag{7.6}$$

上式中，$x_j = \text{year}_j - 2007$，对于第 i 个州，用于计算 $\hat{\beta}_{0,i}$ 和 $\hat{\beta}_{1,i}$ 的数据是数值对集合 $\{(-7,\hat{\pi}_{i,0}),(-6,\hat{\pi}_{i,1}),\cdots,(7,\hat{\pi}_{i,14})\}$ 。应当认识到式(7.5)蕴含的意思是糖尿病患病率的变化率是一个常量。但是线性变化率对于较长的时间跨度而言是不合适的，因为它会对距离 2007 年较远的年份产生荒谬可笑的估计结果(除非估计出的变化率是 0)。我们使用上述模型只是为了方便针对时间间隔较短的若干年份同时获取患病率和发病率的估计，我们进行估计推断的时间范围仅限于 2000—2014 年。

现在我们转到根据全美各州以及年份利用 BRFSS 数据估计糖尿病患病率和发病率的计算方面。

---

6 如果在整个年份跨度上发病率近似是一个常量，那么 $\hat{\beta}_{0,i}$ 是中间年份患病率更精确的估计量。

7.3 教程：糖尿病的患病率和发病率

数据处理策略是通过一系列映射获取根据年份和州组织的患病率估计的字典，以此达到约简数据的目的。每一组州年度估计之后都用来将发病率估计为患病率的年度变化率。

第 3.6 节中已经对 BRFSS 的数据结构进行了讨论，一言蔽之，这些数据文件是由若干固定宽度的字段构成的，一个变量必须根据其在记录中的位置从记录中提取出来作为一个子字符串，每个变量在记录中的字段或位置以及对变量编码的协议都在由 CDC 维护的编码手册中进行了介绍，其 URL 地址是 http://www.cdc.gov/brfss/annual_data/annual_data.htm，根据网页上的链接就能获取特定年份的码本。

根据编码手册中规定的格式，数据文件中的变量被编码为整型值的标签，第 7.2 节中提供了一个对有关糖尿病问题进行编码的实例。如果在分析过程中引入了其他变量，那么分析师通常必须将表格形式的答案映射为更便于分析的变量[7]。针对本章教程中会用到的变量，表 7.1 按照年份对字段位置进行了概括。

表 7.1 BRFSS 数据文件中的抽样权重、性别、收入情况、教育程度、年龄分级、BMI 指数以及患病情况的字段位置

	抽样权重		性别	收入情况		教育程度	年龄分级		BMI 指数		患病情况
年份	下限	上限	字段	下限	上限	字段	下限	上限	下限	上限	字段
2000	832	841	174	155	156	153	887	888	862	864	85
2001	686	695	139	125	126	123	717	718	725	730	90
2002	822	831	149	136	137	134	920	921	933	936	100
2003	745	754	161	144	145	142	840	841	854	857	84
2004	760	769	140	124	125	122	877	878	892	895	102
2005	845	854	148	127	128	112	1204	1205	1219	1222	85
2006	845	854	135	114	115	112	1205	1206	1220	1223	85
2007	845	854	146	120	121	118	1210	1211	1225	1228	85
2008	799	808	143	117	118	115	1244	1245	1259	1262	87

7 针对特问题的数值标签通常每一年都是相同的。

(续表)

年份	抽样权重		性别	收入情况		教育程度	年龄分级		BMI 指数		患病情况
	下限	上限	字段	下限	上限	字段	下限	上限	下限	上限	字段
2009	993	1002	146	120	121	118	1438	1439	1453	1456	87
2010	990	999	147	120	121	118	1468	1469	1483	1486	87
2011	1475	1484	151	124	125	122	1518	1519	1533	1536	101
2012	1475	1484	141	116	117	114	1629	1630	1644	1647	97
2013	1953	1962	178	152	153	150	2177	2178	2192	2195	109
2014	2007	2016	178	152	153	150	2232	2233	2247	2250	105

CDC 会提出如下所示的有关糖尿病的问题：曾有医生告诉过你患有糖尿病吗？[8] 这个问题的答案在表 7.2 中给出，这些答案对于掌握受访者的糖尿病情况十分有用：

表 7.2 针对糖尿病患病情况的编码

值	值标签
1	是
2	是，但是女性受访者被告知仅在孕期患有此病
3	否
4	否，糖尿病前期或临界糖尿病

这些值必须被映射为 0 或者 1，目前一种不成文的做法是，用 0 表示没患糖尿病，用 1 表示患有糖尿病。对于处理答案值 2 和 4 还有一些问题，一种可能的做法是忽略掉所有不能确定是“是”或者“否”的答案，另一种可能的做法则是将值 2、3 和 4 结合当作一个否定回答，这种处理方式是基于这样的逻辑：糖尿病是一种无法治愈的慢性病，答案 2、3 或 4 意指应答者没有患上慢性糖尿病。在本教程中，我们将答案 2、3 或 4 映射为 0，而不是忽略掉这条记录。

下面的教程会利用之前章节中开发好的函数，这些函数以及开发这些函数所在的章节在表 7.3 中列出。

8 这是在 2004 年度的调查中提出的问题，随着时间的推移，正确的问法已经有所变化。

表 7.3 函数、函数开发所在章节以及函数的目的

函数名	章节	目的
convertBMI	3.6	将字符串转换成浮点数
stateCodeBuild	7.3	构建州名字典

(1) 转到 http://www.cdc.gov/brfss/annual_data/annual_data.htm 获取表 7.4 中列出的文件[9]，单个数据文件位于相关的年份子文件夹中，单击链接 20xx BRFSS Data (ASCII)，下载压缩格式的文本文件，在你的文件夹中解压文件。BRFSS 数据文件大概会占用 7.8GB 的磁盘空间。

表 7.4 用于分析糖尿病患病率和发病率的数据集

cdbrfs00.ASC	cdbrfs01.ASC	cdbrfs02.ASC	CDBRFS03.ASC
CDBRFS04.ASC	CDBRFS05.ASC	CDBRFS06.ASC	CDBRFS07.ASC
CDBRFS08.ASC	CDBRFS09.ASC	CDBRFS10.ASC	LLCP2011.ASC
LLCP2012.ASC	LLCP2013.ASC	LLCP2014.ASC	

(2) 创建一个 Python 脚本，在脚本最上方输入指令，载入下列模块和函数：

```
import os
import sys
from collections import namedtuple
import numpy as np
```

(3) 你需要一个文件将州名和州的 FIPS[10] 编码关联起来。转到 http://www2.census.gov/geo/docs/reference/codes/files/national_county.txt，并将网页保存为数据文件夹中的 national_county.txt 文件。

(4) 根据 national_county.txt 创建一个字典，字典中的每个键就是一个州或者地区的 FIPS 编码，关联的值就是州或者地区的名称。从每个包含 FIPS 州编码和双字母州名缩写的字符串中提取子字符串。另外，你可通过在逗号处分隔字符串来创建列表，并将 FIPS 州编码和双字母州名缩写作为列表项提取出来。

在 national_county.txt 中，两个字母表示的州或者地区缩写占据了字符串中的位置 0 和 1，FIPS 州编码占据了位置 3 和 4。

```
path = r'../national_county.txt'
```

9 通过第 3 章第 3.6 节中的工作，你可能已经有了其中的一些文件。

10 FIPS 是 Federal Information Processing Standards 的缩写，即联邦信息处理标准。

```
stateCodes = {}
with open(path, encoding = "utf-8") as f:
    for record in f:
        stateCode = int(record[3:5])
        stateCodes[stateCode] = record[0:2]
```

(5) 构建一个包含说明 4 中所描述的代码段的函数，该函数构建并返回 stateCodesDict，它看上去应该如下所示：

```
def stateCodeBuild():
      path = r'../national_county.txt'
      ...
      return stateCodeDict
```

(6) 例如，如下指令对函数进行测试：

```
stateCodeDict = stateCodeBuild()
print(stateCodeDict)
```

从 Python 脚本中删除上述函数，将其放入 functions 模块中(functions.py)。[11]通过执行脚本编译 functions.py。

(7) 在第 3 章的 3.6 节中的第 4 条说明中，读者被引导创建了 fieldDict，它是一个字典的字典，其中按年份存储了 BRFSS 变量的字段位置。我们将利用 fieldDict 获取糖尿病患病情况和抽样权重的字段位置。如果你还没有创建函数 fieldDictBuild 并将其放入 functions 模块中，那么请按第 3 章中给出的说明完成这一步骤。无论是哪种情况，都请输入如表 7.1 所示的 2000—2014 年每一年糖尿病患病情况变量的字段位置。编辑好 fieldDictBuild 后，请执行 functions.py 以便当调用 fieldDictBuild 时有新的数据项可用。

(8) 调用 fieldDictBuild()来创建字典 fieldDict。

(9) 现在转到 BRFSS 数据文件，创建一个 for 循环，通过遍历数据文件夹中的文件读取该文件夹中的每个文件。我们之前已经完成了这项工作，请参见第 3 章的 3.6 节或 3.8 节。所有 BRFSS 文件名都有两位数字的抽样年份的缩写，其位置在文件名中从 0 开始索引的位置 6 和 7(见表 7.4)。所以我们尝试利用指令 shortYear = int(filename[6:8])从文件名中提取抽样年份的头两位数字。将字符串形式表示的年份转换成整数形式表示，以此确认文件是不是 BRFSS 数据文件。变量 n 表示能够提供信息的记录的条数，它也为数据字典提供了键值。代码段程序如下。

11 第 3 章中的 3.6 节讨论了 functions.py 模块的创建。

```
n = 0
dataDict = {}
path = r'../Data/'
fileList = os.listdir(path)
for filename in fileList:
    print(filename)
    try:
        shortYear = int(filename[6:8])
        year = 2000 + shortYear
        print(year, filename, 'Success')
    except ValueError:
        print(year, filename, 'Failure')
```

(10) 在异常处理程序的 try 分支中添加代码段，针对 shortYear 提取字段字典，获得变量抽样权重、体重指数和糖尿病患病情况的字段位置：

```
fields = fieldDict[shortYear]
sWt, eWt = fields['weight']
sBMI, eBMI = fields['bmi']
fDia = fields['diabetes']
```

缩进代码段以便它能在 print(year, filename, 'Success')语句之后立即得到执行。

(11) 在用 for 循环遍历 fileList 前创建一个 namedTuple 类型的变量 data，namedTuple 用于存储从 BRFSS 记录中提取出来的数据，我们将存储年份、州编码、抽样权重以及糖尿病患病情况变量：

```
data = namedtuple('dataTuple','year stateCode weight diabetes')
```

上述指令将新建一个名为 dataTuple 的元组子类，我们已经将这个子类的实例命名为 data。要获取存储在 data 实例中的糖尿病患病情况的值，我们可能要利用语法 data.diabetes，而且不必跟踪元组中该变量的位置。这种做法很有好处，因为接下来的教程中会有更多变量在 data 中进行调用和存储。

(12) 现在我们准备利用 for 循环处理数据文件，for 循环每次读取一条记录。当记录处理完成后，会提取出整数值形式的州编码，并把这个整数值转换成两个字母的表现形式。通过在字典 stateCodesDict 中进行查询确定两个字母形式的缩写所代表的州名。

```
file = path + filename
with open(file, encoding="utf-8") as f:
    for record in f:
        stateCode = int(record[:2])
        stateName = stateCodesDict[stateCode]
        weight = float(record[sWt-1:eWt])
```

上面的代码段必须进行缩进，以便在每次从 filename 中成功提取出整数形式的 shortYear 后都能得到执行。

(13) 构建一个函数处理糖尿病患病情况字符串。在适当位置编写这个函数的代码可能是最有效的，这样可在出现错误时让变量在控制台得到检查。当代码如期望的那样执行时，就可以把代码迁移到函数中。这个函数名为 getDiabetes，以 diabetesString 作为参数并返回一个整数值。将返回值变量命名为 diabetes，就像之前所讨论的那样，如果对于有关糖尿病的问题的回答明确为“是”时，我们就设 diabetes=1；如果是带有其他信息的答案，则设 diabetes= - 1。这个函数看上去应当如下所示。

```
def getDiabetes(diabetesString):
    if diabetesString != ' ':
        diabetes = int(diabetesString)
        if diabetes in {2,3,4}:
            diabetes = 0
        if diabetes in {7,9}:
            diabetes = -1
    else:
        diabetes = -1
    return diabetes
```

将这个函数放入 functions.py 中，并重新编译 functions.py。

(14) 通过调用 getDiabetes 从记录中提取糖尿病患病情况并将其转换成一个整数编码。将从 dataDict 里的 record 中提取出的数据存储为一个命名元组：

```
diabetesString = record[fDia-1]

diabetes = functions.getDiabetes(diabetesString)
if diabetes != -1:
    dataDict[n] = data(year, stateCode, weight, diabetes)
    n += 1
```

注意，字典的键值是从 0 到 n 的整数，其中 n 表示信息记录的数目，在处理完每个文件后把 n 打印出来，应该在 $n = 5\,584\,593$，即 dataDict 中有 5 584 593 条信息记录时结束。

(15) 下一步将 dataDict 缩减为一个小得多的数据字典，将存储在 dataDict 中的数据映射为一个把由州和年份组成的数据对当作键值的数据字典，这个数据字典中的值是针对每个州和年度计算患病率加权估计量所需的要素。

式(7.4)展示了患病率的估计量，在遍历 dataDict 时，我们将为州 i 和年份 j 计算分子和分母，要计算的项有：

$$\sum_k v_{i,j,k} y_{i,j,k} \text{和} \sum_k v_{i,j,k}$$

其中，$y_{i,j,k}$ 和 $v_{i,j,k}$ 分别是糖尿病患病率变量和抽样权重的值，k 表示从年份 j 和州 i 开始的观测的索引。

下一个映射是创建一个字典 StateDataDict 来存储形如列表[$y_{i,j,k}$, $v_{i,j,k}$]的每个州和年份的和，字典的键值是由州编码和年份组成的元组：

```
StateDataDict = {}
for key in dataDict:
    item = dataDict[key]
    stateKey = (item.stateCode, item.year)
    value = StateDataDict.get(stateKey)

    if value is None:
        v = item.weight
        vy = item.weight*item.diabetes
    else:
        vy, y = value
        v += item.weight
        vy += item.weight * item.diabetes
    StateDataDict[stateKey] = [vy, v]
```

既然我们已经构建完 dataDict，那么上述代码片段在 fileList 上运行的 for 循环结束之后就会得到执行，它不应被缩进。

(16) 在通过对年度患病率进行简单的线性回归来估计发病率之前，另一个数据约简的步骤也十分必要。正如第 7.2.2 节中所讨论的那样，针对每个州会执行一次单独的回归。患病率会按年份进行回归，并且斜率系数会作为每个州的发病率的估计值，所以，我们需要针对每个州存储一个由患病率和年份组成的数据对。

存储回归数据的字典 regressDataDict 会把州作为键值，字典的值是由数据对组成的列表，数据对中的元素是年份和估计的患病率。这里利用 collections 模块中的一个函数来创建字典项(如果字典中没有数据项)以及向已有的字典项后追加数据(如果字典中已经存在数据项)。

```
import collections
regressDataDict = collections.defaultdict(list)

for key in StateDataDict.keys():
    state, year = key
    vy, v = StateDataDict[key]
    regressDataDict[state].append((year,vy/v))
```

上述代码执行后，具有特定州编码的列表应该如下所示。

```
[(2001, 0.042), (2010, 0.0660), ..., (2012, 0.0727)]
```

观测数据对并非按年份排序，但是它们也不必为了拟合线性回归方程而排序。

(17) 针对每个州计算式(7.6)给出的模型的回归系数。由于模型是针对每个州进行拟合，那么可在字典 regressDataDict 上进行遍历迭代，并且每次迭代都针对特定的州收集数据。如上例所示，第 i 个州的数据由包含 m 个数据对 $[(\text{year}_1, \widehat{\pi}_{i,1}), \ldots, (\text{year}_m, \widehat{\pi}_{i,m})]$ 的列表组成，数据对中的元素是年份以及患病率的估计值。利用某个州的数据，通过将每个数据对映射为一个包含常量 1 和中心化年份的列表(例如[1, year-2007])创建一个 $m\times2$ 的矩阵 $\boldsymbol{X}$。[12]在创建列表时，利用递推式列表构造指令[[1,year-2007] for year,_ in data]让这些列表形成一个堆栈，指令中的 data 就是存储在键值为 stateCode 的字典 regressDataDict 中的列表。最后将列表转换成一个 Numpy 矩阵。同时创建一个患病率向量 $\boldsymbol{y}$。代码片段如下所示：

```
for stateCode in regressDataDict:
    data = regressDataDict[stateCode]
    X = np.array([[1,year-2007] for year,_ in data])
    y = np.array([prevalence for _,prevalence in data])
```

在一个数据对元素没有用到时，下画线用作占位符。

12 除了路易斯安那州和几个美国属地之外，数据对的数目 m 是 15。

(18) 当用 for 循环遍历 regressDataDict 时，针对每个州计算和打印出回归系数。

```
b = np.linalg.solve(X.T.dot(X),X.T.dot(y))
print(stateCodesDict[stateCode], b[0], b[1])
```

请注意，$\widehat{\beta}_{0,i}$=b[0]是中心化年份为0(相当于2007年)时第 i 个州患病率的估计值。

(19) 当计算估计值时，将回归系数写入文件。我们的做法是在 for 循环执行前打开一个文件以备写入，同时将 for 循环嵌套在 open 指令下，代码结构如下所示。

```
path = r'.../plottingData.csv'
with open(path, 'w') as f:
    for stateCode in regressDataDict:
        data = regressDataDict[stateCode]
```

(20) 计算并将其 $\hat{\beta}_i$ 写入输出文件，以语句 b = np.linalg.solve(X.T*X, X.T*y)对齐代码段的缩写：

```
string = ','.join([stateCodesDict[stateCode], str(b[0]), str(b[1])])
    f.write(string + '\n')
    sprint(string)
```

患病率的估计值(b[0])应当在 0.05 和 0.25 之间，每年发病率的估计值(b[1])则应当在 0 和 0.005 之间。

(21) 为可视化显示结果，以发病率估计值和患病率估计值为坐标对针对每个州进行绘制，你可以利用下面的 R 代码完成此项工作：

```
data = read.csv('../plottingData.csv', header = FALSE)
colnames(data) = c('State', 'Prevalence', 'Incidence')
plot(c(0.05,0.14), c(0,0.005), type = 'n',
     xlab = '2007 Estimated prevalence', ylab = 'Estimated incidence')
text(x = data$Prevalence, y = data$Incidence, labels = data$State,
     cex = 0.8)
```

绘制出的图形应当如图 7.1 所示，该图展示了患病率和发病率是中度相关的(r=0.540)，而且有证据表明患病率和发病率的估计值呈现出空间聚集的态势，例如，除了波多黎各外的最大估计值源自东南部和俄亥俄河谷周边的州。

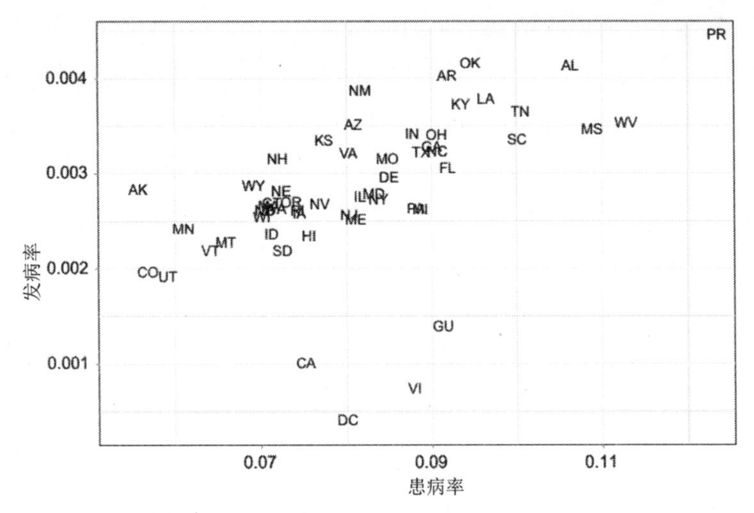

图 7.1　按州和美国领地以糖尿病发病率和患病率为坐标对绘制的图形，发病率和患病率数据对由两个字母的缩写确定，n=5 592 946

7.4　预测具有患病风险的个人

确定个人罹患 2 型糖尿病的风险比普通人高有众多好处，一旦确定，这些人就能积极治疗以避免患病或者延迟发作时间和病痛程度。如果医疗从业者、责任医疗组织或者自保机构仅利用自我报告的人口统计变量就可以估计个人罹患 2 型糖尿病的风险，那么这种巨大的好处就会被人们所认识。被确定为具有高患病风险的个人可参加各种预防性活动，例如加入推荐健康饮食和运动的计划当中。

在下面的教程中，将根据 BRFSS 数据构建个人患病概率的估计量，这个估计量是一个函数，其输入是一个预测向量 x_0，x_0 包含若干单独度量的人口统计变量(人口特征)，估计量函数返回的是概率估计值，这个概率估计值是利用同一人口特征和医生出具的糖尿病诊断书估计得到的美国成年常住人口的比例[13]。例如，假定某人具有如下人口特征：年龄在 30 到 34 岁之间，大学学历，家庭年收入在 25 000 美元到 35 000 美元之间，身体质量指数在 30 到 32 之间。如果 n_0 表示具有相同人口统计特征的数据集中的人数，y_0 表示报告患有糖尿病的人数，那么估计得到的个人患有糖尿病的概率就是 y_0/n_0。我们称 y_0/n_0 为“经验概率”，这是因为它纯粹是基于具有相同人口统计特征的抽样人群中患有糖尿病的人的相对频率得到的。从数学角度看，如果 f 是将人口

13 如果 BRFSS 的样本是随机样本，我们就称这个概率估计值为经验概率。

特征映射为经验概率的估计算子，那么有 $f(\mathbf{x}_0 \mid D) = y_0/n_0$，其中 D 是根据人口特征构造的数据集。我们无法从数学上简练地表示出这个函数，但实际上 f 是一个字典，这个字典的键是 $\mathbf{x}_1, \ldots, \mathbf{x}_N$，值则是经验概率 $y_1/n_1, \ldots, y_N/n_N$。

预测函数并非基于模型，而是完全基于可用数据得到。因此，预测函数由于模型不足而不存在误差。没有模型并且避免了维护模型的负担固然是好事，但是在特定人口特征的观测量较少时，利用这些概率值进行预测会导致不精确性。由于没有模型，所以预测的精确性仅依赖于 n_0，它是数据集中观测的数量，每个观测都与一个预测向量 $\mathbf{x}_0$ 相匹配，不管这个数据集多大都是如此。因此，如果目标人物情况异常并且 n_0 很小，那么关联的概率估计值和预测值都不会精确[14]。比起无模型预测函数而言，如果预测模型是对真实情况的近似描述，那么它一般会生成更精确的估计。总之，由于所有观测都用于估计模型，所以预测模型要比非模型预测函数带来的好处大。尽管基于模型的预测函数具有这些潜在优势，但本章的案例中还是采用无模型的方法进行处理，这是因为数据量足够大，可以确保绝大多数潜在预测的精确性。并且我们也不必关心探索真实模型过程中涉及的各式各样的困难。

用于预测的人口统计变量有收入、教育程度、年龄和身体质量指数[15]，记录了收入、教育程度和年龄的 BRFSS 变量是有序的，例如，受访者的年龄被记录为一个区间(如 30~34 岁)，这些变量之所以有序，是因为两个数值可明白无误地进行排序，但对于两个数值之差的解读却未必那么明晰。与之相反，身体质量指数是根据身高和体重得到的，并且以单位 kg/m^2 记录，可方便地通过将每个数值舍入为 18~60 kg/m^2 之间最接近的偶整数，将身体质量指数转换为有序度量。大于 60 以及小于 18 的数值被分别转换为 60 和 18，结果就是 22 个界限清楚的身体质量指数分类。

表 7.5 定义了每个人口统计变量的等级数量，各种等级可能组合数量为 $14 \times 8 \times 6 \times 22 = 14\,784$，每个组合都关联着一组人，我们用一个普通的预测向量(或人口特征)把一组人表示为一个队列，将预测向量表示成概况向量。假设一个四维交叉变量表，如果这是个传统的数据集，则对于利用经验概率进行预测而言，队列或单元格的数量过于庞大了。采用 2000—2014 年的数据集会根据上述所有 4 个变量生成 n=5 195 986 条具有信息价值的记录，每一概况向量的观测值的平均数量为 364.1，[16]观测的平均值满足大多数经验概率应用的要求。当然，跨单元格的观测分布是一个变量，并且有些单元格只有少量或者没有观测，我们将在下一节中解决这个问题。将数据投入应用前，我们应当对预测函数及其应用给予更多思考。

---

14 预测的精确性与估计量的方差直接相关，而方差又取决于计算估计值的观测数量。

15 其他变量对于预测也可能有用(种族和运动水平)。

16 并非每个可能的概况特征都能被观测到，能观测到的概况特征的数量是 14 270，略少于 14 784。

表 7.5 有序变量及其数量级

变量	年龄	收入	教育程度	身体质量指数
数量级	14	8	6	22

预测函数以向量 $\boldsymbol{x}_0$=[3 4 4 36]^{T} 作为输入，并返回经验概率，具体而言，就是 $f(\boldsymbol{x}_0|D)=27/251\approx0.108$。在传统的统计学习应用中，对于一个具有概况特征 $\boldsymbol{x}_0$ 的人是否患有糖尿病的预测是根据估计生成的。一般情况下，决策规则是：如果 $f(\boldsymbol{x}_0|D)>0.5$，就能预测这个人患有糖尿病；如果 $f(\boldsymbol{x}_0|D)\leqslant0.5$，就能预测这个人没有糖尿病。

但这个问题稍有不同，我们的目标是确认罹患糖尿病风险提高的个人，而不是预测其是否患有糖尿病。患病风险升高的个人有可能患病，也有可能还没患病。只有当有相当比例的糖尿病患者未被确诊时，确认糖尿病患者才是有意义的。所以在本章的应用中，令人感兴趣的事件是患上糖尿病的风险增加。正如之前所提到的那样，这个事件是模棱两可的，我们需要明确地定义这个事件，以便下一步标记出人们患上糖尿病的风险究竟是高还是一般。为达到这个目的，我们定义了一个决策规则 $g(\boldsymbol{x}, p)$，$g(\boldsymbol{x}, p)=1$ 表示风险较高，而 $g(\boldsymbol{x}, p)=0$ 表示风险一般，决策规则如下所示：

$$g(\boldsymbol{x}, p)=\begin{cases}1, & f(\boldsymbol{x}|D)>p\\0, & f(\boldsymbol{x}|D)\leqslant p\end{cases} \tag{7.7}$$

参数 p 是一个阈值，根据以下成本来调节：没有识别出一个有风险的人以及错误地将一个正常风险的人贴上了高风险标签。数据集并不包括有关风险状态的信息，但从逻辑上讲，根据 g 应该确定大多数糖尿病患者具有较高风险。但是，即使有人的人口特征具备糖尿病的特征，也不一定就得上了糖尿病，这是因为易感性和发病年龄存在差异，此外，一个人的饮食和锻炼水平往往随时间而变化。所以，一个人的属性(特别是身体质量指数)不再表现出糖尿病的特征，却会对有关糖尿病诊断的问题做出肯定的回答。而一些被认为有较高风险的人会自认为没有糖尿病。确定这些人是谁对决策规则的实际应用具有重大意义，因为其目标是干预和降低风险水平。当然，决策规则必须足够准确，才能适用于任意值。

敏感度和特异性

决策规则的准确度可通过如下数据对进行探究：$(y_1, g(\boldsymbol{x}_1, p)), \cdots,(y_N,g(\boldsymbol{x}_N, p))$，其中，如果第 i 个人自认为患有糖尿病，则 $y_i=1$；如果第 i 个人自认为没有糖尿病，则

$y_i=0$。式(7.7)已经定义了 $g(\boldsymbol{x}, p)$。对于规则的表现而言，最重要的是根据该规则，患有糖尿病的人也被认为具有较高的患病风险，否则决策规则就没什么用处。为分析这个问题，就要考虑个人在假定患有糖尿病的前提下被确定为具有高风险的条件概率，这个概率如下所示：

$$\Pr[g(\boldsymbol{x}, p)=1|y=1]=\frac{\Pr[g(\boldsymbol{x}, p)=1, y=1]}{\Pr(y=1)} \tag{7.8}$$

条件概率 $\Pr[g(\boldsymbol{x}, p)=1|y=1]$ 被称为决策规则的敏感度，也叫做真阳性率[2]。好的规则的敏感度接近于 1。理想情况下，特异性或者真阴性率 $\Pr[g(\boldsymbol{x}, p)=0 \mid y=0]$在常规测试条件下(在本章中不存在)的值很大。由此而论，特异性描述的是一个没有患糖尿病的人被确定为一般风险的概率。

我们的目标不是预测糖尿病，而是预测高风险[17]。因此，我们预期如果决策规则应用于数据，那么会出现某人自认为没有糖尿病，却被确定为具有高风险的情况。传统上，这种事件被称为假阳性率，其数学表达式是$\{g(\boldsymbol{x}, p)=1 \mid y=0\}$。这种情况下，一个较大的假阳性率并不意味着决策规则很差，因为它预期一些 BRFSS 样本中的高危个体不会被诊断为糖尿病。由于 $\Pr[g(\boldsymbol{x}, p)=1 \mid y=0]=1-\Pr[g(\boldsymbol{x}, p)=0 \mid y=0]$，所以假阳性率与特异性相关，所以，特异性 $\Pr[g(\boldsymbol{x}, p)=0 \mid y=0]$对于被认为有用的规则而言并不需要很大。

计算敏感度和特异性的估计值要从将集合$\{y_1, g(\boldsymbol{x}_1, p)\}, \cdots, (y_N, g(\boldsymbol{x}, p))\}$映射为表 7.6 所示的混淆矩阵入手，第 9.7 节将详细讨论混淆矩阵。表 7.6 中的各数据项是自我感觉患病的状态(患有或者没有糖尿病)和预测的风险等级(高风险或一般风险)的组合，敏感度由下式进行估计：

$$\hat{\Pr}[g(\boldsymbol{x}, p)=0 \mid y=1]=\frac{n_{11}}{n_{1+}} \tag{7.9}$$

式 7.9 中，n_{1+}是自己报告患有糖尿病的人数，n_{11} 是自己报告患有糖尿病并且被预测为高患病风险的人数。可根据下式估计特异性：

$$\hat{\Pr}[g(\boldsymbol{x}, p)=0 \mid y=0]=\frac{n_{00}}{n_{0+}} \tag{7.10}$$

17 我们可以更严格地将感兴趣的事件定义为代谢综合症，即一组 2 型糖尿病的前兆。

假阳性率的估计值是：

$$\hat{\Pr}[g(\boldsymbol{x}, p) = 0 \mid y = 0] = \frac{n_{01}}{n_{0+}}$$

表 7.6　混淆矩阵

自我感觉	预测风险		
	一般风险	高风险	合计
没病	n_{00}	n_{01}	n_{0+}
有病	n_{10}	n_{11}	n_{1+}
合计	n_{+0}	n_{+1}	n_{++}

阈值 p 决定了与人口特征向量 $\boldsymbol{x}$ 相关联的经验概率 $f(\boldsymbol{x}|D)$能否确定一个人具有高风险，p 值较小意味着大多数人都被确定为具有高患病风险。因此，调低这个阈值或使得 n_{+1} 增加，而 n_{+0} 减少。n_{+1} 的增长如何在 n_{01} 和 n_{11} 之间精确分布并不为人所知，但是我们预期其中一些会增加 n_{11}，n_{11} 是患有糖尿病又被确认为具有高患病风险的人数。因此，可通过降低 p 改善敏感度。降低阈值也可能通过增加 n_{01} 来降低预测函数的特异性，n_{01} 是实际没有糖尿病却被确认为具有高患病风险的人的比例。图 7.2 显示了如果我们把敏感度和特异性当作同等重要，那么 p=0.13 就会使得估计出的敏感度和特异性大致相等(值为 0.71)。如果把预测函数应用于 BRFSS 人口数据，那么在此期间内有 71%的可能使得一个糖尿病患者被确认为具有高患病风险。正如上面所讨论的那样，接受比特异性更小的值是合理的，甚至是可取的。因此，选择 p=0.1 更可取，原因无他，只是因为如果人群中的人口统计队列中至少包含 10%的确诊糖尿病病例的话，就可以认为某个人具有高患病风险。在这个语境中，人口统计队列是一个具有相同人口统计特征的人群集合——特别是具有相同的预测向量。取 p=0.1 作为阈值会使得敏感度为 0.806，特异性为 0.622。根据 p 的选择，那些没有确诊为患有糖尿病却被确认为具有高患病风险的人群所占比例为 1－0.622=0.378，这些人就是要采取干预措施的目标。

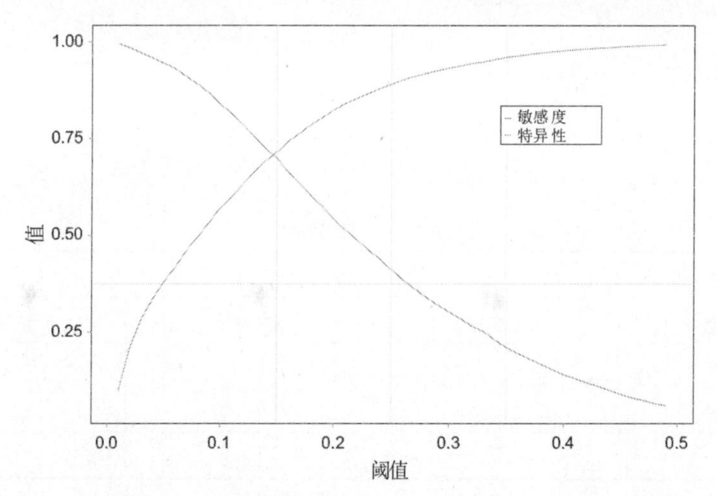

图 7.2　针对阈值 p 绘制的敏感度和特异性，年份为 2001—2004，n=5 195 986

7.5　教程：确认具有患病风险的个体

本教程建立在前一个及更早教程的基础之上，特别是所有变量在之前都曾经用到过，尽管不曾同时用到所有这些变量。我们使用的是从 2002 年开始到 2014 年为止的数据文件，其中一些数据已经在第 7.3 节的教程中使用过。2002—2006 年的数据必须从疫病控制与预防中心的网页(http://www.cdc.gov/brfss/annual_data/annual_data.htm)上获取。表 7.1 对本章中各教程所用到的变量的字段位置进行了总结。

(1) 修改或者创建一个字典 fieldDict，使其按年度包含感兴趣变量的字段位置，字段位置在表 7.1 中指定。正如第 7.3 节中所介绍的那样，fieldDict 是一个字典的字典。外层字典以年份的最后两位数字作为键，对于本教程而言，其相关联的值是一个内层字典，内层字典带有 5 个键值对。内层字典的每个键都是一个变量名，而值则是变量的字段位置。下面的代码展示了如何初始化这个字典，以及如何填充 2010 年的内层字典数据：

```
fieldDict = dict.fromkeys([10, 11, 12, 13, 14])
fieldDict[10] = {'bmi':(1483, 1486), 'diabetes':87,
    'income':(120, 121), 'education':118, 'age':(1468, 1469)}
```

除了本教程中用到的变量外，这个字典或许还包含一些附加变量，这些附加变量对于程序而言没有影响。

(2) 利用第 7.3 节中第 9 项说明的代码段遍历包含 BRFSS 数据文件的文件夹中的文件。

(3) 如果 shortYear 小于 2，则创建一个变量 ZeroDivisionError 表示错误，这样可以确保只有 2001—2014 年期间的数据文件得到处理：

```
try:
    shortYear = int(filename[6:8])
    if shortYear < 2:
        1/0
    ...
except(ZeroDivisionError, ValueError):
    pass
```

(4) 从 fieldDict 中提取字典的字段位置集合 fields，然后利用命令 sAge, eAge = fields['age']提取表示年龄的变量的字段位置。

(5) 提取其他 4 个分别表示收入、教育程度、身体质量指数以及糖尿病患病情况的变量的字段位置。第 7.3 节中的第 10 项展示了提取体重以及身体质量指数的代码。针对每个数据文件提取一次字段位置，提取字段位置的代码可放在上面的代码段中用...表示的地方。

(6) 用 file 表示的文件路径和名称打开文件，并按顺序处理每条记录：

```
with open(file, encoding = "utf-8") as f:
    for record in f:
        n += 1
```

上述代码必须和获取变量字段位置的代码对齐。

(7) 利用在第 3 章 3.8 节中编写的 getIncome 和 getEducation 函数，将 record 中的数据项转换为可用的数值。如果这两个函数已经放在 functions 模块中，请将下面的代码放在脚本的最上方，以此加载该模块和函数：

```
sys.path.append('/home/.../parent')
from PythonScripts import functions
dir(functions)
```

在上面的代码中，/home/.../parent 是相对于包含 functions.py 的父文件夹的路径[18]，第 3 章 3.8 节的第 8 项详细说明了这两个函数的编程实现。

(8) 利用第 3 章 3.6 节编写的 convertBMI 函数，将身体质量指数字符串转换成一个整数，然后把这个整数映射为一个有序变量。int(2*round(bmi/2,0))会将身体质量指

---

18 functions.py 应放置在 parent 的下一级文件夹中。例如，如果完整路径是/home/HealthCare/PythonScripts/functions.py，那么此时 parent 就是/home/HealthCare。

数舍入为与其最接近的偶整数。最后，将大于 60 的数值映射为 60，小于 18 的数值映射为 18。

```
bmi = functions.convertBMI(record[sBMI-1:eBMI],shortYear)
bmi = int(2*round(bmi/2,0))
if bmi > 60:
    bmi = 60
if bmi < 18:
    bmi = 18
```

(9) 提取表示糖尿病患病情况的数据项，并利用第 7.3 节编写的 getDiabetes 函数，将其转化为一个二进制形式的答案。

```
y = functions.getDiabetes(record[fDia-1])
```

传递给 getDiabetes 的参数是从 record 中提取的只包含一个字符的字符串。

(10) 创建一个四元组表示人口特征向量 x，但只有在所有 5 个变量的值都能提供有用信息的情况下才这样做。如果对于教育程度或者收入问题的答案是拒绝回答或者不知道，那么相应答案就会被编码为 9，这种情况下就不要创建 x。

```
if education < 9 and income < 9 and 0 < age < 15 and bmi != 0
        and (y == 0 or y == 1):
    x = (income, education, age, bmi)
print(y, income, education, age, bmi)
```

(11) 如果在上一条中创建好了人口特征向量，就可以更新 diabetesDict。人口特征向量是键，而值则是两个元素的列表$\left[n,\sum_i^n y\right]$。

```
value = diabetesDict.get(x)
if value is None:
    value = [1, y]
else:
    value[0] += 1
    value[1] += y
diabetesDict[x] = value
```

(12) 程序剩余的部分是计算决策规则 $g(\boldsymbol{x}, p)$的敏感度和特异性，其中 p 是根据式(7.7)得到的阈值。我们将针对 p 的一个值计算敏感度和特异性，然后将代码扩展为计算一组 p 的值的敏感度和特异性。计算敏感度和特异性的数据包含在一个混淆矩阵中。

因此，下一步就是编写代码创建混淆矩阵(表 7.6)，混淆矩阵根据个人记录的情况

(确诊患有糖尿病或者相反)以及风险预测(高风险或者非高风险)，对 diabetesDict 中的每个人的交叉分类进行总结，其中的行对应报告患有糖尿病的情况(有或没有)，列对应着预测的风险(正常或者高风险)。

```
threshold = 0.3
confusionMatrix = np.zeros(shape = (2, 2))
for x in diabetesDict:
    n, y = diabetesDict[x]
    if y/n > threshold: # Predicted to have elevated risk.
        confusionMatrix[0,1] += n - y # Diabetes not reported.
        confusionMatrix[1,1] += y # Diabetes reported.
    if y/n <= threshold: # Predicted to have normal risk.
        confusionMatrix[0,0] += n - y # Diabetes not reported.
        confusionMatrix[1,0] += y # Diabetes reported.
```

语句 y/n > threshold 的布尔值结果决定了预测函数 g(x, p)是否会产生高风险预测，假定 y/n > threshold 的结果是真。对于具有人口特征向量 $\boldsymbol{x}$ 的所有 n 个人所做出的预测都是相同的，这是因为所有这 n 个人都具有相同的人口特征，被认为具有相同的风险(即基于可用数据，有 y/n)。在这 n 个人中，有 y 个人报告患有糖尿病，$n - y$ 个人没有报告患有糖尿病。因此，我们在被预测为具有高患病风险和被报告为患有糖尿病的人数上加上 y，这个数量在 confusionMatrix[1,1]中，剩下的 $n - y$ 个人没有报告患有糖尿病却被确认为具有高患病风险，我们把 $n - y$ 加到 confusionMatrix[0, 1]的计数中。

另一方面，如果 y/n <= threshold 为真，那么将相同的逻辑应用于计数分配上，因此，y 被加到 confusionMatrix[1, 0]，而 $n - y$ 则被加到 confusionMatrix[0, 0]上。

(13) for 循环结束后，用于计算敏感度和特异性的各项都被提取出来，利用式(7.9)和(7.10)计算敏感度和特异性：

```
n00, n01 = confusionMatrix[0,:]
n10, n11 = confusionMatrix[1,:]
sensitivity = n11/(n10 + n11)
specificity = n00/(n00 + n01)
print('sensitivity:', n10, n11, round(sensitivity, 3))
print('specificity', n00, n01, round(specificity, 3))
```

(14) 接下来的任务是针对一组阈值 0.01, 0.02, …, 0.99 分别计算敏感度和特异性，并将计算得到的值存放在一个字典中，这个字典将 thresholds 作为键。此步从创建阈值向量入手。利用 Numpy 模块中的函数 arange 创建一个从 0.01 开始的序列，到 0.99 结束的序列，增长步长为 0.01。

```
thresholds = np.arange(start=0.01, stop=1.0, step =0.01)
```

(15) 初始化字典 ssDict，ssDict 包含根据不同阈值得到的敏感度和特异性，并创建一个 for 循环遍历所有阈值。在 for 循环的每一次迭代中，决策规则 $g(\boldsymbol{x}, p)$都会被应用于利用阈值 p 得到的 dataDict 中相应的观测值。然后，我们将针对这个规则填充混淆矩阵，计算该规则的敏感度和特异性，并将计算结果存入 ssDict 中。for 循环的第一步操作是初始化混淆矩阵。

```
ssDict = dict.fromkeys(thresholds)
for threshold in ssDict:
    confusionMatrix = np.zeros(shape = (2,2))
```

(16) 在 for 循环内初始化完混淆矩阵后，插入代码片段(见第 13 项的说明)计算敏感度和特异性，计算完各数据项后，将敏感度和特异性的值存为 ssDict 中的一个列表，ssDict 以阈值作为键。

```
ssDict[threshold] = [x11/(x10+x11), x00/(x00+x01)]
```

左边的元素(ssDict[threshold][0])是敏感度，右边的元素是特异性。

(17) 当 ssDict 上的 for 循环结束后，利用 mathplotlib 模块分别以敏感度和阈值以及特异性和阈值为坐标对进行绘制。具体而言，就是先以敏感度和阈值为坐标对进行绘制，然后以特异性和阈值为坐标对进行绘制。在绘制前，有必要按从小到大的顺序对阈值进行排序，还要将敏感度和特异性按照同样的顺序进行排序。第一步操作是导入 operator 模块进行排序，以及从 mathplotlib 模块中导入 pyplot 函数。然后，根据阈值对字典进行排序。

```
import operator
import mathplotlib.pyplot as plt
sortedList = sorted(ssDict.items(), key = operator.itemgetter(1))
```

(18) 然后调用 sorted 返回一个列表，每个列表项都是一个数据对，数据对中的第一项(item[0])是一个键，第二个项(item[1])是一个由敏感度和特异性组成的两元素列表。从 sortedList 中提取变量并进行绘图。

```
ySE = [value[0] for _,value in sortedList]
ySP = [value[1] for _,value in sortedList]
xS = [item[0] for item in sortedList]
plt.plot(xS, ySE)
plt.plot(xS, ySP)
```

你应当能看到类似于图7.2的图形。

(19) 下一个教程中将创建一个稍有不同的预测函数，我们将利用新的规则重新计算ssDict。为减少编写程序的负担，可将创建ssDict的代码转换为一个函数。请围绕着这样一个代码段创建函数，这个代码段从初始化阈值向量开始(第14项说明)，到将敏感度和特异性的值存为ssDict中的列表的指令为止。

```
def ssCompute(diabetesDict):
    thresholds = np.arange(start= .01, stop=1.0,step = .01)
    ssDict = dict.fromkeys(thresholds)
    for threshold in ssDict:
        ...
        ssDict[threshold] = [x11/(x10+x11), x00/(x00+x01)]
    return ssDict
```

(20) 将编写好的函数移动到脚本的最上面，用下面的代码段测试函数。

```
ssDict = ssCompute(diabetesDict)
sortedList = sorted(ssDict.items(), key=operator.itemgetter(1))
ySE = [value[0] for _,value in sortedList]
ySP = [value[1] for _,value in sortedList]
plt.plot(xS,ySP)
plt.plot(xS,ySE)
```

如果你把ssCompute函数移动到functions.py模块当中，那么请把指令import numpy as np放到functions.py的最上面。必须将Numpy库导入每个使用它的文件中(请注意，我们已经在第14项中调用了Numpy中的函数np.arange)。之后可通过ssDict = functions.ssCompute(diabetesDict)调用ssCompute函数。

7.6 非寻常的人口特征

有关估计风险以及预测具有较高的罹患糖尿病的风险还有一个突出的问题需要解决。假定目标个体的人口特征由向量$\boldsymbol{x}_0$描述，并且$\boldsymbol{x}_0$不在观测到的人口特征向量集合$\boldsymbol{X}=\{\boldsymbol{x}_1, \cdots, \boldsymbol{x}_N\}$中。由于$\boldsymbol{x}_0 \notin \boldsymbol{X}$，所以对于有关糖尿病患病情况的问题的肯定回答的经验概率无法得知。前一节提出的预测函数不允许对预测风险做出决策。但是即使$\boldsymbol{x}_0 \in \boldsymbol{X}$，与向量$\boldsymbol{x}_0$相关的受访者的数量可能也会很小，从而导致经验概率也不那么精确。

问题的影响面不大，但是也绝非可以视而不见。在可能的14 784个人口特征向量中，N=14 270，或者说 n=5 195 986 个可提供信息的观测中实际有 96.7%被观测到了。对于 $\boldsymbol{x}_0 \notin \boldsymbol{X}$，完全可能需要进行预测。

而且，在上述被观测到的人口特征向量中(即 $\boldsymbol{X}$ 中的元素)，有 8094 个与至少 30 个样本个体关联，剩下的 6176 个人口特征向量中每一个都与少于 30 个样本个体关联。与这些样本数量不足的向量关联的经验概率会不精确，尽管这种带有贬义的不精确性具有主观色彩。当然，根据人口特征样本缺乏所做出的估计的精确性肯定要比根据常见的人口特征向量所做出的估计更糟糕。顺便说一句，我们注意到这些样本数量缺乏的人口特征数据并不会严重影响对敏感度和特异性的估计，因为数据集中的所有观测只有 1.03%与我们可能称为非寻常的人口特征向量有关。而且，如果是将预测函数应用到对于 BRFFS 样本而言人口结构相似的人群中，那么只有 1%的机会会出现风险预测产生于一个非寻常的人口特征。

然而，如果要在实际应用中真正使用人口特征向量，就有必要适应新的非寻常人口特征。在进行处理解决问题前，让我们回忆一些符号。对于 $\boldsymbol{x}_0 \notin \boldsymbol{X}$，$n_0$ 表示数据集中与 $\boldsymbol{x}_0$ 有关的观测的数量，y_0 表示 n_0 中对有关糖尿病患病情况做出肯定答复的个体的数量。我们通过找到一组与人口特征数据相似的观测数据来解决新的或非寻常的特征向量造成的问题。从数学角度看，我们要寻找的是与 $\boldsymbol{x}_0$ 近邻的一组 $\boldsymbol{x}_j$，这个近邻集合由与 $\boldsymbol{x}_0$ 接近的一组观测数据组成，这些观测数据的取舍取决于根据人口特征向量得到的计算函数。然后，利用 y_0、n_0 以及 $\boldsymbol{x}_0$ 近邻集合中的观测数据计算 $\boldsymbol{x}_0$ 的经验概率[19]。

该算法会检测数据字典中每一个观测元组$(y_0, n_0, \boldsymbol{x}_0)$。如果 n_0 不够大，即 $n_0 \leqslant 50$，我们就会找到一个与 $\boldsymbol{x}_0$ 最相似的人口特征向量集合$\{\boldsymbol{x}_1,\cdots, \boldsymbol{x}_q\}$，并构建出最近邻集合 $N_1(\boldsymbol{x}_0)=\{(y_1, n_1, \boldsymbol{x}_1), \cdots, (y_q, n_q, \boldsymbol{x}_q)\}$。集合 $N_1(\boldsymbol{x}_0)$包含所有与 $\boldsymbol{x}_0$ 的距离等于最小距离的近邻人口特征向量。然后，我们计算近邻数量之和。

$$
\begin{aligned}
y_0^* &= y_0 + \textstyle\sum_{j=1}^{q} y_j = y_i + \sum\limits_{(y_j, n_j, \boldsymbol{x}_j)\in N_1(x_0)} y_j \\
n_0^* &= n_0 + \textstyle\sum_{j=1}^{q} n_j = n_i + \sum\limits_{(y_j, n_j, \boldsymbol{x}_j)\in N_1(x_0)} n_j
\end{aligned}
\tag{7.11}
$$

最开始的经验概率估计 y_0/n_0 就被人口特征字典中的 y_0^*/n_0^* 所代替了。如果 n_0^* 仍然小于阈值样本数量(在上例中是 50)，就构建与 $\boldsymbol{x}_0$ 的距离等于第二小距离的近邻集合，并根据更大的集合 $N_1(\boldsymbol{x}_0) \cup N_2(\boldsymbol{x}_0)$计算 y_0^* 和 n_0^*。我们持续合并近邻集合，直到 n_0^* 足够大为止。结果是一个更新的预测函数 $f^*(g\,|\,D)$，它在目标 $\boldsymbol{x}_0$ 上起作用，具体方法是在人口特征集合 $\boldsymbol{X}$ 中查找匹配的人口特征，并为与 $\boldsymbol{x}_0$ 匹配的人口特征相关联的经验概

19 该算法实际上是最近邻预测函数的实现。

率估计赋值。

我们还没有解决由于某个个体的人口特征没有出现在$\boldsymbol{X}$的观测人口特征向量中而造成的问题。我们的解决方案扩展了用于调节基于样本缺乏情况下的经验概率的方法。假设特定个体的人口特征为$\boldsymbol{x}_0$，这个算法确定了最近邻集合$N_1(\boldsymbol{x}_0)=\{(y_1, n_1, \boldsymbol{x}_1), \cdots, (y_q, n_q, \boldsymbol{x}_q)\}$并根据下式计算经验概率的估计值$p_0$。

$$y_0^* = \sum\nolimits_{j=1}^{q} y_j,$$
$$n_0^* = \sum\nolimits_{j=1}^{q} n_j,$$
$$p_0 = y_0^* / n_0^*$$

我们不必担心分母n_0^*的大小，因为这个算法提升了数据集中人口特征向量样本的数量(式 7.11)，它确保了所有经验概率估计都是根据足够多的样本观测数据计算得到的。

接下来要解决的麻烦是根据指定的 $\boldsymbol{x}_0$ 确定最近邻集合。我们的算法计算的是 x_0 和每一个$\boldsymbol{x}_i \in \boldsymbol{X}$之间的城市街区距离或者曼哈顿距离，$\boldsymbol{x}_i$与$\boldsymbol{x}_0$之间的城市街区距离为：

$$d_C(\boldsymbol{x}_i, \boldsymbol{x}_0) = \sum_{j=1}^{p} | x_{i,j} - x_{0,j} | \tag{7.12}$$

其中，p 是确定人口特征的向量的数目[20]。近邻集合的正式定义是：

$$N_1(\boldsymbol{x}_0) = \{(y_i, n_i, \boldsymbol{x}_i) \mid d_C(\boldsymbol{x}_i, \boldsymbol{x}_0) = \min_{\boldsymbol{x}_k \in \boldsymbol{X}} d_C(\boldsymbol{x}_k, \boldsymbol{x}_0)\}$$

集合 $N_1(\boldsymbol{x}_0)$可能含有一个近邻特征，但通常包含不止一个近邻特征，这是因为若干个近邻特征之间都满足最小距离。

下面的教程实现了查找近邻集合以及针对样本不足人口特征向量修正经验概率的算法。

7.7 教程：构建近邻集合

本教程从第 7.6 节的教程的结束之处开始，此处假设已经计算得到字典 diabetesDict，在这个字典中，键是人口特征向量 $\boldsymbol{x}_i$，值是数据列表$[n_i, y_i]$。算法从根据 diabetesDict 创建两个字典入手，第一个字典包含由常见人口特征向量(键)组成的键值对，第二个字典则包含非寻常人口特征向量键值对。对于非寻常人口特征向量字典中的每个人口特征，我们用$[n_i^*, y_i^*]$代替$[n_i, y_i]$(式(7.11))。

20 在第 7.5 节的教程当中，预测器变量为年龄、教育程度、收入以及身体质量指数，所以p=4。

(1) 初始化两个字典 freqDict 和 infreqDict 存储元组($y_i, n_i, \boldsymbol{x}_i$)。

```
freqDict = {}
infreqDict = {}
count = [0]*2
```

freqDict 包含的人口特征至少有 50 组观测数据，infreqDict 包含的人口特征则少于 50 组观测数据。

(2) 根据 n_i 的值通过分离 diabetesDict 中的各项填充两个字典。

```
count = [0]*2
for x in diabetesDict:
    n, y = diabetesDict[x]
    if n >= 50:
        freqDict[x] = n, y
        count[0] += n
    else:
        infreqDict[x] = n, y
        count[1] += n
print(len(diabetesDict),len(freqDict),len(infreqDict))
print(count)
```

列表 count 包含所构建的两个字典的观测数据的数目。

(3) 构建一个函数计算向量 $\boldsymbol{x}_i$ 和 $\boldsymbol{x}_0$ 之间的城市街区距离(式(7.12))，利用 zip 函数生成由数据对 $\left(x_{i,1}, x_{0,1}\right)\cdots\left(x_{i,1}, x_{0,p}\right)$ 构成的可迭代对象，每个数据对由两个根据相同人口特征属性生成的度量组成。

遍历 zip 对象，将每个数据对的元素提取为 w 和 z，计算 w 和 z 之差的绝对值，将差的绝对值加到求和结果上。

```
def dist(xi, x0):
    s = 0
    for w, z in zip(xi, x0):
        s += abs(w - z)
    return s
```

(4) 现在我们开始针对由于 $n_0 < 50$ 而变得不寻常的 $\boldsymbol{x}_0$ 替换数据对(y_0, n_0)。

遍历字典 infreqDict，依次提取每个人口特征向量 $\boldsymbol{x}_0$，计算 $\boldsymbol{x}_0$ 与每个特征向量 $\boldsymbol{x} \in$ freqDict 之间的距离并查找 $\boldsymbol{x}_0$ 与每个 $\boldsymbol{x} \in$ freqDict 之间的最小距离。

```
for x0 in infreqDict:
    d = [dist(x0, x) for x in freqDict]
    mn = min(d)
```

(5) 针对每个 $\boldsymbol{x}$∈freqDict 查找近邻集合 $N_1(\boldsymbol{x}_0)$。首先初始化一个列表 nHood，这个列表中又包含若干列表$[n_i, y_i]$，根据$[n_i, y_i]$计算 n_0 和 y_0 的更新(式(7.11))。然后遍历 freqDict，计算 $\boldsymbol{x}$∈freqDict 与 $\boldsymbol{x}_0$ 之间的距离，如果 $\boldsymbol{x}$ 和 $\boldsymbol{x}_0$ 之间的距离等于最小距离 mn，就提取与 $\boldsymbol{x}$ 关联的列表$[n, y]$，并将这个列表添加到 nHood 的末尾：

```
nHood = [infreqDict[x0]]
for x in freqDict:
    if dist(x0,x) == mn:
        lst = freqDict[x]
        nHood.append(lst)
```

上面的代码片段紧接在语句 mn=min(d)后。

由于如式(7.11)所示，近邻数目之和包含 n_0 和 y_0，所以近邻列表 nHood 由包含在 infreqDict[x0]中的列表$[n_0, y_0]$进行初始化。

(6) 当 freqDict 上的 for 循环结束后，计算式(7.11)中给出的和值，把修正后的数据列表$\left[n_0^*, y_0^*\right]$存入 diabetesDict 中：

```
nStar = sum([n for n,_ in nHood])
yStar = sum([y for _,y in nHood])
diabetesDict[x0] = [nStar, yStar] # Careful! Don't reverse the oder.
```

上面的代码片段必须和语句 for x in freqDict:对齐。

注意，最后一条语句会修改已有字典的值，如果 n_0^* 和 y_0^* 的计算有任何错误，那么必须重新创建 diabetesDict。

(7) 更新 diabetesDict 的过程很慢，原因在于距离计算以及对最近邻集合的搜索。添加一个计数器跟踪迭代，并在每 100 次迭代后打印显示计数值。从 infreqDict 上的 for 循环开始执行代码片段。

(8) 第 7.5 节中的教程已经指导读者编写一个函数 ssCompute，用于针对一个值向量中的每个阈值计算敏感度和特异性。利用这个函数创建一个新版本的 ssDict，这个新的 ssDict 包含阈值 0.01、0.02、…、0.99 上的敏感度和特异性。

(9) 重新绘制第 7.5 节中的图形。

概要

在第7.5和7.7节的教程中，我们解决了成年人罹患糖尿病风险估计的问题，在此过程中所用到的数据约简算法是数据科学中核心算法的范本。利用这些算法将近520万观测数据减少到14 270条人口特征数据。每个人口特征都表征了一个同态人群[21]，从总体上看，人口特征是一种有关人口高计算效率的表现形式。在第7.5节的教程中，针对每个人口特征都进行了罹患糖尿病的风险估计。当出现一个新个体时，我们可通过确定其人口特征(目标特征)以及与人口特征字典中的某个特征进行匹配来估计其患病风险。他们的风险估计是与匹配的字典特征相关联的风险[22]。这种风险估计是针对同态人群的一种患病情况的经验概率，即对诊断问题做出肯定回答的具有目标特征的样本比例。预测函数中所用到的统计学知识很简单，构造预测函数也很简单，只是合并不常出现的人口特征与经常出现的人口特征有些麻烦。

在实际应用中，我们还可以估计BRFSS一直跟踪的其他慢性疾病(如哮喘、慢性阻塞性肺病，或许还有精神疾病)的患病风险。

我们处理患病风险预测的方法体现了数据科学和传统统计学之间的差异。估计患病风险的标准统计方法涉及逻辑或二项回归建模。模型(或者过程)被认为是对现实的一种抽象和简化，以促进对现实情况的理解。具有4个人口特征变量的函数作为一种模型至多能为一个高度复杂的处理提供一种浅显的理解。如果我们的关注点不在于模型是一种对现实的抽象，而仅将其看作一种预测工具，就要考虑到其他一些限制条件。最明显的是这个模型限制为某种特性的形式，例如4种人口特征变量(或许还有这些变量的变形)的线性组合。一个拟合回归模型是高度受限的，这是因为每个估计都是由拟合模型决定的，并且拟合模型是由所有观测数据共同决定的，每个观测数据都对拟合模型有所影响。构建人口特征以及利用经验概率估计风险会生成一个没有模型限制的预测函数。与某个特定人口特征相关的估计与基于其他人口特征所做出的估计完全无关。

有趣的是，面向二项回归常见的拟合优度测试会把经验概率当作一种与拟合模型进行比较的黄金标准。如果拟合模型能接近复现经验概率，就可以判断这个模型能很好地拟合数据。我们没有模型，只是将数据约简为一种便于处理的形式，并针对每个人口特征数据计算罹患糖尿病的经验概率。我们的预测函数实际上是检验用来进行比较的模型的一块试金石。

---

21 同态人群是具有类似特征的人口亚群。

22 有一种不太可能出现的情况，即目标特征不在字典中，此时我们就要在字典中找到一组与目标特征最相似的特征。

7.8　练习

7.8.1　概念练习

7.1　考虑第 x_0 年的患病率估计量的方差，这个估计量由如下式所示的年度患病率的线性回归得到：

$$\mathrm{var}\left[\hat{\mu}\left(x_0\right)\right]=\sigma^2\left(\frac{1}{n}+\frac{\left(x_0-\bar{x}\right)^2}{\sum\left(x_i-\bar{x}\right)^2}\right)$$

其中，x_0 是用户选择的感兴趣的年份，x_i 表示第 i 年。

a. x_0 应选择什么值才能使 $\mathrm{var}\left[\hat{\mu}\left(x_0\right)\right]$ 最小？

b. 假设 n 年是连续的，请证明：如果选择 x_0 作为年份区间的中间值，就会在 x_0 所有选择中得到 $\mathrm{var}\left[\hat{\mu}\left(x_0\right)\right]$ 的最小值。

7.2 请通过确定能使如下所示的目标函数最小化的向量 $\widehat{\beta}_w$，证明式(7.3)是正确的：

$$S(\beta)=\sum w_i(y_i-\boldsymbol{x}_i^{\mathrm{T}}\beta)^2=(\boldsymbol{Y}-\boldsymbol{X}\beta)^{\mathrm{T}}\boldsymbol{W}(\boldsymbol{Y}-\boldsymbol{X}\beta) \tag{7.13}$$

其中，$\boldsymbol{W}=\mathrm{diag}(w_1\cdots w_n)$，提示，请注意 $S(\beta)$ 和 β 之间的区别。

7.3　疾病控制与预防中心有关 BRFSS 抽样设计的讨论明确了非等比例抽样必须由抽样权值表示。为深入了解抽样权值的来源，让我们考虑以下的理想化问题，问题目标是估计来自 n 个观测样本的静态有限总体 $P=\{y_1,y_2,\cdots,y_N\}$ 的均值。

a. 给出包含 P 中元素的总体均值 μ 的表达式。

b. 假设随机抽取一个包含 $1\leqslant n\leqslant N$ 个观测数据的样本，并用 P 替换。请问 y_i 包含在该样本中的概率 π_i 是多少？

c. 证明样本均值 $\overline{Y}=n^{-1}\sum_{j=1}^{n}Y_j$ 对于 μ 而言是无偏的，以及如果估计量的期望等于目标值，那么该估计量也是无偏的。具体而言，就是证明 $E\left(\overline{Y}\right)=\mu$ 。

d. 现在假设样本并非通过随机抽样得到，但是通过某种设计利用替换抽取观测量，对于这种设计而言第 j 次抽样选中 y_i 的概率是 $\Pr(Y_j=y_i)=\pi_i(j=1,\cdots,n\quad i=1,\cdots,N)$。尽管 $\sum_{i=1}^{N}\pi_i=1$ 是必需的，但并不一定要求抽样概率是一个常量。请证明估计量可根据下式得到。

$$\overline{Y}_w=N^{-1}\sum_{i=1}^{n}w_iy_i$$

其中，$w_i=p_i^{-1}$ 对于均值而言是无偏的。

7.4 可在样本相关系数中引入抽样权重，具体方法是用加权求和

$$\frac{\sum_i w_i(x_i-\overline{x})(y_i-\overline{y})}{\sum_i w_i}$$

代替传统的协方差

$$\hat{\sigma}_{xy}=\frac{\sum_i(x_i-\overline{x})(y_i-\overline{y})}{n}$$

方差的估计值同样是加权求和，即：

$$\hat{\sigma}_x^2=\frac{\sum_i w_i(x_i-\overline{x})^2}{\sum_i w_i}$$

那么，加权样本相关系数是：

$$r=\frac{\sum_i w_i(x_i-\overline{x})(y_i-\overline{y})}{\hat{\sigma}_x\hat{\sigma}_y\sum_i w_i}$$

请证明：

$$r=\frac{\sum_i v_i x_i y_i-\overline{xy}}{\hat{\sigma}_x\hat{\sigma}_y}$$

其中，$v_i=w_i/\sum_j w_j$ 、$\overline{x}$ 和 $\overline{y}$ 也根据抽样权重 $w_1,\cdots,w_n$ 进行了加权处理。

7.8.2 计算练习

7.5 函数 dist(第 7.7 节中第 3 项说明)可以由一行代码替换，请写出这行代码。

7.6 针对每个按州进行的有关中心年份的年患病率估计值的线性回归，计算调整后的判定系数：

$$R_{\text{adjusted}}^2=\frac{s^2-\hat{\sigma}_{\text{reg}}^2}{s^2}$$

其中，

$$\begin{aligned}s^2&=\frac{\sum_{i=1}^n(y_i-\overline{y})^2}{n-1}\\&=\frac{\boldsymbol{y}^{\mathrm{T}}\boldsymbol{y}-n\overline{y}^2}{n-1}\end{aligned}$$

是样本方差

而

$$\widehat{\sigma}^2_{\text{reg}} = \frac{\sum_{i=1}^{n}(y_i - \widehat{y}_i)^2}{n-2} = \frac{\boldsymbol{y}^{\mathrm{T}}\boldsymbol{y} - \boldsymbol{y}^{\mathrm{T}}\boldsymbol{X}\widehat{\boldsymbol{\beta}}}{n-2}$$

是残余方差(残差)。与之前 R^2_{adjusted} 的大样本应用不同，我们必须精确地算出分母。创建一个点状图来显示 R^2_{adjusted} 和州编码。将输出读入 R 的数据框并将列分别命名为 State 和 R2 之后，你可能需要调用如下所示的 R 函数：

```
dotchart(D$R2,D$State,cex=0.5)
```

7.7　请利用年龄、收入、身体质量指数和运动水平(在 BRFSS 编码本中用 EXERANY2 表示)。在不对小规模样本进行任何调整的情况下计算敏感度和特异性。写出在阈值 $p \in (0.05, \ldots, 0.2)$下的计算结果。

7.8　尽管哥伦比亚特区的患病率估计值与中位数相差不远，但是其发病率估计值只有其他州的一半。请逐年绘制出哥伦比亚特区和弗吉尼亚州的年患病率估计值，弗吉尼亚州在空间上靠近哥伦比亚特区，与其患病率的估计值也很相似。请使用 ggplot 进行绘制。注意，存放在 statePrevDict 中的年份列表和患病率估计值列表并不是顺序排列的。

7.9　回到第 7.5 的教程中，用种族替换年龄，用 BRFSS 变量_RACE 表示种族分类(种族一共被划分为 8 类)。用预测向量能生成多少唯一的人口特征向量？创建一个表格，用其比较 0.05、0.15 和 0.30 三个阈值上的敏感度和特异性。这两个有关敏感度和特异性的预测函数之间是否存在差别，如果存在差别，哪个预测函数是最优的？

第8章

聚 类 分 析

摘要：有时仅根据观测数据的属性将一组观测数据划分成若干各不相同的子群比较合适。如果可进行这种划分，那么理解生成观测数据的总体或过程就会变得比较容易。聚类分析旨在将一个数据集划分成观测数据的簇，簇内的观测数据要比簇之间的观测数据更接近。簇既可通过聚集观测数据形成，也可通过将一大组观测数据划分为更小规模的数据集合形成。簇的形成处理涉及两类算法，第一种是在固定数量的簇之间进行重新洗牌，直到簇内的相似度达到最大为止；第二种则是从只有一个观测数据的簇开始递归地合并簇，或从一个簇开始，递归地切分出新簇。在本章中，我们讨论两种流行的聚类分析算法(也是两类聚类分析算法的代表)：k 均值算法以及凝聚层次聚类算法。

8.1 引言

聚类分析是用于从无到有形成若干群组的一类方法。例如，我们可能询问是否有不同类型的顾客光顾杂货店，比如，有些顾客很少买东西，有些顾客通常在某个特定售货区购物，而还有些顾客则经常光临并买上一大堆东西。如果情况是这样，那么可能就会为第一或第二类顾客提供一些激励，目标是让他们转化为第三类顾客。但在现实情况中，考虑到很多顾客会表现出多重购物行为，所以可能难以对顾客进行清晰的分类。通过对客户的一系列观察数据以及他们的购物记录(购物小票)，聚类分析或许会让我们深入了解顾客的群体结构和购物行为[1]。

---

1 第 10 章的 10.6 节会利用源自杂货店购物小票的数据进行处理。

这种情况下，分析人员并没有一组被标记为属于某个群组的数据。因此，无法根据针对有标签观测数据的训练集进行监督学习来形成群组。由于对群组的数量和排列一无所知，所以簇的形成过程要么将最相似的观测数据归为一组，要么就是基于成员观测数据之间的差异度对群组进行切分。观测数据和簇之间的相似度根据观测数据的属性进行度量。形成簇的唯一动力就是相似度和差异度。

驱使聚类分析进行的数学目标是最大化簇内观测数据的相似度，这个目标并不能为如何处理提供很多引导。与之相比，强力推进线性回归的则是线性模型以及“最小化观测数据和拟合值之间差值平方和”的目标。数学运算和算法就是从这个起始之处准备就位的。从另一方面看，聚类算法有不同的方式，每种方式都不错，有时都会用到。如果缺乏有关总体划分的先验知识，即使是确定簇的合理数量都是十分困难的。除了这些缺点外，聚类分析仍是一个有用的数据分析工具，这是因为检测相似观测数据组的能力通常能揭示生成数据的总体或过程的真相。

在本章中，我们会回避与聚类分析的应用和解释有关的难题，而把关注点放到两种稍有不同的聚类分析基础算法之上：凝聚层次聚类和 k 均值聚类。通过理解这两种基本算法，我们就能学习到聚类分析的优势和缺陷。

我们首先定义数据集 $D=\{\mathbf{x}_1, \cdots, \mathbf{x}_n\}$，和之前一样，$\mathbf{x}_i$ 是属性向量，属性是根据可观测单元度量得到的，与第 6 章的数据集不同的是，这里没有预测目标 y_i。

我们从一种流行的技术开始有关聚类分析的讨论，这种技术通过合并较小的簇以回归方式来构建簇。

8.2 凝聚层次聚类

凝聚层次聚类方法首先从一个观测数据定义单例簇，因此，最初的簇集合可以用单例簇集合 $\{\mathbf{x}_1\}$, …, $\{\mathbf{x}_n\}$ 表示，其中 n 是观测数据的数量。该算法通过合并类似的簇迭代反复地减少簇集合。在第 i 次迭代时，两个簇 A 和 B 被合并成簇 $A\cup B$，我们写成：

$$(A,B)\rightarrow A\cup B$$

来描述合并簇 A 和 B。通过计算簇之间的距离以及合并具有最小簇间距离的簇，来决定要合并哪些簇。因此，必须用一个度量来测量簇之间的距离。例如，簇 A 和 B 之间的距离由向量 A 和 B 之间的最小距离定义。从数学上该距离的定义为：

$$d_1(A, B)=\min\{d_C(\mathbf{x}_k, \mathbf{x}_l) \mid \mathbf{x}_k\in A, \mathbf{x}_1\in B\}$$

其中，$d_C(\boldsymbol{x},\boldsymbol{y})$是根据式(7.12)定义的向量$\boldsymbol{x}$和$\boldsymbol{y}$之间的城市街区距离，城市街区距离没有什么特别之处，其他度量(如欧氏距离)同样广为流行。最小的距离度量d_1易于产生链式簇。更紧凑的簇则来源于基于中心的度量，这种度量使用由下式定义的簇中心：

$$\overline{\boldsymbol{x}}_A = n_A^{-1} \sum_{x_k \in A} \boldsymbol{x}_k \tag{8.1}$$

其中，n_A是簇中观测数据的数量。然后A和B之间的距离为：

$$d_{\text{ave}}(A,B) = d_C(\overline{\boldsymbol{x}}_A, \overline{\boldsymbol{x}}_B) \tag{8.2}$$

如上所述，该算法会逐步合并簇，直到仅存在一个簇为止。只有中间的某些簇集合令人感兴趣，将多个簇合并成一个簇才会让人感兴趣。如果要针对某种目的使用这些簇，就有必要检查中间的簇集合以便确定最有用的簇集合。

8.3　各州间的对比

我们回到 BRFSS 数据，并查找在常住人口的身体质量指数分布方面具有相似性的州。对于一个特定的州，用直方图表示其身体质量指数的分布。从数学上讲，直方图是一组跨越身体质量指数范围的区间，还包含一组属于某个区间的个体的抽样比例[2]。每个直方图相当于一个经验分布——也就是说，是根据数据而非模型构建了分布。

和往常一样，数据准备需要付出相当多的努力，这是因为我们需要为每个州以及波多黎各和哥伦比亚特区都创建一个直方图。在深入研究计算问题之前，我们先来检查一下几个州的身体质量指数的经验分布。

图 8.1 展示了 5 个州的身体质量指数的经验分布，这 5 个州分别是马萨诸塞州、科罗拉多州、伊利诺伊州、北达科他州以及马里兰州[3]。

---

2 在第 3 章的第 3.4.2 节研究过直方图的数学形式。

3 该图中的数据可被绘制为一组直方图，但是我们用简单的线条图进行了代替，这是因为这样会比较容易看清经验分布之间的相似度。

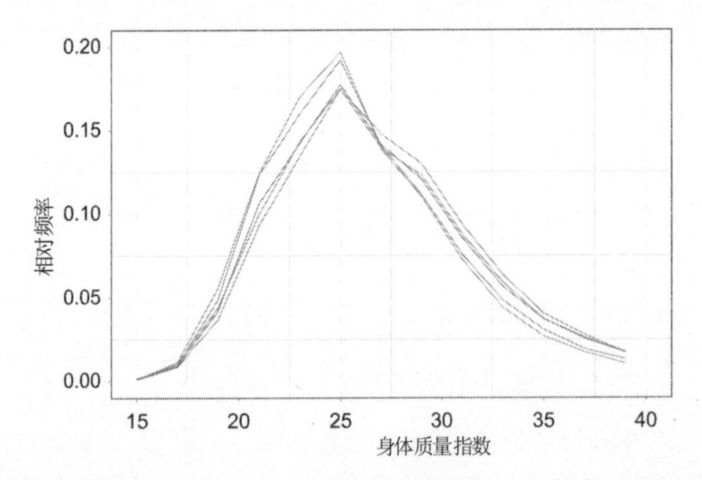

图 8.1 5 个州身体质量指数的经验分布，右边的尺度已经被截断，以便能容易地辨别分布之间的差异

请回顾一下，传统直方图的数字形式是一组数据对 $H=\{(b_1,p_1),\cdots,(b_h,p_h)\}$，其中，$b_i=(l_i,u_i]$ 是一个间隔或区间，p_i 是包含在该区间内的观测数据的比例[4]。如果数据是总体中具有代表性的样本，就能通过定义一组区间并计算落入每个区间内的样本观测数据的数量来构建 H。BRFSS 抽样设计不会产生具有代表性的样本，这是因为观测数据是利用不等抽样概率采集的。为校正不等抽样概率，疾病控制与预防中心为每个观测数据加上一个抽样权重。通常抽样权重可被引入估计器，从而达到减少或者消除由于不等抽样概率而造成的偏差。第 3 章的第 3.4.2 节提供了一种根据抽样权重创建直方图的算法。这种自适应方法用与观测数据相关的抽样权重之和代替了特定区间内观测数据的相对频率。

令 x_j 表示第 j 个观测数据(这里是受访者)的感兴趣变量上的某种度量(这里是身体质量指数)，令 w_j 表示分配给该观测数据的抽样权重。我们假定 $x_j, j=1, 2,\ldots, n$ 来自州 A。那么，与属于区间 b_i 并且来自州 A 的观测数据相关的总抽样权重可表示为：

$$s_{A,i}=\sum_{j=1}^{n}w_jI_i\left(x_j\right) \tag{8.3}$$

其中，$I_i\left(x_j\right)$ 是一个指示变量，如果 $x_j\in b_i$ 为真，那么 $I_i\left(x_j\right)$ 的值为 1(式(3.10))[5]；如果 $x_j\in b_i$ 为假，那么 $I_i\left(x_j\right)$ 的值就为 0。将和值 $s_{A,i}$ 转换为直方图条带的高度非常简单：我们根据下式计算隶属于区间 b_i 的人群比例的估计值：

4 第 3 章的第 3.4.2 节详细讨论过直方图。

5 如果 $l_i<x_j\leqslant u_i$，则 $x_j\in b_i$ 为真。

$$p_{A,i} = \frac{s_{A,i}}{\sum_{k=1}^{h} s_{A,k}} \tag{8.4}$$

和传统直方图一样，我们遍历观测数据并累加和值$s_{A,1},\cdots,s_{A,h}$，然后就能形成州 A 的直方图，如下式所示：

$$H_A = \left\{\left(b_1, s_{A,1}\right), \cdots, \left(b_h, s_{A,h}\right)\right\} \tag{8.5}$$

在算法进行过程中，维护了一个字典来跟踪簇的变化，字典的键是簇的标签 A，值则是抽样权重列表$\left[s_{A,1},\cdots,s_{A,h}\right]$。没必要为每个直方图都存储区间(即 b_i)，因为对于所有直方图而言，区间都是相同的。

当簇形成算法开始时，簇单例分别是每个州，而簇的直方图就是每个州的直方图。簇 A 和 B 之间的距离用与簇相关的直方图之间的距离来度量，该距离定义为：

$$d_C(A,B) = \sum_{k=1}^{h} \left|p_{A,k} - p_{B,k}\right|$$

其中，$p_{A,k}$ 和 $p_{B,k}$ 根据式(8.4)计算得到。

我们还需要一种方法来合并由于簇 A 和 B 的合并而形成的直方图。区间 k 的比例估计并非是区间比例 $p_{A,k}$ 和 $p_{B,k}$ 的简单平均，因为平均值没有考虑到簇 A 和 B 包含的观测数据的数量不同。所以用另一种方法，即计算加权平均值，加权平均值用到了与两个簇有关的观测数据数量 n_A 和 n_B，加权均值为：

$$\overline{p}_k = \frac{n_A p_{A,k} + n_B p_{B,k}}{n_A + n_B}$$

权重分别是比例值$n_A/\left(n_A+n_B\right)$和$n_B/\left(n_A+n_B\right)$。

总之，凝聚层次聚类算法可被看作一系列映射，其中每次映射都根据下式将两个簇 A 和 B 合并成一个簇：

$$\left.\begin{matrix}\left[p_{A,1},\cdots,p_{A,h}\right] \\ \left[p_{B,1},\cdots,p_{B,h}\right]\end{matrix}\right\} \to \left[\overline{p}_1,\cdots,\overline{p}_h\right] \tag{8.6}$$

还可将映射看成$\left(H_A, H_B\right) \to H_A$。不用新建标签$A \cup B$，而将标签 A 分配给$A \cup B$，并从簇标签列表中删除 B。

从操作上讲，合并两个簇需要查找最相似的一对簇。一旦确定了簇对(A,B)，簇 A 就可根据映射(8.6)合并两个直方图来吸收 B，并用合并后的直方图来替换 A，而将簇 B 从簇列表中删除。

查找最相似的簇需要知道每两个簇 A 和 B 之间的簇间距离。如果观测数据的数量很大，我们不用在每次搜索中都重新计算簇间距离，而是维护一个簇间距离列表并且只更新合并后的簇与其他簇之间的距离。为简单起见，下面的教程会在每次合并一对簇后都重新计算一次所有的簇间距离。

8.4　教程：各州的层次聚类

我们现在编写代码实现凝聚层次聚类算法。在形成簇之前，有必要进行大量数据的约简。数据约简步骤将把一组 BRFSS 年度文件映射为一个字典，在这个字典中，每个键是一个州，值则是如式(8.3)所示的抽样权重的列表$s_{A,1},\cdots,s_{A,h}$。大部分数据约简都已经在之前的教程中以某种形式进行过了。字典中的每个州代表一个最开始的单例簇，簇形成算法就从这组最开始的簇起步。算法会遍历簇列表，并在每次遍历中将两个簇合并成一个簇。当两个簇被合并后，就会更新字典，具体方法是用合并后的簇替换原来的一个簇，而将第二个簇从字典中删除。

(1) 在脚本的最上面，导入程序要用到的模块如下：

```
import os
import importlib
import sys
sys.path.append('/home/.../parent')
from PythonScripts import functions
dir(functions)
```

(2) 利用第 7 章第 7.3 节的说明编写的 stateCodeBuild 函数创建一个由州名和州编码组成的字典，这里使用州这个术语并没有那么严格，因为字典里还包括哥伦比亚特区和波多黎各。字典 stateCodeDict 使用 FIPS 的两位数字的州编码作为键，值则是美国邮政总局规定的标准的两个字母的州名缩写。调用 stateCodeBuild 函数创建字典，此外要创建一个包含两位数字缩写的列表(namesList)：

```
stateCodeDict = stateCodeBuild()
namesList = list(stateCodeDict.values())
noDataSet = set(namesList)
```

BRFSS 从三个美国领地以及各州和哥伦比亚特区收集数据，但是 stateCodeDict 包含 57 个州、领地以及哥伦比亚特区的名称，并非所有的地域单元都参与了 BRFSS 调查抽样。我们会标记出那些没有数据的地域单元，做法是每当出现一个特定地域单元的记录，就将其名称从集合 noDataSet 中删去，留在 noDataSet 中的都是没有数据的地域单元。

(3) 利用函数 fieldDictBuild 创建一个包含身体质量指数的字段位置以及抽样权重的字典，fieldDictBuild 函数已经在第 7 章第 7.3 节中编写好了：

```
fieldDict = functions.fieldDictBuild()
print(fieldDict)
```

(4) 创建一个由州的直方图组成的字典，每个直方图由横跨区间(12,72)(kg/m^2)的 30 个子区间以及对应的一组相对频率度量组成。直方图字典 histDict 维护了簇 A 的直方图数据，形式是一个包含抽样权重和值 $s_{A,1},\cdots,s_{A,h}$ 的列表(式(8.3))。区间集合对于每个簇都相同，并被存储为一个数据对列表 intervals。

```
nIntervals = 30
intervals = [(12+2*i,12+2*(i+1)) for i in range(nIntervals) ]
histDict = {name:[0]*nIntervals for name in namesList}
```

上面用到了字典解释技术创建 histDict，与 name 相关联的值是一个长度为 30 的列表(包括 0 在内)。

(5) 我们将用与之前(第 7 章第 7.3 节)相同的结构处理 BRFSS 文件集合。

```
n = 0
dataDict = {}
path = r'../Data/' # Replace with your path.
fileList = os.listdir(path)
for filename in fileList:
    try:
        shortYear = int(filename[6:8])
        year = 2000 + shortYear
        fields = fieldDict[shortYear]
        sWt, eWt = fields['weight']
        sBMI, eBMI = fields['bmi']
        file = path + filename
    except(ValueError):
        pass
print(n)
```

如果 filename[6:8]没有包含两个数字组成的字符串，就会抛出一个 ValueError 异常。这种情况下，异常处理程序的 try 分支剩下的语句都会被忽略，解释器会执行 pass 语句。

(6) 在异常处理程序的 try 分支里打开 fileList 中的每个文件，并且每次处理一个文件记录。确定受访者常住的州并从 stateCodeDict 中提取州名：

```
with open(file, encoding="utf-8", errors='ignore') as f:
    for record in f:
        stateCode = int(record[:2])
        stateName = stateCodeDict[stateCode]
```

当调用异常处理程序时，很难解决错误，这是因为错误通常是不可见的。因此，在你编写代码时，将 with open(file,…作为执行起点会有所帮助。如果你按这种方式进行处理，你会发现临时将 file 设置为列表 fileList 中的 BRFSS 数据文件集合中的某个文件，会帮助我们查找错误。

(7) 从 record 中提取抽样权重 weight(见第 7.3 节)。

(8) 调用函数 convertBMI 将字符串形式的身体质量指数转换为浮点数：

```
bmiString = record[sBMI-1:eBMI]
bmi = functions.convertBMI(bmiString,shortYear)
```

函数 convertBMI 已经在第 3 章第 3.6 节中编写好了。我们假定该函数位于函数模块 fucntions.py 中。

(9) 增加直方图 histDict[stateName]中包含 bmi 的区间的总抽样权值，这个直方图对应于受访者常住的州。

```
for i, interval in enumerate(intervals):
    if interval[0] < bmi <= interval[1]:
        histDict[stateName][i] += weight
        break
noDataSet = noDataSet - set([stateName])
n += 1
```

倒数第二条指令计算 noDataSet 和包含受访者常住州的单例数据集合的集差，让程序处理所有数据集。

(10) 在 fileList 上的 for 循环结束之后，从 histDict 中删除没有数据的键值对。

```
print(len(histDict))
print(noDataSet)
for stateName in noDataSet:
    del histDict[stateName]
print(len(histDict))
```

(11) 变换 histDict 内的权重之和，使得直方图各区间上的总和为 1。

```
for state in histDict:
    sumWeights = sum(histDict[state])
    histDict[state] = [intervalTotal/sumWeights
                        for intervalTotal in histDict[state]]
```

(12) 在下一个教程中我们将用到 histDict 中的约简形式的数据，将这个字典存储为一个文件会比较方便，因为这样就不必重新构建 histDict 了。存储数据结构的标准方法是 Python 的 pickle 模块，将 histDict 写入一个 pickle 格式的文件中：

```
import pickle
picklePath = '../data/histDict.pkl'
pickle.dump(histDict, open(picklePath, "wb" ))
```

在 k 均值算法教程的开头会将文件 histDict.pkl 从磁盘读入 Python 的字典中。

(13) 构建簇的初始化字典。每个簇就是一个键值对，其中键是簇标签和州名缩写，值则是一个包含州名缩写的单例列表。例如，字典中的数据项应如$\{a:[a]\}$所示。

```
clusterDict = {state: [state] for state in histDict.keys()}
```

当簇 A 和 B 被合并时，属于簇 A 的州名列表就会变长，其中会加上那些原来属于簇 B 的州名。簇 B 会从字典中删除，clusterDict 中的键值对数量也会减 1。

(14) 这里开始编写一个函数合并簇。在代码片段没有完成并且排除错误之前，最好先别让其成为一个函数(用关键字 def 和一个返回语句)。通过提取 clusterDict 的键来创建一个州编码列表。

```
stateList = list(clusterDict.keys())
```

(15) 我们将编写代码片段合并两个最近的簇。这里有三个必要的操作：创建一个包含由两个簇组成的集合的列表，搜索该列表查找最近的两个簇，将最近的两个簇合并成一个簇。利用字典解释技术完成簇对集合的创建。

```
setList = [{a,b} for i,a in enumerate(stateList[:-1])
for b in stateList[i+1:]]
```

外层 for 循环遍历 stateList 中除最后一个之外的所有元素，内存 for 循环则遍历从 stateList[i]开始直到最后一个元素(stateList[n-1])。

(16) 通过将簇间最小距离初始化为 2 开始搜索最近的簇对[6]。遍历 setList。根据簇 A 和 B，计算与簇相关的直方图之间的距离，如果这个距离小于最小距离，就更新最

6 可以证明任意两个簇之间的距离都小于 2。

小距离，并用 closestSet 保存簇对集合。for 循环结束后，closest 将包含要合并的簇标签。

```
mn = 2
for a, b in setList:
    abD = sum([abs(pai - pbi)
                for pai, pbi in zip(histDict[a], histDict[b])])
    if abD < mn:
        mn = abD
        closestSet = {a,b}
    print(closestSet,mn)
```

我们的用于计算簇 A 和 B 之间距离的单行函数 abD 从 histDict 中提取相对比例，并形成数据对 $\left(p_{A,1}, p_{B,1}\right),\cdots,\left(p_{A,n}, p_{B,n}\right)$，zip 函数会执行这个操作，然后该函数会在 zip 对象上进行循环遍历，并利用列表解释技术构建一个绝对差列表，即 $\left[\left|p_{A,1}\text{-}p_{B,1}\right|,\cdots,\left|p_{A,n}\text{-}p_{B,n}\right|\right]$。最后一个操作计算绝对差之和。

(17) 令 A 和 B 表示最接近的两个簇。通过用 A 和 B 的相对比例的加权平均值替换 A 的相对比例来合并这两个簇。因此，相当于 A 吸纳了 B。在下面的代码片段中，会更新簇 A 的相对比例。

```
a, b = closestSet
na = len(clusterDict[a])
nb = len(clusterDict[b])
histDict[a] = [(na*pai + nb*pbi)/(na + nb) for pai, pbi
                                in zip(histDict[a], histDict[b])]
```

(18) 用 B 的成员列表扩展 A 的成员列表，并把 B 从簇字典中删除。

```
clusterDict[a].extend(clusterDict[b])
del clusterDict[b]
print(len(clusterDict))
```

你可以通过反复执行这样的代码来测试合并操作：测试代码从指令 stateList = list(histDict.keys())开始，以 print(len(clusterDict))结束。每次执行时，clusterDict 的长度都会减 1。

(19) 当合并操作执行正确无误时，就可以将其移入函数 mergeClusters 中，该函数以 clusterDict 和 histDict 作为参数，并返回 clusterDict 和 histDict，如下所示。

```
def mergeClusters(clusterDict, histDict):
```

```
    stateList = list(clusterDict.keys())
    ...
    del clusterDict[b]
    return clusterDict, histDict
```

(20) 通过反复调用 mergeClusters 的 for 循环，将最初的 54 个单例簇减少到 5 个簇。

```
while len(clusterDict) > 5:
    clusterDict, histDict = mergeClusters(clusterDict, histDict)
```

(21) 将簇以及作为簇成员的州打印显示在控制台中。

```
for k,v in clusterDict.items():
    print(k,v)
```

(22) 我们将用 matplotlib 模块中的 pyplot 函数在一张图上绘制各簇的直方图。在第 3 章中，我们绘制过几乎同样的图形。为增强可读性，直方图在身体质量指数值为 51kg/m^2 处截断。

```
intervals = [(12+2*i,12+2*(i+1)) for i in 30 ]

import matplotlib.pyplot as plt
x = [np.mean(pair) for pair in intervals][:19] # Ignore large BMI
    values.
for name in clusterDict:
    y = histDict[name][:19]
    plt.plot(x, y)
plt.legend([str(label) for label in range(6)], loc='upper right')
plt.show()
```

概要

我们已经利用层次聚类算法将在成年常住人口的身体质量指数方面具有相似性的州聚合成簇。这个算法从针对每个州估计其身体质量指数的分布开始。州与州以及簇与簇之间的相似度通过相对频率直方图间的距离来度量。当两个簇被合并后，计算合并后的簇直方图的结果是被合并簇的直方图的加权平均值，权重反映了属于各簇的州的数量。

这种聚类分析的应用对应于一种更传统的设置，在这种设置中，每个观测单元根

据 h=30 个变量提供一个观测向量。在我们的应用中，一个观测单元就是一个州。计算相似度将用到 h 个变量。一些变换形式(如标准化)可用于尝试通过缩放比例来说明变量间差异。在本应用中缩放并不是必需的。

图 8.2 展示了簇分布有所不同，但其差距可能并没有达到惊人的程度。对于一个水平绘制的固定值(在本例中是身体质量指数)而言，直方图高度上的差距是反映分布差异的主要属性。请记住一点：哥伦比亚特区(DC)和密西西比州(MS)的差异相当大。例如，所有直方图在 25kg/m^2 处都有一个模式，DC 和 MS 在区间[24,26] 上的相对频率分别是 0.182 和 0.162。在身体质量指数值为 26kg/m^2 处的差值符号变为相反，这反映了密西西比州身体质量指数较大的人数比哥伦比亚特区多得多。哥伦比亚特区是一个单例簇，换句话说，没有任何一个州与其相似。

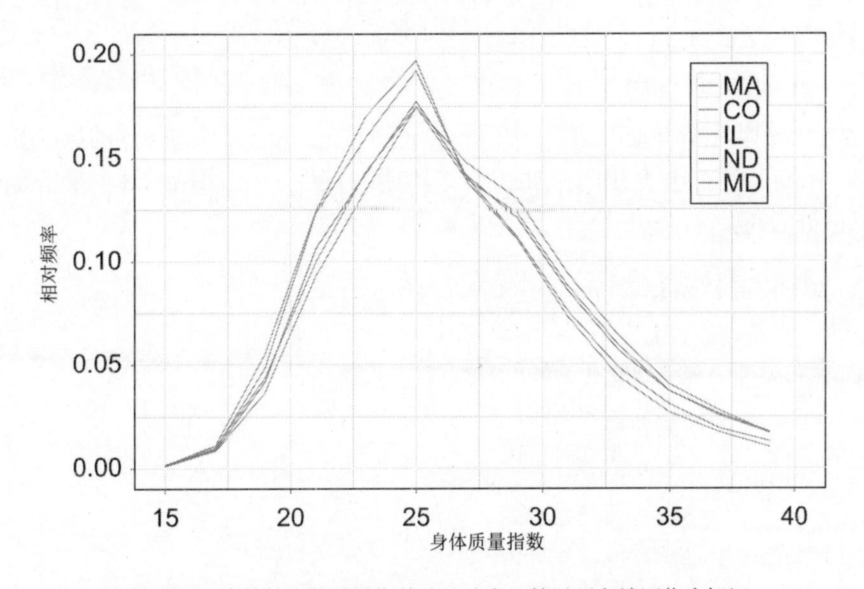

图 8.2　5 个簇的身体质量指数估计分布，簇以州名缩写作为标记

尽管对于任意单个区间而言差距很小，但共有 30 个区间，累加起来的差距会变得比较大。事实上，密西西比州有 30.7%的人的身体质量指数至少为 30kg/m^2，因此被归为肥胖一类，但是哥伦比亚特区的样本中只有 21.7%被认定为肥胖。

通常很难判断聚类分析是否成功地创建了意义不同的聚类。在这个例子中，我们可以做到这一点。回顾一下，分析身体质量指数的动机是因为公共卫生界普遍认为身体质量指数与一些慢性病息息相关(尤其是 2 型糖尿病)。我们可以尝试通过回顾第 7 章中对糖尿病患病率和发病率的分析来确认这一观点。具体而言，我们在图 8.3 中重新绘制了图 7.1，标识簇的州成员。隶属于某个簇的州通常离得比较近。

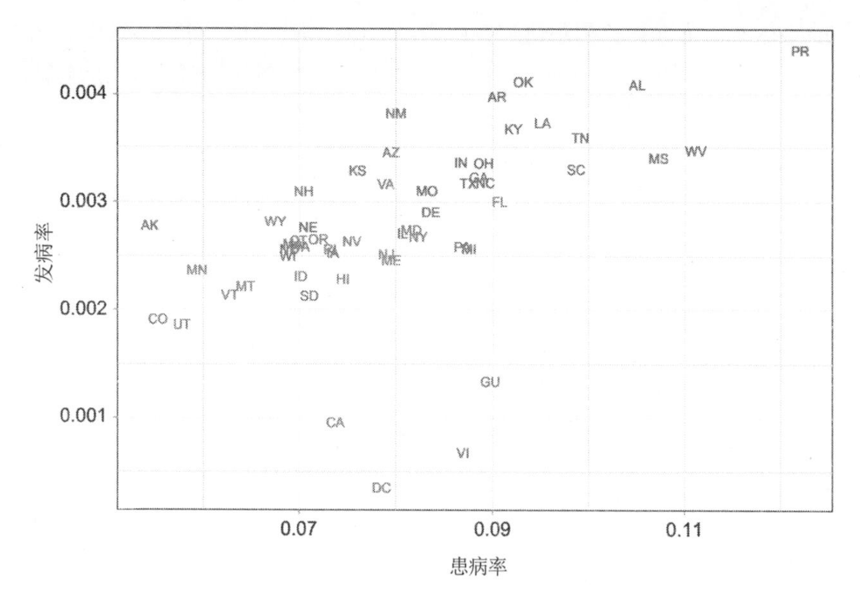

图 8.3 糖尿病患病率和发病率的估计

8.5 *k* 均值算法

具有代表性的另一聚类分析算法是 k 均值算法。现在簇的数量由分析者确定。该算法一开始会将数据集 $D=\{\mathbf{x}_1,\cdots,\mathbf{x}_n\}$ 中的观测向量随机分配给 k 个簇。初始的簇集合用 $\{A_1,\cdots,A_k\}$ 表示，然后针对每个簇计算其中心。传统上讲，簇中心是隶属于该簇的观测数据的多项式均值。在计算观测数据到簇之间的距离时，用簇中心代表簇。

最初的配置很少能令人满意，所以大量的计算工作都是为了改善初始配置。该算法在两个步骤间循环反复：将每个观测数据分配给距其最近的簇，然后重新计算或者更新簇中心。如果任意一个观测数据被重新分配(即将其从当前分配的簇中移出，再移入另一个簇中)，那么这两个簇的中心都将改变。因此，会再次发生一次迭代。该算法会在两个步骤间循环反复，直到不再进行重新分配为止。此时，每个观测数据都隶属于距离其最近的簇。从最初的随机配置开始，簇内的平方和已被最小化。这是因为簇内平方和等于观测数据与簇中心的欧氏距离之和，还因为现在如果再移动任何观测数据都会增加欧氏距离之和(以及簇内平方和)。可认为此时已达到了观测数据到簇的最佳分配以及簇中心的最佳计算结果。

由于该算法将一个常用的目标函数最小化(簇内平方和)，因此具有很大的吸引力。而该算法的缺点在于初始配置是随机的，不同的配置通常会导致不同簇集合。如果分析人员能够从一个可选择的初始化配置入手，那么该算法可能会产生更令人满意的簇。

我们来看看该算法的一些细节。簇 A_i 的中心是一个多元均值：

$$\bar{\boldsymbol{x}} = n_i^{-1} \sum_{x_j \in A_i} \boldsymbol{x}_j \tag{8.7}$$

其中，n_i 是隶属于簇 A_i 的观测数据的数量，并且 $\boldsymbol{x}_j=[x_{j,1}\cdots x_{j,h}]^{\mathrm{T}}$，属性的数量是 h 并且 $\bar{\boldsymbol{x}}_i$ 的第 l 个元素是：

$$\bar{x}_{i,l} = n_i^{-1} \sum_{x_j \in A_i} x_{j,l} \tag{8.8}$$

$\boldsymbol{x}_j \in D$ 和 A_i 之间的距离定义为 $\boldsymbol{x}_j$ 与 A_i 的中心($\bar{\boldsymbol{x}}_i$)之间的距离，因为 $\bar{\boldsymbol{x}}_i = \left[\bar{x}_{i,1} \cdots \bar{x}_{i,h}\right]^{\mathrm{T}}$，所以欧氏距离的平方值为：

$$d_E^2(\boldsymbol{x}_j, \bar{\boldsymbol{x}}_i) = \sum_{l=1}^{h} (x_{j,l} - \bar{x}_{i,l})^2 \tag{8.9}$$

我们可以用欧氏距离的平方取代欧氏距离来确定离 $\boldsymbol{x}_j$ 最近的中心，因为两者最接近最远处的排序是相同的。

在完成初始化后，算法就开始在两个步骤之间循环反复。

第一步是遍历数据集 D，并根据式(8.9)，计算每个 $\boldsymbol{x}_j \in D$ 与每个簇中心之间的欧氏距离的平方。如果发现一个观测数据距离另一个簇要比距离当前指定的簇更近，就会将它分配到最近的簇中。第二步是根据式(8.7)更新簇 A_i 的中心。在最后一次迭代中每个改变了其成员的簇都必须针对其中心进行一次更新计算。这样就完成了这两个步骤。如果有任意一个观测数据被重新分配了，就要开始再一次迭代。当簇成员不再发生任何改变时，算法结束。

8.6 教程：*k* 均值算法

我们将继续根据各州常住成年人口的身体质量指数的分布对州进行分组的练习。这里使用的是相同的身体质量指数直方图数据集，所以本教程不必从数据准备开始，而是从编程实现 k 均值算法开始。假设身体质量指数的表示已经在前一个教程中计算得到并存储在字典 histDict 中，该字典的键是州名缩写[7]，值则是包含 h=30 个区间 $(12,14],(14,16],\cdots,(70,72]$ 内的州常住成年人口的身体质量指数比例估计值的列表。

我们选择创建 k=6 个簇，和之前一样，每个观测数据就是一个州。观测向量的内

7 请回顾一下第 8.4 节的教程，那里实际上有 54 个地理实体，我们没有严格区分，将它们统称为州。

容和之前一样，但是我们修改了其中的符号表示，以便能和 k 均值算法的开发实现保持一致。对于第 j 个州，区间 l 内人数比例的估计值是 $x_{j,l}, l=1,2,\cdots,h$ 。[8]与观测数据 j 相关的人口比例估计值现在一般表示为：

$$\boldsymbol{x}_j=[x_{j,1}\cdots x_{j,h}]^{\mathrm{T}} \tag{8.10}$$

对于簇 A_i，其中心是 $\overline{\boldsymbol{x}}_i=\left[\overline{x}_{i,1}\cdots\overline{x}_{i,h}\right]^{\mathrm{T}}$，簇中心可以利用式(8.7)计算得到。

编程实现 k 均值算法时要注意一点：k 均值算法非常快；如果编写计算高效的代码要比编写简单却较慢的算法付出过多的努力，就没什么优势可言。例如，每次迭代的第一步都是更新簇中心，更新簇中心有两种方法：重新计算每个簇中心，或者只更新需要更新的簇中心，后者的具体做法是计算簇中心之和，然后从簇中心之和中减去已经从簇中删除的观测向量，并在簇中心之和上加上新移入簇中的观测向量，最后除以簇中观测向量的数量。哪种方法最优？这取决于算法的用途。如果只是为了省下几秒计算时间，就不值得花上一个小时编写程序。我们将重新计算所有簇中心。

教程中的程序由两个主要部分组成：读取数据和初始化簇，k 均值算法。

(1) 加载包含各州身体质量指数直方图字典的 pickle 文件，并将文件中的内容存入字典 histDict。[9]

```
import numpy as np
import pickle
picklePath = '../histDict.pkl'
histDict = pickle.load( open(picklePath, "rb" ) )
print(len(histDict))
```

(2) 随机排列州列表，以便让一开始各州对于簇的分配是随机的。这里可以使用 Numpy 模块的函数 random.choice。传入的实际参数是一个我们从中进行抽样的列表(我们传入的是 histDict 的键)、抽样单元的数量(size=n)以及抽样类型。抽样一定不能使用替换，这样可以确保一个州不会在簇成员的 k 个列表中多次出现。

```
    k = 6
    n = len(histDict)
    randomizedNames = np.random.choice(list(histDict.keys()), size =
n,replace = False)
```

调用 randomize 会返回一个无替换的规模为 n 的随机样本。上面这段代码的效果就是随机打乱 randomizedNames 中州的顺序。

8 区间 l 内观测数据 j 的人数比例的估计值之前的符号是 $p_{i,j}$。
9 pickle 文件是在第 8.4 节教程的第 12 项说明中创建的。

(3) 利用 for 循环构建一个字典 clusterDict，该字典包含各州到初始簇的分配。字典的键由 i 对 k 求余计算得到，其中 k=6 是簇的数量，$i \in \{0,1,\cdots,n-1\}$。字典的值则是州列表。

```
clusterDict = {}
for i, state in enumerate(randomizedNames):
    clusterDict.setdefault(i%k,[]).append(state)
print(clusterDict)
```

setdefault 函数和 enumerate 函数曾在第 4.6.2 节中讨论过。

(4) 编写一个函数，重新计算簇字典 clusterDict 中每个簇的直方图。每个簇的直方图的计算方法是遍历簇中的每个州，并在每个直方图区间内加上比例估计值(式(8.8))。首先我们创建一个字典 clusterHistDict 来存放 k 个簇直方图。然后在簇上执行 for 循环，再在隶属于该簇的各州上执行第二个内部 for 循环，代码结构如下所示：

```
h = 30
clusterHistDict = dict.fromkeys(clusterDict,[0]*h)
for a in clusterDict:
    sumList = [0]*h
    for state in clusterDict[a]:
        print(a,state)
```

在程序遍历簇成员时，列表 sumList 将会存储每个区间的比例估计值之和。

(5) 通过根据州直方图 histDict[state]压缩 sumList，将数据项添加到 sumList 中，然后，我们根据存放在 histDict[state]中的数据，利用列表理解技术来更新 sumList。最后一步是将和值除以隶属于簇的州的数量，并将列表存入簇的直方图字典。

```
for state in clusterDict[a]:
    sumList = [(sumi + pmi) for sumi, pmi in
                    zip(sumList, histDict[state])]
na = len(clusterDict[a])
clusterHistDict[a] = [sumi/na for sumi in sumList]
```

上面在 for 循环内的代码片段将遍历 clusterDict，并替换第 4 项说明中的最后两行。

(6) 将更新存放在 clusterHistDict 的簇中心的代码转换成一个函数：

```
def clusterHistBuild(clusterDict, histDict):
  ...
  return clusterHistDict
```

(7) 将上述函数放到脚本的最上面，通过调用该函数构建初始簇中心。

```
clusterHistDict = clusterHistBuild(clusterDict,histDict)
```

上面的指令紧接在 clusterDict 的构建之后(第 3 项说明)。

(8) 接下来的代码片段就是 k 均值算法遍历阶段的开始之处，一共要执行两个步骤。第一步是如果某个州距离其他簇要比距离当前所在的簇要近，就将这个州(观测数据)重新分配到其他簇当中。第二步是如果有任何一个州被重新分配，就更新存放在 clusterHistDict 的簇中心。这两个步骤反复执行，直到再也没有州被重新分配到其他簇中为止。

利用 while 语句的条件结构将反复执行其内部的代码，当布尔变量 repeat 为 false 时，程序流就会跳出该结构，条件结构如下所示：

```
repeat = True
while repeat == True:
    updateDict = {}
    # Step 1:
    ...
    # Step 2:
    if clusterDict != updateDict:
        clusterDict = updateDict.copy()
        clusterHistDict = clusterHistBuild(clusterDict,histDict)
    else:
        repeat = False
```

字典 updateDict 包含更新后的簇，与 clusterDict 的结构相同，所以也包含 k 个键值对，键是簇的索引(i=1,2,…,k)，值则是成员州的列表。通过确定距离每个州都最近的簇以及将州分配到最近的簇中就可构建这个字典。

如果 clusterDict 与 updateDict 不相等，那么至少有一个州被重新分配到其他簇中。如果是这种情况，我们就要更新簇字典 clusterDict 以及簇直方图字典 clusterHistDict。如果 clusterDict 与 updateDict 相等，那么算法结束，并且程序流转到紧接条件结构的下一个语句。

将 updateDict 的内容赋予 clusterDict 时，我们必须使用.copy()函数。如果我们用的是 clusterDict=updateDict，那么这两个对象之后就会使用同一内存地址，从而对于一个字典所做的修改会立即对另一个字典产生相同的作用。利用.copy()则会将 updateDict 的值写入 clusterDict 的内存位置，这样这两个字典包含相同的值，却是两个不同的对象，对其中一个所做的修改不会对另一个产生影响。

步骤(2)已经准备就绪。

(9) 让我们编程实现步骤(1)，在 updateDict 之后执行这个代码片段进行初始化并替换第 8 项说明中的占位符…，其目的是构建 updateDict。遍历各州，找到距离某个州最近的簇并将该州分配到最近的簇中。

```
for state in histDict:
    mnD = 2 # Initialize the nearest state-to-cluster distance.
    stateHist = histDict[state]
    for a in clusterDict:
        clusterHist = clusterHistDict[a]
        abD = sum([(pai-pbi)**2 for pai,pbi in zip(stateHist,
                clusterHist)])
        if abD < mnD:
            nearestCluster = a
            mnD = abD
    updateDict.setdefault(nearestCluster,[]).append(state)
```

我们把最近距离初始化为 mn=2，这是因为簇之间的距离不会大于 2(见练习 8.1)。

(10) 在 else 分支之后(第 8 项说明)，打印输出当前州到簇的分配情况。

```
for a in updateDict:
    print('Cluster =',a,' Size = ',len(updateDict[a]),updateDict[a])
```

for 语句应当与关键字 if 和 else 对齐。

(11) 绘制 k 个直方图，下面的代码和第 3.6 节的教程中用于绘制簇直方图的代码只有少许不同。

```
import matplotlib.pyplot as plt

nIntervals = 30
intervals = [(12+2*i,12+2*(i+1)) for i in range(nIntervals) ]

x = [np.mean(pair) for pair in intervals][:19]
for name in clusterDict:
    print(name )
    y = clusterHistDict[name][:19]

    plt.plot(x, y)
plt.legend([str(label) for label in range(6)], loc='upper right')
plt.show()
```

(12) 请回顾一下，初始化配置是随机的，因此如果算法执行不止一次，那么最终的输出可能就会有所不同。为深入理解初始化配置的影响，请执行这样一段代码，这段代码开始将名称随机分配给簇，结束时则多次绘制图形。尝试几个不同的 k 值，即 $k \in \{4,5,6\}$ 。你应该能注意到，各州之间相关性的形成有一定规律。

概要

k 均值算法有一个令人满意的特性，即总能生成相同数量的簇，但它也有一个糟糕的特性，即初始的簇配置具有不确定性，这通常会影响到最终配置。已经介绍了两种聚类分析的完整方法：凝聚层次聚类和 k 均值算法，因此我们面临着一个决策：到底该用哪个？

一般而言，当从一组可完成某个分析目标的候选方法中选择某一个方法时，我们会依据推进该方法的理论基础来评估该方法[10]。k 均值算法就是这样一个例子，它可被用作解决引人注目的最小化问题的方案[2]。

假设我们着手形成其成员尽可能靠近中心的簇，为让目标更具体，我们根据观测数据对簇的一组特定分配定义簇内距离平方和，并称其为 C，如下所示：

$$S(C)=\sum_{i=1}^{k}\sum_{j=1}^{n_i}\|\boldsymbol{x}_{i,j}-\overline{\boldsymbol{x}}_i\|^2 \tag{8.11}$$

其中， $\overline{\boldsymbol{x}}_i=n_i^{-1}\sum_j \boldsymbol{x}_{i,j}$ 是根据簇 $i, i=1,\cdots,k$ 的 n_i 个成员计算得到的向量均值，$\|\boldsymbol{y}\|=(\boldsymbol{y}^{\mathrm{T}}\boldsymbol{y})^{1/2}$ 是向量 $\boldsymbol{y}$ 的欧氏表示形式。

给定初始化配置后，k 均值算法就会生成重新排列 C，使得簇内距离平方和最小。k 均值找到的答案 C^* (观测数据隶属于簇的一种排列)不必得到所有可能配置上 $S(\cdot)$的全局最小值。全局最小值是州到 k 个簇中的所有可能排列上的簇内最小距离平方和。但是，这个算法可用 N 个不同的初始化配置重复执行。最优的解决方案可选择为能够在 $S(C_1),\cdots,S(C_N)$ 中得到 $S(C)$最小值的方案。

k 均值算法有若干变体，例如，k 中心算法将观测向量当作簇中心，它是一种稍复杂却具有坚实统计理论基础的算法，它并不是将观测数据分配给簇，而在估计各簇中每个观测数据的簇隶属度。采用这种概率建模方法会引入有限混合模型和 EM 算法方案[39]。

10 通常会考虑其他标准，这些标准或许比理论更具价值。

8.7 练习

8.7.1 概念练习

8.1 在第8.4节的教程中，我们将两个簇之间的最小距离设为2(第16项说明)，请证明任意两个簇之间的最大距离不会超过2，从而保证了最终的最小距离不会是2。具体而言，就是证明

$$\sum_i |a_i - b_i| \leqslant 2 \tag{8.12}$$

其中，$\sum a_i = \sum b_i = 1$。

8.2 对于簇中观测数据的特定配置 C，证明样本均值向量 $\overline{\boldsymbol{x}}_i = n_i^{-1}\sum_j \boldsymbol{x}_{ij}$ 会使 $S(C)$ 最小。从如下所示的目标函数入手：

$$S(C) = \sum_{i=1}^{k}\sum_{j=1}^{n_i} ||\boldsymbol{x}_{ij} - \boldsymbol{\mu}_i||^2 \tag{8.13}$$

确定能使与 $\boldsymbol{\mu}_i$ 有关的 $S(C)$ 最小的向量 $\hat{\boldsymbol{\mu}}_i$。证明如果 $\hat{\boldsymbol{\mu}}_i$ 能最小化 $\sum_{j=1}^{n_i}\left\|\boldsymbol{x}_{ij} - \boldsymbol{\mu}_i\right\|^2$，那么 $\hat{\boldsymbol{\mu}}_1, \cdots, \hat{\boldsymbol{\mu}}_k$ 就可使 $S(C)$ 最小。

8.7.2 计算练习

8.3 修改 k 均值算法，用城市街区距离(也叫 L_1 距离)替换欧氏距离(也叫 L_2 距离)计算各州的直方图与簇中心之间的距离。当用欧氏距离找到一组簇后，再利用城市街区距离运行一次算法。将根据欧氏距离得到的最终配置作为城市街区距离的初始化配置。距离度量多久改变一次就能导致不同的配置？

8.4 回到第8.4节的教程，修改其中的程序，让簇 A 和 B 之间的簇间距离根据下式进行计算：

a. 任意 $\boldsymbol{x}_i \in A$ 和 $\boldsymbol{x}_j \in B$ 之间的最小距离，也即

$$d_{\min}(A,B) = \min_{\boldsymbol{x}_i \in A, \boldsymbol{x}_j \in B} d_C(\boldsymbol{x}_i, \boldsymbol{x}_j)$$

b. 任意 $\boldsymbol{x}_i \in A$ 和 $\boldsymbol{x}_j \in B$ 之间的最大距离，也即

$$d_{\max}(A,B) = \max_{\boldsymbol{x}_i \in A, \boldsymbol{x}_j \in B} d_C(\boldsymbol{x}_i, \boldsymbol{x}_j)$$

c. 任意 $\boldsymbol{x}_i \in A$ 和 $\boldsymbol{x}_j \in B$ 之间的平均距离，也即

$$d_{\text{mean}}(A,B) = (n_A n_B)^{-1} \sum_{\boldsymbol{x}_i \in A, \boldsymbol{x}_j \in B} d_C(\boldsymbol{x}_i, \boldsymbol{x}_j)$$

这三种变体都有自己的名称[29]：最短距离法(a)、最长距离法(b)和平均距离法(c)。第 8.4 节的程序中所使用的度量方法则被称为中心距离法。

8.5　利用凝聚层次聚类构造 k=6 个簇，将这些簇用作 k 均值算法的初始配置，比较初始配置和最终配置。

第III部分

预 测 分 析

第9章 k 近邻预测函数

摘要： *k* 近邻预测函数的目的是根据预测向量预测目标变量。通常，目标是一种分类变量，即一个用来标识观测数据取自哪个组的标签。分析人员对隶属关系标签一无所知，却掌握在预测向量中进行了编码的属性信息。预测向量和 *k* 近邻预测函数生成对隶属关系的预测。除了定性属性之外，*k* 近邻预测函数还可备用于预测定量的目标变量。*k* 近邻预测函数在概念上和计算上都很简单，并且在精确性上可以与一些复杂得多的预测函数相匹敌。*k* 近邻预测函数是无参数的，这是因为支持这类预测函数的数学基础并非是模型。而最近邻预测函数利用的是面向目标和预测向量对的观测数据训练集，实际上是检测最接近目标的训练观测数据的目标值。如果目标变量是群组隶属标签，那么预测的目标就是最近邻中最常出现的标签。如果目标是定量的，那么预测目标是与最近邻相关的目标值的平均值。

9.1 引言

在数据科学中，一个常见的问题是利用在观测单元上测量的一组属性来确定群组或分类对于观测单元的隶属关系。例如，大多数邮件客户端(处理收到的电子邮件的程序)会把邮件消息放入以“主要”“社交”“促销”“垃圾邮件”等标签命名的文件夹中。群发给大量接收方的消息被隔离或者拒收是合理的。这些消息有时用带有贬义的垃圾邮件指代，其内容通常是广告，有时产生恶意代码的恶意软件或者网站链接会嵌入消息中。因此，客户端需要将邮件标记为垃圾邮件或者正常邮件。当收到邮件消息时，没有明确的属性将消息标记为垃圾邮件，客户端必须使用预测函数将垃圾邮件或者正常邮件的标签分配给收到的消息。

用于对邮件消息进行分类的算法提取邮件消息的相关信息，例如特定单词和字符的出现以及最长的大写字母的长度。这类信息被封装成预测属性向量，并被传递给预测函数。预测函数返回对消息类型的预测，预测结果是垃圾邮件或者正常邮件，要么就是“主要”“社交”“促销”“垃圾邮件”这四者之一。在预测函数投入应用前，对该函数的准确性进行评估是有价值的。有各种预测函数以及若干方法来评测预测函数的准确性。总的来说，有关预测及其准确性评估的学科被称为预测分析[1]。其中根据目标变量表示群组成员的问题有时又称为分类问题。

本书将介绍两种类型的预测函数，本章将介绍第一种：k 近邻预测函数。k 近邻预测函数无论是概念上还是计算上都很简单，并且一般十分准确。它的缺点是使用 k 近邻预测函数的计算要求可能有些不切合实际。我们还会讨论准确性评估，它是本章中预测分析很重要的一部分。

预测任务

我们从预测任务开始讨论 k 近邻预测函数，现在，假定目标变量是定性的，或者说是分类的，并且该变量标记了某个观测单元对于 g 个可能的群组中的某个群组的隶属关系。第 9.8 节对利用 k 近邻预测函数预测定量目标变量进行了讨论。

k 近邻预测函数会用到一个观测数据对集合，对于这个集合，所有目标值 $y_1,\ldots,y_n$ 都已经被观测到，目标观测数据是一个数据对$(y_0,\mathbf{x}_0)$，这个数据对中标签y_0缺失(或至少要被预测得到)，$\mathbf{x}_0$ 被观测到。针对分类问题的基本版 k 近邻预测函数的运行原理是：基于 $\mathbf{x}_0$ 和 $\mathbf{x}_1,\ldots,\mathbf{x}_n$ 之间的距离，在训练集中确定 k 个与$(y_0,\mathbf{x}_0)$最相似的观测数据。y_0的预测值是最相似的观测数据中出现最多的标签，这 k 个最相似的观测数据称为 k 近邻。在目标变量为定量类型时，基本版本的 k 近邻回归函数对y_0的预测结果是 k 近邻目标值的均值。

R 语言的 MASS 库的(rabs 螃蟹)数据集提供了一个简单样本[9,64]。图 9.1 显示了根据甲壳长度和额叶大小不能完全区分的紫岩蟹品种的两种色块，两者的边界是由试错决定的。边界用于构建一个预测函数，预测未知颜色的螃蟹属于蓝色群组还是红色群组，这取决于螃蟹的额叶和甲壳长度使其位于线的上方还是下方。

1 “预测分析”这个术语主要在数据科学中使用，统计学和计算机科学有它们自己的叫法，通常分别被称为“统计学习”和“机器学习”。

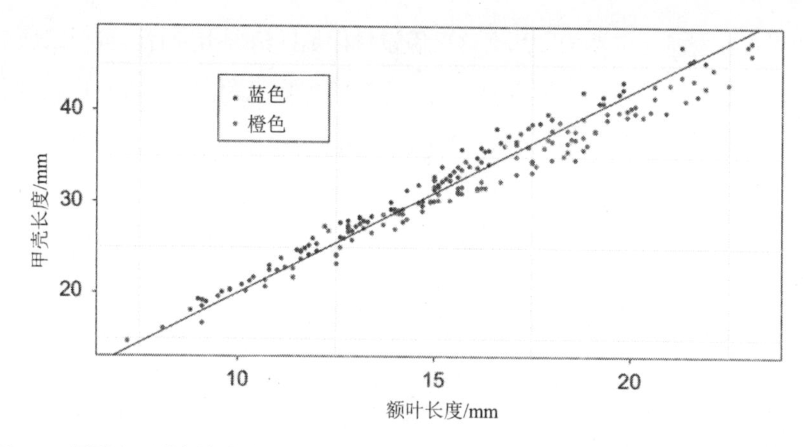

图 9.1　根据在两种颜色的紫岩蟹上测量的额叶和甲壳长度做出的观测数据，n=100

或者用一个 5 近邻预测函数通过确定($\mathbf{x}_0$, y_0)的 5 个最近邻以及最近邻中最常见的颜色来预测颜色。对于大多数蓝色数据对而言，最近的 5 个相邻观测数据也以蓝色为主。橙色的相邻观测数据中的大多数的额叶尺寸大于 15，其相邻观测数据也是橙色的。当额叶尺寸小于 14mm 时，5 个最近邻观测数据通常以蓝色为主，因此，5 近邻预测函数易于错误地将额叶尺寸小于 14mm 的螃蟹分配到橙色组。

在本例中，特设边界的预测函数的精度与 5 近邻函数相当。如果存在另一个形态属性，那么确定边界就会变得更加困难[2]。如果有 3 个以上的形态属性，那么通过踪迹和误差确定边界就不切实际，我们就要求助于非平凡的数学解。如果在预测问题上引入更多属性，5 近邻预测函数的计算需求变化不大。

9.2　符号和术语

目标值为 y_0 的观测数据对被记为 z_0=(y_0, $\mathbf{x}_0$)，长度为 p 的预测向量 $\mathbf{x}_0=[x_{0,1}\cdots x_{0,p}]^{\mathrm{T}}$ 已被观测到，用于通过预测函数预测 y_0。预测函数 $f(\cdot|D)$根据数据集 $D=\{z_1, z_2, \cdots, z_n\}$ 构建或者训练得到，条件符号 $f(\cdot|D)$强调了训练集在拟合预测函数中的角色，所以 z_i=(y_i, $\mathbf{x}_i$)是第 i 个训练观测数据。对于所有的数据对 $z_i \in D$，y_i 和 $\mathbf{x}_i$ 都是已知的。对于 y_0 的预测被记为 $\hat{y}_0 = f(\mathbf{x}_0 | D)$。例如，如果目标是定量的，那么我们可能会考虑采用线性回归预测函数 $f(\mathbf{x}_0 | D) = \mathbf{x}_0^{\mathrm{T}}\hat{\boldsymbol{\beta}}$。预测函数通常并不像刚才介绍的那样具有简单的封闭形式，并且 $f(\cdot|D)$更清楚地被描述为一个多步算法，以 $\mathbf{x}_0$ 作为输入，并输出 $\hat{y}_0$。

2 边界是个平面。

如果目标变量是定性的，那么这里假设目标是标识群组或者子群组隶属关系的标签。可能的群组数量是 g，为方便起见，标签的集合记为$\{0,1,\cdots,g-1\}$。给定预测向量 $\boldsymbol{x}_0$，z_0 是群组 j 的概率可被表示为 $\Pr(y_0=j \mid \boldsymbol{x}_0)$。每个观测单元只属于 g 个群组中的一个，因此有 $\sum_{j=1}^{g-1} \Pr(y_0=j \mid \boldsymbol{x}_0)=1$。

利用知识函数标识群组的隶属关系十分方便，群组 j 的隶属关系的指标被定义为：

$$I_j(y)=\begin{cases}1，如果 y=j\\0，如果 y\neq j\end{cases}$$

其中，$y\in\mathbb{R}$，尽管通常 y 是一个实际或者预测的群组标签，如果没有预测向量作为信息源，那么群组 j 中的隶属关系概率可通过训练观测数据隶属于群组 j 的抽样比例进行估计。抽样比例可用指标函数标识如下：

$$\widehat{\Pr}\left(y_0=j\right)=n^{-1}\sum_{i=1}^{n} I_j\left(y_i\right)$$

如果我们准备在不了解预测向量的情况下预测隶属关系，并且在将预测函数 $f\left(\bullet \mid D\right)$ 应用到训练观测数据上时通过最大化准确度来训练 $f\left(\bullet \mid D\right)$，那么每个没有加上标签的观测单元都会被预测为具有最大抽样比例的群组的成员[3]。这个重要的预测函数的准确度是与其进行比较的更复杂预测函数准确度的一个基准。这个基准实质上与基准拟合模型 $\hat{\mu}_i=\overline{y}, i=1,\cdots,n$ 非常相似，这个基准拟合模型在拟合的线性回归度量 R^2_{adjusted} 用到。

如果预测向量 $\boldsymbol{x}_1, \cdots, \boldsymbol{x}_n$ 能提供信息，那么可以通过检查与 $\boldsymbol{x}_0$ 相似的训练向量的目标值来提高基准准确度，这就是 k 近邻算法的理念。更确切地讲，就是只有与 $\boldsymbol{x}_0$ 构成近邻关系的训练向量才用于预测。假定目标是群组标签，那么没有标签的观测单元 z_0 会被预测为近邻中最常出现的群组。近邻及其成员由 $\boldsymbol{x}_0$ 与 $\boldsymbol{x}_1, \cdots, \boldsymbol{x}_n$ 的距离确定。

$\boldsymbol{x}_0$ 与 $\boldsymbol{x}_1, \cdots, \boldsymbol{x}_n$ 的距离被记为 $d(\boldsymbol{x}_0, \boldsymbol{x}_1), d(\boldsymbol{x}_0, \boldsymbol{x}_2), \cdots, d(\boldsymbol{x}_0, \boldsymbol{x}_n)$，我们按照从小到大确定距离的顺序，并且按照同样的顺序对训练集进行排列。从数学上讲，排序后的训练集是一个如下的 n 元组[4]。

$$\left(z_{[1]}, z_{[2]}, \cdots, z_{[n]}\right) \tag{9.1}$$

3 我们假设预测函数的准确度是通过将预测函数应用于训练观测数据并计算正确预测的比例而估计得到的。

4 $\mathbb{R}^2$ 内的一个点是一个二元组，也称为数据对。

其中，$z_{[k]}=(y_{[k]}, \boldsymbol{x}_{[k]})$方括号表示 $\boldsymbol{x}_{[1]}$是距离 $\boldsymbol{x}_0$ 最近的预测向量，$\boldsymbol{x}_{[2]}$是距离 $\boldsymbol{x}_0$ 第二近的预测向量，其他情况以此类推。最近邻 $z_{[1]}$的标签或者说目标值表示为 $y_{[1]}$，第二近的近邻 $z_{[2]}$的目标值是 $y_{[2]}$，其他情况以此类推。

9.3　距离度量

欧氏度量和曼哈顿度量经常用于计算预测向量之间的距离，为得到合理结果，这两种度量方法都要求组成预测向量的所有属性是定量的。如果条件满足，那么 $\boldsymbol{x}_i=[x_{i,1}\cdots x_{i,p}]^{\mathrm{T}}$ 和 $\boldsymbol{x}_0=[x_{0,1}\cdots x_{0,p}]^{\mathrm{T}}$ 之间的欧氏距离是：

$$d_E(\boldsymbol{x}_i,\boldsymbol{x}_0)=\left[\sum_{j=1}^{p}\left(x_{i,j}-x_{0,j}\right)^2\right]^{1/2}$$

如果各预测变量存在很大差异，那么通过变量的样本标准差对每个变量进行缩放通常是有利的。如果没有缩放，那么对于方差最大的变量而言，其差值平方 $\left(x_{i,j}-x_{0,j}\right)^2, j=1,\cdots,p$ 容易变得很大。因此，具有最大差异性的变量对于确定 $\boldsymbol{x}_i$ 和 $\boldsymbol{x}_0$ 之间的距离影响最大，而与预测变量的信息量无关。

在计算距离的同时进行缩放是合理的，经过缩放后，距离变为：

$$\boldsymbol{d}_S(\boldsymbol{x}_i,\boldsymbol{x}_0)=\left[\sum_{j=1}^{p}\left(\frac{x_{i,j}-x_{0,j}}{s_j}\right)^2\right.$$

其中，s_j 是第 j 个预测变量的标准差的估计值。从样本方差可以计算得到 s_j，即：

$$s_j^2=(n-g)^{-1}\sum_{k=1}^{g}\sum_{i=1}^{n}I_k(y_i)(x_{i,j}-\overline{x}_{j,k})^2 \tag{9.2}$$

其中，$\overline{x}_{j,k}$ 是属性 j 的样本均值，属性 j 从隶属于群组 k 的观测数据计算得到。$I_k\left(y_i\right)$ 确保只有隶属于群组 k 的观测数据才对内部求和有所贡献。在统计学中，s_j^2 被称为合并样本方差。

$\boldsymbol{x}_i$ 和 $\boldsymbol{x}_0$ 之间的曼哈顿或者城市街区距离如下。

$$d_C(\boldsymbol{x}_i,\boldsymbol{x}_0)=\sum_{j=1}^{p}\left|x_{i,j}-x_{0,j}\right|$$

城市街区距离也可能用到缩放。在 k 近邻预测函数的绝大多数应用当中，选择最佳的邻域数量 k 要比选择最优的距离度量更重要，这是因为不同的距离度量通常会生成相似的排序和紧邻集合。

如果预测变量由p个定量变量组成，那么海明距离是比较$\boldsymbol{x}_i$和$\boldsymbol{x}_0$的一种实用度量。$\boldsymbol{x}_i$和$\boldsymbol{x}_0$之间的海明距离是$\boldsymbol{x}_i$和$\boldsymbol{x}_0$的p个属性中不相同的数量，该距离根据下式进行计算：

$$\boldsymbol{d}_H(\boldsymbol{x}_i,\boldsymbol{x}_0)=p-\sum_{j=1}^{p} I_{x_{i,j}}\left(x_{0,j}\right) \tag{9.3}$$

请注意，如果$x_{i,j}=x_{0,j}$，则$I_{x_{i,j}}\left(x_{0,j}\right)=1$，否则$I_{x_{i,j}}\left(x_{0,j}\right)=0$。所以式(9.3)中的求和运算对 $\boldsymbol{x}_i$ 和 $\boldsymbol{x}_0$ 中值相同的属性或者位置进行计数。由于共有 p 个属性，所以 $p-\sum_{j=1}^{p} I_{x_{i,j}}\left(x_{0,j}\right)$是值不匹配的位置的数量。

9.4 *k*近邻预测函数

现在假设y_0是一个群组标签，y_0的预测函数通过确定包含k个训练观测数据的邻域构建。然后，计算这k个邻域隶属于群组j的比例，y_0被预测为邻域中比例最大的群组。这个预测规则等同于将$\boldsymbol{z}_0$预测为隶属于k个最近邻域中最常出现的群组。

为正式地创建预测函数，群组j的隶属关系的估计概率定义为在k个最近邻域中属于群组j的成员所占的比例：

$$\hat{\Pr}\left(y_0=j \mid \boldsymbol{x}_0\right)=\frac{n_j}{k}, j=1,\cdots,g$$

其中，n_j是k个最近邻域中隶属于群组j的数量，用指示变量表示$\hat{\Pr}\left(y_0=j \mid \boldsymbol{x}_0\right)$会对下一节的内容有所帮助：

$$\hat{\Pr}\left(y_0=j \mid \boldsymbol{x}_0\right)=k^{-1}\sum_{i=1}^{k} I_j\left(y_{[i]}\right) \tag{9.4}$$

隶属关系的估计比例可总体表示为如下的向量。

$$\underset{g\times 1}{\hat{\boldsymbol{p}}_0}=\left[\hat{\Pr}\left(y_0=1 \mid \boldsymbol{x}_0\right)\cdots\hat{\Pr}\left(y_0=g \mid \boldsymbol{x}_0\right)\right]^{\mathrm{T}}$$

计算预测值的最后一步是确定$\hat{\boldsymbol{p}}_0$中的最大值。$\max(\cdot)$函数确定$\hat{\boldsymbol{p}}_0$中究竟哪个元素最大。设$\boldsymbol{w}=\left[w_1,\cdots,w_g\right]^{\mathrm{T}}$，那么$\max(\boldsymbol{w})$就是 $\boldsymbol{w}$ 最大元素的索引。例如，如果

$\boldsymbol{w}=[0,0,1]^{\mathrm{T}}$，那么 $\max(\boldsymbol{w})=3$。因此，k 近邻预测函数是：

$$f(\boldsymbol{x}_0 \mid D)=\operatorname{argmax}(\hat{\mathrm{P}}_0) \tag{9.5}$$

如果两个或者两个以上群组的最大估计概率相同，那么 Numpy 模块的 argmax 函数将返回向量中最大值第一次出现时的索引值。测试以及打破平局(即出现两个或者两个以上群组的最大估计概率相同的情况)需要花上一些功夫。可以采用随机方式打破平局，也可以通过再添加一个邻域来增加邻域数量，然后重新计算 $\hat{\boldsymbol{p}}_0$ 直到平局被打破。我们将采用传统 k 近邻函数的变体来完全避免平局的出现(见第 9.5 节)，这种变体不会在概率预测中产生平局。

计算高效的 k 近邻算法由两个函数组成，第一个函数根据输入 $\boldsymbol{x}_0,\boldsymbol{x}_1,\cdots,\boldsymbol{x}_n$ 计算完全有序的排列 $\boldsymbol{y}^o=\left(y_{[1]},y_{[2]},\cdots,y_{[n]}\right)$。第二个函数根据式(9.4)计算 $\hat{\boldsymbol{p}}_0$ 中的元素，并采用 $\boldsymbol{y}^o$ 中前 k 个项。但是，如果同时采用若干个 k 近邻函数，全排列 $\boldsymbol{y}^o$ 就很有用，例如查找最优的 k，或者群组技术关系的最大估计概率出现平局。由于第一个函数返回有序排列，就没有必要多次计算和排序距离。就计算而言，第一个函数由于带有排序操作，所以时间开销很大。与之相比，第二个函数执行得就很快。

9.5　指数加权 k 近邻

传统的 k 近邻预测函数可以在准确性和编程所花的功夫方面进行适当改进，改进的理念就是采用目标的所有邻域，而不仅是采用 k 个最近的邻域。每个邻域都被赋予一个表示重要性的度量或权重，以此根据它与 $\boldsymbol{x}_0$ 的相对距离来确定 $f(\boldsymbol{x}_0 \mid D)$。最近的邻域得到的权重最大，并且权重随着我们向更远的邻域移动而逐渐减少到 0。

我们首先要把式(9.4)中定义的估计器推广为 n 个邻域上的加权和。权值为：

$$w_i=\begin{cases}1/k, & \text{如果 } i\leqslant k \\ 0 & \text{如果 } i>k\end{cases} \quad i=1,\ldots,n \tag{9.6}$$

然后，群组 j 中的隶属关系概率估计值的另一种表达方式如下。

$$\hat{\Pr}\left(y_0=j \mid \boldsymbol{x}_0\right)=\sum_{i=1}^{k} w_i I_j\left(y_{[i]}\right) \tag{9.7}$$

在式(9.7)中，对于前 k 个邻域而言，权重等于 $1/k$，对于其他邻域而言，权重则等于 0。很难证明这种赋权方式的合理性——为什么在 $\boldsymbol{z}_k$ 和 $\boldsymbol{z}_{k+1}$ 的边界处，信息内容会突然降到 0？更合理的情形是信息内容随着邻域距离持续变远而逐渐减少。这些考虑表明式(9.7)中的权重应该被替换为一组随着 k 的增加而平稳衰减的权重。因此，我们把式(9.6)的权值替换成指数衰减的权值。

指数加权 k 近邻预测函数利用式(9.7)根据从理论得到的另一组权重 $w_1,\cdots,w_n$ 估计隶属关系的概率[58]。在传统的 k 近邻预测函数中，邻域的影响是通过选择近邻数量 k 进行控制的。而采用指数加权 k 近邻预测函数时，邻域的影响则通过选择微调常数 α 进行控制，其中 $0<\alpha<1$。权重是由下式定义的关于 α 的函数：

$$w_i = \alpha(1-\alpha)^{i-1}, i = 1, 2, \ldots, n \tag{9.8}$$

假如 n 足够大的话，权重之和近似等于 1(见练习 9.1)。图 9.2 中的左侧窗格中显示的是在 k 分别是 3、5、10 和 20 时对应于传统 k 近邻预测函数的权重；右侧窗格中显示的是对应于指数加权 k 近邻预测函数的近似权重。特别是我们显示了 α 为 0.333、0.2、0.1 以及 0.05 时($k\in\{3,5,10,20\}$ 的倒数)分别对应于 1~4 种加权方案的权重。较大的 α 值会将更多权重放在最近的邻域之上，生成的权重会快速递减为 0，而 α 值越小，权重的递减速度也就越慢。

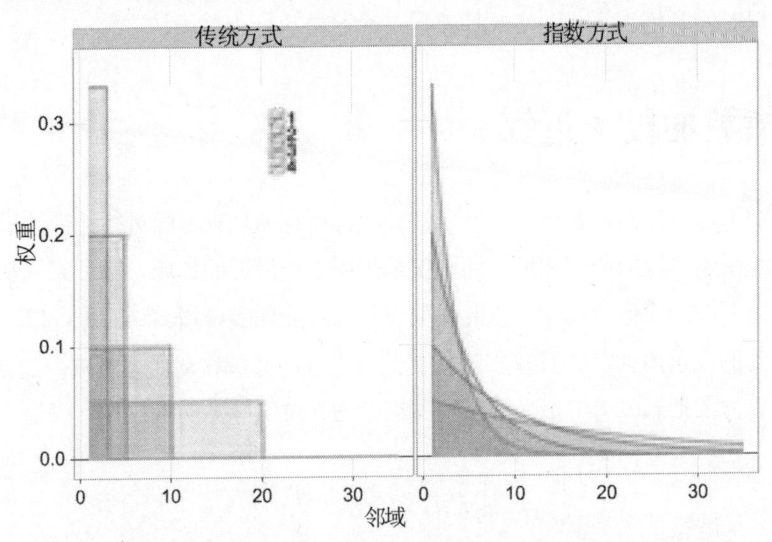

图 9.2 传统 k 近邻预测函数和指数加权 k 近邻预测函数分配给邻域的权重

如果能记住最近邻域接受的权重为 α，那么选择 α 有时就轻而易举。例如，α=0.2 意味着最近邻域接受的权重和传统 5 近邻预测函数分配的权重相同，这是因为 α=0.2=1/5。

9.6　教程：数字识别

Kaggle 竞赛项目“数字识别器”为 k 近邻预测提供了一个有趣的数据集[32]。这些数据是在一场竞赛中提供的，目的是为了正确地标注经过光学扫描的手写数字。要了解详细信息，请查看网站https://www.kaggle.com/c/digit-recognizer。这套数据由42 000幅数字形式的数字图像组成，每幅图像记录一个数字。相应地，一幅特定光学图像的群组标签是集合 $\{0,1,\cdots,9\}$ 中之一。从光学图像中提取的预测向量由灰度[5]组成，灰度值在每个像素上测量得到，每幅光学图像由 28×28=748 个像素组成。预测问题就是利用从未标记图像中获取的 748 个灰度值组成的向量正确预测手写数字。

本教程将指导读者编写 Python 脚本，以此针对上述问题估计传统 k 近邻函数和指数加权 k 近邻函数的准确性。我们进行准确性估计的方式是从数据集 D 中抽取子集 R，并利用 R 构建传统 k 近邻预测函数和指数加权 k 近邻预测函数。另一个与 R 不相交的子集 E 被抽取用于预测函数的准确性。子集 R 和 E 分别被称为训练集和测试集。我们通过根据每个观测数据 $\boldsymbol{z}_i \in E$ 得到预测 $\widehat{y}_i = f(\boldsymbol{x}_i \mid R)$ 来估计准确性。通过比较预测的标签和真实的标签可以得到正确的预测所占的比例。确保训练集和测试集不相交十分重要，这是因为使用训练观测数据来评估预测函数的准确性会带来高估准确性的显著风险。

但是利用预测结果所能做的事要比计算正确标注测试观测数据的比例多得多，预测的结果，也就是 $\widehat{y}_i = f(\boldsymbol{x}_i \mid R)$ 是 $g=10$ 个值之一，可能也是正确值。因此，共有 10×10 个输出的可能组合。可能有些数字要比其他数字更容易被混淆，例如，3 与 8 就比 1 与 8 更容易被混淆。为提取有关最可能出现的错误类型的一些信息，我们将根据实际目标标签对预测进行交叉分类，方法是将观测到的每个组合的次数制成表格，包含实际目标值和预测目标值交叉分类的表格称为混淆矩阵。我们假设预测是计算 $\boldsymbol{z}_0$，并且 y_0 的实际标签是 j，预测标签是 h，那么，第 j 行第 h 列的计数值会加 1。在处理了相当大数量的测试观测数据后，我们就能理解预测函数导致的错误类型。确定正确分类的测试观测数据的数量的简便方法是计算混淆矩阵中的对角线元素之和。既然每个测试观测数据都只会进行一次分类，所以可通过将对角线之和除上整个表格元素之和来估计准确性。

第 9.7 节将更加深入地研究准确性评估问题。在本教程中，我们将构建一个三维

5　灰度被记为 0~255 范围内的某个值。

数组，这个三维数组由两个邻接的$g \times g$维混淆矩阵组成，其中一个混淆矩阵用于传统k近邻预测函数，另一个混淆矩阵用于指数加权k近邻预测函数。标签对$\{(y_i, \hat{y}_i) \mid \boldsymbol{z}_i \in E\}$则提供填充混淆矩阵的数据。

从传统标准衡量，带有42 000个观测数据的数据集相当庞大，因此k近邻预测函数执行起来比较慢。为加快Python代码的开发和测试，本教程没有采用D中的所有观测数据。

本教程的4个主要步骤如下所示。

(1) 创建训练集和测试集。预测函数根据训练集R训练得以创建，再在测试集E上进行测试。R和E是通过对Kaggle训练集train.csv进行系统抽样形成的，尽管train.csv足够小，用内存存储它是可行的，但本教程将指导读者以每次处理一条记录的方式处理该文件。无论是哪种方式，首要任务是从数据集中抽取训练集和测试集，训练集和测试集包含的观测数据数量分别是$n_R = 4200$和$n_E = 420$。

(2) 创建一个函数f_{order}确定$\boldsymbol{z}_0 \in E$的邻域，这些邻域根据$\boldsymbol{x}_0$和$\boldsymbol{x}_1, \ldots, \boldsymbol{x}_{nR}$之间的距离进行排序。该函数返回的是邻域排序后的标签。更正式的说法是，该函数将计算得到训练集观测数据标签的有序排列$\boldsymbol{y}^o = \left(y_{[1]}, \cdots, y_{[n_R]}\right)$，因此$\boldsymbol{y}^o = f_{\text{order}}(\boldsymbol{x}_0 \mid R)$。

(3) 编写函数f_{pred}，分别利用传统k近邻预测函数和指数加权k近邻预测函数从$\boldsymbol{y}^o$计算y_0的两个预测值。传入f_{pred}的三个参数是$\boldsymbol{y}^o$、近邻数量k以及式(9.8)定义的权重向量$\boldsymbol{w} = \left[w_1, \cdots, w_{n_R}\right]^{\text{T}}$。权重向量确定指数加权$k$近邻预测函数的方式与$k$确定传统$k$近邻预测函数的方式相同。

(4) 利用输出的标签对$\{(y_i, \hat{y}_i) \mid \boldsymbol{z}_i \in E\}$填充混淆矩阵。为此，每个观测数据$\boldsymbol{z}_i = (y_i, \boldsymbol{x}_i) \in E$都将根据其实际标签($y_i$)和预测标签($\hat{y}_i$)进行交叉分类。两个预测函数的准确性估计值都将根据混淆矩阵计算得到。

详细说明如下。

(1) 从https://www.kaggle.com/c/digit-recognizer 下载train.csv。该文件呈现出一种矩形形式，除了包含变量名的第一条记录之外，每条记录都具有相同数量的属性值。共有$748 = 28^2$个属性，每个属性都是28×28区域范围内一个像素的灰度度量，属性之间用逗号分隔。

(2) 初始化字典R和E，分别存储训练集和测试集。每次从数据文件读取一条记录，第一条记录包含列名，在遍历文件其余部分之前，利用f的readline属性提取记录。打印显示变量名。遍历文件并打印显示记录计数值i。

```
import sys
import numpy as np
R = {}
E = {}
path = '../train.csv'
with open(path, encoding = "utf-8") as f:
    variables = f.readline().split(',')
    print(variables)
    for i, string in enumerate(f):
        print(i)
```

在每次迭代时，利用 enumerate 函数增加 i。

(3) 当文件处理完成后，构建字典 R 和 E。字典的键是记录计数值或者说是索引，字典的值是一个数据对，由目标值 y 和预测向量 $\underset{748\times1}{\mathbf{x}}$ 组成，将 $\mathbf{x}$ 存为一个列表。

只要当处理记录的数量是 10 的倍数时，将观测数据对添加到训练集字典中；当 $i \bmod 100 = 1$ 时，将数据对添加到测试集字典当中。没有训练集数据对会包含在测试集中。

```
if i%10 == 0:
    record = string.split(',')
    y = int(record[0])
    x = [int(record[j]) for j in np.arange(1, 785)]
    R[i] = (y, x)
if i%100 == 1:
    record = string.split(',')
    y = int(record[0])
    x = [int(record[j]) for j in np.arange(1, 785)]
    E[i] = (y, x)
```

请注意，record 中的第一个元素表示数字，因此它也是第 i 个观测数据的目标值。上述代码片段必须在每读取一条记录时就执行一次。

(4) 初始化数组 confusionArray，存储利用传统和指数加权 k 近邻预测函数预测测试目标值的结果。由于存在两个预测函数(传统 k 近邻预测函数和指数加权 k 近邻预测函数)，所以我们需要两个 10×10 的混淆矩阵来记录每个组合的出现。采用一个三维数组将两个混淆矩阵存为并列的 10×10 数组比较方便。

针对混淆矩阵初始化常数和存储数组。

```
p = 748 # Number of attributes.
```

```
nGroups = 10

confusionArray = np.zeros(shape = (nGroups, nGroups, 2))
acc = [0]*2 # Contains the proportion of correct predictions.
```

构建完字典 R 和 E 后立刻执行上述代码片段。

(5) 创建有 n_R 个元素的列表，该列表包含训练观测数据的标签。

```
labels = [R[i][0] for i in R]
```

(6) 设置邻域数量 k 以及平滑常数 α，针对指数加权 k 近邻预测函数构建具有 n_R 个元素的权重列表。

```
nR = len(R)
k = 5
alpha = 1/k
wts = [alpha*(1 - alpha)**i for i in range(nR)]
```

通过对 wts 中的所有元素求和，检查 $\sum_i w_i$ 是否为 1。

(7) 预测任务的程序流在下面的代码片段中进行了展示，我们遍历测试集 E 中的观测数据对，并在每一次迭代中提取预测向量和标签，每个预测向量($\mathbf{x}_0$)都连同训练集 R 被传入函数 fOrder，函数 fOrder 返回的是排好序的标签 $\mathbf{y}^o$，返回值的形式是命名为 nhbrs 的列表。列表 nhbrs 被传入 fPredict 用于分别利用传统和指数加权 k 近邻预测函数计算预测值 $\hat{y}_{\text{conv}}$ 和 $\hat{y}_{\text{exp}}$，函数 fPredict 返回一个两元素列表 yhats，yhats 包含 $\hat{y}_{\text{conv}}$ 和 $\hat{y}_{\text{exp}}$。用 j 进行索引的 for 循环更新混淆矩阵，并计算正确分类的测试观察数据所占的比例作为估计的准确率。

```
yhats = [0]*2
for index in E:
    y0, x0 = E[index]

    #nhbrs = fOrder(R,x0)
    #yhats = fPredict(k,wts,nhbrs)
    for j in range(2): # Store the results of the prediction.
        confusionArray[y0,yhats[j],j] += 1
        acc[j] = sum(np.diag(confusionArray[:,:,j]))
                 /sum(sum(confusionArray[:,:,j]))
   print(round(acc[0],3),' ',round(acc[1],3))
```

在上面的代码片段当中，作为跟踪程序执行情况的一种手段，在对每个测试观测数据进行处理之后，就对其准确性进行估计。当然，此时函数 fOrder 和 fPredict 都还不存在。将上面的代码片段引入脚本中。为进行测试，临时设置 yhats = [y0, y0]。执行脚本，并验证 acc 是否在所有位置上都包含 1。

(8) 剩下来的事情就是实现 k 近邻预测函数，最好不在函数中而在主程序中实现 k 近邻预测函数的代码，这是因为在函数内计算得到的变量是局部的，不能在函数外部进行引用。当你确信代码正确无误时，再把代码移到循环体之外的函数中。

要编程实现的第一个函数是 fOrder，在遍历测试集 E 的 for 循环内部编写其代码，其目的是根据测试向量 $\boldsymbol{x}_0$ 和训练集 R 创建排好序的标签向量 $\hat{\boldsymbol{y}}$。，根据每个训练向量到 $\boldsymbol{x}_0$ 的距离确定排序。我们将在遍历 R 的 for 循环内计算距离，在这个 for 循环的每次迭代过程中，计算 $\boldsymbol{x}_0$ 和 $\boldsymbol{x}_i \in R$ 之间的距离，将距离保存为名为 $\boldsymbol{d}$ 的列表：

```
d = [0]*len(R)
for i, key in enumerate(R):
    xi = R[key][1] # The ith predictor vector.
    d[i] = sum([abs(x0j - xij) for x0j, xij in zip(x0,xi)])
```

距离 **d**[**i**]通过将向量 $\boldsymbol{x}_0$ 和 $\boldsymbol{x}_i$ 拼合在一起形成 zip 对象进行计算，利用列表解释技术，我们在 zip 对象上进行循环遍历并创建包含绝对值距离 $\left|x_{0,j} - x_{i,j}\right|, j = 1,\cdots,p$ 的列表。最后一步操作是计算列表之和。

(9) 计算将距离按从小到大顺序排列的向量 $\boldsymbol{v}$，即向量 $\boldsymbol{v}$ 中的元素是如下所示的索引：

$$\boldsymbol{d}[\boldsymbol{v}[0]] \leqslant \boldsymbol{d}[\boldsymbol{v}[1]] \leqslant \boldsymbol{d}[\boldsymbol{v}[2]] \leqslant \ldots$$

向量 $\boldsymbol{v}$ 还会对训练观测数据的标签进行排序，使得最接近的观测数据的标签是 labels[$\boldsymbol{v}$[0]]，第二近的观测数据的标签是 labels[$\boldsymbol{v}$[1]]，以此类推。Numpy 模块的 argsort 函数会根据 $\boldsymbol{d}$ 计算 $\boldsymbol{v}$。根据 $\boldsymbol{v}$，采用列表解释技术计算排好序的邻域集合 $\boldsymbol{y}^o$，也就是 nhbrs。

```
v = np.argsort(d)
nhbrs = [labels[j] for j in v] # Create a sorted list of labels
```

当 $\boldsymbol{d}$ 内的数据被填充完之后就执行上面的代码片段。

(10) 通过打印显示 k 近邻的标签以及标签 y_0 测试代码，测试结果应该具有很好的一致性——对于大多数观测数据而言，其大多数邻域都应具有与 y_0 相同的群组标签。

(11) 当代码看上去执行无误后，将函数 fOrder 移到 for 循环外，这个函数计算 $\boldsymbol{x}_0$ 和 $\boldsymbol{x}_i \in R$ 之间的距离以及排好序的向量 $\boldsymbol{v}$。最后，它将根据距离排列各邻域(第 8 和第 9 项说明)，函数的定义及返回语句是：

```
def fOrder(R,x0):
    ...
    return nhbrs
```

该函数的调用形式为：

```
nhbrs = fOrder(R,x0)
```

(12) 将第8和第9项说明中描述的代码移入上面的函数定义中。调用函数，而非在主程序中执行代码。核实最接近的k个邻域通常能与目标标签y_0匹配成功。

第9.9节将再次用到函数fOrder。

(13) 下一步是确定在k近邻中哪个群组是最常出现的，这个任务由函数fPred执行。和fOrder一样，要在合适的地方编写函数代码，当代码确定执行正确后，再将其移出主程序并移入函数中。

从y_0的传统k近邻预测开始，初始化长度为g的列表用于存放隶属g个群组中每个群组的k近邻数量，通过下面的代码得到最近邻隶属于每个群组的数量：

```
counts = [0]*nGroups
    for nhbr in nhbrs[:k]:
        counts[nhbr] += 1
```

由于 nhbr 是群组标签，它的值是$\{0,1,2,3,4,5,6,7,8,9\}$中的某一个，所以语句counts[nhbr] += 1将会增加隶属该邻域的群组成员的k近邻的计数值。

(14) 指数加权k近邻预测函数针对每个群组$j\in\{0,1,\cdots,g-1\}$估计群组隶属度概率$\widehat{\Pr}(y_0=j\,|\,\boldsymbol{x}_0)$，计算方法如式(9.7)所示，并且计算过程用到了第6项说明中计算得到的权重列表wts。以i作为索引遍历$\boldsymbol{z}_0$的n_R个邻域。通过将w_i添加到$z_{[i]}$隶属的群组来累加每个群组的权重。

采用第13项说明中的for循环，但遍历所有邻域，而非在第k个邻域处结束循环。代码片段如下所示：

```
counts = [0]*nGroups
probs = [0]*nGroups
for i, nhbr in enumerate(nhbrs):  # Iterate over all neighbors.
    if i < k:
        counts[nhbr] += 1
    probs[nhbr] += wts[i]         # Increment the probability of
                                  # membership in the nhbr's group.
```

执行上面的代码片段，打印显示 probs，并在处理每个测试观测数据后打印显示

probs 之和。和值(sum(probs))必须等于 1。

(15) 针对传统 k 近邻预测函数在 k 个最近邻域当中确定最常出现的群组，还要针对指数加权 k 近邻预测函数确定最大的预测概率的索引：

```
yhats = [np.argmax(counts), np.argmax(probs)]
```

Numpy 模块的函数 np.argmax(u)确定了 u 中最大元素的索引，如果 counts 中的最大值不止一个，argmax 就确定第一个出现的最大值的索引，用一些其他方式打破僵局也是可取的，练习 9.4 中提供了这方面的一些指导。

通过打印 counts 和 yhats 测试上述代码，yhats 的第一个值应该是最大值的索引，yhats 中包含的两个预测值大多数时候应该保持一致。

(16) 利用第 13~15 项说明中开发的代码片段构建函数 fPred，传入该函数的参数是 nhbrs 和 nGroups，返回值是 yhats。

(17) 当程序遍历测试集观测数据时，计算和打印显示总体正确性估计值。对于这些数据而言，正确性估计值小于 0.75 是不可能的，也就意味着程序出现了错误。

(18) 将 n_R 和 n_E 翻一番并执行脚本。

述评

由于带有排序步骤，所以 k 近邻预测函数具有较高的计算要求。最佳排序函数的执行时间并不是随着要排序的项数 n 线性增加的，而是比 n 的线性函数增加得更快[6]。对于数字识别问题，在实际应用中使用全部 42 000 个观测数据是可取的。但是，如果将预测算法应用于一个处理流程，比如说在邮局读取信封上的邮政编码，那么采用全部的训练观测数据通常会导致预测算法过慢。

我们的解决方案是用一个较小的群组代表集合替换原始的训练集 D，比如，可以通过对每个群组进行随机抽样选择群组代表。这种方法存在的一个问题是，样本或许不会覆盖 D 中所有的手写数字的变体。通过第 9.6 节中编写的脚本来研究子抽样比较容易，具体做法是修改从 R 中每隔 10 个观测数据进行一次抽样的条件判断语句，使得每隔 50 个观测数据被选入 R 中。

通过在每个群组上应用 k 均值聚类算法可以改进随机抽样。k 均值算法产生的簇均值往往不同，因此更有可能覆盖手写数字的变化范围。对于数字识别示例而言，聚类算法可以针对每个数字生成 k=100 个群组代表，即簇均值。将这些群组代表组合成一个单独的训练集可以生成一个由 1000 个观测数据组成的小得多的训练集。依据 1000

---

6 排序算法的运行时间最多是 $n\log(n)$。

个群组代表构建的 k 近邻预测算法的执行时间可以满足各种问题的需要。

9.7 准确性估计

前面介绍的两种 k 近邻预测函数是用于数据科学的众多预测函数中的两个函数，没有任何一个预测函数的准确性是放之四海而皆准的，甚至常用预测函数中预测最准确的函数也是如此。在决定准确性的因素中，最重要的是由预测向量扩展成的空间 χ 的范围可被划分为纯粹区域或者近似纯粹区域。这种背景下，所谓纯粹区域指的是属于该区域的所有预测向量都只能是某一个群组的成员。图 9.1 就是一个例子，其中整个空间被一条直线边界进行了近乎完美的划分。影响准确性的一个相关因素是纯粹区域或者近似纯粹区域之间边界的复杂性。一些函数败就败在复杂的边界上，即不能用线、面或者其他简单的几何对象来描述边界。当预测变量的数量超过 2 或 3，理解 χ 就比较困难，这是因为很难对 χ 进行可视化，并且在大多数情况下，要采用试错法找到较好的预测函数。

无论是哪种情况，分析估计的准确性对于在一组候选预测函数中找到最佳预测函数都是必要的，一旦选中了最佳预测函数，就需要确定预测函数的准确性是否足以满足预期的用途。让我们考虑一下这样的预测函数 f，该函数用于检测狂犬病，而该病是可以治愈的，该函数的总体准确率是预测值 $y_0 = f(\boldsymbol{x}_0)$ 正确的概率。但是还有更多方面要考虑，这里可能会犯两个错误：把一个健康的人预测为患有狂犬病，以及把一个患有狂犬病的人预测为身体健康。两个错误率都很重要，都需要进行估计。

用于描述预测函数准确性的标准参数是无条件准确率以及条件准确率。预测函数 $f(\cdot|D)$ 的总体准确性是由 $f(\cdot|D)$ 进行正确标注的总体中向量 $\boldsymbol{x}$ 所占的比例或者某个处理过程生成的向量所占比例。这种概率是无条件的，这是因为它不依赖于群组的隶属关系 y 或者群组隶属关系的预测 $\hat{y}$ 。我们把这种无条件准确率表示为：

$$\gamma = \Pr\left[f(\boldsymbol{x}_0) = y_0 \mid D\right] = \Pr(\hat{y}_0 = y_0 \mid D)$$

其中，$z_0=(y_0, \boldsymbol{x}_0)$是从感兴趣的总体中随机选择的观测数据。

群组 i 的准确率是条件概率，即属于群组 i 的观测数据也被预测为属于群组 i 的概率。我们将这种条件概率表示为：

$$\alpha_i = \Pr(y_0 = \hat{y}_0 \mid y_0 = i)$$

群组 j 中隶属关系正确的条件概率为：

$$\beta_j = \Pr(y_0 = \hat{y}_0 \mid \hat{y}_0 = j)$$

这种情况下，我们的条件是 $\hat{y}_0 = j$，在计算出预测值 $\hat{y}_0 = j$ 之后，我们对这个概率很感兴趣，并且想知道这个预测值有多大可能是正确的。例如，药物测试报告是阳性的——测试结果应该被毫无争议地接受，还是有可能测试是不正确的？这个问题可以通过估计 β_j 来解决。

上述概率几乎在所有情况下都必须进行估计。从表面上看，准确性估计器很简单。我们假定原始的群组标签被转换为标签 $0,1,\cdots,g-1$，还要假设测试集 E 可用，以及利用预测函数 $f(\bullet|D)$ 或其近似描述 $f(\bullet|T), T \subset D$ 针对每个 $(y_0, \boldsymbol{x}_0) \in E$ 计算 y_0 的预测值，结果是一组实际标签和预测标签，即：

$$L = \left[(y_0, \hat{y}_0) \mid (y_0, \boldsymbol{x}_0) \in E\right] \tag{9.9}$$

根据这些数据，我们可计算得到准确率 γ、α_i 和 β_j 的估计值，这些估计值可很轻松地根据混淆矩阵计算得到。

混淆矩阵

混淆矩阵(confusion matrix)以表格形式列出了属于群组 i 的测试观测数据却被预测为属于群组 j 的数量，其中 $i = 0,1,\cdots,g-1$，$j = 0,1,\cdots,g-1$，矩阵的行表示实际的群组标签，列则表示预测的群组。行 i 和列 j 中的数据项是一组预测值中 (i, j) 出现的次数，对这组预测值而言，其实际标签是已知的。

表 9.1 显示一组测试观测数据群组隶属关系预测结果的混淆矩阵，数据项 $n_{i,j}$ 是实际隶属于群组 i 却被预测为是群组 j 的测试观测数据的数量，n_{j+} 是第 i 行之和，n_{+j} 是第 j 列之和，n_{++} 是所有行和列之和。

表 9.1　混淆矩阵的常见布局

实际组	预测组				总计
	0	1	…	g-1	
0	n_{00}	n_{01}	…	$n_{0,g-1}$	n_{0+}
1	n_{10}	n_{11}	…	$n_{1,g-1}$	n_{1+}
…	…	…	…	…	…
g-1	$n_{g-1,0}$	$n_{g-1,1}$	…	$n_{g-1,g-1}$	$n_{g-1,+}$
总计	n_{+0}	n_{+1}	…	$n_{+,g-1}$	n_{++}

我们假设已经创建了实际标签和预测标签数据对的集合 L(式(9.9))。已经根据 L 构造了混淆矩阵。我们的估计器采用混淆矩阵中包含的计数值进行定义(表 9.1)。总体准确率 γ 的估计值是正确标记的预测测试集合中的观测数据所占比例，即

$$\hat{\gamma}=\frac{\sum_{j=0}^{g-1}n_{jj}}{n_{++}}$$

其中，n_{++}是 L 中标签对的数量。

对于群组 i 特定的准确率 α_i 是隶属于群组 i 的观测数据被正确分类的概率，α_i 的估计值是隶属于群组 i 也被预测为隶属于群组 i 的观测数据所占的比例：

$$\hat{\alpha}_i=\widehat{\Pr}\left(y_0=\hat{y}\mid y_0=i\right)=\frac{n_{ii}}{n_{i+}}$$

与此类似，被预测属于群组 j、实际上也就是群组 j 成员的观测数据的估计概率是：

$$\hat{\beta}_j=\widehat{\Pr}\left(y_0=\hat{y}\mid \hat{y}=i\right)=\frac{n_{ij}}{n_{+j}}$$

9.8 *k* 近邻回归

不用太麻烦就能让 k 近邻预测函数适用于定量型目标变量。对于预测定量变量而言，k 近邻预测函数是回归预测函数的非参数替代方案。术语“非参数”描述的方法不是基于模型的，因此与参数模型相比没有参数。预测的目标是定量目标变量 y_0，和之前一样，我们将用到预测向量 $\boldsymbol{x}_0$ 以及根据一组目标和预测变量对 $D=\{(y_1,\boldsymbol{x}_1),\cdots,(y_n,\boldsymbol{x}_n)\}$ 训练的函数，预测值是由下式给出的有序训练集目标 $y_{[1]},\cdots,y_{[n]}$ 的加权平均：

$$\hat{y}_0=\sum_{i=1}^{n}w_i y_{[i]} \tag{9.10}$$

其中，有序排列 $y_{[1]},\cdots,y_{[n]}$ 根据 $\boldsymbol{x}_0$ 到 $\boldsymbol{x}_1,\cdots,\boldsymbol{x}_n$ 的距离确定。式(9.6)显示与传统 k 近邻回归函数配合使用的权重，而式(9.8)定义了与指数加权 k 近邻回归函数配合使用的权重。两种加权模式都会在 k 近邻回归中用到。

为进行说明，图 9.3 展示了 1930 年至 1985 年期间加利福尼亚州按月报告的麻疹病例数[63]。除了月计数外，我们还展示了在选择两个平滑常数 α 的情况下通过指数加权 k 近邻回归函数预测的麻疹病例数量。根据 α=0.02 做出的预测(黑色)要比根据 α=0.05 做出的预测(红色)光滑得多。这两种显示消除短期变化后趋势的曲线通常被称

为平滑曲线。从 1930 年到 1960 年，病例数量的变化很大。1963 年获得许可的麻疹疫苗使得病例数到了 1980 年几乎减少为 0。红色的平滑曲线表明病例的数量存在一个数年的周期变化，而黑色的平滑曲线则得到不受年份周期影响的长期趋势。

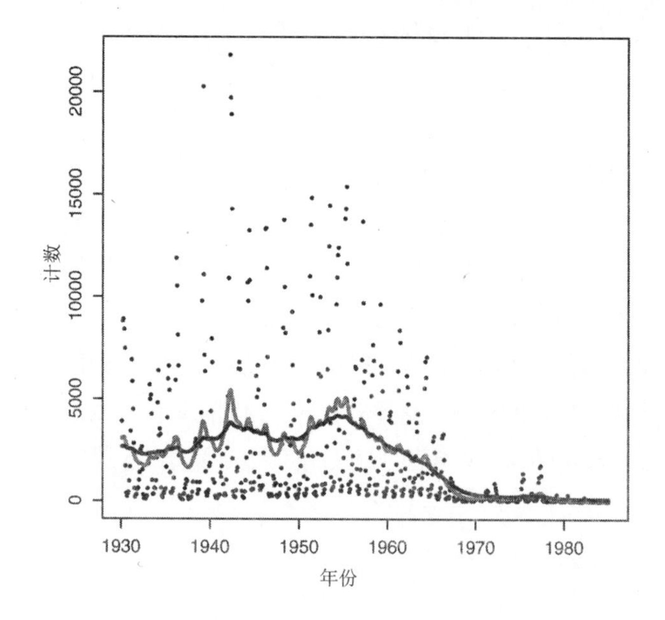

图 9.3　加利福尼亚州按月报告的麻疹病例数

下一个教程会把指数加权 k 近邻回归函数应用到预测中。

9.9　预测标准普尔 500 指数

在接下来的教程中，将教会读者开发一种模式识别算法，用于提前一天预测标准普尔 500 日价格指数。标准普尔 500 指数是美国 500 家在纽约证券交易所或者纳斯达克(NASDAQ)[7]挂牌的主要上市公司的日综合指数。预测的目标就是标准普尔 500 日价格指数。预测向量由目标日前 5 天的价格指数组成，这种预测向量被称为模式向量。模式识别方法背后的理念是：如果两个向量 $\mathbf{x}_i$ 和 $\mathbf{x}_j$ 表现出相似的标准普尔指数每日变化的模式，那么下一日的值 s_{i+1} 与 s_{j+1} 也很可能相似。如果这个前提被接受，我们就可以收集一组类似的模式并利用下一日指数值的平均值来预测 s_{i+1}。我们将利用指数加权 k 近邻回归方法构建预测函数。实际上，在第 i 日时，算法会搜索过去的模式向量，

7 NASDAQ 是 National Association of Securities Dealers Automated Quotations system(美国全国证券交易商协会自动报价表)的缩写。

从中查找那些与第 i 天模式相似的向量。与每个过去的模式向量相关的是在下一日观测到的标准普尔指数。预测值就是那些模式最接近第 i 日模式的下一日标准普尔指数的加权平均值。

这就复杂了。标准普尔 500 指数序列在过去几年里变化很大。因此，两个 5 日序列可能表现出相似的每日变化模式，但根据城市街区距离等标准度量，由于这两个序列的平均水平不同，因此相对而言是有差别的。例如，在平均水平 1000 左右的模式中显示的日常变动可能与平均水平 1200 的模式中显示的变动非常相似，但是由于平均水平之间的差异，两种模式之间的城市街区距离会比较大。我们可能会用一种模式来预测另一种模式下的次日价格指数，但是它们的距离不会太近。即使我们成功地识别出它们是相似的，并利用其中一个预测另一个，但是这种预测可能是不准确的，因为它们的平均水平是不同的。一种解决方案对每种模式进行中心化处理，具体做法是从模式中的所有值中减去模式的均值，这种情况下，预测向量由与均值之差组成[8]。那么，预测值 $\hat{y}_{i+1}$ 就是预测得到的距离均值的偏差，将 $\hat{y}_{i+1}$ 加到第 i 个模式的均值上就会得到预测值 $\hat{s}_{i+1}$。

9.10 教程：利用模式回归进行预测

本教程的目标是编程实现面向标准普尔 500 价格指数预测问题的模式识别算法。利用该算法，我们可计算得到第二天的预测值并以预测值和天数为坐标绘制图形，此外计算实际值和预测值之间的一致程度的度量值。

在这里需要一些新符号。令 $s_1 \cdots s_N$ 表示标准普尔 500 指数的序列，下标 i 意味着按时间先后排序[9]。由于我们的目的是根据第 i 日的价格指数预测第 $i+1$ 日的价格指数，所以预测目标是 s_{i+1}。我们不能利用第 i 日之后观测到的任何数据来预测 s_{i+1}。

但是，我们将利用根据之前日期创建的所有可用标准普尔 500 指数模式来预测目标标准普尔 500 指数。目标 s_{i+1} 是利用日期最近的模式向量 $\mathbf{s}_i$ 预测得到的，$\mathbf{s}_i$ 是预测函数的输入，而预测函数则是根据第 i 个模式之前的所有模式构建的。预测值为 $\hat{s}_{i+1} = f(\mathbf{s}_i \mid D_i)$，其中 D_i 是第 i 日上构建的训练集。

模式向量的长度为 p。我们将利用 p=5 日来构建模式向量。因此，模式向量由 5

8 中心化是一种趋势分离类型。

9 通过按时间先后排序，即 $i < j$ 意味着 s_i 是在 s_j 之前被观测到。

个第 i 日之前的标准普尔 500 指数值组成。因此：

$$\boldsymbol{s}_i = \left[s_{i-p}, s_{i-p+1}, \cdots, s_{i-1}\right]^{\mathrm{T}} \quad 0 < p < i$$

训练集则由如下所示的数据对组成：

$$\boldsymbol{z}_i = \left(s_i, \boldsymbol{s}_i\right) = \left(s_i, \left[s_{i-p}\ s_{i-p+1} \cdots s_{i-1}\right]^{\mathrm{T}}\right) \tag{9.11}$$

在第 i 日上为预测 s_{i+1} 构建的训练集由如下所示的数据对集合组成：

$$D_i = \left\{\left(s_{p+1}, \boldsymbol{s}_{p+1}\right), \cdots, \left(s_i, \boldsymbol{s}_i\right)\right\} = \left\{\boldsymbol{z}_{p+1}, \cdots, \boldsymbol{z}_i\right\} \tag{9.12}$$

可以形成的第一个训练对是 $\left(s_{p+1}, \boldsymbol{s}_{p+1}\right)$，所以第一个数据集是 $D_{p+1} = \left\{\left(s_{p+1}, \boldsymbol{s}_{p+1}\right)\right\}$，第一个可被计算的预测值是 $\hat{s}_{p+2} = f\left(\boldsymbol{s}_{p+2} \mid D_{p+1}\right)$，我们将会看到 $\hat{s}_{p+2} = s_{p+1}$。第二个可被计算得到的预测值是 $\hat{s}_{p+3}$，它是 s_{p+1} 和 s_{p+2} 的加权平均。总之，$\hat{s}_{i+1} = f\left(\boldsymbol{s}_i \mid D_i\right)$ 是 $s_{p+1}, \cdots, s_i$ 的加权平均，并且权重由模式向量 $\boldsymbol{s}_{p+1}, \cdots, \boldsymbol{s}_i$ 与 $\boldsymbol{s}_i$ 的相似度决定。将每个过去的模式与预测模式 $\boldsymbol{s}_i$ 进行比较就能决定如何为过去的模式分配权重。

由于过去几年中标准普尔指数在趋势走向上有很大变化，所以我们将预测经过去趋势或者中心化处理的数据。数据中心化处理就是将每个 $\boldsymbol{s}_i$ 的均值与 $\boldsymbol{s}_i$ 中的每个元素相减，向量 $\boldsymbol{s}_i$ 的均值为：

$$\overline{\boldsymbol{s}}_i = p^{-1} \sum_{j=i-p}^{i-1} s_j,\ 0 < p < i$$

经过中心化处理的预测向量是：

$$\boldsymbol{x}_i = \begin{bmatrix} s_{i-p} - \overline{\boldsymbol{s}}_i \\ s_{i-p+1} - \overline{\boldsymbol{s}}_i \\ \vdots \\ s_{i-1} - \overline{\boldsymbol{s}}_i \end{bmatrix} \quad 0 < p < i$$

第 i 个目标值也被中心化。我们将中心化后的数值称为偏差，第 i 个偏差为：

$$y_i = s_i - \overline{\boldsymbol{s}}_i$$

由于 $y_i = s_i - \overline{\boldsymbol{s}}_i$，所以我们可将标准普尔指数值表示为 $s_i = y_i + \overline{\boldsymbol{s}}_i$，$k$ 近邻预测函数会计算得到 y_{i+1} 的预测值，由 y_{i+1} 的预测值，可以根据下式计算得到 s_{i+1} 的预测值：

$$\hat{s}_{i+1} = \hat{y}_{i+1} + \hat{\boldsymbol{s}}_i \tag{9.13}$$

让我们对训练集 $D_{p+1}, \cdots, D_N$ 的构建进行一些改进。将均值 $\overline{\boldsymbol{s}}_i$ 合并到数据 $\boldsymbol{z}_i$ 中是有所帮助的，这样一来可以很容易根据预测值 $\hat{y}_{i+1}$ 构造出预测值 $\hat{s}_{i+1}$，所以，第 i 个数据

元组如下。

$$z_i = (y_i, \boldsymbol{x}_i, \overline{s}_i)$$

并且，预测函数会计算得到 $\hat{y}_{i+1} = f(\boldsymbol{x}_i \mid D_i)$。用于预测第 i+1 日标准普尔指数值的训练集 D_i 由元组 $(y_j, \boldsymbol{x}_j, \overline{s}_j)$ 组成，其中 $p+1<j\leqslant i$，这些元组是在第 i+1 日之前被观测到的。因此：

$$
\begin{aligned}
D_{p+1} &= \{(y_{p+1}, \boldsymbol{x}_{p+1}, \overline{s}_{p+1})\} = \{z_{p+1}\} \\
D_{p+2} &= \{z_{p+1}, z_{p+2}\} \\
&\vdots \\
D_N &= \{z_{p+1}, z_{p+2}, \cdots, z_N\}
\end{aligned}
\tag{9.14}
$$

现在回到 k 近邻回归函数，该算法按照如下所示的三个步骤计算 $\hat{s}_{i+1} = f(\boldsymbol{x}_i \mid D_i)$：

(1) 根据输入模式 $\boldsymbol{x}_i$ 和 $\boldsymbol{x}_j$ 之间的距离对训练集 D_i 中的观测数据进行排序；

(2) 将中心化值 y_{i+1} 的预测值算为 D_i 中排序后的目标值的加权均值；

(3) 将中心化的预测值转换成非中心化的预测值 $\hat{s}_{i+1}$。

回到第一步，$\boldsymbol{x}_i$ 和 $\boldsymbol{x}_j$ 之间的城市街区距离为：

$$d_C(\boldsymbol{x}_i, \boldsymbol{x}_j) = \sum_{k=1}^{p} |x_{i,k} - x_{j,k}|$$

其中，$x_{j,k}$ 是 $\boldsymbol{x}_j$ 的第 k 个元素。根据距离 $d_C(\boldsymbol{x}_i, \boldsymbol{x}_j), j = p+1, \cdots, i$，可对训练目标值进行排序，并表示为 $y_{[1]}, \cdots, y_{[i-p]}$，排序后的训练目标值的索引表示距离顺序(最近、第二近等)而非日期先后索引，这就解释了为何索引值从 1 开始，到 i-p 结束。y_{i+1} 的预测值为：

$$\hat{y}_{i+1} = \sum_{j=1}^{i-p} w_j y_{[j]}$$

其中，w_j 是由式(9.8)得到的缩放权重。对权重进行缩放是因为权重之和必须为 1，但是有 r 个元素的短序列中的数据 $\alpha(1-\alpha)^{j-1}$ 之和不会是 1，其中 j=1, …, r。[10]式(9.8)中的数据必须进行缩放，缩放后的权重为：

$$w_j = \frac{\alpha(1-\alpha)^{j-1}}{\sum_{k=1}^{i-p} \alpha(1-\alpha)^{k-1}} \quad , j = 1, \cdots, i-p \tag{9.15}$$

由于目标值已经被中心化，因此，最终的预测值可根据式(9.15)得到。

10 在实际中，如果元素数目超过 100/α，和将十分接近 1。

(1) 从圣路易斯联邦储备银行的官网 http://research.stlouisfed.org/fred2/series/SP500 下载标准普尔 500 指数序列。

(2) 我们假定你已经得到了扩展名为 txt 的文件，因此，观测数据的日期和数值是用制表符进行分隔的，下面的代码将提取数据文件：

```
path = '../Data/SP500.txt'
s = []
with open(path, encoding = "utf-8") as f:
    f.readline()
    for string in f:
        data = string.replace('\n','').split('\t')
        if data[1] != '0':
            s.append(float(data[1]))
print(s)
```

指令 data = string.replace('\n', '').split('\t')会删除行结束符并利用制表符拆分字符串，标准普尔指数值将被添加到列表 **s** 的末尾。对于休息日而言，数据序列中的一些值为 0，0 值可从列表 $\boldsymbol{s}=[s_1,s_2,\cdots,s_N]$ 中忽略。

(3) 接下来的操作是创建和存储数据元组 $\boldsymbol{z}_{p+1},\cdots,\boldsymbol{z}_N$，其中：

$$
\begin{aligned}
z_i &= (y_i, \boldsymbol{x}_i, \overline{s}_i) \\
&= \left(s_i - \overline{s}_i, \left[s_{i-p} - \overline{s}_i \cdots s_{i-1} - \overline{s}_i\right]^{\mathrm{T}}, \overline{s}_i\right)
\end{aligned}
\tag{9.16}
$$

我们需要计算均值 $\overline{s}_{p+1},\cdots,\overline{s}_N$ 和创建中心化模式向量。为从 **s** 中提取合适的元素，需要调用 Numpy 模块中的 arange(i-p, i)函数从序列 $i-p, i-p+1, \ldots, i-1$ 中提取索引 j。下面的 for 循环遍历 i。对于 i 的每个值，都要采用列表解释技术创建非中心化的模式向量 $\boldsymbol{u}_i$，通过对 $\boldsymbol{u}_i$ 中心化创建每个 $\boldsymbol{x}_i$：

```
p = 5
N = len(s)
for i in np.arange(p, N):
    u = [s[j] for j in np.arange(i-p, i)] # Using zero-indexing!
    sMean = np.mean(u)
    x = u - sMean
    z = (s[i] - sMean, x, sMean)

    if i == p:
        zList = [z]
```

```
        else:
            zList.append(z)
    print(zList)
```

通过语句 z = (s[i] - sMean, x, sMean)创建的元组包含中心化目标 $y_i = s_i - \overline{s}_i$、中心化模式向量 $\boldsymbol{x}_i$ 以及非中心化模式向量均值 $\overline{\boldsymbol{s}}_i$。

(4) 创建一个包含目标和预测量数据对 z_i 以及训练集的字典，训练集用于创建预测 $s_{i+1}, i \in \{p+1, p+2, \cdots, N\}$ 的函数，训练集如式(9.14)所示。再次利用 for 循环遍历 $i \in \{p+1, p+2, \cdots, N\}$。通过创建 D_{i-1} 的副本并利用 i 为键、z_i 为值新建数据项来构建数据字典 D_i。把 i 作为键、数据集 D_i 作为值，将新的数据集添加到数据集字典 D 中。

```
D = {}
for i in np.arange(p, N):
    if i == p:
        D[i] = [zList[i-p]] # Using zero-indexing.
    else:
        value = D[i-1].copy()
        value.append(zList[i-p])
        print(len(value))
        D[i] = value
```

确保将 D[i-1]复制到 value 中而不是利用“=”操作符进行赋值，否则每个字典数据项都是 D[N-1]。如果你使用的是 Python 2.7，就用 D[i-1].copy.copy()替换指令 D[i-1].copy()，并且必须导入 copy 模块。

(5) 利用以方便的形式排列好的数据，我们就将计算 y_{i+1} 和 s_{i+1} 的预测值，在 D 上循环遍历，并从 D_{p+1} 开始提取每个数据集，从训练集 D_i 中删除测试观测数据 z_i:

```
for i in np.arange(p,N):
    data = D[i] # Using zero-indexing.
    zi = data.pop()
```

函数.pop()从列表 data 中删除最后一个值并将其存放到变量 zi 中。我们将把存放在 zi 中的中心化模式作为根据 data 构造的预测函数的一个输入。

(6) 创建 zi 后，立即采用指令 yi, xi, sMean = zi 从 zi 中提取 y_i、$\boldsymbol{x}_i$ 和 $\overline{s}_i$。

(7) 仍旧是在 np.arange(p, N)上遍历的 for 循环中，创建包含面向 y_{i+1} 预测值的训练数据的字典[11]。

---

11 我们将用到前一个教程中编程实现的 fOrder 函数，该函数所需的训练集必须是字典形式。

```
R = {j:z for j, z in enumerate(data)}
```

请注意，R 是用利用字典解释技术创建的。

(8) 在接近脚本最上面的位置，即数据处理代码片段之前插入第 9.6 节中创建的 fOrder 函数。

(9) 通过用下面的指令替换指令 nhbrs = [labels[j] for j in v]来修改函数：

```
nhbrs = [R[j][0] for j in v]
```

当函数执行时，排序后的邻域是经过排序处理的中心化标准普尔指数值，排序过程是按照测试预测器 $\boldsymbol{x}_i$ 与 R 中的预测向量的相似度进行排序的。

(10) 回到 for 循环，在 for 循环的每次迭代创建 R 之后，调用 fOrder 确定 $\boldsymbol{x}_i$ 的排好序的邻域，调用形式为：

```
nhbrs = fOrder(R,xi)
```

列表 nbbrs 包含根据目标模式向量 $\boldsymbol{x}_i$ 与各训练模式向量 $\boldsymbol{x}_{p+1,\ldots,}\boldsymbol{x}_{i-1}$ 之间的距离进行排序的标准普尔 500 指数。

(11) 在 for 循环之前为微调常数 α 设置一个值，即 $0.2<\alpha<0.5$。为指数加权 k 近邻回归函数计算权重列表。权重之和必须是 1，因此对权重进行缩放使其加和为 1。在 for 循环的每一个迭代中， wts 都必须重新进行计算。

```
s = sum([alpha*(1 - alpha)**j for j in range(nR)])
wts = [(alpha/s)*(1 - alpha)**j for j in range(nR)]
```

(12) 在计算得到 wts 后立即计算预测值：

```
deviation = sum(a*b for a, b in zip(wts, nhbrs))
sHat = deviation + sMean
print(yi + sMean,' ',sHat)
```

print 语句会打印显示观测到的以及预测的标准普尔指数值。

(13) 跟踪预测函数的性能。初始化一个列表存放均方误差，即 sqrErrors=[]，再初始化另一个列表存放绘图数据(plottingData)。在计算出一个预测值后，就存放中心化的预测值与中心化的观测数据之间的平方差。

```
sqrErrors.append((yi - deviation)**2)
plottingData.append([i,yi + sMean,sHat])
print(np.sqrt(sum(sqrErrors)/len(sqrErrors)))
```

最后一条语句打印显示当前的均方根误差的估计值。

(14) 绘制 300 个预测值和观测值及其对应的日期。

```
import matplotlib.pyplot as plt
day = [day for day, _ , _ in plottingData if 1000 < day < 1301]
y = [yobs for day, yobs , _ in plottingData if 1000 < day < 1301]
plt.plot(day, y)
sHat = [hat for day, _ , hat in plottingData if 1000 < day < 1301]
plt.plot(day, sHat)
plt.show()
```

观测值用蓝色绘制。

(15) 通过将实际值与预测值之间的均方差和样本方差进行比较计算相对预测准确性的度量[12]。预测准确性的度量是调整后的确定系数：

$$R^2_{\text{adjusted}} = \frac{\hat{\sigma}^2 - \hat{\sigma}^2_{\text{kNN}}}{\hat{\sigma}^2} = 1 - \frac{\hat{\sigma}^2_{\text{kNN}}}{\hat{\sigma}^2}$$

我们将利用 Numpy 模块的函数 mean()和 var()计算目标值的均值和标准差：

```
yList = [yobs for _, yobs ,_ in plottingData ]
rAdj = 1 - np.mean(sqrErrors)/np.var(yList)
print(rAdj)
```

述评

在标准普尔 500 指数预测问题中，调整后的确定系数非常大($R^2_{\text{adjusted}} > 0.99$)，这是一个需要解释的结果。在过去一个较长的时期内(即若干年)，标准普尔指数序列呈现出较大的变化，而一周之内的平均变化却小得多(图 9.4)。长期变化会得到较大的样本方差$\hat{\sigma}^2$，这是因为样本方差是实际值与序列均值之间的均方差。作为一种基准预测函数，样本均值设置了一个非常低的标杆。最好利用较小的过去值的集合进行预测。

12 请回顾一下，样本方差实际上就是观测数据与样本均值之间的均方差。

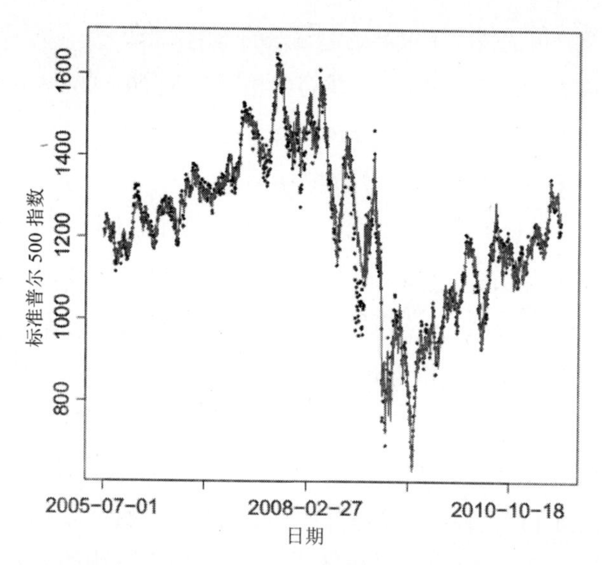

图 9.4　以标准普尔 500 指数以及日期为坐标绘制的图形，指数加权 k 近邻预测回归是在 α=0.25 时做出的，使用过去 p=30 个值作为预测因子

与 k 近邻回归预测函数相比，更好的基准是最近 p 天的样本均值。这种预测有时被称为移动平均，这是因为它随着时间推进而变化(移动)。因为移动均值能够反映长期趋势，所以移动平均预测会将长期趋势考虑在内。

我们已经计算得到 $\hat{\sigma}^2_{\mathrm{MV}}$，即目标值与前 p=10 个值之间的均方差。利用 $\hat{\sigma}^2_{\mathrm{MV}}$，然后我们就可以计算均方差中的相对减少值：

$$\frac{\hat{\sigma}^2_{\mathrm{MV}}-\hat{\sigma}^2_{\mathrm{kNN}}}{\hat{\sigma}^2_{\mathrm{MV}}} \tag{9.17}$$

均方预测误差的相对减少值是 0.562，所以可以说相对于移动平均预测函数，k 近邻回归预测函数将均方预测误差减少了 56.2。练习 9.5 会要求读者计算 $\hat{\sigma}^2_{\mathrm{MV}}$。

9.11　交叉验证

让我们更仔细地来看看准确性评估。像往常一样，令 $D=\{(y_1,\boldsymbol{x}_1),\cdots,(y_n,\boldsymbol{x}_n)\}$ 表示数据集。常见的准确性评估方法都是从创建测试集 E 和训练集 R 开始。假定 $R\cap E\neq\varnothing$，这种情况会导致一种潜在的严重问题——一些观测数据(即 $R\cap E$ 中的数据)既被用于构建预测函数，也被用于估计预测函数的误差。作为结果的准确性估计通常是乐观偏差的。在 D=R=E 这种最坏的情况下，准确性估计被称为表观估计或者插入估计。在不涉及分析的情况下很难确定偏差的范围。

有一种比较独特的情况，使用两个集合中相同的观测数据的结果没有任何问题。考虑一下单最近邻预测函数，并假定$\boldsymbol{x}_0 \in R \cap E$，假设不管怎样都不会出现僵局，并用$E$中的测试观测数据研究$f(\boldsymbol{x}_0 \mid R)$的准确性。由于$\boldsymbol{x}_0 \in R$，所以$\boldsymbol{x}_0$与其自身最接近并且最近邻域的标签也是其自己的标签。y_0的预测值必定是正确的，而且$R \cap E$中的每个观测数据都能被正确地预测。假如这些测试观测数据中出现了$\boldsymbol{x}_0 \notin R$的情况，我们就对预测函数的执行情况一无所知了。更糟的是，由于预测函数比完全不相关或独立的数据集更匹配测试数据，因此精度估计将是乐观偏差的。这种现象被称为过拟合。

过拟合现象可通过确保R中的观测数据绝不会用于测试来消除。那么，假设随机或系统抽象生成的E和R使得$D = R \cup E$并且$R \cap E = \varnothing$。换句话说，E和R是D的一个划分。我们将通过函数$f(\cdot \mid R)$以及将$f(\cdot \mid R)$应用到E中的每个测试观测数据上近似得到打算使用的预测函数$f(\cdot \mid D)$，结果就是一组没有过拟合偏差的预测值。这个过程被称为验证准确性评估，我们已经在数字识别和标准普尔指数教程中用过了它。

显然，对于验证准确性评估而言，D太小了，这是因为去除足够大的测试集会导致$f(\cdot \mid R)$与$f(\cdot \mid D)$的近似度不好，从而使得$f(\cdot \mid R)$的准确性要比$f(\cdot \mid D)$的准确性低得多。并且当样本过小时，根据不同测试集计算精度估计值会存在很大差异。因此，最好不要相信根据D的单个随机划分得到的结果。

k折叠交叉验证算法是针对这些准确性估计问题的一种解决方案。

交叉验证算法从训练样本D中提取一组观测数据对E作为测试集，R中剩余的观测数据则被用于构建预测函数$f(\cdot \mid R)$，然后将$f(\cdot \mid R)$应用到每个测试集向量$\boldsymbol{x}_0 \in R$上得到预测值。结果是一个集合$L = \{(y_0, f[\boldsymbol{x}_0 \mid R]) \mid (y_0, \boldsymbol{x}_0) \in E\}$，根据这个集合可以计算得到混淆矩阵以及准确性估计参数γ、α_{i}以及β_j。由于预测函数的构造不使用外置样本，因此就消除了过拟合偏差。

到目前为止，没有什么新鲜内容。交叉验证带来的新内容是从D中抽取不止一个测试集，而是代之以抽取 $k(1<k\leqslant n)$个测试集。外置测试集是$E_1 \cdots E_k$，训练集是$R_k = D \cap E_k^c$，预测$\boldsymbol{x}_0 \in E_i$的结果都被存放在集合$L_i = \{(y_0, f[\boldsymbol{x}_0 \mid R_i]) \mid (y_0, \boldsymbol{x}_0) \in E_i\}$中。当所有测试集都被处理后，就可以根据$L = \cup_{i=1}^k L_i$计算得到混淆矩阵。现在训练集$R_i$就与$D$要接近得多。最终由于$L$比较大(并假设$D$是预测函数所被应用的总体或过程)，所以准确性估计很好。

如果$E_1 \cdots E_k$是 D 的一个划分，那么这样是最好的，可使得每一个观测数据恰好是一个目标[13]。更正式的说法是，k 折叠交叉验证算法将 D 划分成 k 个不相交的子集，每个子集都包含大约n/k个观测数据。有多种方式实现这个算法，例如，每个观测数据$i=1,2,\cdots,n$可被赋予一个从$\{1,2,\cdots,k\}$中提取的数字，这个数字表示$E_1 \cdots E_k$中某个子集的隶属关系。在第 i 次迭代时，E_i 是测试集，$R_i = D \cap E_i^c$是训练集，预测函数$f(\cdot \mid R_i)$被构建用于针对每个$\boldsymbol{x}_0 \in E_i$预测 y_0，结果都放在 L_i 中。在第 k 次迭代结束时，根据$L=\cup_i L_i$计算得到准确性估计值。常用的 k 值是 10，另一种流行的选择是$k=n$。

由于交叉验证依赖于 D 的初始划分，所以可能会利用多次不同的随机划分来多次重复运行算法。足够多的重复会将与随机划分相关的变化减少到对估计造成的影响可忽略不计，在完成时，来自不同重复的估计值被聚合在混淆矩阵的构建中。

9.12　练习

9.12.1　概念练习

9.1　对于$0<\alpha<1$，证明：$1=\sum_{i=0}^{\infty}\alpha(1-\alpha)^i$。

9.2　考虑指数加权 k 近邻预测函数，证明对于任何$\alpha \geqslant 0.5$，y_0 的预测值都是 $y_{[1]}$，因此指数加权 k 近邻预测函数等同于传统单近邻预测函数。

9.3　假设利用传统k近邻预测函数预测$g=2$个群组中的某一个群组的隶属关系，针对$k \in \{1,3,5\}$预测$\widehat{\Pr}(y_0=l \mid \boldsymbol{x}_0)$的可能值，其中$l$是某个群组的标签，针对比较小的$k$值，评价$\widehat{\Pr}(y_0=l \mid \boldsymbol{x}_0)$作为$\Pr(y_0=l \mid \boldsymbol{x}_0)$估计值的准确性。

9.12.2　计算练习

9.4　重温第 9.6 节中的第 15 项说明，修改函数 fPred 使得当 counts 中的值不止一个最大时打破僵局，请按照后面的流程进行处理。在计算得到传统 k 近邻预测后，测试 counts 中是否不止一个计数值等于最大值。如果是，就扩大邻域范围使其包含第 k+1 个邻域，并重新计算最大值和预测值。测试是否存在僵局。重复扩大邻域范围的过程，

13　另一种偷懒的办法是抽取独立的随机样本$E_1 \cdots E_k$。一个测试观测数据可能出现在不止一个测试集中，这并没有出现偏差的风险，但在测试观测数据的第二次以及后续预测中获得的信息会更少。

直到僵局被打破为止。

9.5 回到标准普尔指数预测问题，并利用最近的 p 个观测数据计算第 $i(i=p+1, \ldots, N)$ 个时间步长的移动均值均方误差：

$$\hat{y}_{\mathrm{MV},i} = p^{-1} \sum_{j=i-p+1}^{i} y_j$$

正如在第 9.10.1 节所指出的那样，会有一个更具信息量的预测误差度量将 $\hat{\sigma}^2_{\mathrm{MV}}$ (式(9.17)，与移动平均预测值相关的均方预测误差)与 $\hat{\sigma}^2_{\mathrm{kNN}}$ 进行比较。

a. 验证 0.562 是预测误差的相对减少值。

b. 利用 ggplot，分别以 300 组标准普尔 500 指数的观测数据和相应日期为横纵坐标绘制点状图形。再增加两个图层，一个用曲线显示 k 近邻回归预测值，另一个则用线显示移动平均预测值。用颜色区分这两组预测值。

9.6 利用威斯康星州乳腺癌数据集，这是一个小训练集，包含了从乳腺良恶性肿瘤活检中获得的观察结果[14]。你可以从加州大学欧文分校的机器学习库 https://archive.ics.uci.edu/ml/datasets/获取该数据集。从乳腺癌数据集引出的问题是根据肿瘤细胞形态学度量向量预测肿瘤类型。针对邻域大小 $k \in \{1, 2, 4, 8, 16\}$ 以及传统 k 近邻预测函数，计算表观和“留一”交叉验证准确性估计。利用 R 语言中计算表观准确性估计的函数 knn 以及用于交叉验证准确性估计的函数 knn.cv。knn 和 knn.cv 都是 class 包的一部分，而 BreastCancer 数据集则是包 mlbench 的一部分，构建如表 9.2 所示的表单的汇总表。试过论过拟合偏差与 k 之间的关系。

表 9.2 针对 k 近邻预测函数的表观和交叉验证准确性估计，表观估计和交叉验证估计之间的差异可归因于过拟合偏差

k	准确性估计	
	表现	交叉验证
1	$\widehat{\gamma}_1^{\text{apparent}}$	$\widehat{\gamma}_1^{\text{cv}}$
2	$\widehat{\gamma}_2^{\text{apparent}}$	$\widehat{\gamma}_2^{\text{cv}}$
…	…	…
16	$\widehat{\gamma}_{16}^{\text{apparent}}$	$\widehat{\gamma}_{16}^{\text{cv}}$

14 威斯康星州乳腺癌数据集被广泛用作机器学习基准数据集。

9.7　第 9.10 节的教程讨论了提前一天预测标准普尔 500 指数的 k 近邻预测函数。

a. 修改算法使其能够提前几天进行预测，请采用指数加权 k 近邻回归针对 $d \in \{1,3,5\}$ 以及 $\alpha \in \{0.05, 0.1, 0.3\}$ 的每个组合预测 y_{i+d}。创建一个表格展示 α 和 d 的每种组合下的预测均方根误差 $\hat{\sigma}_{\mathrm{kNN}}$。

b. 研究不同的模式长度 p 对预测均方根误差 $\hat{\sigma}_{\mathrm{kNN}}$ 的影响。可尝试 $p \in \{5, 10, 20\}$。

第10章 多项式朴素贝叶斯预测函数

摘要：朴素贝叶斯预测函数是一种计算上和概念上都比较简单的算法。尽管当预测变量是定量型变量时，该算法的性能一般并不是竞争对手中最好的，但它可以很好地处理分类型预测变量，尤其适合具有多个类别的分类型预测变量。本章中提出多项式朴素贝叶斯预测函数，它是面向分类型预测器的朴素贝叶斯预测函数的一种变形。在将其应用到两个完全不同的问题(预测《联邦党人文集》的作者以及源自商业营销领域的一个问题——根据顾客在商场的购物情况对顾客进行分类)之前，我们首先从它的数学基础来研究这个函数。《联邦党人文集》应用提供了处理文本数据的机会。

10.1 引言

考虑预测变量为分类型变量时的预测问题。例如，假设在会员制商场购物的顾客将根据售卖时的购物习惯被划分入几个组之一。训练数据可能包含一个相当长的购物列表，每种物品都可按类别(例如杂货、硬件、电子产品等)进行标识。类别的数量可能很大，例如，在 10.5 节的教程中会用到 1102 种物品进行预测。当训练样本和货物数量较大且需要另一种方法时，计算上的要求就排除了使用 k 近邻预测函数的可能性。尽管有各种各样的可能性，但是其中一种在算法的简单性方面独一无二——多项式朴素贝叶斯预测函数。在对算法背后的数学进行研究之前，我们先讨论一下多项式朴素贝叶斯的另一种应用。

10.2 联邦党人文集

《联邦党人文集》是由James Madison、Alexander Hamilton以及John Jay为美国宪法获得批准而撰写的85篇文章的合集。《联邦党人文集》超越了较短的《宪法》所规定的法律框架，阐述了支持《宪法》的基础和原则。在1787年10月至1788年8月出版时，《联邦党人文集》的作者是匿名的。所有人都以笔名Publius署名。不过，几年后Hamilton透露了大部分论文的作者，他声称自己是12篇文章的作者，但这种说法在近200年来一直存在争议。表10.1列出了作者和各自的文章，Adair[1]、Mosteller和Wallace[41]在20世纪中叶进行的分析认为，这些有争议论文的作者是James Madison，这个问题大概已经解决了。在本章中，我们再来看看其他一些有争议的文章。

表10.1 《联邦党人文集》的作者

作者	文章编号
Jay	2、3、4、5、64
Madison	10、14、37~48
Hamilton	1、6、7、8、9、11、12、13、,15、16、17、21·36， 59、60、61、65~85
Hamilton和Madison	18、19、20
存在争议的文章	49~58、62、63

为12篇有争议的文章分配作者是一个适合利用多项式朴素贝叶斯预测函数解决的问题，预测作者身份的过程围绕着根据对无争议的文章进行训练得到一个预测函数而展开，可以分两步将预测函数应用于有争议的文章。首先是将文章映射为一个预测变量向量。第二步是通过估计每个候选作者撰写论文的概率，生成作者身份的预测。作者被预测为三个候选作者中估计是作者的概率最大的那位。我们的分析表明，Madison并不是所有12篇有争议文章的作者，其中6篇有争议文章的作者是Hamilton。

要将《联邦党人文集》转换成合适进行预测分析的单元，需要进行大量的预备性数据处理。这种情况下，73篇作者身份无可争议的《联邦党人文集》中的每一篇都代表一个具有已知标签(作者)的观测单元，每篇论文都映射为一个由定量属性组成的预测向量。请记住，这些属性具有两个属性。首先，文章 P_0 到预测向量 $\boldsymbol{x}_0$ 的映射 $g: P_0 \to \boldsymbol{x}_0$ 必须进行定义良好——一篇特定的文章只有一个可能的值。第二，$\boldsymbol{x}_0$ 的属性应当对在作者中进行区分有用。假如三位作者在属性方面有所不同，那么可量化的文体属性(如句子长度和最常用的词)是合适的属性。

文本到定量变量向量的映射是从文本数据中提取信息的算法中几个具有挑战性的步骤之一[6]。我们在本章两个教程中的第一个教程中研究了这个过程。第二个教程则通过利用不同作者在单词选择上的差异性构造了一个预测函数。在处理数据之前，首先在下一节中研究多项式朴素贝叶斯预测函数。

10.3　多项式朴素贝叶斯预测函数

按照如下所述提出问题。目标 $\boldsymbol{z}_0=(y_0,\boldsymbol{x}_0)$ 的类隶属关系是 y_0，$\boldsymbol{x}_0$ 则是相应的预测向量。预测函数 $f(\cdot\mid D)$ 根据 D(由观测数据对组成的训练集)构建而成。y_0 的预测值是 $\hat{y}_0=f(\boldsymbol{x}_0\mid D)$。新颖的是 $\boldsymbol{x}_0$ 是计数向量，$\boldsymbol{x}_0$ 的每个元素记录的是观测到的定量变量的特定类型、类别或者等级出现的次数。例如，$x_{0,j}$ 可能表示单词 w_j 在有争议的联邦党人的文章 P_0 中出现的次数。向量 $\boldsymbol{x}_0$ 由 P_0 中 n 个不同单词中的每个单词的出现频率组成。

我们将继续在作者归属问题的背景下研究多项式朴素贝叶斯预测函数，并将算法直接推广到其他情形。练习 10.3 为读者提供了这样的机会，因为它涉及根据所购买物品的类型(杂货、硬件等)预测光临沃尔玛超市的顾客的购物类型。

令 $x_{0,j}$ 表示单词 w_j 在文章 P_0 中出现的次数，于是 $\boldsymbol{x}_0=\left[x_{0,1}\cdots x_{0,n}\right]^{\mathrm{T}}$ 包含的是文章 P_0 中的词频。在《联邦党人文集》中共出现了 n 个不同的单词，这些词都被放置到集合 W 中[1]。P_0 的作者用 y_0 表示，其中 $y_0\in\{\text{Hamilton},\text{Jay},\text{Madison}\}=\{A_1,A_2,A_3\}$。从 P_0 中随机抽取单词 w_j 的概率是：

$$\pi_{k,j}=\Pr\left(w_j\in P_0\mid y_0=A_k\right) \tag{10.1}$$

概率 $\pi_{k,j}$ 对于一个作者而言是特定的，但是在由该作者撰写的文章之间没有什么变化。由于 w_j 肯定是 W 中的成员，所以 $1=\sum_j^n\pi_{j,k}$。在各位作者之间 w_j 出现的概率则可能会发生变化，因此，$\pi_{1,j}$ 会和 $\pi_{2,j}$ 及 $\pi_{3,j}$ 存在差异。如果这种差异性在超过若干个词时都存在，那么预测函数在给定词频向量 $\boldsymbol{x}_0$ 的情况下能够在各作者之间进行区分。

假如所有三个作者之中只用到了两个单词，并且它们在文章中的出现是相互独立的，那么观测特定词频向量($\boldsymbol{x}_0=[25\quad 37]^{\mathrm{T}}$)的概率可以利用二项分布计算得到：

$$\Pr\left(\boldsymbol{x}_0\mid y_0=A_k\right)=\frac{(25+37)!}{25!37!}\pi_{k,1}^{25}\pi_{k,2}^{37}$$

1 标准的实践做法是从 W 中忽略非常常见的单词，例如介词和代词。

如果觉得这种表示方法比较麻烦，那么请回顾一下，二项随机变量计算的是 n 次试验中观测到 x 次成功的概率。变量 x 对成功次数进行计数，观测到 x 次成功以及 n-x 次失败的概率是：

$$\Pr(x)=\frac{n!}{x!(n-x)!}\pi^{x}(1-\pi)^{n-x} \quad x\in\{0,1,\cdots,n\} \tag{10.2}$$

式(10.2)利用了事实 $\pi_2=1-\pi_1$。如果 P_0 的作者存在争议，那么基于词频向量 $\boldsymbol{x}_0=[25\ 37]^{\mathrm{T}}$，我们就能预测到作者是 A^*，其中 $\Pr(\boldsymbol{x}_0 \mid y_0=A^*)$ 是 $\Pr(\boldsymbol{x}_0 \mid y_0=A_1)$、$\Pr(\boldsymbol{x}_0 \mid y_0=A_2)$ 和 $\Pr(\boldsymbol{x}_0 \mid y_0=A_3)$ 中最大的概率值。$\pi_{k,i}$ 通常必须进行估计，如果是这样的话，我们就在计算过程中替换概率估计。

预测函数的严格定义是：

$$\hat{y}_0=f(\boldsymbol{x}_0 \mid D)=\operatorname{argmax}\{\hat{\Pr}(\boldsymbol{x}_0 \mid y_0=A_1),\hat{\Pr}(\boldsymbol{x}_0 \mid y_0=A_2),\hat{\Pr}(\boldsymbol{x}_0 \mid y_0=A_3)\}$$

对于作者归属问题，词数远远大于 2，概率计算需要对二项分布进行扩展，多项式概率函数提供了这种扩展，这是因为它能适应词数 $n\geqslant 2$ 的情况。和二项分布一样，如果文章中单词的出现是独立事件，那么观测频率向量 $\boldsymbol{x}_0$ 的概率由多项式概率函数给出：

$$\Pr(\boldsymbol{x}_0 \mid y_0=A_k)=\frac{\left(\sum_{i=1}^{n} x_{0,i}\right)!}{\prod_{i=1}^{n} x_{0,i}!}\pi_{k,1}^{x_{0,1}}\times\cdots\times\pi_{k,n}^{x_{0,n}} \tag{10.3}$$

最左边涉及阶乘的项称为多项式系数，就像项 $n!/[x!(n-x)!]$ 被称为二项式系数。下面我们将看到，在预测函数的计算过程中可以忽略多项式系数。

后验概率

多项式朴素贝叶斯预测函数是在考虑先验信息的基础上改进的多项式朴素贝叶斯预测函数。这种情况下，作者身份无可争议的文章共有 70 篇，其中，Alexander Hamilton 有 51 篇，James Madison 有 14 篇，John Jay 有 5 篇。如果根据式(10.3)得到的概率出现相等的情况，那么基于 Hamilton 的文章数量较多，因此我们倾向认为作者是 Hamilton。朴素贝叶斯对“少数服从多数”这种逻辑进行了量化描述。在观察词频之前，文章作者的先验概率分别是 $\Pr(y_0=A_1)=51/70$、$\Pr(y_0=A_2)=14/70$ 以及 $\Pr(y_0=A_3)=5/70$。事实上，如果除了每篇论文的数量之外，我们没有其他信息，我们可以预测 Hamilton 是所有有争议论文的作者，这是因为 Hamilton 撰写文章 P_0 的先验概率估计值是三个估计值中最大的。先验这个术语的使用源自：在观察包含在词频向量 $\boldsymbol{x}_0$ 中的信息之前，就已经为文章的作者身份指定了一定的概率。

贝叶斯公式通过计算作者身份的后验概率[2]，将词频中包含的信息与先验信息结合起来：

$$\Pr\left(y_0 = A_k \mid \boldsymbol{x}_0\right) = \frac{\Pr\left(\boldsymbol{x}_0 \mid y_0 = A_k\right)\Pr\left(y_0 = A_k\right)}{\Pr\left(\boldsymbol{x}_0\right)}$$

所预测的作者是后验概率最大的作者，具体而言，预测的作者是：

$$\begin{aligned}\hat{y}_0 &= \underset{k}{\operatorname{argmax}}\{\Pr(y_0 = A_k \mid \boldsymbol{x}_0)\} \\ &= \underset{k}{\operatorname{argmax}}\left\{\frac{\Pr(\boldsymbol{x}_0 \mid y_0 = A_k)\Pr(y_0 = A_k)}{\Pr(\boldsymbol{x}_0)}\right\}\end{aligned}$$

分母 $\Pr\left(\boldsymbol{x}_0\right)$ 对每个后验概率进行相同数量的缩放，并不影响后验概率的相对排序。因此，预测函数更简单也更具实际意义的表达方式为：

$$\hat{y}_0 = \underset{k}{\operatorname{argmax}}\{\Pr(\boldsymbol{x}_0 \mid y_0 = A_k)\Pr(y_0 = A_k)\}$$

多项式系数只依赖于 $\boldsymbol{x}_0$，因此对于每个 A_k 而言都具有同样的值。因此，如果我们只是对确定哪个后验概率最大感兴趣，获取可以在计算 $\Pr\left(\boldsymbol{x}_0 \mid y_0 = A_k\right)$ 时忽略掉多项式系数。

多项式概率($\pi_{k,j}$)并不为人所知，但是可以对其进行估计。我们把多项式系数去掉，并把多项式朴素贝叶斯函数写成估计概率的形式：

$$\begin{aligned}\hat{y}_0 &= \underset{k}{\operatorname{argmax}}\{\widehat{\Pr}(y_0 = A_k|\boldsymbol{x}_0)\} \\ &= \underset{k}{\operatorname{argmax}}\left\{\pi_{k,1}^{x0,1} \times \cdots \times \pi_{k,n}^{x0,n} \times \pi_k\right\}\end{aligned} \tag{10.4}$$

其中，$x_{0,j}$ 是单词 w_j 在文章 P_0 中出现的频率。

概率估计 $\hat{\pi}_{k,j}$ 是作者 A_k 撰写的所有文章中单词 w_j 出现的相对频率。最终，$\hat{\pi}_k = \widehat{\Pr}\left(y_0 = A_k\right)$ 就是文章是由作者 A_k 撰写的先验概率估计值。一旦观测到 $\boldsymbol{x}_0$，我们就会利用 $\boldsymbol{x}_0$ 携带的信息以后验概率的形式更新先验概率。如果分析人员没有先验信息，就应该使用无信息先验概率 $\pi_1 = \cdots = \pi_g = 1/g$，此处假设共有 g 个分类(作者)。在这个多项式贝叶斯预测函数的应用中，根据作者 A_k 撰写的无可争议的文章所占的比例来估计先验概率 π_k。

2 在观察到数据之后。

式(10.4)的应用需要概率π_k、π_{kj}的估计值(j=1, 2, …, n, k=1, 2, 3)的估计值。我们采用的是样本比例或经验概率：

$$\hat{\pi}_{k,j} = \frac{x_{i,j}}{n_k} \tag{10.5}$$

其中，$x_{i,j}$是作者A_k撰写的文章中单词w_j出现的次数，$n_k = \sum_j x_{k,j}$是作者A_k撰写的文章中所有词频的总数。

当式(10.4)中一些指数较大而底数较小时，可能发生算术下溢现象。可以通过根据最大的对数后验概率确定作者来避免下溢现象，这是因为：

$$\underset{k}{\operatorname{argmax}}\{\Pr(y_0 = A_k \mid \boldsymbol{x}_0) = \underset{k}{\operatorname{argmax}}\left\{\hat{\Pr}(y_0 = A_k \mid \boldsymbol{x}_0)\right\}$$

最终版本的朴素贝叶斯预测函数为：

$$\begin{aligned}\hat{y}_0 &= \underset{k}{\operatorname{argmax}}\{\log\left[\hat{\Pr}(y_0 = A_k|\boldsymbol{x}_0)\right]\} \\ &= \underset{k}{\operatorname{argmax}}\left\{\log(\hat{\pi}_k) + \sum_{j=1}^{n} x_{0,j}\log(\hat{\pi}_{k,j})\right\}\end{aligned} \tag{10.6}$$

接下来的教程将指导读者针对《联邦党人文集》的作者归属问题创建两个Python脚本中的第一个脚本。由于数据的特性(一个包含所有85篇文章的非结构化文本文件)，归属作者的任务需要大量的数据处理和编码。该文件被读取并存储为一个长字符串，并从中提取出各篇文章，每篇文章又被切分成若干单词，其中很多单词都被认为对于自然语言处理毫无用处[3]，这类单词被称为定格词，它们由一些随处可见的单词组成，例如介词(如the和at)以及简单动词(如is、be和go)。通过抛弃这些定格词，只保留每位作家至少用过一次的单词来创建单词的约简集。约简的最后一步是针对每篇文章和每位作者生成词频分布。

在第二个教程中，读者将针对采用多项式贝叶斯预测函数为有争议的文章分配作者的问题，编写程序实现相应的算法。预测函数将有争议论文的词频分布与每位作者的词频分布进行比较，基于有争议的文章的词频分布与每个作者的词频分布来预测作者。因此，必须利用无争议的文章针对每篇文章和每位作者计算词频分布。构建词频分布是下一个话题。

3 自然语言处理是语言学的一个分支，专门研究利用机器从文本中提取信息。

10.4　教程：约简《联邦党人文集》

将文本数据转换为与朴素贝叶斯预测函数兼容的形式需要若干映射，当逐个应用这些映射后，多个映射就形成第 10.2 节中讨论过的复合映射。具体地说，$g: P_0 \rightarrow \boldsymbol{x}_0$ 将《联邦党人文集》中的文章 P_0 映射为词频分布 $\boldsymbol{x}_0$，本教程从获取两个数据集开始。

(1) 从 Gutenberg 项目[44]网站 https://www.gutenberg.org/获取电子版的《联邦党人文集》，此时可采用搜索工具查找《联邦党人文集》。可以获得几个版本的《联邦党人文集》，本教程是利用纯文本版本 1404-8.txt 开发的。

(2) 表 10.1 列出每篇文章假定的作者，如表 10.1 所示，包含文章编号和作者的文件(owners.txt)都可从书籍网站上获取。12 篇有争议的文章分别是 49~58 号以及 62 和 63 号。在文件 owners.txt 中，有争议的文章都被归于 Madison 撰写。根据表 10.1 获取文件或创建副本。

(3) 利用 stop-words 模块创建一个定格词集合，通过在 Linux 的终端窗口或 Windows 的命令行窗口提交指令 pip install stop-words 来安装该模块。向 Python 脚本中添加如下所示的指令，目的是导入模块并将英语定格词保存为一个集合。

```
from stop_words import get_stop_words
stop_words = get_stop_words('en')
stopWordSet = set(stop_words) | set(' ')
oprint(len(stopWordSet))
```

我们要避免空格字符串' '成为词频分布中的一个单词，因此将其添加到定格词集合中。

(4) 从标识了《联邦党人文集》中每篇文章的作者的文件 owners.txt 构建一个字典，将文件读取为一个字符串序列，从每个字符串中去除行结束符或换行符'\n'。

```
paperDict = {}
path = '../Data/owners.txt'
with open(path, "rU") as f:
    for string in f:
        string = string.replace('\n', ' ')
        print(string)
```

第一条指令初始化字典 paperDict，用于存放作者和文章编号。

(5) 将每个字符串在逗号处进行拆分，并将列表的第一个元素(文章编号)用作字典 paperDict 的键，第二个元素(作者)作为字典 paperDict 的值。

```
key, value = string.split(',')
paperDict[int(key)] = value
```

上面的代码片段必须和打印显示指令的缩进相同。

(6) 读取包含《联邦党人文集》的文件，并创建单个字符串。

```
path = '../Data/1404-8.txt'
sentenceDict = {}
nSentences = 0
sentence = ''
String = ''
with open(path, "rU") as f:
    for string in f:
        String = String + string.replace('\n',' ')
```

在扩展字符串之前用空格符替换行结束符\n。

(7) 接下来的代码片段将构建一个字典，这个字典将《联邦党人文集》中的每篇文章保存为一个单词列表，字典的键是一个数据对——由文章编号和假定作者组成的二元组。构建这个字典的主要困难在于组织文章，为此，有必要确定每篇文章的开始之处和结束之处。

每篇文章都以短语 To the People of the State of New York 作为开篇，我们将这个短语记作文章的开始之处。除了 37 号文章外，其他所有文章都是以笔名 PUBLIUS 结束。在编辑器中打开文件 1404-8.txt，并在 37 号文章的结尾处插入 PUBLIUS(如果没有的话)。

程序会遍历 String，并确定 String 中每篇文章的起始和结束位置。我们将使用 re.finditer 函数，所以在脚本的最上方导入正则表达式模块(import re)。finditer 函数会返回一个迭代器，使得字符串中的所有子字符串实例都可被定位。下面的代码片段会创建一个字典，其中的键是文章编号，值是包含文章第一个和最后一个字符位置的列表。我们将遍历 String 两次——一次用于查找文章的起始位置，第二次用于查找文章的结束位置。

```
positionDict = {}
opening = 'To the People of the State of New York'
counter = 0
for m in re.finditer(opening, String):
    counter+= 1
    positionDict[counter] = [m.end()]
```

```
close = 'PUBLIUS'
counter = 0
for m in re.finditer(close, String):
    counter+= 1
    positionDict[counter].append(m.start())
```

在第一次迭代中，我们对 String 进行搜索，直至找到起始位置为止，起始位置就是短语 To the People of the State of New York 的结束字符，然后 counter 递增，表示文章起始的位置被存入 positionDict。再次迭代则开始搜索下一个起始位置，迭代继续进行，直至找到 String 的结尾为止。

第二个 for 循环则通过查找 PUBLIUS 中第一个字符的位置来确定文章的结尾之处。

(8) 现在通过提取每个起始位置和结束位置之间的文本从 String 中提取每篇文章，遍历字典 positionDict 来获取起始位置和结束位置，此外，要创建一个由文章编号和作者姓名组成的标签。

```
wordDict = {}
for paperNumber in positionDict:
    b, e = positionDict[paperNumber]
    author = paperDict[paperNumber]
    label = (paperNumber,author)
    paper = String[b+1:e-1]
```

最后一条语句将提取出来的文本存为名为 paper 的子字符串。

(9) 在将文章映射为词频分布的过程中需要完成大量的统计工作，为加快进度，我们采用命名元组类型作为字典的键，命名元组的元素可以使用名称而不是位置索引来寻址，从而提高了代码的可读性并减少了出现编程错误的可能性。命名元组类型包含在 collections 模块中，通过在 Python 脚本开头放置导入指令来导入命名元组类型。创建具有两个元素的元组类型 identifier，这两个元素分别是类名和字段标识符，类名就是标签，而字段标识符则是索引和作者。导入和初始化指令如下所示：

```
fromcollectionsimportnamedtuple
fromcollectionsimportCounter
identifier=namedtuple('label','indexauthor')
```

我们导入字典的子类 Counter，来加快计算词频分布。

(10) 在上面的代码片段中(第 8 项说明)，用下面的代码替换 replace label = (paperCount, author)：

```
label = identifier(paperCount,author)
```

这个修改可以让我们利用 label.author 或者通过像 label[1]这样的位置来引用特定文章的作者。

(11) 我们将添加必要的指令将字符串 paper 转换成单词集合，为此要进行三个操作：去除标点符号，把每个字母变成小写，去除 paper 中的定格词。仍旧是在 for 循环中，从 String 中提取出 paper 后，添加如下代码片段：

```
for char in '.,?!/;:-"()':
    paper = paper.replace(char,'')
paper = paper.lower().split(' ')
for sw in stopWordSet:
    paper = [w for w in paper if w != sw]
```

指令 paper = paper.lower().split(' ')将大写字母转换成小写字母，然后在任何空格处将字符串拆分成子字符串，结果是一个列表。

for 循环利用列表解释技术遍历 stopWordSet，反复构建 paper 的新副本。在 for 循环的每次迭代中，都会从 paper 中去掉一个定格词。

(12) 最后一步是生成词频分布，我们要用到collections模块中的字典子类Counter，函数调用 Counter(paper)会返回一个字典，在这个字典中，键是列表中的数据项(此处就是单词)，值则是每个数据项在函数参数(此处就是 paper)中出现的频率。

```
wordDict[label] = Counter(paper)
print(label.index,label.author,len(wordDict[label]))
```

最后一条语句打印显示文章编号、作者以及文章词频分布中的单词数量。上述两条语句都必须缩进，使其在 for 循环内部执行。

(13) 创建一个表格，显示分配给每位作者的文章编号。

```
table = dict.fromkeys(set(paperDict.values()),0)
for label in wordDict:
    table[label.author] += 1
print(table)
```

你应当发现 Jay 被标识为是 5 篇文章的作者，Madison 被标识为 26 篇文章的作者，而 Hamilton 则被标识为 51 篇文章的作者。

(14) 由于其中一些文章的作者身份存在争议，并且还有三篇文章是联名发表的，所以我们不能把全部 85 篇文章用于构建预测函数[4]。接下来的代码片段构建列表

4 这些有争议的文章是我们的目标，尽管我们使用了一个为全部 85 篇文章都分配了作者的所有权列表。

trainLabels，该列表包含用于构建预测函数的文章的标签。具体而言，就是这些文章将被用于针对 Hamilton、Madison 和 Jay 构建词频分布。

```
skip = [18, 19, 20, 49, 50, 51, 52, 53, 54, 55, 56, 57, 58, 62, 63]
trainLabels = []
for label in wordDict:
    number, author = label
    if number not in skip:
        trainLabels.append(label)
print(len(trainLabels))
```

列表 skip 包含了三篇共同撰写的文章以及 12 篇存在争议的文章的编号。

(15) 构建一个包含在训练集文章中用到并且也被所有作者用到的单词的列表[5]。我们将这些单词称为常见词。第一步是创建训练用文章列表。

```
disputedList = [18,19,20,49,50,51,52,53,54,55,56,57,58,62,63]
trainLabels = []
for label in wordDict:
    number, author = label
    if number not in disputedList:
        trainLabels.append(label)
print(len(trainLabels))
```

85 个词频字典中包含的并非是所有作者都用过的单词，这将在比较分布时造成困难。如果 Hamilton 没有用到某个单词，也就是说由于概率估计是相对使用频率，此时 Hamilton 使用该单词的概率为 0。0 概率估计会导致严重后果，我们将在第 10.6.1 节的教程中详细讨论这个问题。一种解决方案是修改所有的概率估计值，使得没有估计值是零。第二种解决方案是删除三位作者不使用的单词。我们用第二种方案进行处理。

(16) 为构建常见词列表，我们从构建字典 usedDict 入手，usedDict 以单词作为它的键，与一个单词关联的值则是用到该单词的作者集合。常见词列表——我们称其为 commonList——是根据字典中所有三位作者都用到的单词构建而成的。

遍历训练集，具体而言就是遍历 trainLabels。

```
usedDict = {}
for label in trainLabels:
    words = list(wordDict[label].keys())
    for word in words:
```

5 定格词被排除在外。

```
            value = usedDict.get(word)
            if value is None:
                usedDict[word] = set([label.author])
            else:
                usedDict[word] = value | set([label.author])
    commonList = [word for word in usedDict if len(usedDict[word]) == 3]
```

指令 wordDict[label].keys()提取由 label 索引的文章中用到的单词，|操作符表示集合合并(因此，$A \mid B = A \cup B$)，列表 commonList 通过列表解释技术构建得到。对集合中三位作者的测试确保了包含在常见词列表中的单词被三位作者都使用过。

(17) 删除 wordDict 中出现的三位作者不常用的单词。当遍历一个对象时，不能删除对象中的数据项，为了破除这个限制，我们为 wordDict 中的每篇文章创建一个新字典 newDict，并用与该文章相关联的字典的中的单词填充这个新字典。当遍历完与某篇文章相关联的词频分布中的所有单词后，我们将较长字典替换为较短的常用词字典。

```
    for label in wordDict:
        D = wordDict[label]
        newDict = {}
        for word in D:
            if word in commonList:
                newDict[word] = D[word]
        wordDict[label] = newDict
        print(label,len(wordDict[label]))
```

并非所有文章都具有相同长度的词频分布，但是词频分布中出现的每个单词都被所有三位作者使用过。因此，对于每位作者(用 k 索引)以及每个单词(用 i 索引)而言，概率估计值 $\hat{\pi}_{k,i}$ 都是非零的。

小结

《联邦党人文集》已经被映射成一组存放在字典 wordDict 中的词频分布。每个分布都列出 1102 个常见词组成的集合中各单词出现的非零频率。对于某篇感兴趣的文章而言，常见词集合中的每个单词的频率很容易就能确定，所以我们现在准备构建多项式朴素贝叶斯预测函数。

10.5　教程：预测有争议的《联邦党人文集》的作者

我们继续研究的前提是，可利用作者写作风格的差异来预测有争议文章的作者。为达到这个目的，我们使用了一种语体属性：选词。词的选择是由每一个词在一组常用词中出现的相对频率来量化的。我们希望作者之间在大量单词出现的相对频率方面有明显差异。如果是这样，我们应该能够构建一个准确的朴素贝叶斯预测函数，用于预测《联邦党人文集》中文章的作者，为构建预测函数，对于每个作者，我们都会计算常用词集合中每个单词出现的相对频率。相对频率是我们从特定作者撰写的《联邦党人文集》中一篇文章中随机抽取一个特定单词的概率的估计值(式(10.5))。

给出一篇有争议的文章，它的预测向量 $\boldsymbol{x}_0$ 由常见词集合中单词出现的频率组成，如果作者是 Jay、Madison 和 Hamilton，我们计算了观测到 $\boldsymbol{x}_0$ 的估计概率。我们对作者 y_0 的预测根据 $\widehat{\Pr}(y_0 = \text{Jay} \mid \boldsymbol{x}_0)$、$\widehat{\Pr}(y_0 = \text{Madison} \mid \boldsymbol{x}_0)$ 和 $\widehat{\Pr}(y_0 = \text{Hamilton} \mid \boldsymbol{x}_0)$ 三者中的最大后验概率估计值决定。

剩下来的事情是估计概率 $\pi_{k,i}$，$\pi_{k,i}$ 是在由作者 $A_k(k=1, 2, 3)$撰写的文章中包含的非定格词单词中随机抽取常见词集合中的单词 w_i 的概率。

(1) 可以通过对某位作者名下的所有无争议文章中特定单词出现的频率求和完成。代码片段从记下每位作者名下文章的数量开始，这些计数值会生成作者身份先验概率的估计值。

```
logPriors = dict.fromkeys(authors,0)
freqDistnDict = dict.fromkeys(authors)
for label in trainLabels:
   number, author = label
   D = wordDict[label]
   distn = freqDistnDict.get(author)
   if distn is None:
         distn = D
   else:
       for word in D:
             value = distn.get(word)
             if value is not None:
                 distn[word] += D[word]
           else:
                 distn[word] = D[word]
   freqDistnDict[author] = distn
```

```
    logPriors[author] +=1
```

字典 freqDistnDict 为三位作者各包含了一个字典。与特定作者相关的值是词频字典，因此，每个键就是一个单词，相应的值就是单词出现的频率。

(2) 在构建预测函数针对每位作者计算相对词频分布之前，首先将相对词频分布构建为一个字典，字典的键是单词，相关联的值是单词出现的对数相对频率(式(10.6)中用 $\log\left(\hat{\pi}_{k,j}\right)$ 表示)。单词出现的相对频率的计算结果为作者在其无争议文章中使用该词的次数除以在其无争议文章中使用任何常见词的总次数。字典 distnDict 中将包含三位作者各自的单词出现的先验概率估计值以及概率估计值。

```
nR = len(trainLabels)
logProbDict = dict.fromkeys(authors,{})
distnDict = dict.fromkeys(authors)
for author in authors:
    authorDict = {}
    logPriors[author] = np.log(logPriors[author]/nR)

    nWords = sum([freqDistnDict[author][word] for word in commonList ])
    print(nWords)

    for word in commonList:
        relFreq = freqDistnDict[author][word]/nWords
        authorDict[word] = np.log(relFreq)

    distnDict[author] = [logPriors[author], authorDict]
```

某位作者使用常见单词的总次数计算为 nWords，我们将遍历 commonList 中的单词来针对第 j 个单词和作者 k 计算 $\log\left(\hat{\pi}_{k,i}\right)$。估计值临时存放在以单词作为键的 authorDict 中，在结束遍历 commonList 后，在 distnDict 中以估计的对数先验概率存放 authorDict。

(3) 接下来的代码片段将多项式朴素贝叶斯预测函数应用于无争议的文章，以此获取有关预测函数准确性的信息。请回顾一下，预测向量 $\boldsymbol{x}_i=[x_{i,1}\cdots x_{i,n}]^{\mathrm{T}}$ 是文章 i 内 n 个单词中每个单词出现的频率，对作者身份的预测是：

$$f(\boldsymbol{x}_i|R)=\underset{k}{\operatorname{argmax}}\left\{\log(\hat{\pi}_k)+\sum_{j=1}^{n}x_{i,j}\log(\hat{\pi}_{k,j})\right\} \tag{10.7}$$

其中，n 是常见词的数量。三位作者的$\log\left(\hat{\pi}_k\right)$和$\log\left(\hat{\pi}_{k,j}\right)$存放在字典 discnDict 中，测试向量 $\boldsymbol{x}_i$ 则被存放在 wordDict 中的字典内。因此，我们将 wordDcit 当作测试集，并通过遍历 wordDcit 将预测函数应用于测试集中的每个 $\boldsymbol{x}_i$。列表 skip 中的文章都不应被使用，因为我们要将有争议的文章排除在准确性估计之外。遍历 wordDict 中的文章，并排除有争议的以及联名发表的文章：

```
nGroups = len(authors)
confusionMatrix = np.zeros(shape = (nGroups,nGroups))

skip = [18,19,20,49,50,51,52,53,54,55,56,57,58,62,63]

for label in wordDict:
    testNumber, testAuthor = label

    if testNumber not in skip:
        xi = wordDict[label]
        postProb = dict.fromkeys(authors,0)
        for author in authors:
            logPrior, logProbDict = distnDict[author]
            postProb[author] = logPrior
                    + sum([xi[word]*logProbDict[word] for word in xi])

        postProbList = list(postProb.values())
        postProbAuthors = list(postProb.keys())
        maxIndex = np.argmax(postProbList)
        prediction = postProbAuthors[maxIndex]
        print(testAuthor,prediction)
```

根据下式计算针对 $\boldsymbol{x}_i$ 的后验概率估计值：

$$\log\left(\hat{\pi}_k \mid \boldsymbol{x}_i\right)=\log\left(\hat{\pi}_k\right)+\sum_{j=1}^{n} x_{i,j}\log\left(\hat{\pi}_{k,j}\right) \tag{10.8}$$

预测的作者对应于三个对数后验概率 $\log\left(\hat{\pi}_{\text{Hamilton}}|\boldsymbol{x}_i\right)$、$\log\left(\hat{\pi}_{\text{Madison}}|\boldsymbol{x}_i\right)$ 和 $\log\left(\hat{\pi}_{\text{Jay}}|\boldsymbol{x}_i\right)$ 中的最大者，我们已经将字典的键和值转换成列表，并利用 Numpy 模块中的 argmax 函数提取出最大后验概率估计值的索引值。我们已经在第 9.6 节的教程中的第 15 项说明中用到了这个函数(第 9 章)。

(4) 以表格形式列出混淆矩阵中的结果，混淆矩阵的行对应于已知的作者，列对应于预测的作者，插入如下所示的代码片段，让其在语句 print(testAuthor, prediction)

之后立即执行。

```
i = list(authors).index(testAuthor)
j = list(authors).index(prediction)
confusionMatrix[i,j] += 1
```

(5) 在完成 for 循环时，打印显示混淆矩阵以及总体准确性。

```
print(confusionMatrix)
print('acc = ',sum(np.diag(confusionMatrix))/sum(sum(confusionMatrix)))
```

你应该会发现，预测函数的表观准确率为 1。

(6) 通过修改列表 skip 确定有争议文章的预测值，使得只有联名发表的文章被排除在准确性的计算之外，输出如表 10.2 所示。

表 10.2 显示《联邦党人文集》中文章作者预测结果的混淆矩阵，实际作者包括已知作者和研究人员预测得到的作者[1,41]。预测的作者是多项式朴素贝叶斯预测函数的输出

实际作者	预测的作者			
	Jay	Madison	Hamilton	总计
Jay	5	0	0	5
Madison	0	20	6	26
Hamilton	0	0	51	51
总计	5	20	57	82

述评

由于我们发现有 6 篇存在争议的文章很可能像 Hamilton 声称的那样是由他撰写的，因此我们的结果与 Mosteller 和 Wallace 的结果[41]并不一致。

10.6 教程：客户细分

在商业营销中经常遇到的一个挑战是识别出在购买习惯方面相似的客户。如果能够识别出不同的客户群组或区隔，企业就可以根据人口统计数据或行为来确定客户的特征。建立他们与特定细分市场的联系要考虑客户体验方面的相关信息及改进。从商务角度看，客户部门的监控活动促进了对客户的理解，并允许对商务实践进行及时修

改和改进。

购物习惯方面相似的一组客户被称为客户区隔，将一组客户划分为多个区隔的过程称为客户细分。

我们回到第 5 章中的百货商场数据集。在那里通过客户细分开展了有关理解购物行为的松散研究。从相关几个变量看，客户区隔之间有明显的区别。

几个客户区隔按照如下所示进行标识：

主要区隔(Primary)：这类会员似乎把连锁超市作为他们购物的主要场所。

次要区隔(Secondary)：这类会员定期在连锁超市购物，但是可能会在其他百货商场购物。

少数派区隔(Light)：这类会员已经加入连锁超市，但很少购物，并且往往只买很少的东西。

极少数派区隔(Niche)：它是 17 个包含相对较少会员的区隔的综合体，这类客户几乎只在一个部门购物，极少数派区隔的例子有农产品、包装食品和奶酪。

不管是会员还是非会员，都会在连锁超市购物。非会员并不会在交易时进行区隔标识。但是，连锁超市在售卖货物给非会员时，会根据它们所预测的客户区隔提供激励和服务。基于这一目标，我们提出以下问题：根据小票，也就是购物清单，我们能否识别出非会员客户最相似的客户区隔[6]？分析目标是根据销售终端的小票，估计非会员客户属于这 20 个客户区隔中的某个区隔的相对可能性。最后一步就是根据最可能的客户区隔对非会员进行标记。

在处理上述预测问题之前，我们先回到已经在《联邦党人文集》分析中遇到过的问题。

10.6.1　加法平滑

并非全部三位作者都用过的非定格词的出现，让《联邦党人文集》的问题更加复杂。某些非定格词并非三位作者使用过，所以至少对于一位作者而言，这类单词出现的频率为 0。对于这类词而言，被一个或多个作者使用的概率估计值为 0。问题就在于此，预测函数会计算单词使用频率的线性组合以及单词使用概率估计值的对数，如果有一个这样的单词出现在文章中，那么不管文章中其余单词的词频分布与作者 A 的词频分布如何相似，对于作者 A 所做的 0 值估计都会排除 A 是该文章的作者的可能性。我们有幸在《联邦党人文集》中忽略了这些零频率的单词，这是因为三位作者共计使用了 1100 多个单词，由于只有三位作者，所以剩下来的常见词足以构建一个准确的预

---

6 如果可以的话，就能为非会员提供与特定客户区隔相关的信息与激励。

测函数。如果有更多作者，那么忽略对于所有作者而言不常见的单词，就可能因为这些词所包含的区分性信息而付出代价。

在客户细分分析中，群组就是客户区隔。市场上有上千种商品可供出售(至少有12 890种)，并且大部分区隔都属于极少数派区隔，极少数派区隔的成员在对商品的选择上非常狭隘，并且有一些极少数派间隔不会购买大宗商品。我们随意舍弃购买频率为0的商品可能对预测函数产生负面影响。

让我们考虑用一种更保守的方法来处理类别(一个单词或一个存储项)，就这些类别而言，有一个或者多个群组完全没有用到观测数据(或者购买)。解决方法是平滑概率估计。我们推荐一种称为加法平滑(也叫做拉普拉斯平滑)的技术。这个方法是在样本比例的分子和分母上同时加一些项，这样如果分子是零，那么估计值就不是零，而是一个很小的正分数。

用d表示群组或者分类的数量，用n表示类别的数量。在《联邦党人文集》分析中，有d=3类文章，每一类都由其中一位作家撰写，有n=1103个类别，这是因为至少有1103个非定格词被三个作家都用到一次。从属于区隔k的客户所购买的商品里抽取商品j的概率是$\pi_{k,j}$，$\pi_{k,j}$的样本比例估计值为：

$$p_{k,j}=\frac{x_{k,j}}{\sum_{i=1}^{n}x_{k,i}}$$

其中，$x_{k,j}$是区隔k中的成员购买商品j的频率，所有商品(用j进行索引)上的$p_{k,j}$之和是1，这是因为每次购买的必然是n个商品中的某个商品。我们发现会员购买的商品中，共有12 890种独一无二的商品，平滑后的$\pi_{k,j}$的估计值是对样本比例进行如下式所示的修正：

$$\hat{\pi}_{k,j}=\frac{x_{k,j}+\alpha}{\sum_{i=1}^{n}x_{k,i}+d\alpha} \tag{10.9}$$

其中，α是平滑参数，常见的选择是α=1，尽管更小的值有时更可取。为了进行说明，假设对于某个区隔和商品有α=1及$x_{k,j}=0$，那么有$\hat{\pi}_{k,j}=1\Big/\left(\sum_{i=1}^{n}x_{k,i}+d\right)$；从另一方面讲，如果区隔$k$中每次购买的都是商品$j$，则有$x_{k,j}=\sum_{i=1}^{n}x_{k,i}$以及$\hat{\pi}_{k,j}=(x_{k,j}+1)/(x_{k,j}+d)$。

10.6.2 数据

回到手头上的数据，现在有两个数据集，一个由会员的购物小票组成，另一个则由非会员的购物小票组成，两组数据均收集于 2015 年 12 月，文件 member_transactions.txt 包含 50 193 个观测数据，每个观测数据最好都能看成购物小票，列是用制表符号分隔的，包含下列信息：

(1) **owner**：连锁超市会员的匿名标识符。

(2) **transaction identifier**：交易(即购物小票)的识别号。

(3) **segment**：会员所属的区隔。

(4) **date**：交易日期。

(5) **hour**：交易时刻。

(6) **item list**：长度可变的所购商品的清单。

表 10.3 显示的是一条不完整的记录，请注意，St.Paul Bagels 在商品列表中出现了两次。

表 10.3　数据文件中的一条不完整的记录，由于总共购买了 40 种商品，所以没有显示完整的购物小票

变量	值
owner	11,144
transactionidentifier	m22
segment	Primary
date	2015-12-30
hour	12
itemlist	Tilapia \t St. PaulBagels(Bagged) \t St.Paul Bagels(Bagged) \t Salmon Atlantic Fillet \t O.Broccoli 10oz CF \t…

第二个文件 nonmember_transactions.txt 包含的是非会员客户的交易信息，除了 owner 和 segment 没有内容之外，非会员数据文件与前一个数据集具有相同的列。

(1) 我们首先导入模块及定义两个数据集的路径：

```
import sys
import numpy as np
from collections import defaultdict

working_dir = '../Data/'
mem_file_name = "member_transactions.txt"
non_mem_file_name = "nonmember_transactions.txt"
```

(2) 初始化包含字典的字典 segmentDict 来存放每个区段的会员所购买的商品，再

初始化两个字典，分别存放每个区隔购买的商品数量以及每种商品购买的次数。

```
segmentDict = defaultdict(lambda: defaultdict(int))
segmentTotals = defaultdict(int) # A count of purchases by segment
itemTotals = defaultdict(int) # A count of purchases by item
```

指令 defaultdict(lambda: defaultdict(int))创建一个包含字典的字典，外层的字典名为 segmentdict；其键是群组——客户区隔，内层字典没有命名，但是这些内层字典的键是商品名称，值则是存储为整数的区隔中每种商品出现的频率。由于这些字典是用 defaultDict 函数创建的字典，所以如果内层字典中还没有商品的话，我们没必要针对每种商品进行测试或创建数据项。同样，将新遇到的区隔传递给 segmentDict 时也会自动创建内层字典(区隔字典)。

(3) 在这个代码片段中读取会员交易数据，其中的代码创建 segmentDict，它是包含每个区隔中每种商品出现频率的字典。还将计算得到每个区隔的总交易量并存放在 segmentTotals 中。总交易量用于估计先验概率，最后，计算每种商品的总量并存放在 itemTotals 中。

```
path = working_dir + mem_file_name
print(path)
with open(path,'r') as f :
    next(f) # skip header
    for record in f :
        record = record.strip().split("\t")
        segment = record[2]
        items = record[5:]
        segmentTotals[segment] += 1

        for item in items :
            item = item.lower()
            itemTotals[item] += 1
            segmentDict[segment][item] += 1
    print(len(segmentDict))
    print(segmentDict.keys())
```

读取每条记录时，会利用.strip()函数删除头尾的空格。

指令 segmentDict[segment][item] += 1 会将 item 在区隔字典中出现的频率进行递增，item 是特定的区隔字典 segmentDict[segment]的键。

(4) 当所有数据都处理完毕后，计算先验概率估计值 $\hat{\pi}_k$ 的自然对数。

```
totalItems = sum([n for n in segmentTotals.values()])
logPriorDict = {seg : np.log(n/totalItems)
                     for seg, n in segmentTotals.items()}
nSegments = len(logPriorDict)
```

计算 logPriorDict 时用到了字典解释技术，区隔用作键，而值是先验概率估计值的自然对数。检查区隔的数量是否是 20。

(5) 下一步是构建预测函数 $f(\boldsymbol{x}_0 \mid D)$，该函数会利用预测向量 $\boldsymbol{x}_0$，$\boldsymbol{x}_0$ 由列出某个客户购买的每种商品的购物小票组成，y_0 的预测值根据后验概率估计值 $\hat{\pi}_{k,j}$ 计算得到，而 $\hat{\pi}_{k,j}$ 又根据 segmentTotals 计算得到。我们还会用到先验概率估计值 $\hat{\pi}_k, k=1,2,\cdots,d$ 。这些估计值的对数值也要传入预测函数。

函数声明为：

```
def predictFunction(x0,segmentTotals,logPriorDict, segmentDict,alpha):
    '''  Predicts segment from x0
        Input: x0: a transaction list to classify
               segmentTotals: the counts of transactions by segment
               logPriorDict: the log-priors for each segment
               segmentDict: transaction by segment by item.
               alpha: the Laplace smoothing parameter.
    '''
```

(6) 继续 predictFunction，接下来的代码片段针对目标 $\boldsymbol{x}_0$ 计算区隔隶属关系后验概率估计值的对数，请回顾一下，对群组(或者区隔)隶属关系的预测由如下所示的函数确定(见式(10.7))。

$$f(\boldsymbol{x}_0|D)=\underset{k}{\operatorname{argmax}}\left\{\log(\hat{\pi}_k)+\sum_{j=1}^{n}x_{0,j}\log(\hat{\pi}_{k,j})\right\}$$

其中，k 是客户区隔的索引，$\hat{\pi}_k$ 是第 k 个区隔隶属关系的先验概率估计值，$\hat{\pi}_{k,j}$ 则是隶属于区隔 k 的客户购买第 j 种商品的概率估计值，$\hat{\pi}_{k,j}$ 的对数值如下(见式(10.9))：

$$\log\left(\hat{\pi}_{k,j}\right)=\log\left(x_{k,j}+\alpha\right)-\log\left(\sum\nolimits_{i=1}^{n}x_{k,i}+d\alpha\right) \tag{10.10}$$

其中，$x_{k,j}$ 是区隔 k 的成员购买第 j 种商品的总次数，估计值 $\hat{\pi}_{k,j}$ 的分母 $\sum\nolimits_{i=1}^{n}x_{k,i}+d\alpha$ 是一个常数——它不依赖于商品(用 j 索引)，所以它可以针对每个区隔(用 k 索引)计算一次。由于预测函数在自然对数尺度上运行，我们计算分母的对数。

请注意，客户经常多次购买相同的商品，这种情况下，你可能认为$\boldsymbol{x}_0$中对应的计数值大于 1，但我们的商品列表有所不同：如果商品被多次扫描，该商品就在列表中多次出现(请参见表 10.3 中购物小票的示例)。

我们用到了嵌套的 for 循环，外层 for 循环遍历区隔，内层 for 循环则遍历交易向量$\boldsymbol{x}_0$中的商品。

```
logProbs = defaultdict(float)
for segment in segmentDict :
    denominator = sum([itemTotals[item] for item in itemTotals])
                     + alpha * nSegments
    logDen = np.log(denominator)
    for item in x0 :
        logProbs[segment]+=np.log(segmentDict[segment][item]+alpha)
                          - logDen
```

因为segmentDict[segment]是defaultdict类型的字典，所以如果segmentDict[segment]中 item 没有相关数据项，它会返回 0 而非 keyError。

即使我们传入预测函数的是 a=0 以及 segmentDict[segment][item]=0，也不会抛出异常。相反，函数 np.log 会返回-inf，从数学上讲就是-∞。实际的效果是没有购买任何商品的区隔不会生成最大的区隔隶属关系概率，这是因为区隔中隶属关系对数后验概率的估计值是-∞。如果数据集中的观察数据的数量很大，则这种策略是合理的，在本例中是 50 192 笔交易。

(7) predictFunction 中的最后一个代码片段确定与最大的后验概率估计值关联的区隔(在对数尺度上)。代码的第一行根据字典 logProbs 创建一个包含两元素列表的列表，Numpy 模块的 argmax 函数用于提取最大元素的索引[7]。

```
lstLogProbs=[[seg,logProb]for seg,logProb in logProbs.items()]
index=np.argmax([logProb for_,logProb in lstLogProbs])
prediction,maxProb=lstLogProbs[index]
return(prediction)
```

计算 index 时利用列表解释技术构建了一个仅包含对数概率估计值的列表，下画线字符_指示 Python 解释器在构建列表时忽略每个数据对的第一个元素。

(8) 现在预测函数已经被编程实现，我们需要验证它能否产生合理的结果。第一

---

7 我们曾在第 10.5 节的第 3 项说明中使用过该函数。

个检查是将该函数应用于会员数据，并确定分配给正确区隔的训练观测数据的比例。我们将重用本教程开头的代码来处理数据文件。当 with open 循环遍历记录并计算预测值时，我们创建一个空列表 outcomes 来存放数据对$(y_i, \hat{y}_i)$。

```
outcomes=[]
alpha=0
with open(working_dir+mem_file_name,'r')as f:
    next(f)#skip headers
    for idx,record in enumerate(f):
        record=record.strip().split("\t")
        segment,item_list=record[2],record[5:]
        x0=[item.lower()for item in item_list]
```

(9) 调用 predictFunction 并通过向列表 outcomes 追加数据来保存结果。

```
prediction=predictFunction(x0,segmentTotals,logPriorDict,
                           segmentDict,alpha)
outcomes.append([segment,prediction])
```

上面的代码片段应该紧接在 item_list 转换成 $\boldsymbol{x}_0$ 的代码之后。

(10) 每 100 条记录计算一次该函数总体准确性的估计值。

```
ifidx%100==0:
    acc=np.mean([int(segment==prediction)
                for segment,prediction in outcomes])
    print(str(idx),acc)
```

通过比较 segment 和 prediction，利用列表解释技术构建包含布尔值的列表。布尔值到整数的转换过程为：如果布尔值为 true，则对应的整数值为 1；如果布尔值为 false，则对应的整数值为 0。二进制向量的均值就是被正确分类的观测数据的比例。我们选择 a=0，得到的准确率的估计值是 0.711。

(11) 非会员数据集包含 23 251 张购物小票，我们将针对每张购物小票计算预测值，并跟踪隶属于 20 个客户区隔中每个区隔的购物小票的数量。

a. 修改输入文件名读取非会员数据集。

b. 修改提取 item_list 以及记录标识符的指令，新的指令应当如下所示：

```
recordID,item_list=record[0],record[3:]
```

c. 在初始化非成员数据文件之前，针对那些值为集合的记录初始化 defaultdict，字典的键是区隔，值则是一组被预测为隶属于某个区隔的记录标识符。

```
segCounts=defaultdict(set)
```

d. 在 predictionFunction 返回 prediction 之后，向字典中添加记录标识符，键是预测的区隔。

```
segCounts[prediction].add(recordID)
```

函数 add 向一个集合中添加记录标识符。

e. 运行脚本，并打印显示 segCounts 的内容，我们得到的结果如表 10.4 所示。

```
for seg in segCounts:
    total+=len(segCounts[seg])
    print("&".join([seg,str(round(len(segCounts[seg])/idx,3))]))
```

表 10.4 针对非会员预测的客户区段，表格中的值是客户区段预测值所占的比例，*N*=23 251 张购物小票被分类到某个区隔中

区段	比例
Primary	0.873
Secondary	0.077
Light	0.0
Niche-juice bar	0.003
Niche-frozen	0.0
Niche-supplements	0.0
Niche-meat	0.001
Niche-bread	0.0
Niche-personal care	0.001
Niche-herbs&spices	0.001
Niche-general merchandise	0.0
Niche-beer&wine	0.0
Niche-packaged grocery	0.014
Niche-produce	0.007
Niche-bulk	0.001
Niche-cheese	0.0
Niche-refrigerated grocery	0.002
Niche-deli	0.02

10.6.3　述评

我们对预测函数得到的结果有些顾虑。首先，准确性估计并不比已确定为主要区隔成员的比例大多少(0.649)，如果将每个会员都分配给主要区隔，那么我们所做的工作并不比一个简单的基准预测函数出色多少。另一个值得关注的问题是，非会员被分配给主要区隔的比例为 0.873，这一比例大大高于主要区隔客户所占的比例(0.649)，这个观察结果引起了另一种忧虑，即预测函数不是无偏的，并且向主要区隔分配了过多购物小票。这个问题很难解决，而且在这种情况下，非会员可能倾向于购买与主要区隔客户中意的商品类似的商品，预测函数未必有偏。

10.7　练习

10.7.1　概念练习

10.1　样本比例在没有证明多项式预测函数成立的情况下，用作隶属关系的条件概率 $\pi_{i,k}$ 的估计量，其中 k=1, 2, …, d, i=1, …, n，应该证明样本比例是很好的估计量，我们可以确定一个估计向量：

$$\hat{\pi}_k = \left[\hat{\pi}_{k,1} \cdots \hat{\pi}_{k,n}\right]^{\mathrm{T}} \tag{10.11}$$

来最大化获取观测向量 $\boldsymbol{x} = [x_1 \cdots x_n]^{\mathrm{T}}$ 的概率。从让估计量尽可能与数据保持一致的角度看，$\hat{\pi}_k$ 是最佳的，所以我们选择采用 $\hat{\pi}_k$ 而不是其他估计量。确定 π_k 的估计量的方法是：通过一个 $\pi_k = \left[\pi_{k,1} \cdots \pi_{k,n}\right]^{\mathrm{T}}$ 的函数最大化获取 $\boldsymbol{x}$ 的概率(式(10.3))。为简便起见，你可以去掉下标 k。

10.2　考虑双字问题以及基于 x=[25　27]^{T} 进行作者身份预测(式(10.2))。假定 $\pi_{1,1}$=0.5、$\pi_{2,1}$=0.3 以及 $\pi_{3,1}$=0.4。

a. 针对 A_1、A_2 和 A_3 计算 $\Pr(\boldsymbol{x}_0 \mid y_0 = A_1)$，并确定预测量：

$$\hat{y}_0 = \operatorname{argmax}\{\Pr(\boldsymbol{x}_0 \mid y_0 = A_1),\quad \Pr(\boldsymbol{x}_0|y_0=A_2), \Pr(\boldsymbol{x}_0|y_0=A_3)\}$$

b. 假定先验概率为：π_1=0.8、π_2=π_3=0.1，针对 A_1、A_2 和 A_3 计算后验概率，确定预测量 $\hat{y}_0$。

c. 回到多项式朴素贝叶斯预测问题以及第 10.5 节的教程。算法将先验概率估计设为每个作者无可争议的文章的相对频率。或许这不是最佳方案——任何一名作者一年内撰写的文章数量都是有限的。重新利用非信息先验计算(第 10.3.1 节)，结果有差别吗？

10.7.2 计算练习

10.3 沃尔玛曾经赞助过一届 Kaggle 竞赛，目的是预测购物类型(https://www.kaggle.com/c/walmart-recruiting-trip-type-classification)。这个问题要求参赛者将顾客购买的一组放在购物篮中的商品进行分类。这个分类系统由 38 个类别或类型组成，类别标签被称为购物类型。沃尔玛没有提供有关类别特征的任何信息，这样做大概是为了保护商业利益。

他们提供了一个训练集，这个训练集中包含来自 95 674 次购物中所购买的 647 053 件商品，这个练习包括使用一个分类变量，即每件所购商品所属部门的描述来预测购物类型。共计有 69 个部门，顾客的购物在这些部门中展开。在分析中要回答的问题是：从部门中能抽取多少有关购物类型的信息？

有关该问题的更多信息可从 Kaggle 获取，下面给出一些回答上述问题的指导意见：

a. 从 Kaggle 获取数据文件，第一条记录包含变量名称。

b. 第一段代码应当将每条购物记录映射与光顾商场进行映射。最好构建一个字典，字典的键是光顾的编号(第 2 列)，值是一个列表，这个列表包含所购商品隶属的部门。例如，下面是源自第 9 号光顾的 3 条购物记录：

```
8,9,"Friday",1070080727,1,"IMPULSE MERCHANDISE",115
8,9,"Friday",3107,1,"PRODUCE",103
8,9,"Friday",4011,1,"PRODUCE",5501
```

购物类型是 8，第一个购物的部门是“即兴购买(IMPULSE MERCHANDISE)”[8]，第 9 号光顾的字典项是：

```
[3, ['IMPULSE MERCHANDISE', 'PRODUCE', 'PRODUCE']]
```

在我们的字典中购物类型是 3，不像在数据文件中那样是 8，这是因为我们已经使用整数 0, 1, …, 37 重新对购物类型赋予了标签。

遍历数据文件，通过综合一次购物中的所有购买行为构建光顾字典。将购物类型重新标记为连续整数 0, 1, …, 37 是一个不错的主意。如果你重新标记购物类型，就需要创建一个字典，这个字典的键是沃尔玛购物类型编码，值是整数值标签。你可以在

8 通用产品码 1070080727 是一个条形码符号，专门用于标识商品。

脚本遍历数据文件时创建上述两个字典。

c. 创建一个字典 dataDict，在这个字典中键是光顾商场的编号，值是一个长度为 p=69 的列表，包含从每个部门购买商品的数量。这个列表与预测向量 $\boldsymbol{x}_1,\cdots,\boldsymbol{x}_n, n=95\,674$ 相对应。要构建 dataDict，就要注意到其键与光顾商场字典的键相同，遍历键值，并针对光顾商场字典的每个数据项，对从每个部门所购的商品进行计数，并将计数值存入一个列表，将列表存为与键关联的值。你可以利用 count 函数记下列表 $\boldsymbol{x}$ 中特定部门 d 出现的次数：

```
counts = [0]*p # p is the number of departments.
for i,d in enumerate(depts):
    counts[i] += x.count(d)
```

变量 depts 就是在某次光顾商场的过程中购买了商品的部门的列表，存储技术列表，并将购物类型存为与光顾商场关联的值。

d. 可用同样的代码结构构建每种购物类型的频率分布(与 count 列表类似)，差别在于字典的键是购物类型。

e. 针对每次购物构建一个包含每个部门出现的对数相对频率($\hat{\pi}_{i,k}$，其中 k 是购物的索引，i 是部门的索引)。此外，还要计算对数先验概率 $\log(\hat{\pi}_k)$。

f. 计算多项式朴素贝叶斯预测函数准确性的估计值。遍历 dataDict 并提取每个测试向量。按照式(10.7)计算对数概率之和，并确定最相似的购物类型：

```
yhat=np.argmax(postProbList)
```

其中，列表 postProbList 包含每种购物类型的概率之和。

g. 当遍历 dataDict 时，以表格形式在混淆矩阵中列出预测结果。混淆矩阵可能是根据如下代码进行初始化的 Numpy 数组：

```
confusionMatrix=np.zeros(shape=(nTrips,nTrips))
```

如果相关的光临已经被标记为购物类型 y_0，就对混淆矩阵中第 y_0 行第 yhat 列的数据项进行递增操作(将购物类型重新标记为 0 到 g-1 的整数会使得构造混淆矩阵变得容易一些)。在遍历时，计算并打印显示总体准确性的估计值：

```
acc=sum(np.diag(confusionMatrix))/sum(sum(confusionMatrix))
```

h. 汇报总体准确性的估计值以及混淆矩阵。

10.4　数据文件 member_transactions.txt 足够大，我们可以为了评估规则将其分成训练集和测试集。随机将其中的数据分为包含 80%观测数据的训练集以及包含剩余观测数据的测试集。生成一个混淆矩阵，比较实际段和预测段，计算准确率估计值$\hat{\alpha}$。

10.5　数据文件 member_transactions.txt 包含与每次交易相关联的日期与时刻，构建一个列联表，以表格形式按照周和小时列出每日主要区隔的交易量，以表格形式按照周和小时列出其他合并区隔的交易量。Python 的 datetime 模块有一个函数，可以将日期转换为星期几，利用该模块中的 weekday 函数确定究竟是星期几。利用指令 from datetime import datetime 导入该模块。datetime.weekday()函数将周一标记为 0，将周二标记为 1，其他情况以此类推。当两个区隔的成员在购物时，差别明显吗？使用星期几以及几点进行预测的内涵是什么？

第11章
预　　报

摘要：本章介绍与预报相关的时间序列机器基本算法，我们采用一种实用的一阶方法，旨在获取对预报有用的时间序列的主要属性。提出了两种预报方法：Holt-Winters指数预报法以及时变系数线性回归法。前两个教程使用美国消费者金融保护局收到的投诉，借此指导读者处理带有时间属性的数据以及计算自相关系数。接下来的教程则通过经济和股价序列指导用户进行预报。

11.1　引言

医疗保险公司每年都会为他们的客户设定保费，这样理赔和保费就有竞争力了。准确预报未来的成本对企业的竞争力和盈利能力至关重要。用于预报医疗保险成本的信息来源多种多样，但最重要的是索赔数额和成本、保险客户数量和机构运行成本。所有这些变量都受时间趋势的影响，并且都应被预报以便预计下一年度的成本。预报在其他领域也很重要，例如公共卫生、商业和气候学等领域。因此，预报是数据科学家的一项基本技能。用于预报的数据分析算法与那些用于预报分析的更一般算法并没有太大不同。然而，如果想要从事预报工作，就必须理解和利用与时间相关的预报的有关知识。

“预报”(forecasting)这个术语指的是预先推测未来将会实现或被观测到的结果，而“预测”(prediction)则是一个更通用的术语，用于推测可能存在时间因素的未被观测到的值。广义上讲，预报函数是通过估计未来某个时刻的某个过程的平均水平构造的。由于估计的平均水平成为预报值，所以中心目标是估计未来某一时刻感兴趣的随机变量的期望值或均值。在这个讨论中，未来时刻是n，所以估计的平均水平$\hat{\mu}_{n+\tau}$是未来τ时刻的预报值。

由于生成数据的过程带有时间属性，所以我们感兴趣的数据通常被称为时间序列。因此，数据是按时间顺序生成和观测的，时间顺序被认为对理解过程和预报是有用的。流数据是实时观测到的时间序列数据，其目的通常是在新的观测到达时计算预报——也是实时的[1]。

从时间序列数据中提取信息的有效算法应该利用时间顺序，但只有在时间上接近的观测不是独立(而是自相关)的情况下。才能有效利用时间顺序。如果存在自相关情形，那么最新观测到数据对于预报的用处最大，预报函数应当更注重较近的观测数据，而不是更远的过去的时间点观测到的数据。

本章中的讨论假设生成数据流的过程处于漂移状态，如果平均水平(可能还有方差)不是常数而是变化的，并且主要是向较大或较小的值变化，过程就处于漂移状态，趋势的方向和变化速度也可能随时间而变化。图11.1提供了一个示例，在该图中，以与抵押贷款有关并被美国消费者金融保护局记录在案的消费者投诉数量和收到投诉的日期为坐标绘制图形，与周末相比，工作日收到的投诉更多，周末的统计数据在一段时间内几乎没有什么变化趋势，但工作日的统计数据在年底前出现了几次峰值和一些下降趋势。由于工作日投诉数量的趋势随时间而变化，因此时刻n的趋势必须由距离n不太久远的数据来估计，以反映当前的过程。

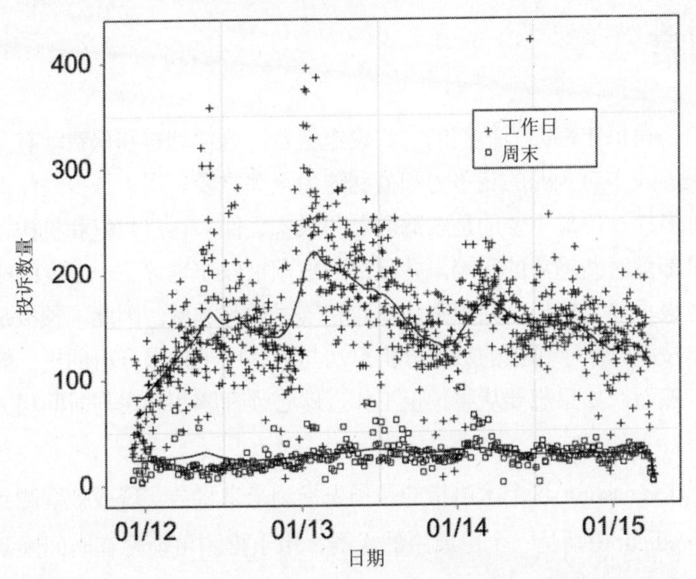

图11.1 与抵押贷款有关的投诉以及收到投诉的日期，这些投诉都已被美国消费者金融保护局记录在案

1 第12章将讨论处理流数据中相关的计算方面的知识。

工作日投诉趋势的可视化证据表明，过去的观测结果可预报未来的观测结果，而且数据是自相关的。“序列相关”这个术语与“自相关”可互换使用，但它更切题，因为自相关可能有其他来源(如空间邻近性)。无论如何，声称这些数据是独立的是站不住脚的，如果为了预报的目的把这些数据当作貌似独立的一样进行数据分析，是一种愚蠢的做法。

如果数据序列中出现了某种趋势，那么所有观测数据的均值并不能很好地说明生成序列的过程中发生了什么。如果目标是在数据以流的形式到达时预报未来的值，那么明智的方法是通过并入最近的观测数据来更新之前做出的预报值。当一个新的观测数据被纳入后，那么之前的每一个观测数据的重要性就会在一定程度上降低。最近的观测数据以过去的观测数据为代价主宰预报的程度应与趋势的变化率相关。如果过程变化缓慢，那么旧的观测数据比过程变化迅速时更有用。

11.2　教程：处理时间

在进一步探讨预报的统计学方面的知识之前，我们先解决一个计算问题。通过仪器或自动数据日志记录创建的许多数据集都包含时间戳，这些时间戳必须从字符串(如“Feb042015”或“2015:02:04:23:34:12”)转换为数字表示。出于分析目的，构造一个按时间顺序排序的变量(如从 2000 年 12 月 31 日晚上 12 点起经过的天数或小时数)可以提高效率，Python 模块 time、datetime 和 calendar 等对这项任务非常有用。但是，如果数据是非标准的或包含错误，那么有时更好的方式是对转换进行更进一步的控制。我们在本教程中将采用自己动手的方式。

读者将通过调查向美国消费者金融保护局提交的投诉数量的趋势和自相关情况来处理时间变量[2]，这些数据包括消费者金融保护局从个人那里收到的投诉记录，记录了一组非常丰富的属性。具体而言，投诉被分为与特定产品或服务相关的类别，如抵押贷款、信用报告和信用卡。图 11.1 就是使用来自该数据源的数据构建的。虽然消费者金融保护局的数据是研究企业向消费者提供的服务质量的优秀公共资源，但它与我们调查趋势和估计自相关的目的并不完全适合，因此，我们必须重新构造数据。

由于我们对分析随时间变化的计数值感兴趣，因此我们将每条投诉映射为收到投诉的日期。这种映射会生成一个字典，字典的键是日期(用字符串表示)，值则是包含三个数据项的列表：按时间先后排序的整数形式的日期(如1, 2, ⋯)、标识该日期是工作日还是周末的标签以及当天提交的投诉数量。

字典将被写入另一个文件，并用作计算自相关系数教程的数据源。在写入文件时，

2　我们曾在第 6.5 节使用过这些数据。

将按时间顺序排列日期，以便绘制和计算自相关系数。因此，当前的任务是计算每天的投诉数量，将每天标注为周末或者工作日，并按照时间先后进行排序。

(1) 转到 https://catalog.data.gov/dataset/consumer-complaint-database，获取数据文件 Consumer_Complaints.csv。

(2) 创建一个空字典，该字典包含文件中每日投诉的数量。字典的键是格式为月/日/年的字符串，值是三个元素组成的列表，这个列表包含收到投诉的日期与 2009 年 12 月 31 日之间经历的天数、标识当日是工作日还是周末的标签以及当日收到的投诉数量。

(3) 在处理数据集前，调用 readline()函数读取数据文件的第一行，并检查列的位置以及变量名称：

```
path='../Consumer_Complaints.csv'
with open(path,encoding="utf-8")as f:
    variables=f.readline()
    for i,v in enumerate(variables.split(',')):
        print(i,v)
```

变量 Product 标识产品或服务，变量 Data received 包含的是消费者金融保护局收到投诉的日期，有一点要清楚，如果消费者金融保护局重新构建数据文件，那么这些变量的列标识可能会发生改变。

(4) 处理数据文件的每一行，但是仅保存某个特定类型的投诉(信用报告)。日期的格式是月/日/年，其中月和日都用 2 个字符表示，年用 4 个字符表示。根据所选择的产品或服务的数据项提取出日、月、年。

```
for record in f:
    line=record.split(',')
    ifline[1]=='Creditreporting':
        received=line[0]
        month=int(received[0:2])
        day=int(received[3:5])
        year=int(received[6:10])
```

有些产品可能会缺失产品数据项，因此最好使用异常处理程序，异常处理程序按照如下形式将代码包围起来：

```
try:
    if line[1]=='Credit reporting':
        ...
```

```
        n+=1
except:
    pass
```

变量n会对有效记录的数量进行计数，在for循环之前初始化n。

(5) 记下收到投诉的时间与2009年12月31日之间的过去的天数，首先定义一个列表daysPerMonth，列表中的内容是从1月到11月中每个月的天数。

```
daysPerMonth=[31,28,31,30,31,30,31,31,30,31,30]
```

如果碰上闰年，就要在2月份加上一天。我们会利用条件语句在代码中对闰年进行处理。在for循环之前定义daysPerMonth。

(6) 按照如后所述的方式计算2009年12月31日与收到投诉那一天之间过去的天数。对自当前月份开始过去的年、月和天数进行求和。我们需要从年初到本月之前几个月的天数，调用函数sum(daysPerMonth[:month-1])按照如下所示的方式进行求和计算：

$$\text{sum}\left(\text{daysPerMonth}\left[:\text{month-1}\right]\right)=\begin{cases}0 & ,\text{month=1}\\ 31 & ,\text{month=2}\\ \vdots & \vdots\\ 344 & ,\text{month=12}\end{cases} \tag{11.1}$$

使用以下代码计算过去的总天数。

```
elapsedDay=(year-2010)*365+sum(daysPerMonth[:month-1])+day\
        +int(year==2014 and month>=3)+int(year>2014)
```

我们考虑到了闰年的情况，处理的方式是如果投诉是在2014年1月的最后一天之后收到的，就在过去的天数中加上一天。如有必要，int(year == 2014 and month >= 3) + int(year > 2014)会在天数计数中加上一天。最近的闰日出现在2014年，下一个闰日则会在2018年出现，如果当前日期晚于2018年3月1日，则要对该语句进行适当修改。

要将上述语句进行缩进，使其只在产品与所选中的产品类型匹配时执行。

(7) 调用datetime模块中的weekday函数标注一周中的某一日，利用脚本开头的from datetime import datetime指令导入该模块。

datetime模块的weekday()函数将周一标注为0，周二标注为1，其他情况以此类推。计算某天是周几，并将其存入变量dOfWeek。

```
dOfWeek=datetime.strptime(received,'%m/%d/%Y').weekday()
```

函数调用datetime.strptime(received, '%m/%d/%Y')将received转换成datetime对象，

根据该对象可以计算某天是周几。

(8) 将整数形式的一周中的某日转换成标识工作日和周末的标签：

$$\text{label}=\begin{cases}\text{'Weekend'} & ,\text{dOfWeek}\in\{5,6\}\\ \text{'Weekday'} & ,\text{dOfWeek}\notin\{5,6\}\end{cases}$$

(9) 如果收到的日期不在字典 dataDict 中，就要创建一个数据项，否则将在该日期收到的投诉数量加 1：

```
if dataDict.get(received)is None:
    dataDict[received]=[elapsedDay,label,1]
else:
    dataDict[received][2]+=1
```

(10) 在脚本开头导入模块 operator，当所有记录都被处理之后，根据过去的天数对字典进行排序，将排序后的字典存为一个列表。

```
lst=sorted(dataDict.items(),key=operator.itemgetter(1))
```

参数 dataDict.items()让 sorted 函数将字典的键和值返回为一个二元组，元组中的每个数据项都包含一个键和一个值，例如('12/31/2014', [1826, 'Weekday', 78])。参数 key 指定用于排序的变量，这个变量有时被称为排序关键字(不要和字典的键弄混了)。由于我们必须按照自 2009 年 12 月 31 日以来的天数排序，所以它是 value 中的第 0 个参数。如果字典是根据投诉的数量排序的，那么指令就是：

```
sorted(dataDict.items(),key=lambda item:item[1][2])
```

(11) 我们将在下一个教程中使用这些数据，所以通过创建包含 lst 的二进制文件来保存列表，之后可将该文件载回内存。

```
Import pickle
path='../Data/lst.pkl'
with open(path,'wb')asf:
   pickle.dump(lst,f)
```

我们曾在第 8 章第 8.4 节的第 12 项说明中用过 pickle 模块。

(12) 检查 pickle 模块操作已经成功保存数据。

```
with open(path,'rb')asf:
    lst=pickle.load(f)
print(lst)
```

(13) 以投诉数量和过去的天数为坐标绘制图形：

```
import matplotlib.pyplot as plt
day=[value[0]for_,value in lst]
y=[value[2]for_,value in lst]
plt.plot(day,y)
```

(14) 绘制从500天开始到1000天结束的子序列。

```
indices=np.arange(500,1001)
plt.plot([day[i]for i in indices],[y[i]for i in indices])
```

现在我们转到分析方法上来。

11.3 分析方法

11.3.1 符号

我们将考虑单变量数据，并将观测数据表示为n个值的有序排列：

$$D_n=(y_1,y_2,\cdots,y_t,\cdots,y_n)$$

其中，y_t是随机变量Y_t的一个实现。索引系统按照时间先后对观测数据进行排序，使得对于$0<t\leqslant n$，y_t是在y_{t-1}之后观测到的。我们不假定观测数据到达的时间间隔是恒定不变的，因此索引t按照时间先后对数据排序，但是它并不等同于时钟时间，而是表示时间步长。

如果是在数据到达的同时进行预报，那么这种数据就被称为流数据，相应的分析方法通常被称为实时分析。

11.3.2 均值和方差的估计

如果流数据是由一个被认为是静止的进程生成的(因此不是漂移的)，那么所有的观测数据都应被用于估计μ和σ^2以及其他描述过程的相关参数。流数据带来的唯一问题是数据存储，存储大量的观测数据既不实际也无必要，这是因为可在数据到达时更新关联统计量。例如，我们曾在第3.4节中讨论过用于估计均值和方差的关联统计量。我们为关联统计量中的元素添加下标n，并将它们写作：

$$
\begin{aligned}
\mathbf{s}(D_n) &= (s_{1,n}, s_{2,n}, s_{3.n}) \\
&= \left(\sum\nolimits_{t=1}^{n} y_t, \sum\nolimits_{t=1}^{n} y_t^2, n\right)
\end{aligned}
\tag{11.2}
$$

在n时刻，μ和σ^2的估计即是$\mathbf{s}(D_n)$的函数，函数形式如下所示：

$$
\begin{aligned}
\hat{\mu}_n &= s_{1,n} / s_{3,n} \\
\hat{\sigma}_n^2 &= s_{2,n} / s_{3,n} - (s_{1,n} / s_{3,n})^2
\end{aligned}
\tag{11.3}
$$

在n时刻，计算$\hat{\mu}_n$和$\hat{\sigma}_n^2$的算法会通过下列计算更新$\mathbf{s}(D_{n-1})$：

$$
\begin{aligned}
s_{1,n} &\leftarrow s_{1,n-1} + y_n \\
s_{2,n} &\leftarrow s_{2,n-1} + y_n^2 \\
s_{3,n} &\leftarrow s_{3,n-1} + 1
\end{aligned}
$$

上面的计算完成之后，就可以利用式(11.3)计算$\hat{\mu}_n$和$\hat{\sigma}_n^2$。

如果确信平均水平并非常数而是处于漂移状态，就有必要采用另一种方法。由于对于当前水平而言，较早的观测数据携带的信息较少，所以在预报平均水平时，较早的数据应该被忽略或者被赋予较低的权重。在出现漂移的情况下，“移动窗口法”是预报均值的一种基本方法，移动窗口就是一个集合，该集合由最近观测到的m个数据组成。移动窗口随着每个新的观测数据而变化，就像你从行驶中车辆的窗口看向一个固定的方向一样。当一个新观测数据到达时，它将取代集合中最陈旧的观测数据。因此，移动窗口中包含的观测数据的数量是一个常数。根据移动窗口计算得到的μ_n的估计值被称为简单移动平均[3]，μ_n的移动平均估计值为：

$$
\hat{\mu}_n^{\mathrm{MA}} = m^{-1} \sum_{t=n-m+1}^{n} y_t
$$

移动窗口法有一些局限性。如果m过小，它就对随机偏差比较敏感，作为一个预报工具，就会变得不精确。如果m过大，那么均值的变化可能无法察觉，直到很多不必要的时间过去才会被发现。此外，m个观测数据的简单平均对每个观测数据一视同仁，而不是为最近的观测数据赋予最大的权重。我们的讨论前提是y_t的信息量随着n的增加而有规律地递减，所以只有两个权值($1/m$或0)的系统太粗糙了。

3 第9章的练习9.5要求读者编程实现移动平均。

11.3.3　指数预报

可能要用到完整的观测数据集合 $y_1,\cdots,y_n$ 并为每个观测数据赋予一个权重，权重取决于该观测数据被观测到的时刻。为达到这个目的，我们可以利用第 9 章中的 k 近邻预报函数的权重值。$\mathrm{E}\left(Y_n \mid y_1,\cdots,y_n\right)=\mu_n$ 的指数加权平均估计为：

$$\hat{\mu}_n=\sum_{t=1}^{n} w_t y_t \tag{11.4}$$

其中，0≤w_t≤1，并且$1=\sum_{t=1}^{n} w_t$ [27]。权重值根据下式定义：

$$w_t=\alpha(1-\alpha)^{n-t}, \quad t \in\{1,2,\cdots,n\}$$

由于$0<\alpha<1$，所以当t 从 1 增加到n 时，权重也会增加到 α。经缩放处理后的权重是$v_t=w_t \Big/ \sum_{t=1}^{n} w_t, t=1,\cdots,n$。

α 的不同选择对权重造成的影响如图 11.2 所示。α 的值如果超过 0.25，由于此时权重会随着t 从n 减少到 0 迅速减少，所以这种情况下得到的估计值反映的是最近的若干观测数据的行为；反之，如果 α 的值小于 0.05，那么此时得到的估计值反应的是数量更多、时间上也更早的一些观测数据的行为。

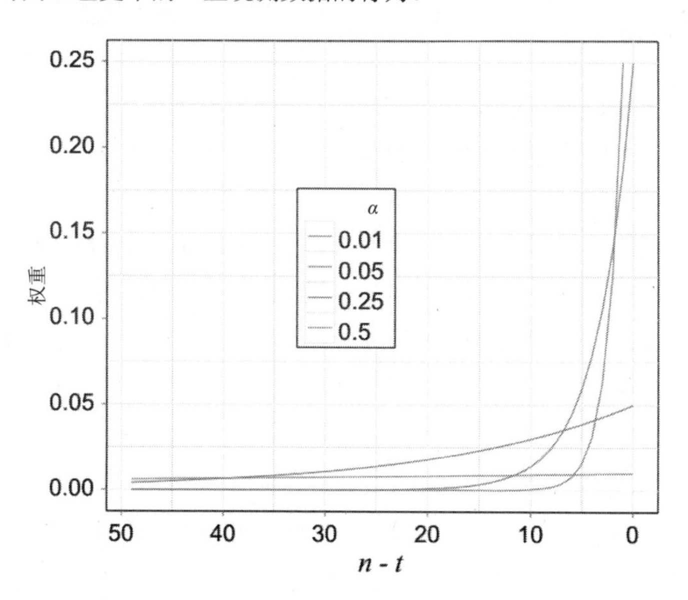

图 11.2　以指数权重 w_{n-t} 和 n-t 为坐标绘制的图形，其中 n 是当前时刻，t 是之前的某时刻

如果在式(11.4)中用$\alpha\left(1-\alpha\right)^{n-t}$替换$w_t$,那么很容易就能推导出$\hat{\mu}_n$是前一时刻的估计值$\hat{\mu}_{n-1}$与最近一次的观测数据$y_n$的线性组合，具体而言就是：

$$\hat{\mu}_n=\left(1-\alpha\right)\hat{\mu}_{n-1}+\alpha y_n \tag{11.5}$$

练习 11.1 要求读者验证式(11.5)。显然，最近的观测数据的权重是α，而那些更早的观测数据的权重共为 1-α，因此式(11.5)为选择α提供了一些指导性意见。通过研究自相关，可获得对选择α的更深入理解，自相关是下一节的主题。式(11.5)也显示了通过更新前一时刻的估计值$\hat{\mu}_{n-1}$，就能简单快速地计算出$\hat{\mu}_n$，因此，没必要存储过去的观测数据。

指数加权平均预报器有时用于可视化地展示序列中的漂移,如果对预报没有兴趣,那么在时刻t之前和之后观测到的数据值都会用于计算指数均值$\hat{\mu}_t$，这个过程可用指数平滑描述。

诸如式(11.5)的更新公式对于流数据是有用的，因为计算$\hat{\mu}_n$的工作量微不足道。指数加权均值$\hat{\mu}_n$可用于预报未来值$Y_{n+\tau}$，其中τ是从时刻n开始向前推进的时间步数。我们将利用式(11.5)进行的预报称为指数预报，我们将在第 11.6 节详细讨论这个话题。

11.3.4 自相关

从时间序列数据中提取信息的有效算法利用了时间相近的观测值趋于相似或序列相关的趋势。这些观测的统计项是相互依赖的，指数加权平均就是利用序列相关性的一个例子。

从时间序列数据中提取信息的有效算法利用了时间相近的观测值趋于相似或序列相关的趋势。这些观测的统计项是依赖的，指数加权平均就是利用序列相关性的一个例子。然而，如果观测数据之间相互依赖，那么使用指数预报就没有任何好处，相反，由于估计值中缺失(或近似缺失)早期的观测数据，因此会带来精度上的损失。所以最好能对序列内的相关性程度进行评估。自相关和序列相关这两个术语用于描述观测数据有序排列$\left(y_1,\cdots,y_n\right)$中的序列内相关性。在第 6.8.3 节中，我们曾采用样本自相关系数来评估线性回归残差排列中的序列相关性。此处的讨论会详细介绍序列相关和自相关系数的概念。

自相关是用一组过程或总体参数$\rho_0,\rho_1,\cdots,\rho_r$来量化的，其中$r$是正整数。由于参数$\rho_\tau$度量的是一组观测数据与比其晚$\tau$时刻出现的另一组观测数据之间的线性相关度，所以它被称为τ延迟自相关系数，ρ_τ的定义是：

$$\rho_\tau = \frac{\mathrm{E}\left[\left(Y_t-\mu\right)\left(Y_{t-\tau}-\mu\right)\right]}{\sigma^2} \tag{11.6}$$

其中，$\sigma^2=\mathrm{E}\left[\left(Y_t-\mu\right)^2\right]$是$Y_t$的方差[27]。因为只有一个总体均值$\mu$和一个总体方差$\sigma^2$，而非有一系列均值(即$\mu_1,\mu_2,\ldots,$)和方差，所以式(11.6)假设过程是静态的，请注意，式(11.6)意味着$\rho_0=1$。

τ延迟自相关系数的估计值是：

$$\hat{\rho}_\tau = \frac{\sum_{t=1}^{n-\tau}\left(y_t-\hat{\mu}\right)\left(y_{t+\tau}-\hat{\mu}\right)}{\left(n-\tau\right)\sigma^2} \tag{11.7}$$

如果过程的平均水平和方差是常数值(所以不在漂移状态)，那么式(11.7)就为ρ_τ提供了很好的估计。估计值$\hat{\rho}_\tau$是根据$n-\tau$时刻的若干数据对(如下所示)计算得到的Pearson相关系数：

$$\left\{\left(y_1,y_{\tau+1}\right),\left(y_2,y_{\tau+2}\right),\cdots,\left(y_{n-\tau},y_n\right)\right\} \tag{11.8}$$

大多数情况下都很大的一组估计值$\{\hat{\rho}_1,\hat{\rho}_2,\cdots,\hat{\rho}_\tau\}$意味着这个过程是可预报的，因为只要未来值在时间上没有晚于最近观测值太多，那么最近的观测值的大小与未来的值相似。受漂移影响的过程会表现出自相关，因为当y_t大于(或小于)μ太多时，在时间上接近的观测数据同样可能大于(或小于)均值，并且与随机选择的观测数据相比，时间上接近的观测数据之间更相似。通常，自相关系数是正的，并将随着τ的增大而逐步减小到0。

图11.3显示了根据美国消费者金融保护局收到的有关抵押贷款的投诉数量计算得到的两组自相关系数。请注意，根据工作日和周末投诉数量计算出的自相关系数都显示了实实在在的、持久的自相关。连续的周末要么相隔1天，例如周日接着周六，要么相隔6天，即周日之后是下一个周末的周六[4]。请注意，在工作日序列中，较大的$\hat{\rho}$值与滞后5、10、15和20个时间步长相关，这意味着与一周的不同日子相比，在一周的固定某一天(例如周一)所观测到的投诉数量更相似，因此，我们的结论是，收到投诉的数量取决于当天是周几。

4 这是一个时间步长的长度明显不同的时间序列的示例。

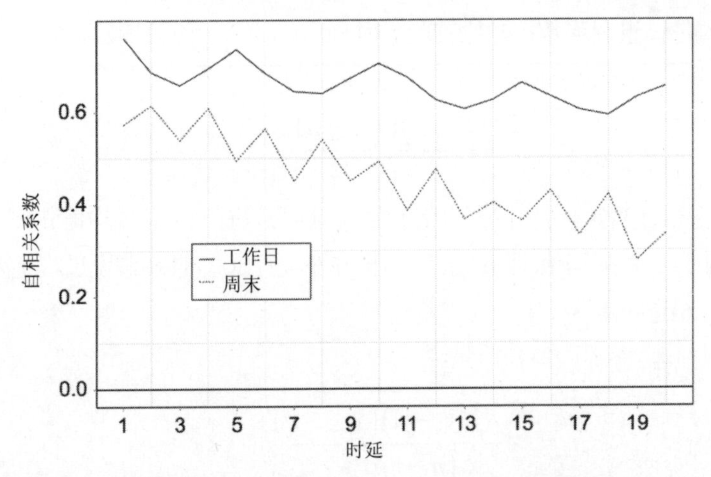

图 11.3 针对时延 1,2,…,20 的自相关系数的估计值，目标变量是美国消费者金融保护局收到的消费者抵押贷款投诉数量，按照工作日和周末进行分组

11.4 教程：计算 $\hat{\rho}_\tau$

第 11.2 节的教程指导读者对客户投诉数据文件进行了约简，以及创建了一个 Python 列表，在这个列表中，每一项都由某一天记录的数据组成，并且这个列表是按照时间先后排序的。列表项包括日期、日期与 2009 年 12 月 31 日之间过去的天数以及该日收到的投诉数量。本教程的任务是针对工作日数据以及周末数据分别估计自相关系数 $\hat{\rho}_1, \hat{\rho}_2, \cdots, \hat{\rho}_{20}$，然后以自相关系数和对应的延迟时间为坐标绘图，绘制的图形与图 11.3 类似。

计算 τ 延迟自相关系数需要方差估计值 $\hat{\sigma}^2$，而计算 $\hat{\sigma}^2$ 又需要样本均值 $\hat{\mu}$，这些数据项都可以根据式(11.2)计算得到，第 11.3.2 节提供了相关指南。除了 $\hat{\sigma}^2$ 之外，计算 $\hat{\rho}_\tau$ 还需要如下式所示的求和操作：

$$C_n = \sum_{t=\tau+1}^{n} \left(y_t - \hat{\mu}\right)\left(y_{t-\tau} - \hat{\mu}\right) = \sum_{t=\tau+1}^{n} c_t \tag{11.9}$$

$$c_t = \left(y_t - \hat{\mu}\right)\left(y_{t-\tau} - \hat{\mu}\right)$$

被称为向量叉积。

假设 C_n 是针对从 $t = \tau + 1$ 开始、到 $t = n$ 结束的连续时间步长计算得到的[5]。在时

5 如果数据是以流的形式到达的，就会执行这样的计算。

刻t，C_{t-1}可用，C_{t-1}已经从过去的时间计算得到。我们需要计算$C_t = C_{t-1} + c_t$。计算t时刻的c_t需要过去的观测数据$y_{t-\tau}$。因此，有必要存储部分数据值。对于本数据集而言，存储所有数据都没有问题，但是如果计算是在数据以流的形式高速到达时进行的，我们可能就不能存储所有观测数据。解决方案是维护一个集合(准确地说是一个 Python 列表)，这个集合中包含必要的过去的观测数据。在时刻t，存放在该集合中的过去的观测数据为$P_t = \{y_{t-\tau}, y_{t-\tau+1}, \cdots, y_{t-1}\}$。当要处理$y_t$时，我们就从$P_t$中提取$y_{t-\tau}$并计算$c_t$，然后更新$C_t = C_{t-1} + c_t$，接下来用$y_t$替换$P_t$中的$y_{t-\tau}$，因此就相当于创建了$P_{t+1}$，而$t$则向前推进为$t+1$。

表 11.1 显示了过去值存储列表的内容以及$y_{t-\tau}$随着t的推进在列表中的位置。求模函数为在由τ个观测数据组成的列表中提取和替换最早的值提供了一种简单的方法。在t时刻通过用y_t替换$t \bmod \tau$处的$y_{t-\tau}$。例如，假设t=10、$\tau = 5$，那么 10 mod 5 = 0，y_5被存放在位置 0 处，我们提取该值并用y_{10}替换它。在下一步，由于 11 mod 5 = 1，所以从位置 1 提取y_6，最后将y_{11}存放在位置 1 处。我们继续向前推进，直到在t=15 遍历完列表的 5 个位置为止。此时我们又回到循环的起点，再次从位置 0 提取y_{10}。

表 11.1 $\tau = 5$时t、t+1 以及t+4 时刻的过去值的内容，此时t是τ的倍数(即t对τ求余的结果是 0)。方框中的数值$y_{t-\tau+i}$用于计算向量叉积。在迭代开始以及列表结束更新后显示列表内容，请注意，被替换的值的位置是$(t+i) \bmod \tau, i \in \{0,1,2,3,4\}$

			位置				
i	时间	步长	0	1	2	3	4
0	t	开始	[y_{t-5}]	y_{t-4}	y_{t-3}	y_{t-2}	y_{t-1}
	t	结束	y_t	y_{t-4}	y_{t-3}	y_{t-2}	y_{t-1}
1	t+1	开始	y_t	[y_{t-4}]	y_{t-3}	y_{t-2}	y_{t-1}
	t+1	结束	y_t	y_{t-1}	y_{t-3}	y_{t-2}	y_{t-1}
	...	...	...	...	...	...	...
4		开始	y_t	y_{t-1}	y_{t+2}	y_{t+3}	[y_{t-1}]
		结束	y_t	y_{t-1}	y_{t+2}	y_{t+3}	y_{t+4}

下面的代码对此进行了演示，存放过去数据的列表是 pastData，我们用t代替y_t：

```
tau=5
pastData=[0]*tau
for t in range(16):
    print('step=',t,'start.position=',t%tau,'value=',
```

```
            pastData[t%tau])
    pastData[t%tau]=t
    print('step=',t,'end.position=',t%tau,'value=',
            pastData[t%tau])
```

上面的代码片段可在控制台中运行。

本教程指导读者利用两个迭代计算 $\hat{\rho}_\tau$，第一个迭代计算样本均值 $\hat{\mu}$ 和样本方差 $\hat{\sigma}^2$，第二个迭代则计算向量叉积之和。

(1) 读取序列化文件的并存放文件的数据内容。

```
import pickle
path='../Data/lst.pkl'
with open(path,'rb')as f:
    lst=pickle.load(f)
print(lst[:20])
```

(2) 初始化列表 sDay 和 eDay 用于分别存放工作日和周末的相关统计量 $\mathbf{s}(D_n)$ (式(11.2))，例如，sDay = [0] * 3 初始化一个元素值全部为 0 的 3 元素列表。

(3) 遍历 lst 并提取数据。

```
for item in lst:
    date,triple=item
    elapsed,dayOfWeek ,y=triple
```

(4) 当脚本遍历 lst 时，会更新 sDay 和 eDay。我们将构建函数 updateStat 用于更新统计量，请将函数定义放置在函数定义之前，该函数为：

```
def updateStat(y,assocStat):
    assocStat[0]+=y
    assocStat[1]+=y**2
    assocStat[2]+=1
    return assocStat
```

(5) 利用条件语句使得如果当日是工作日，就更新 sDay，否则就更新 eDay。函数调用 sDay = updateStat(y, sDay)更新 sDay，请在提取 triple 中的元素之后再更新统计量。

(6) 处理整个数据集，然后针对工作日的投诉数量计算 $\hat{\mu}=n^{-1}\sum y_i$ 以及 $\hat{\sigma}^2=n^{-1}\sum y_i^2-\hat{\mu}^2$，在 Python 代码中将表示这两个量的变量分别命名为 meanEst 和 varEst。

(7) 下一步是针对工作日投诉数量利用 $C_n=\sum_{t=\tau+1}^{n} c_t$ 计算向量叉积项之和，按照之前介绍的那样初始化一个长度为τ的列表pastData，在lst上创建for循环用于求和。在每次迭代中提取出过去的天数和投诉数量。

```
crossSum=0
weekdayCounter=0
for item in lst:
    date,triple=item
    elapsed,dayOfWeek ,y=triple
```

(8) 更新存储列表pastData，如果$t \geqslant \tau$，则更新C_n。

```
if dayOfWeek=='Weekday':
     if weekdayCounter>=tau:
         crossSum+=(y-meanEst)*(pastData[weekdayCounter%tau]-meanEst)
     pastData[weekdayCounter%tau]=y
    weekdayCounter+=1
```

请注意，索引weekdayCounter%tau指向之前保存的值$y_{t-\tau}$。

(9) 在for循环结束时计算$\hat{\rho}_\tau$：

```
rhoTau=crossSum/((weekdayCounter-tau)*varEst)
```

(10) 下一个任务是先后利用工作日和周末数据在一组τ值，即$\tau \in \{1,2,\cdots,20\}$上计算$\rho_\tau$的估计值，可通过将处理lst的for循环放在一个遍历$\{1,2,\cdots,20\}$的外层for循环之内完成这个任务。当外层for循环的每次迭代结束时，将$\hat{\rho}_\tau$存入一个列表。无论何时，只要数据源从周末数据变为工作日数据，就要确保重新计算样本均值和样本方差(第6项说明)，反之亦是如此。

(11) 假设周末数据用于填充自相关系数估计值列表WeekendRho，工作日数据用于填充自相关系数估计值列表WeekdayRho。根据这两个列表，利用如下所示的代码片段，以自相关系数估计值和时延为坐标绘制图形。

```
import matplotlib.pyplot as plt
lag=np.arange(1,21)
plt.plot(lag,WeekdayRho)
plt.plot(lag,WeekendRho)
```

述评

应该记住，时间步长是根据时刻之间经过的时间而变化的。对于工作日序列，除非第一天是周五以及下一个工作日是周一的情况，从一个时刻到下一时刻之间的间隔大约是1天。对于周末数据序列，时间步长变化较大：从某时刻到下一时刻的间隔为1天或者5天。从逻辑上讲，对于较短的时间步长间隔，投诉数量之间的相似度应该更大，因此对工作日和周末之间的自相关估计值的比较会由于时间步长的不同而显得有些混乱。如果数据序列没有被划分为工作日序列和周末序列，那么我们可以在时间步长之间保持24小时的统一间隔。但是，工作日和周末样本均值之间的差异提供了非常有说服力的证据，证明存在生成投诉数量计数的是两个截然不同的过程：工作日过程和周末过程，并且不能分离数据意味着与使用两个序列比较而言，分析和预报会更复杂或者更不准确。

尽管时间步长存在差异，但很明显，潜在的投诉生成过程存在显著的自相关性。时间步长的变化并不能解释为何周末的自相关系数序列呈现出锯齿形(图 11.3)。锯齿化现象表明在不同的周六收到的投诉数量比在一周不同的日子收到的投诉数量更相似，周日也是如此。工作日的自相关系数序列同样表明周一收到的投诉数量与其他周一收到的投诉数量相似，周二收到的投诉数量与其他周二收到的投诉数量相似，其他时间以此类推。根据这些观察结果，可推断一周中各日投诉数量的差异是持久并且确实存在的。这表明，预报模型应该考虑到一周内各日之间投诉数量的差异，还意味着将一个包含一周内各日投诉数量的线性模型作为开发预报算法是一个很好的起点。图11.1中的抵押贷款投诉序列表明平均水平会以某种可预报的方式随时间发生漂移。预报模型还应该将漂移考虑在内。

11.5 漂移和预报

如图11.1的客户投诉序列的水平随着时间变化，这种现象被称为漂移，它是一种与趋势同义的公认的不严格术语。我们使用漂移一词而不是趋势一词的目的是为了阐明变化率随时间变化的趋势以及趋势随时间变化的方向。然而漂移和随机运动迥然不同，因为它有明确的运动方向。虽然漂移通常很难用其他变量或者序列(经济学中称为外生变量)解释，但至少可以用过去的观测结果来部分解释漂移，解释成功的程度取决于漂移的一致性。

预报旨在预先推测从当前时刻 n 向前推进 τ 个时间步长时会出现的观测数据 $y_{n+\tau}$，我们利用观测数据 $D_n=(y_1,\cdots,y_n)$ 来预报 $y_{n+\tau}$。如果假设生成数据的过程没有处于漂移状态，那么 $y_{n+\tau}$ 的最佳预报值就是平均水平 $E(y_t)=\mu$。如果没有有关 μ 的信息，就将样本均值用作 $y_{n+\tau}$ 预报值：

$$\hat{y}_{n+\tau}=\overline{y}_n$$

我们很少接受流程不受漂移影响这一假设，所以现在转向适应漂移的方法。

我们的兴趣集中在非平稳过程，也就是处于漂移状态的过程上。我们已经介绍了指数加权预报，这是一种计算加权平均的技术，它将更大的权重放在较近的观测数据上，将较小的权重放在较早的观测数据上。这个估计器不仅通过响应较近的观测数据捕获漂移，而且它的计算效率高，并且它能通过调节常数 α 很容易就使用不同的变化率。利用式(11.5)给出的更新公式进行计算。

尽管在选择了合适的 α 的情况下，从指数加权均值得到的估计值序列 $\hat{\mu}_1,\cdots,\hat{\mu}_n$ 能够反映趋势，但 $\mu_{n+\tau}$ 的估计值以及 $y_{n+\tau}$ 的预报值在 $0\leqslant\tau$ 时所有的观测值都是 $\hat{\mu}_n$。对于较小的 τ 和慢速漂移的均值，指数加权均值可得到准确的估计值。但是，即使 μ_n 最近的估计值中具有明显的趋势，预报也不会将趋势考虑在内。为适应趋势，我们转到 Holt-Winters 预报。

11.6　Holt–Winters 指数型预报

Holt-Winters 是指数加权法的一种扩展，它包含一个针对趋势的附加项。Holt-Winters 指数预报 $\hat{y}_{n+\tau}$ 通过引入变化率参数 β_n 扩展了指数预报(第 11.3.3 节)，根据下式更新平均水平的估计值：

$$\hat{\mu}_n=(1-\alpha_h)\left(\hat{\mu}_{n-1}+\hat{\beta}_n\right)+\alpha_h y_n \tag{11.10}$$

其中，$0<\alpha_h<1$ 以平滑常数，与指数预报中的 α 类似。指数预报(式(11.5))与 Holt-Winters 预报之间的差别在于引入了系数 $\hat{\beta}_n$。系数 $\hat{\beta}_n$ 是时刻 n-1 与 n 之间平均水平变化率的估计值，它可被描述为一个时变斜率估计值。在时刻 n 对未来 τ 个时间步长的 $y_{n+\tau}$ 所做的预报为：

$$\hat{y}_{n+\tau}=\hat{\mu}_n+\hat{\beta}_n\tau \tag{11.11}$$

式(11.11)通过项$\hat{\beta}_n\tau$在预报中明确将趋势考虑在内，预报采用的形式与线性回归模型$\beta_0+\beta_1 x$相同，但是线性回归中的斜率系数固定不变，而Holt-Winters却允许斜率随时间变化。

接下来要解决的问题是计算$\hat{\mu}_1,\cdots,\hat{\mu}_n,\hat{\beta}_1,\cdots,\hat{\beta}_n$，式(11.10)用于计算$\hat{\mu}_1,\cdots,\hat{\mu}_n$。再说明一次，我们将利用指数加权计算$\hat{\beta}_1,\cdots,\hat{\beta}_n$，换句话说，$\hat{\beta}_n$是过去的估计值$\hat{\beta}_{n-1}$与$\hat{\mu}_n$和$\hat{\mu}_{n-1}$之间变化值的线性组合。需要有另一个调节常数来控制斜率系数的变化率，这个调节常数为$\alpha_b, 0<\alpha_b<1$，斜率系数的更新公式为：

$$\hat{\beta}_n=\left(1-\alpha_b\right)\hat{\beta}_{n-1}+\alpha_b\left(\hat{\mu}_n-\hat{\mu}_{n-1}\right) \tag{11.12}$$

式(11.12)引入了观察到的平均水平估计值的变化$\hat{\mu}_n-\hat{\mu}_{n-1}$，它可被视为当前平均水平变化率的一个基本估计。较大的α_b值会让斜率快速变化，以此对应平均水平估计值的较大变化；而较小的α_b值会抑制平均水平估计值较大变化率的影响。

在时刻n，利用式(11.10)计算$\hat{\mu}_n$，然后利用式(11.12)计算$\hat{\beta}_n$，合理的初始值选择为$\hat{\mu}_1=y_1$及$\hat{\beta}_1=0$。更新公式开始于时刻$n=2$，这是因为$\hat{\mu}_n$和$\hat{\beta}_n$的更新需要前一个时刻的值$\hat{\mu}_{n-1}$和$\hat{\beta}_{n-1}$。

图 11.4 展示了 Holt-Winters 预报和指数预报的结果，其中显示了 2013 年左右苹果公司股价的一个短序列，并显示了未来 τ=20 个时刻指数加权预报值和 Holt-Winters 预报值。针对指数平滑的平滑常数被设为 α_e=0.02，而对于 Holt-Winters 预报，我们设 α_h=0.02 及 α_b=0.15。预报值似乎领先于观测值。如果我们考虑一个时刻，比如 26 600，然后看看预报值和实际值，就会发现情况并非如此。由于预报是在 20 个时间步长之前做出的，而彼时序列水平要小于时刻 26 600 的序列水平，所以观测值要大于预报值。通过将α_h和α_b设置得更大一些，那么预报值会随着数据序列变化得更快，但是数据序列的快速变化会导致预报序列发生较大的变化，而且往往是不准确的变化。任何情况下，指数加权预报和 Holt-Winters 预报之间的差异都相对较小。针对这一问题，我们发现利用 Holt-Winters 预报很难显著改善指数平滑。

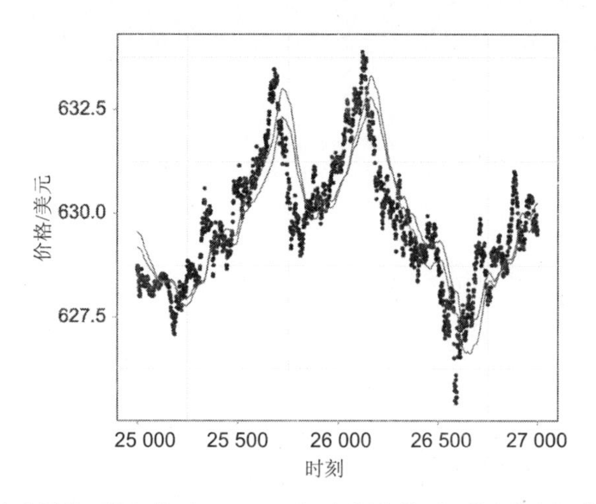

图 11.4　2013 年左右苹果公司的股价(点)。τ=20 时，根据指数平滑获取的预报值绘制为蓝色，根据 Holt-Winters 方法获取的预报值绘制为红色，两者的均方根预报误差分别是$0.710 和$0.705

预报误差

通过比较观测值与预报值来估计预报误差。每当观察到新的观测数据时，新值的预报值与实际值之间的差异为误差估计提供了一个基准点。根据这些差异，可计算出中位数绝对值偏差或均方根误差。在未来多久做出预报会影响到准确性，所以我们的估计期明确定义了均方误差。

每当观测到新的观测值时，新值的预报值与实际值之间的差值为误差估计提供了一个数据点。根据这些差异，可以计算出中位数绝对偏差或均方根误差。预报在未来的多久会影响准确度，所以我们的估计器将均方误差明确定义为 τ 的函数：

$$\text{Err}(\tau) = \frac{\sum_{n=r+2}^{N} (y_n - \hat{y}_n)^2}{n - \tau - 1} \tag{11.13}$$

分母是求和项的数量，在上式中，$\hat{y}_n$ 是在 $n-\tau$ 时刻对 y_n 做出的预报，换种说法就是 $\hat{y}_{n+\tau}$ 是在时刻 n 对 $y_{n+\tau}$ 做出的预报。第一个可能的预报值(假设采用的是 Holt-Winters 预报法)是在时刻 n=2 做出的，第一个预报误差的估计值可以在时刻 n 目标值 $y_{\tau+2}$ 计算得到。早期的预报可能不如后来的预报准确，这是因为少量观测数据的信息内容要少于大量观测数据的信息内容。由于均方根误差的度量单位与观测数据相同，所以采用均方根误差 $\sqrt{\text{Err}(\tau)}$ 能更好地估计预报误差。

在 Holt-Winters 指数预报的实时应用当中，误差估计反映的是最近的表现，而非长期以来的平均表现，这通常是可取的。因此，在误差估计中利用指数权重计算误差估计值的过程里，较早的预报值可能会被赋予较小的权重，例如，时刻 n 的估计值可根据下式进行计算：

$$\mathrm{Err_n}(\tau)=\begin{cases}(y_n-\hat{y}_n)^2, \text{ 如果} n=\tau+2 \\ \alpha(yn-\hat{y}_n)^2+(1+\alpha_e)\mathrm{Err}_{n-1}(\tau), \text{ 如果} \tau+2<n\end{cases} \tag{11.14}$$

其中，$0<\alpha_e<1$ 是调节常数。

具有竞争关系的若干预报函数(将在第 11.8 节讨论)做出的预报误差如图 11.5 所示，该图给人留下的印象是平均预报值：

$$\overline{y}_{n+\tau}=\frac{\hat{y}_{n+\tau}^{\mathrm{A}}+\hat{y}_{n+\tau}^{\mathrm{B}}}{2}$$

在预报误差方面胜过两个预报函数。

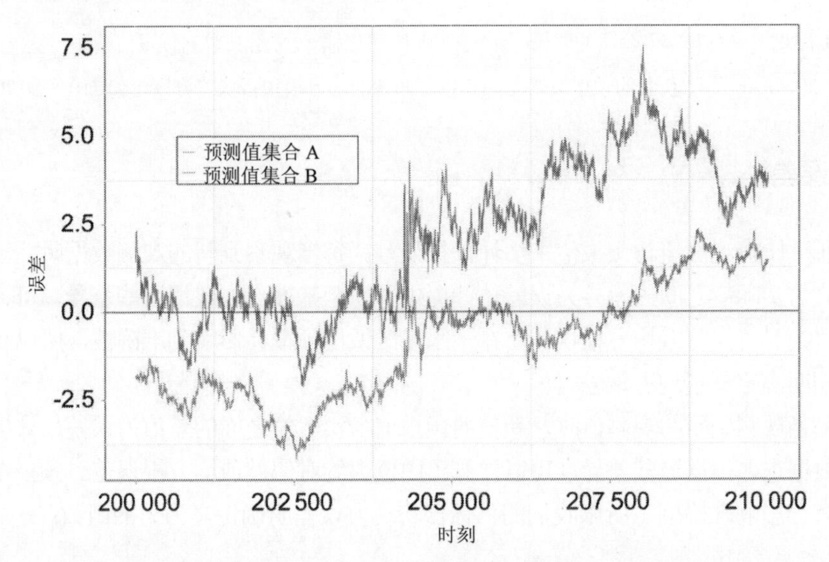

图 11.5 两个线性回归预报函数对 10 000 个时间步长的序列所做出的预报误差，预报值集合 A 包含苹果公司和谷歌公司过去的股价($R^2_{\text{adjusted}}=0.924$)，预报值集合 B 则由包含苹果公司在内的 18 只股票价格组成($R^2_{\text{adjusted}}=0.952$)

11.7 教程：Holt-Winters 预报

NASDAQ 是一家在线证券交易所，通常被称为股票市场。NASDAQ 数据流是有关报价、出价以及询价更新值序列，拥有合适技术的公众可使用这些更新值[6]。自动交易系统广泛使用 NASDAQ 数据流。这些系统的一个关键组成部分是算法，这些算法

6 我们将在第 12 章完成这项工作。

可对一日内(有时是一小时内)未来的股价进行预报。

本教程的目的是针对预报股票市场价格实现指数预报算法和 Holt-Winters 预报算法。读者通过使用从雅虎金融 NASDAQ 报价数据流中收集的一组静态观测数据来完成整个处理过程。这些数据是通过 2 个月内每隔 30 秒请求更新一次最近的出价收集得到的，数据文件名是 QuotesLong.txt，该文件中的数据用空格分隔，包含 27 家知名科技公司的报价。股票代号如后面所示。由于这个数据集并不大，因此在本教程中采用 R 语言。

我们将利用三个函数在从 $n=2$ 开始的每个时刻计算报价的预报值，这三个函数是：样本均值预报、指数加权预报以及 Holt-Winters 指数预报。样本均值预报是所有基于数据的预报函数中最简单的一个，它将作为与另两种方法进行比较的基准。

(1) 从教材网站获取数据文件 QuotesLong.txt。

(2) 将数据读入数据框 D，并将列名赋予数据框。

```
fileName='../QuotesLong.txt'
D=read.table(fileName)
names='AAPL,ADBE,ADSK,AMAT,BMC,CA,CSCO,CTXS,DELL,GOOG,GRMN,
    INFY,INTC,INTU,LLTC,LRCX,MCHP,MSFT,MU,NVDA,ORCL,QCOM,SNDK,
    STX,SYMC,TXN,YHOO'
colnames(D)=unlist(strsplit(names,','))
```

每个列名就是一只 NASDAQ 股票的代码，例如，AAPL 就是苹果公司的股票代码，D 中的每一行都被视为一个股票出价向量，27 只股票中每一只对应一个值。对象 strsplit(names,' , ')是 R 语言中一个长度为 1 的列表，函数 unlist 将列表转换为长度为 $p=27$ 的字符向量。可利用 str 函数决定 R 语言对象的内部结构(不要和 Python 中的同名函数弄混了[7])。

(3) 初始化几个矩阵用于保存在时刻 n 估计得到的均值、预报值以及预报误差，其中，$n\in\{1,2,\cdots,N\}$，N =28 387 表示时间步长(以及数据框 D 中观测数据向量)的编号。选择一只股票，提取对应的列，并将报价值存入长度为 N 的向量 $\boldsymbol{y}$。

```
N=dim(D)[1]
F=matrix(0,N,3)
muEst=matrix(0,N,3)
errMatrix=matrix(0,N,3)
colnames(F)=c('Mean','Exponential','Holt-Winters')
colnames(muEst)=c('Mean','Exponential','Holt-Winters')
```

7 Python 中具有同样作用的函数是 type。

```
colnames(error)=c('Mean','Exponential','Holt-Winters')
y=D$AAPL#OurchoiceofstocksisAppleInc
```

指令 F = matrix(0, N, 3)会初始化用于存放预报值的矩阵。

(4) 利用指令 muEst[1,] = y[1]针对各种方法将开始的估计值设为 y_1。

(5) 样本均值的更新公式为：

$$\overline{y}_n = n^{-1}\left[\left(n-1\right)\overline{y}_{n-1} + y_n\right]$$

遍历时间步长并保存每个更新值：

```
tau=20
for(n in 2:(N-tau)){
  muEst[n,1]=((n-1)*muEst[n-1,1]+y[n])/n
}
```

在 for 循环结束之后，我们就得到一个由估计值和观测值组成的序列。

(6) 绘制较短的数据序列及样本均值序列。

```
n=200:1200
plot(n,y[n],pch=16,cex=.4)
lines(n,muEst[n,1])
```

样本均值不会形成一条直线，这是因为估计值会随着 n 的增长而更新。在出现漂移的情况下，$\overline{y}_n$ 看上去是一种很糟糕的估计均值的技术。

(7) 设置 α_e 的值后，计算指数加权均值，在时刻 n 更新估计值的指令是：

```
muEst[n,2]=a.e*y[n]+(1-a.e)*muEst[n-1,2]
```

我们利用 R 语言对象 a.e 来存放 α_e，将 α_e 设置为 0.01~0.05 之间的一个值，在 for 循环(第 5 项说明)中添加上述计算代码并执行。

(8) 执行第 6 项说明中的指令以及指令 lines(n,muEst[n,2],col='red')，将指数加权估计值添加到绘图中。你可能需要针对不同的 α_e 值重复上述计算过程，并用不同的颜色绘制图形。

(9) 接下来编程实现 Holt-Winters 预报算法。现在，为 Holt-Winters 预报算法设置两个调节常数，具体做法是将针对均值的调节(α_h)常数设为与针对指数平滑所设置的值一样，将针对斜率方程的调节常数(α_b)设为 0，通过设置 $\alpha_b = 0$，Holt-Winter 估计值就和指数平滑估计值相同，从而为代码提供了一次检查。初始化长度为 N 的向量用于存放$\hat{\beta}_n$，即 beta= rep(0, N)。

(10) 编写代码实现 Holt-Winters 预报法的更新公式，下面的代码片段应该紧接在指数加权预报值的计算后(第 7 项说明)。

```
muEst[n,3]=a.h*y[n]+(1-a.h)*(muEst[n-1,3]+beta[n-1])
beta[n]=a.b*(muEst[n,3]-muEst[n-1,3])+(1-a.b)*beta[n-1]
```

利用 Holt-Winters 预报法计算$n=2,\cdots,N$时的均值，并将计算结果添加到绘图中，Holt-Winters 预报值和指数平滑预报值应当一致。如果两个估计值不同，就说明代码中存在错误。当两个估计值相同时，将α_b重设为 0.01，重新计算估计值并再次绘制图形。

(11) 将τ设置 5~50 之间的一个值，针对所选的τ计算和保存预报值。修改 for 循环的结束步长，使循环在索引n超过$N-\tau$之前结束，for 循环应当如下所示：

```
for(n in 2:(N-tau)){
    …
    F[n+tau,1:2]=muEst[n,1:2]
    F[n+tau,3]=muEst[n,3]+beta[n]*tau
```

请确保在计算预报值之前更新 muEst 和 beta。

(12) 采用如下指令将 Holt-Winters 预报值添加到绘图中。

```
lines(n,F[n,3],col='magenta')
```

较大的τ值会导致性能低下，这是因为观测数据$y_1,\cdots,y_n$中有关$y_{n+\tau}$的信息很少。

(13) 将 errMatrix 初始化为一个$N\times 3$的零矩阵，用该矩阵保存预报误差。

(14) 针对三种方法分别计算均方根预报误差的估计值，我们将在 for 循环在n上遍历时计算对式(11.13)中的求和操作有贡献的数据项。所以如果$\tau+2\leqslant n\leqslant N-\tau$，就在 for 循环内部计算和保存平方误差。

```
if((tau+2<=n)&(n<=N-tau))errMatrix[i,]=(y[n]-F[n,])^2
```

由于我们已经在 F 中的$n+\tau$位置处保存了时刻$n+\tau$的预报值，所以$\mathrm{F}[\mathrm{n},]$的目标是 y[n]，预报误差则是$\mathrm{y[n]\text{-}F}[\mathrm{n},]$。

(15) 一旦 for 循环结束，就针对三种方法分别计算和打印显示均方根预报误差的估计值，即：

```
print(sqrt(colSums(errMatrix)/(N-2*tau))
```

(16) 将与 $\hat{\beta}_n$ 关联的调整常数修改为一个较小的正数，如0.02，尝试通过调整调节常数减少 Holt-Winters 预报器的估计误差。

(17) 保持调节常数不变，针对 $\tau \in \{5,10,20,40,80\}$ 分别计算 $\sqrt{\text{Err}(\tau)}$，并针对三个预报函数，以 $\sqrt{\text{Err}(\tau)}$ 和 τ 为坐标分别绘制图形。

11.8 基于回归的股价预报

与 Holt-Winters 预报法及指数预报法相比，线性回归为预报提供了一种稍有不同的方法。在这个方法中，我们只是使用根据伴随的预报变量而构造得到的预报函数，而不是试图利用底层过程中最近的趋势预报目标变量。该算法本质上的新颖之处在于，预报函数适用于其中的数据对在时间上有重叠的数据集。例如，$(y_{n+\tau}, \boldsymbol{x}_n)$ 就是一个时间重叠数据对，其中 n 是一个时间步长值(时刻)，τ 是一个正整数，我们也可以将预报向量描述为相对于目标变量滞后。由于预报函数是通过对预报向量被观测到之后 τ 个时间步长才被观测的目标进行训练得到的，因此，预报函数会生成输入预报向量被实现后 τ 个时间步长时的目标的预报。例如，如果当前时刻为 n，那么 $f(\boldsymbol{x}_n \mid D) = \boldsymbol{x}_n^{\mathrm{T}}\hat{\beta} = \hat{y}_{n+\tau}$ 就是 $y_{n+\tau}$ 的预报值。向量 $\hat{\beta}$ 可以作为这样一个问题的解计算得到：最小化在时刻 n 得到的预报值与在时刻 $n+\tau$ 观测到的目标值之间的平方差之和。在第9.10节中针对预报标准普尔500指数而构造的 k 近邻预报函数就是利用类似时间重叠的数据对来训练预报函数的。

因此，数据集中包含的是时间重叠数据对 $(y_{n+\tau}, \boldsymbol{x}_n), n=1,\cdots,N-\tau$，其中 $\boldsymbol{x}_n$ 是一个在时刻 n 测量得到的若干变量组成的向量。线性回归方法的基本原理是假设底层过程正在生成已实现的目标值。我们假设预报向量 $\boldsymbol{x}_n$ 中带有与未来目标报价相关的信息，这个论断也可以翻译为数学语言：条件均值 $\mathrm{E}(Y_{n+\tau} \mid \boldsymbol{x}_n)$ 近似等于 $\mu_{n+\tau}$。如果前述理念合理，那么用基于回归的方法来解决预报问题是有前景的。

对于该方法来说，股市预报是一个不错的应用，因为通常可以识别出一组与目标股票价格变动相似的股票。例如，我们假设在金融世界中，众多科技股的价格倾向于对事件做出类似的反应。在接下来的教程中，我们将使用一组在时刻 n 观测到的技术股股价预报其中一只股票在 $n+\tau$ 时刻的股价。

在线性回归的背景下，$\boldsymbol{x}_n^{\mathrm{T}}\hat{\beta}$ 是期望的未来值的最优估计，即 $\mathrm{E}(Y_{n+\tau} \mid \boldsymbol{x}_n) = \boldsymbol{x}_n^{\mathrm{T}}\beta$。理论上讲，如果满足若干条件，期望值是 $Y_{n+\tau}$ 的具有最小均方预报误差的最优估计。对于目前遇到的问题，我们不认为这些条件都能成立，或者 $\mathrm{E}(Y_{n+\tau} \mid \boldsymbol{x}_n)$ 等于过程均值，而是推断过去值的线性组合可能会克服目标序列中的随机变化，并且与指数预报或Holt-Winters预报相比，能更准确地估计过程均值。当然，线性回归预报函数涉及更多数据以及为最小化预报误差对预报函数进行优化。相比之下，Holt-Winters预报函数涉及的两个调节常数 α_h 和 α_b 都难以拟合。可以合理地认为，预报向量所携带的信息可转化为用于预报的更多信息。

11.9 教程：基于回归的预报

本教程全程指导读者开发基于线性回归的预报算法。预报函数用于根据观测到的 $p = 27$ 只科技股来预报苹果公司未来的股价。该数据集包括2012年10月至2013年1月间收集的近372 267份科技类股票的报价。这些数据并非十全十美，因为在几次偶然情况下，记录设备并没有在股市收盘时暂停，显然有好几次股市重开时，设备也没有重启。因此，有一些子序列表现出非常突然的变化。

观测数据已经在数据文件中进行了排列，使得观测数据对 $(y_n, \boldsymbol{x}_{n-\tau}), n = \tau+1, \tau+2, \cdots, N$ 由 y_n 组成，它是27只股票包含在向量 $\boldsymbol{x}_{n-\tau}$ 中之后 τ=100 000个时间步长(约2.75小时)所记录的苹果公司的要价。通过将数据对中的各元素错开，根据这些数据计算得到的预报函数将预报到预报向量被观测到之后10 000个时间步长时的苹果公司的要价。因此，如果预报函数使用当前时间或者非常接近于当前时间的预报向量，那么预报值就是未来的要价。

更详细的说法是，假设当前时刻为 n，那么 n 之后第 τ 个时刻的要价的预报值就可以计算得到，由于预报函数是通过一个数据集训练得到的，所以未来的报价 $Y_{t+\tau}$ 的预报值为 $\hat{Y}_{t+\tau} = \boldsymbol{x}_n^{\mathrm{T}}\hat{\beta}$，这个数据集中的每个预报向量 $\boldsymbol{x}_n$ 中的元素是未来的目标值 $y_{n+\tau}$ 以及观测到 $y_{n+\tau}$ 时推进的第 τ 个时间步长组成的数据对。

如果我们将数据文件的每一行视为一个向量，那么数据集就由一组行向量组成。行向量 $\boldsymbol{r}_n$ 包含的元素是 $(y_n, \boldsymbol{x}_{n-\tau})$，所以数据文件包含如下所示的行向量。

$$
\begin{aligned}
\boldsymbol{r}_{1+\tau} &= [y_{1+\tau},\ \underbrace{x_{1,1},\ x_{1,2},\ \cdots x_{1,p}}_{\boldsymbol{x}_1}] \\
&\vdots \qquad\qquad \vdots \\
\boldsymbol{r}_n &= [y_n,\ \underbrace{x_{n-\tau,1},\ x_{n-\tau,2},\ \cdots x_{n-\tau,p}}_{\boldsymbol{x}_{n-\tau}}] \\
&\vdots \qquad\qquad \vdots \\
\boldsymbol{r}_N &= [y_N,\ \underbrace{x_{N-\tau,1},\ x_{N-\tau,2},\ \cdots x_{N-\tau,p}}_{\boldsymbol{x}_{N-\tau}}]
\end{aligned}
\tag{11.15}
$$

我们把苹果公司过去的报价也囊括在预报向量中，这是因为即使预报向量中已经包含其他 26 只股票的报价，但是苹果公司过去的报价也被认为能够提供信息。

回顾第 3.9.2 节中的式(3.30)和式(3.31)，$\hat{\beta}$ 的矩阵形式可表示为：

$$\hat{\beta} = \left(\boldsymbol{X}^{\mathrm{T}}\boldsymbol{X}\right)^{-1}\boldsymbol{X}^{\mathrm{T}}\boldsymbol{y} = \boldsymbol{A}^{-1}\boldsymbol{z}$$

其中，$\boldsymbol{A} = \boldsymbol{X}^{\mathrm{T}}\boldsymbol{X}$，$\boldsymbol{z} = \boldsymbol{X}^{\mathrm{T}}\boldsymbol{y}$。

我们将引入一个下标 n，因为我们将利用矩阵 $\boldsymbol{A}$ 和 $\boldsymbol{z}$ 在时刻 n 计算预报函数，而 $\boldsymbol{A}$ 和 $\boldsymbol{z}$ 又是根据数据对 $\left(y_{1+\tau},\boldsymbol{x}_1\right),\cdots,\left(y_n,\boldsymbol{x}_{n-\tau}\right)$ 计算得到的。在时刻 n，我们根据下式计算 $\boldsymbol{A}$:

$$\boldsymbol{A}_n = \sum_{i=1}^{n-\tau}\boldsymbol{x}_i\boldsymbol{x}_i^{\mathrm{T}} \tag{11.16}$$

向量 $\boldsymbol{z}_n$ 则根据下式计算:

$$\boldsymbol{z}_n = \sum_{i=1}^{n-\tau}\boldsymbol{x}_i y_{i+\tau} \tag{11.17}$$

计算预报函数的最后一步是计算 $\hat{\beta}_n = \boldsymbol{A}_n^{-1}\boldsymbol{z}_n$，通过将 $\boldsymbol{A}_n$ 和 $\boldsymbol{z}_n$ 传入 Numpy 模块的 linalg.solve()进行这个计算。除非 n 比 p=27 大得多，否则矩阵 $\boldsymbol{A}_n$ 不会是满秩的，因此，直到 $n > 1000$ 才会计算得到 $\hat{\beta}_n$。

(1) 从配书网站获取 NASDAQ.csv，该文件中的数据用逗号分隔，并且没有缺失数据。第一行包含的是变量名，共有 n=372 267 行及 28 列。每一行中的数据都如式(11.15)所示。将 path 设为文件名，文件名将包含完整路径。读取包含每个潜在预报变量的股票代码的第一行，并打印显示股票名称。

```
path='../NASDAQ.csv'
with open(path) as f:
```

```
    variables=f.readline().split(',')
    for i,name in enumerate(variables):
        print(i,name)
```

你可在 http://www.nasdaq.com/symbol/查询公司名称。

(2) 将 Numpy 导入为 np。

(3) 选择任意一组 p 个向量，并设置索引向量。这里的讨论假设索引向量的格式为 predictorIndex = [1, 10]，选择第一个和第十个预报变量生成苹果公司和 Alphabet 公司(也就是之前广为人知的谷歌公司)过去的股票报价。

(4) 在计算矩阵 $\boldsymbol{A}$ 和 $\boldsymbol{z}$ 之前，必须将它们初始化为零矩阵。初始化必须在处理记录之前进行，设置：

```
p=len(predictorIndex)
A=np.matrix(np.zeros(shape=(p+1,p+1)))
x=np.matrix(np.ones(shape=(p+1,1)))
z=np.matrix(np.zeros(shape=(p+1,1)))
s=0
```

变量 **s** 将保存 $\sum y_i^2$，以便能计算方差的估计值 $\hat{\sigma}^2 = n^{-1}\sum y_i^2 - \overline{y}^2$。

(5) 通过遍历各行处理数据文件，提取 $y_{n+\tau}$ 并根据列表 data 填充预报向量 $\boldsymbol{x}_n$。[8]

```
for line in f:
    data=line.split(',')
    for k,pIndex in enumerate(predictorIndex):
        x[k+1]=float(data[pIndex])
    y=float(data[0])
```

函数 enumerate 告诉 Python 编译器：当从 Numpy 数组 predictorIndex 中提取出变量 pIndex 时生成一个索引 k。pIndex 将使用存储在 predictorIndex 中的值。k 的值将为 $0, 1, \ldots, p$。

(6) 更新 $\boldsymbol{A}$、$\boldsymbol{z}$ 和 s，时刻 n 保存在 $a_{1,1}$ ($\boldsymbol{A}$ 中的第一行第一列元素)当中，提取 n。

```
A+=x*x.T
z+=x*y
s+=y**2
n=A[0,0]
```

(7) 如果时间步长 n 超过 1000，就计算 β 的最小二乘估计值。打印显示与苹果公

8 没必要交错数据，因为数据集就是从经过交错处理的数据对构建起来的。

司过去报价相关的参数估计值(假设 predictorIndex 的第一个元素是 1)。

```
if n>1000:
    betaHat=np.linalg.solve(A,z)
    if n%1000==0:
        print(int(n),round(float(betaHat[1]),2))
```

再说明一次，假设 $\boldsymbol{X}_n$ 的第二列包含苹果公司过去的报价，那么出现在如下所示的线性预报方程中的系数 $\hat{\beta}_{n,1}$：

$$\hat{y}_{n+\tau} = \hat{\beta}_{n,0} + \hat{\beta}_{n,1}x_{n,\text{AAPL}} + \hat{\beta}_{n,2}x_{n,\text{GOOL}}$$

相当于苹果公司过去报价 $x_{n,\text{AAPL}}$ 的倍增器，因此，$x_{n,\text{AAPL}}$ 中的一点变化会导致预报报价中出现 $\hat{\beta}_{n,1}$ 倍的变化。

(8) 当程序遍历文件时，通过为下面的公式编写代码，来计算 R^2_{adjusted} (式(3.36))。

$$\hat{\sigma}^2 = n^{-1}\sum_i y_i^2 - \overline{y}^2$$

$$\hat{\sigma}^2_{\text{reg}} = \frac{\sum y_i^2 - \boldsymbol{z}^{\text{T}}\hat{\boldsymbol{\beta}}}{n}$$

$$R^2_{\text{adjusted}} = \frac{\hat{\sigma}^2 - \hat{\sigma}^2_{\text{reg}}}{\hat{\sigma}^2}$$

(9) 每迭代 100 次就打印输出一次 R^2_{adjusted} 和 $\hat{\sigma}_{\text{reg}}$ 。

```
if n%100==0 and n<372200:
    s2=s/n-(float(z[0])/n)**2
    sReg=s/n-z.T*betaHat/n
    rAdj=1-float(sReg/s2)
    print(int(n),round(float(betaHat[1]),2),
        round(np.sqrt(float(sReg)),2),round(rAdj,3))
```

让上述脚本一直执行，直到数据文件中的所有记录都被处理为止。

(10) 操作的最后一步是计算和保存一个包含预报值、目标值以及预报误差的子集，根据这个子集绘制若干图形。与时刻 n 时的预报值相关联的预报误差 $e_{n+\tau}$ 是未来值 $y_{n+\tau}$ 和预报值 $\hat{y}_{n+\tau} = \boldsymbol{x}_n^{\text{T}}\hat{\beta}_n$ 之差，具体而言，预报误差如下。

$$e_{n+\tau} = y_{n+\tau} - \boldsymbol{x}_n^{\text{T}}\hat{\beta}_n, n = k, k+1, \cdots, N \tag{11.18}$$

其中，k 是做出第一个预报的时刻。

创建一个字典，用于保存在若干时间步长(190 000 到 210 000)上计算得到的预报误差。

```
indices=np.arange(190000,210000)
errDict=dict.fromkeys(indices,0)
```

(11) 在 for 循环中插入如下所示的代码。

```
try:
    errDict[n]=(y,float(x.T*betaHat),y-float(x.T*betaHat))
except(KeyError):
    pass
```

如果 n 不是字典中的键，那么尝试保存三元组会导致 KeyError 异常，这个异常可用异常处理程序来捕获。

在一个实时应用中，上述代码片段应在从数据文件中提取 $\boldsymbol{x}_n$ 和 $y_{n+\tau}$ 之后、计算 $\hat{\beta}_n$ 之前执行。这个执行顺序模拟的是现实中发生的场景：预报要在被预报的目标变量出现之前做出，而误差计算则要在被预报的目标变量出现之后进行。因为我们不能在没有目标变量 $y_{n+\tau}$ 的情况下计算 $\hat{\beta}_n$，所以我们使用的是 β 之前时刻的估计值，并且计算 $\hat{y}_{n+\tau}=\boldsymbol{x}_n^{\mathrm{T}}\hat{\beta}_{n-1}$。

(12) 在数据文件全部用完后，创建一个图形显示预报值和目标值。

```
import matplotlib.pyplot as plt
forecastLst=[errDict[key][1]for key in indices]
targetLst=[errDict[key][0]for key in in dices]
plt.plot(indices,forecastLst)
plt.plot(indices,targetLst)
```

图 11.5 是一个比较两个不同的预报函数生成的误差的示例。

述评

预报函数的一个核心要点是对用于训练的数据进行交错处理，通过交错数据对，用于进行未来 τ 个时间步长的预报的预报函数就能得到优化，线性回归确保了预报函数具有最小二乘最优性。预报值与观测目标值之间的均方差会尽可能小，因为每个预报向量 $\boldsymbol{x}_n$ 都和在未来 τ 个时间步长观测到的目标值 $y_{n+\tau}$ 组合成对。但是，均方根预报误差还是相对较大。

为理解造成这种现象的原因，我们假设模型由包含过去目标值的单个预报器组成，即$\mathrm{E}(Y_{n+\tau} \mid \boldsymbol{y}_n)=\beta_0+\beta_1 y_n$。如果数据序列呈现的趋势为正，那么$\beta_1$就应该大于1。在苹果公司股价序列中，平均水平貌似在两个方向上都会产生漂移(尽管不是同时发生)。在距离序列起始n个时间步长处，$\hat{\beta}_1$在时刻n的估计值会反映整体趋势，而不一定是最近的趋势，结果就是预报函数不是特别准确，均方根误差$\hat{\sigma}_{\text{reg}}$说明了这个问题——它会随着$n$的变大而变大。问题出在漂移上——报价生成过程会随着时间发生变化，因此，Y的未来值与$\boldsymbol{x}$的当前值之间的关系也会发生改变。根据一个较长的数据对序列构建的预报函数往往并不准确。

解决漂移问题的一个方案是让回归参数根据底层过程中的最近变化而发生改变，该方法的实现途径是对指数加权和回归进行非常简单的融合，我们将在下一节提出这种方法。

11.10 时变回归预报器

假设生成数据的过程受到漂移的影响，那么不仅目标变量Y的平均水平会漂移，而且$Y_{n+\tau}$的期望值与关联的预报向量$\boldsymbol{x}_n$之间的关系也会发生变化，所以模型$\mathrm{E}(Y_{n+\tau} \mid \boldsymbol{x}_n)=\boldsymbol{x}_n^{\mathrm{T}}\beta, n=1,2,\cdots$就不正确了，针对不同的$n$值描述$\mathrm{E}(Y_{n+\tau} \mid \boldsymbol{x}_n)$的另一个线性模型是：

$$\mathrm{E}(Y_{n+\tau} \mid \boldsymbol{x}_n)=\boldsymbol{x}_n^{\mathrm{T}}\beta_n, n=1,2,\cdots \tag{11.19}$$

从概念上讲，式(11.19)比具有单个参数向量β的模型更可取。从实践的角度看，式(11.19)较难处理，因为不可能用单一的观测数据对$(y_{n+\tau},\boldsymbol{x}_n)$来拟合一个单独的线性模型。

为在存在漂移的情况下用公式给出$\mathrm{E}(Y_{n+\tau} \mid \boldsymbol{x}_n)$和$\boldsymbol{x}_n$之间的近似关系，我们假设参数向量或模型相对于时间步长变化得较慢。换句话说，数据对(y_i, x_i)到来得足够快，使得与β_i和β_j有关、在时间上又接近的观测数据对$(y_i,\boldsymbol{x}_i)$和$(y_j,\boldsymbol{x}_j)$非常相似，β_i和β_j分别是$\boldsymbol{x}_{i-\tau}$和$\boldsymbol{x}_{j-\tau}$的函数，描述了Y_i和Y_j的期望值。因此，我们可以利用时间上接近的观测数据来估计β_n，尽管这样会有一点小误差。从逻辑上讲，在时间上与$(y_n,\boldsymbol{x}_n)$最接近的观测数据应该在β_n的计算中具有最大的影响。

再讲一次，我们回到指数加权法，在时刻n将最大的权重赋予$(y_n,\boldsymbol{x}_{n-\tau})$，并随着时间步长$t$向过去回退相继将较小的权重赋予$(y_t,\boldsymbol{x}_{t-\tau})$。请回顾一下，式(11.5)将$\mu_n$的指数加权估计值表示为最近的观测值与$\mu$之前的观测值的线性组合，即

$\hat{\mu}_n = \alpha y_n + (1-\alpha)\hat{\mu}_{n-1}$。

通过修改$\boldsymbol{A}_n$和$\boldsymbol{z}_n$的定义，我们允许参数估计值$\hat{\beta}_n = \boldsymbol{A}_n^{-1}\boldsymbol{z}_n$可以针对最近的观测数据对而变化。具体而言，就是新数据项$\boldsymbol{A}_n^*$和$\boldsymbol{z}_n^*$被计算为最近被观测到的数据对$(y_n, \boldsymbol{x}_{n-\tau})$和之前的时间步长值的线性组合，$\boldsymbol{A}$和$\boldsymbol{z}$在时刻$\boldsymbol{n}$的指数加权版本是：

$$\begin{aligned}\boldsymbol{A}_n^* &= (1-\alpha)\boldsymbol{A}_{n-1}^* + \alpha\boldsymbol{x}_{n-\tau}\boldsymbol{x}_{n-\tau}^{\mathrm{T}} \\ \boldsymbol{z}_n^* &= (1-\alpha)\boldsymbol{z}_{n-1}^* + \alpha\boldsymbol{x}_{n-\tau}y_n\end{aligned} \tag{11.20}$$

其中，$0<\alpha<1$是调节常数，它控制了最近的观测数据对对于时变估计值$\hat{\beta}_n^*$的重要程度，最终，$\hat{\beta}_n^*$根据下式进行计算：

$$\hat{\beta}_n^* = \boldsymbol{A}_n^{*-1}\boldsymbol{z}_n^* \tag{11.21}$$

$Y_{n+\tau}$的预报值是$\hat{y}_{n+\tau} = \boldsymbol{x}_n^{\mathrm{T}}\hat{\beta}_n^*$。

11.11 教程：时变回归预报器

我们继续第 11.9 节中的苹果公司股价预报问题，只需要对第 11.9 节中的 Python 脚本进行少许修改即可。唯一重要的修改是用$\boldsymbol{A}_n^*$和$\boldsymbol{z}_n^*$的更新公式替换$\boldsymbol{A}_n$和$\boldsymbol{z}_n$的更新公式。修改后的更新公式是式(11.20)。

我们无法根据$\boldsymbol{A}^*$和$\boldsymbol{z}^*$中的数据项计算方差的估计值$\hat{\sigma}^2 = n^{-1}\sum y_i^2 - \bar{y}^2$，例如，$a_{1,1}$ ($\boldsymbol{A}$中第一行第一列的元素)之前包含的是用于计算$\hat{\beta}$的数据对的数量，现在$a_{1,1}^*$包含的是指数权重之和，因此值为 1。相反，我们将利用存放在字典 errDict 中的数据计算误差预报值，这个字典包含的是目标值和预报值。均方预报误差$\hat{\sigma}_{\text{reg}}^2$和$R_{\text{adj}}^2$将在 for 循环结束时利用存放在 errDict 的数据项计算得到。

对于本问题而言，指数加权有个不好的副作用，即$\boldsymbol{A}_n^*$可能是奇异的，这种情况下，调用 Numpy 模块的函数 linalg.solve 会返回一个错误，而不是方程$\boldsymbol{A}_n^*\beta = \boldsymbol{z}_n^*$的解，这个解(如果存在)就是$\hat{\beta}_n^*$，较大的$\alpha$值会增加$\boldsymbol{A}_n^*$是奇异矩阵的可能性。

(1) 初始化调节常数α、errDict 以及预报变量的索引。

```
a=0.005
errDict={}
predictorIndex=[1,10]
```

我们将利用苹果公司以及谷歌公司(现在更名为 Alphabet 公司)过去的股价进行预报。

(2) 为 for 循环添加一个计数变量。

```
for counter,line in enumerate(f):
    data=line.split(',')
    for k,pIndex in enumerate(predictorIndex):
        x[k+1]=float(data[pIndex])
```

(3) 在整个程序中用计数变量替换变量 n，删除指令 n = A[0,0]。

(4) 用如下所示的代码替换 $\boldsymbol{A}$ 和 $\boldsymbol{z}$ 的更新公式：

```
A=a*x*x.T+(1-a)*A
z=a*x*y+(1-a)*z
```

(5) 当至少 5000 个观测数据被处理后，开始计算预报值。

```
if counter>=5000:
    try:
        yhat=float(x.T*betaHat)
        errDict[counter]=(y,yhat)
    except:
        pass
    betaHat=np.linalg.solve(A,z)
    if counter%1000==0 and counter<327200:
        print(counter,round(float(betaHat[1]),2))
```

异常处理程序避免了在计算得到 $\hat{\beta}^*$ 之前就试图计算预报值这样的错误。

(6) 当 for 循环结束执行后，计算 $\hat{\sigma}^2$ 和 $\hat{\sigma}^2_{\text{reg}}$，计算 R^2_{adj} 并打印计算结果。

```
s2=np.var([v[0] forv in errDict.values()])
sReg=np.mean([(v[0]-v[1])**2 for v in errDict.values()])
rAdj=1-float(sReg/s2)
print(s2,sReg,rAdj)
```

(7) 分别绘制 10 000 个预报值和观测值组成的序列，如下所示。

```
indices=np.arange(300000,310000)
forecastLst=[errDict[key][1]forkeyinindices]
targetLst=[errDict[key][0]forkeyinindices]
plt.plot(indices,forecastLst)
```

```
plt.plot(indices,targetLst)
```

述评

根据时变回归预报估计得到的准确性估计显然要好，它得到的是$\hat{\sigma}_{\text{reg}}$=\$0.402 和$R^2_{\text{adj}}=0.999$，而根据传统线性回归预报函数得到的是$\hat{\sigma}_{\text{reg}}$=\$4.82 和$R^2_{\text{adj}}=0.919$，如此大的差距值需要解释一下。指数加权部分将新信息引入了最小二乘目标函数，解决方案的回归部分则提供了一种易于操作的优化预报函数的方法。目标函数为：

$$S(\beta_n)=\sum_{i=1}^{n}w_{n-i}\left(y_{i+\tau}-\boldsymbol{x}_i^{\mathrm{T}}\beta_n\right)^2 \tag{11.22}$$

其中，$w_{n-i}=\alpha(1\text{-}\alpha)^{n-i}, i\in\{1,2,\cdots,n\}$。目标是通过$\beta_n$的选择最小化$S(\beta_n)$，最小化$S(\beta_n)$会得到可能最小的加权预报误差之和，因为最大的权重被分配给最近的误差，所以解$\hat{\beta}_n^*=\boldsymbol{A}_n^{*-1}\boldsymbol{z}_n^*$会得到可能最小的近期预报误差之和[9]。所有数据全部被用到预报函数$f(\boldsymbol{x}_n\,|\,D)=\boldsymbol{x}_n^{\mathrm{T}}\hat{\beta}_n^*$的计算中，同时，预报函数在更大程度上是由近期历史数据决定的，而不是由更久远的历史数据决定。

该算法计算高效，因为当新的观测数据对出现后，$\boldsymbol{A}_n^{*-1}$和$\boldsymbol{z}_n^*$都能迅速得到更新，并且根据$\boldsymbol{A}_n^{*-1}$和$\boldsymbol{z}_n^*$很容易就能计算出$\hat{\beta}_n^*$。因此，该算法可以用于实时处理高速数据流。实时分析是下一章的主题。

11.12　练习

11.12.1　概念练习

11.1　证明式(11.5)可从式(11.4)推导得到。

11.2　考虑指数平滑。证明：如果α很小，那么当$t\to 0$时，权重会近似线性地减少到 0。

11.3　确定能够优化式(11.22)的向量β。

11.12.2　计算练习

11.4　从美国劳工统计局官网 https://research.stlouisfed.org/fred2/series/CPIAUCSL/

9 这个表述在数学上有些模糊不清——近期预报误差对于确定$\hat{\beta}_n^*$的影响取决于α。

downloaddata 下载居民消费价格指数(Consumer Price Index，CPI)，这些数据是衡量在食品、服装、住所以及燃料方面的支出相对于最初日期变化的百分比的月度值。CPI 中较大的变化意味着通货膨胀或者通货紧缩。利用这些数据，对指数预报和 Holt-Winters 的表现进行比较。此外，还要把这两个预报函数与把时间作为预报变量的时变最小二乘回归函数进行比较。首先，读取数据并将字符表示的月份转换为日期格式：

```
D = read.table('ConsumerPriceIndex.txt',header=TRUE)
D = data.frame(as.Date(D[,1]),D[,2])
colnames(D) = c("Year",'Index')
```

在矩阵 $\boldsymbol{A}_n^*$ 和向量 $\boldsymbol{z}_n^*$ 中至少有 50 个观测数据被处理和出现之前，不要利用回归预报器进行任何预报。应该按照如下所示开始 for 循环：

```
x = matrix(0,2,1)
for (n in (tau+1):N){
x[1] = n - tau
```

a. 利用 R 函数 acf 计算和绘制自相关函数。描述并解释自相关模式。就 CPI 的趋势而言，这种模式说明了什么？

b. 针对 $\tau \in \{12,24\}$ 这两个月份，计算均方根预报误差。对于平滑常数而言，较少的初始值在 0.01 和 0.1 之间，找到每个平滑常数较好的值。创建一个表格展示两个 τ 值下三种方法导致的均方根预报误差，指出用作平滑常数的数值。

c. 创建一个绘图，显示各月份的 CPI 及其三组预报值，如下所示的代码或许会有所帮助：

```
library(ggplot2)
interval = 51:N
df = data.frame(D[,'Year'],y,pred)[interval,]
colnames(df) = c('Year','Index',colnames(pred))
plt = ggplot(df, aes(Year,Index)) + geom_point()
plt = plt + geom_line(aes(Year,Exponential.smooth), color = 'blue')
plt = plt + geom_line(aes(Year,Holt.Winters), color = 'red')
plt = plt + geom_line(aes(Year,LS),color = 'green')
```

11.5 利用 NASDAQ.csv 数据集计算三个预报模型的均方根误差。

$$\begin{aligned} E(Y_{n+\tau}) &= \beta_1^* n \\ E(Y_{n+\tau}) &= \beta_1^* x_{n,\text{AAPL}} \\ E(Y_{n+\tau}) &= \beta_1^* x_{n,\text{GOOG}} \end{aligned} \tag{11.23}$$

其中，$x_{n,\text{AAPL}}$ 和 $x_{n,\text{GOOG}}$ 表示第 n 步时苹果公司和谷歌公司的价格。针对上述三个模型分别确定较好的 α。

第12章
实 时 分 析

摘要：流数据指生成之后立即从源传输到主机的数据。实时数据分析的目的是在接收数据时以足够快的速度分析数据，以跟上流的速度。分析流媒体数据中心时，重点是描述数据生成过程的当前水平、预测未来值、确定过程是否发生意外变化。在这一章中，我们关注实时分析的计算方面。第 11 章讨论了方法。本教程通过分析来自两个差异很大的公共数据流来指导读者：来自 Twitter API 的推文和来自纳斯达克的股票报价。

12.1 引言

数据流是设备(例如计算机)在一段持续时间内接收到的一系列观测数据。流由设备生成；设备自动生成数据，并将数据发送给接收方。自动驾驶汽车是生成和使用流媒体数据的绝佳例子，各种传感器收集有关实际位置、速度、道路位置、附近物体及其运动的信息。数据以数据流的形式从传感器发送到引导系统，传感器每秒可发送多达 1GB 的数据，因此数据处理必须要快，保存所有数据既没必要也没有什么实际意义。

公众要访问 Twitter 流，只需要从 Twitter Inc.申请授权。Twitter 数据流由 Twitter 应用程序编程接口(API)发送给主机的一系列文本消息组成。Twitter 流中出现的推文包括大家都熟悉的短文本消息，以及与推文源头相关的大量其他变量(大多数人不太熟悉)。与公共 Twitter 流的连接每秒接收 100 条推文，这取决于一天中的时间和推文所传向的地理区域大小。

流数据或运动数据与静态数据或静止数据在来源和目标上有所不同。实时分析的目标是以等于或大于到达速率的速率分析数据流。大多数情况下，分析涉及在接收到观测数据时重新计算一些简单的统计信息，或者更好的做法是，在接收到新的观测数据时更新感兴趣的统计信息。这种持续分析的目标是尽快(即以与接收数据相同的速度)

做出决策和采取行动。

另一个可公开访问的数据流是从 Yahoo Financial API 获取的股票价格，这些数据来自纳斯达克证券交易所大约 3100 家上市公司中的任何一家。流是由本地计算机或主机计算机通过反复向 Yahoo Financial API 发送报价请求而生成的。应用于雅虎金融流的分析旨在进行计算上非常快速的预报，这适用于日内交易和自动股票交易。

本章通过实例来讨论实时分析，第一个例子是纳斯达克报价数据流，该数据流由定量型数值组成；第二个例子是 Twitter 数据流，该数据流由文本消息组成。这两种数据流的目标以及应用的分析方法当然是完全不同的。

12.2 用纳斯达克报价数据流进行预报

我们首先从 Yahoo Financial API(http://finance.yahoo.com/)生成的股票价格量化数据流。雅虎财经从纳斯达克市场收集股票报价，并通过其网站提供公共服务，大多数用户通过单击导航与网站进行交互，计算机生成的股票报价请求也由该网站处理。当请求被正确格式化后，响应将被返回发出请求的计算机。接下来的教程采用 Python 脚本反复询问股票报价，这一系列请求将生成一系列报价响应数据流。

交易者可以按照卖出价向出卖人购买股票，也可以按照买入价向购买者出售股票。Yahoo Financial API 响应报价而发出的数据包含最新的买入价和卖出价以及其他许多属性。当然，股票的买入价和卖出价会随着时间波动。最近价格的变动率取决于交易者对股票的兴趣水平。

源自纳斯达克的报价由雅虎财经接收，并在市场开放交易时迅速更新。然而，从纳斯达克的股价变化到雅虎财经的股价更新之间，可能有 15 分钟的延迟。因此，Python 脚本接收到的数据流不是来自 NASDAQ 的实时流。然而，将预测算法应用于延迟纳斯达克报价数据流可以近似地进行实时分析，并且对于开发处理实时流的预测函数非常有用。由于在 1 秒钟内可能有多个报价请求被发送到雅虎财经，因此，生成的响应流的速度相当不错。

以下教程中开发的 Python 脚本将反复向 Yahoo Finance 发送超文本传输协议(HTTP)请求，以获取感兴趣的股票报价，从而生成问价数据流。我们将采用第三方模块 ystockquote[22]发出请求，并从雅虎财经返回的 JSON(JavaScript 对象标记)对象中提取报价。请记住，新报价只有在市场开放时才能收到。大部分交易发生在工作日市场时间的上午 9:30 到下午 4:00 之间(东部时间)，其余的则发生在前市和后市交易时段，从早上 4:00 到晚上 8:00。

本章教程帮助开发 Python 代码以支持后面介绍的交易活动。交易者在 τ 时刻持有股票$S_1, \ldots, S_k$，在$n+\tau$时刻针对每只股票做出预报，预报价格变化最小的股票在时刻n被卖出，然后购买预期卖出价涨幅最大的股票。

预报算法

有两种算法被用于预报，我们将采用 Holt-Winters 指数预报法以及具有时变系数的线性回归法。

请回顾一下第 11.6 节中的讨论，在时刻n，目标$y_{n+\tau}$的 Holt-Winters 预报值为：

$$\hat{y}_{n+\tau}^{\mathrm{HW}} = \hat{\mu}_n + \tau\hat{\beta}_n^{\mathrm{HW}} \tag{12.1}$$

$\hat{\mu}_n$项是股价平均水平的估计值，原则上在短期内不会发生变化。$\hat{\beta}_n^{\mathrm{HW}}$是生成股价序列$\cdots, y_{n-1}, y_n, \cdots$的过程的变化率的估计值。只要 Yahoo Financial API 接收到股票报价，就会根据式(11.10)和式(11.12)更新估计值$\hat{\mu}_n^{\mathrm{HW}}$和$\hat{\beta}_n^{\mathrm{HW}}$。那么，就可以计算得到预报值：

$$\hat{y}_{n+\tau}^{\mathrm{HW}} = \hat{\mu}_n^{\mathrm{HW}} + \tau\hat{\beta}_n^{\mathrm{HW}} \tag{12.2}$$

当$y_{n+\tau}$在当前时刻之后的τ时刻到达时，就可以计算预测误差$y_{n+\tau} - \hat{y}_{n+\tau}^{\mathrm{HW}}$了。

第二种预报算法是具有时变系数的线性回归法(见第 11.10 节)。

时变斜率β_n^{LR}通过计算下式进行估计：

$$\hat{\beta}_n^{\mathrm{LR}} = \boldsymbol{A}_n^{*-1}\boldsymbol{z}_n^*$$

统计量$\boldsymbol{A}_n^*$和$\boldsymbol{z}_n^*$通过计算这两个统计量过去时间值的加权和以及根据最近的观测数据计算得到的数据项进行更新。

在本教程中，线性回归预测函数将时间步长用作预测变量，在n时刻，估计量简单表示为$\boldsymbol{x}_n = n$，预测模型为：

$$\mathrm{E}(Y_{n+\tau} \mid \boldsymbol{x}_n) = \beta_{n,0} + n\beta_{n,1}$$

在n时刻用于拟合模型的数据对是$(y_n, x_n) = (y_n, n-\tau)$，$n$时刻的预测向量为$\boldsymbol{x}_n = [1\ n]^{\mathrm{T}}$。

由于没有其他股票携带的外生信息，Holt-Winters 指数预报法与时变线性回归预报法相比，具有较强的平稳性。针对预报问题，时变线性回归预报法具有通过最小二乘法进行进一步优化的优点，而 Holt-Winters 指数预报法则依赖于对调节参数α_e和α_b的明智选择。在实际工作中，分析人员将利用候选数据对集合中的每个数据对(α_e,α_b)计算预测误差，以此找到较好的调节常数数据对。应当定期搜索最佳调节常数。

12.3 教程：预报 Apple 公司信息流

Python 脚本将反复向 Yahoo Financial API 发送请求，获取苹果公司当前的报价。如果返回的值与之前的响应相比发生了变化，就会更新预报值。如果值没有发生改变，程序会稍停，再次发送请求。当得到预报值后，计算 n 时刻的预报误差，并计算预报误差的估计值(回顾一下，n 时刻的预报是在$n-\tau$时刻做出的)。当接收到$n=1000$个值时，程序结束。

我们将利用 Corey Goldberg 开发的 Python 模块 ystockquote[22]向雅虎财经发送报价请求，那么，第一项任务就是在 Linux 的终端窗口或者 Windows 的命令行窗口中通过提交指令 pip install ystockquote 安装该模块。

绝大多数交易都会发生在工作日的上午 9:30 到下午 4:00(东部时间)这个市场时段，从早上 4:00 到晚上 8:00 的前市和后市时段内也会发生一些交易。早上 4:00 到晚上 8:00 之外的时间段没有数据流出，脚本只会生成早上 4:00 到晚上 8:00 之间的数据流。

当不等于前一报价y_{n-1}的报价y_n到达时，就会计算时刻$n+\tau$将来值的两个预报。为了评估算法的性能，在$n(n=\tau+1,\cdots,N)$时刻，将把目标报价y_n以及对未来目标报价$y_{n+\tau}$的预报值存入一个字典。$y_{n+\tau}$的预报值分别是$\hat{y}_{n+\tau}^{\text{HW}}$和$\hat{y}_{n+\tau}^{\text{LR}}$，时间步长用作字典的键，因此$y_n$和键$n$一并存放，预报值$\hat{y}_{n+\tau}^{\text{HW}}$和$\hat{y}_{n+\tau}^{\text{LR}}$则和键$n+\tau$一并存放。

当程序结束执行后，用字典中的数据项计算均方根预报误差$\hat{\sigma}_{\text{HW}}$和$\hat{\sigma}_{\text{LR}}$。包含三个序列的图形提供了有关两种预报误差估计值之间的差异来源的可视化信息。例如，图 12.1 显示 Holt-Winters 预报法和时变线性回归预报法得到的结果看上去非常相似，但是因为$\hat{\sigma}_{\text{HW}}$=\$0.0766、$\hat{\sigma}_{\text{LR}}$=\$0.0585，所以在预报误差的估计值之间存在一些差异。我们没有试图寻找比首次选择$\alpha_r=\alpha_e=\alpha_b$=0.1 更好的调节常数。

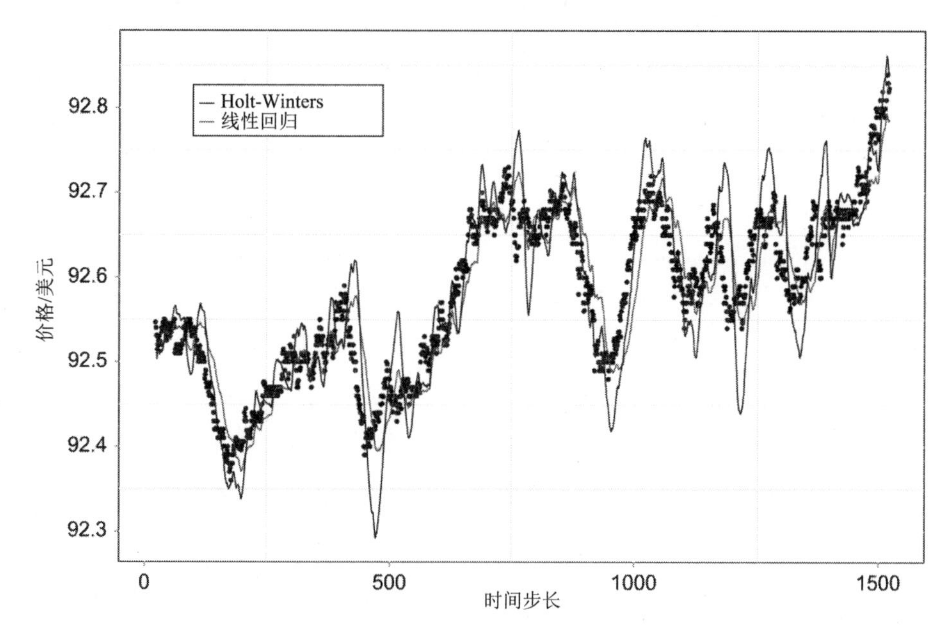

图 12.1 苹果公司股价的观测值和预报值。预报是针对比当前时刻晚$\tau = 20$的时刻做出的，三个调节常数被设为相同的值，即$\alpha_r = \alpha_e = \alpha_b$ =0.1

(1) 创建 Python 脚本，并导入模块 sys、time、numpy 以及 ystockquote。

(2) 选择一只股票进行预报，并将 symbol 设为股票代码，即 symbol = 'AAPL'，可在网页 http://www.nasdaq.com/symbol/上查看交易最活跃的股票的列表。

(3) 根据$\alpha_r = \alpha_h = \alpha_b$ =0.1 初始化调节常数，暂时将τ 设为 5。一旦确定代码运行正常，就将τ 设为 20，初始化字典 sDict 用于存放预报值和目标值，初始化一个变量存放前一个报价，将时间步长计数值 n 设为 0。

```
ar=ae=ab=.1
tau=5
sDict={}
previousPrice=0
n=0
```

(4) 初始化用于计算时变线性回归预报值的数据项。

```
p=1
A=np.matrix(np.zeros(shape=(p+1,p+1)))
z=np.matrix(np.zeros(shape=(p+1,1)))
x=np.matrix(np.ones(shape=(p+1,1)))
```

(5) 采用 while 循环请求报价。

```
While n<=1000:
    try:
        print('Sending request..')
        data=ystockquote.get_price(symbol)
        dataReceived=True
        print(data)
    except:
        print('Error')
        time.sleep(10)
        dataReceived=False
```

有可能会出现传输错误，利用异常处理程序捕获传输错误。如果出现传输错误，程序就会在恢复执行之前暂停 10~20 秒。

(6) 如果报价请求返回了股价，就将字符串形式的股价转换成一个浮点数值，如果时间步长变量为 0，就将均值的 Holt-Winter 估计值初始化为接收到的数值，并将 β_0^{HW} 设为 0。测试接收到的值 y 自上次请求后是否发生了改变。如果是，预测操作从下一条指令开始。

```
if dataReceived:
    y=float(data)
    if n==0:
        mu=y
        muOld=y
        beta=0
    if y!=previousPrice:
        n+=1
        previousPrice=y
```

上面的代码块在 while 循环的每一次迭代中都会执行，所以要正确地对其进行缩进。

变量 n 对时间步长进行计数，由于时间步长是在计算预报值之前推进的，所以第一个时间步长是 $n=1$。

(7) 我们还没有为计算 $\hat{y}_n^{\mathrm{HW}}$ 和 $\hat{y}_n^{\mathrm{LR}}$ 编程实现更新算法，但是，我们将创建用于将新值 y_n 添加到字典数据项 $\left[\hat{y}_n^{\mathrm{HW}},\hat{y}_n^{\mathrm{LR}}\right]$ 中的代码。

请记住，存放预报值时是以对应的时间步长值为键，但是只有在 $n>\tau$ 时以 n 为键的数据项才会存在，这是因为该数据项已经在 $n-\tau$ 时被创建了(见下面的第 10 项说明)。所以，如果$n>\tau$，sDict中就会存在以当前时间步长n为键的字典项，我们应该向这个以n为键的字典项中添加y。

```
try:
    sDict[n].append(y)
except(KeyError):
    pass
```

上述代码片段紧接在赋值语句previousPrice = y之后，必须和该赋值语句具有相同的缩进。

(8) 更新$\hat{\mu}_n^{\text{HW}}$和$\hat{\beta}_n^{HW}$，并计算$y_{n+\tau}$的Holt-Winters预报值。

```
mu=ae*y+(1-ae)*(mu+beta)
beta=ab*(mu-muOld)+(1-ab)*beta
HWforecast=mu+beta*tau
muOld=mu
```

如果自前一个时间步长之后y发生了改变，那么只更新$\hat{\mu}_n^{\text{HW}}$和$\hat{\beta}_n^{HW}$，所以要小心处理缩进。

(9) 通过更新第二个元素更新预测向量$\boldsymbol{x}_n$，更新统计量$\boldsymbol{A}_n^*$和$\boldsymbol{z}_n^*$。

```
x[1]=n-tau
A=ar*x*x.T+(1-ar)*A
z=ar*x*y+(1-ar)*z
```

(10) 如果$n>1$，则计算$\boldsymbol{\beta}_n^*$的最小二乘估计值，在$\boldsymbol{A}_n^*$变得非奇异之前，必须在$\boldsymbol{A}_n^*$中至少累积两个预测向量。如果$\boldsymbol{A}_n^*$是奇异的，那么尝试计算估计值会产生错误。

```
if n>1:
    betaHat=np.linalg.solve(A,z)
    LRforecast=float(x.T*betaHat)
    x[1]=n
    sDict[n+tau]=[HWforecast,LRforecast]
```

列表[HWforecast, LRforecast]和未来时刻键$n+\tau$一起存放，这是因为每个预报值都是对$y_{n+\tau}$的预测。在计算与两个预报值相关的预测误差之前，我们必须等上τ个时间步长，直到$y_{n+\tau}$的实际值出现为止。在时刻$n+\tau$，我们将股价附加到刚创建的sDict中(在第7项说明中)。下一个要计算的数据项是均方根预测误差的估计值。

(11) 针对两个预测函数分别计算其均方预测误差，例如，对于Holt-Winters指数预报法而言，误差估计值为：

$$\hat{\sigma}_{\text{HW}}=\frac{\sum_{i=\tau+1}^{n}\left(y_i-\hat{y}_i^{\text{HW}}\right)^2}{n-\tau}$$

通过预先将元组$\left(\hat{y}_i^{\text{HW}},\hat{y}_i^{\text{LR}},y_i\right),i\in\{\tau+1,\cdots,n\}$存入以$i$为键的 sDict 中，可简化上述计算。

在脚本的最上面初始化一个列表用于存放误差估计值，即 err =[0]*2。如果$n>\tau$，就计算误差估计值。通过从 sDict 中提取预报值和实际值组成的数据对完成计算。利用列表解释技术构造平方差列表，计算该列表的均值，然后计算均值的平方根。结果就是均方根预测误差的估计值。

```
if n>tau:
    for j in range(2):
        errList=[(sDict[i][2]-sDict[i][j])**2
              for i in sDict if len(sDict[i])==3]
         err[j]=np.sqrt(np.mean(errList))
```

测试指令 len(sDict[i]) == 3 确保针对目标股价计算预报值，第一个τ时刻的股价没有与之关联的预报值，所以与之相关的字典数据项的长度是 1。

(12) 将误差估计值显示在控制台中，并根据两种预报方法得到的斜率估计值显示出来。

```
print('Error=',round(err[0],5),round(err[1],5))
print('LRslope=',round(float(betaHat[1]),5),
        ' HW slope=',round(beta,5))
```

(13) while 循环一结束，就可以提取和绘制三个序列，并针对两个预测函数分别记下误差估计值。

```
import matplotlib.pyplot as plt
plt.plot(x,y)
plt.plot(x,lr)
plt.plot(x,hw)
```

述评

采用时间步长作为预测变量会得到与 Holt-Winters 预测函数非常近似的事变线性回归预测函数，两个函数都会利用$\text{E}\left(Y_{n+\tau}\mid D_n\right)$的估计值来预报未来值$y_{n+\tau}$，其中$D_n=\left(y_1,\cdots,y_n\right)$表示数据流。两个过程都将未来过程的均值描述为当前过程的均值与一个增量之和，这个增量由$\mu_1,\cdots,\mu_n$中当前的变化率决定。例如，Holt-Winters 模型为：

$$\mu_{n+\tau} = \mu_n + \tau\beta_n$$

其中，β_n是过程均值的当前变化率。两个参数μ_n和β_n都允许随着时间步长发生变化，两个估计值要么是前一步估计值与最近一次观测值的加权平均，要么是根据前一步估计值与最近一次观测值计算得到的[1]。

如果没有更多数据，就没有更多能被轻松完成的用于预报$Y_{n+\tau}$的工作。

现在我们转到一个本质上不同的流数据源看看，即 Twitter 数据流。这种情况下，获取更多数据的一种方法是扩展线性回归预测向量，使其包含目标股票和其他股票的历史价格，就像我们在第 11.8 节中所做的那样。扩展预测向量比较简单。主要障碍在于$\boldsymbol{A}_n^*$可能是奇异的，所以在$\boldsymbol{A}_n^*$是奇异的情况下，应当有一种替代的预测算法可用于计算预报值。另一种方法就是第 9.10 节中的模式匹配，模式匹配方法需要更多工作，因为它需要定期更新最近的一组模式。

12.4 Twitter 信息流 API

Twitter 是一个极受欢迎的在线社交网络服务。截至 2016 年第一季度，超过 3 亿用户每天发布超过 5 亿条推文。Twitter 用户发送和阅读最多 140 个字符的文本消息，这种消息被称为推文。未注册用户可以阅读推文，而注册用户则可以通过网站界面和移动设备发布推文。分析人员可以访问 Twitter 数据流，接收一些或者全部广播给公众使用的消息，并接收与发文者相关的大量信息。Twitter 已用于各式各样的研究目的，有人建议将 Twitter 用于实时检测人群动态，以便及早发现疾病，避免其大量发生[55]。利用 Twitter 获取经济效益的机会肯定存在，但我们尚未确定它们是什么。

除了用户发送的文本消息之外，Tweet 还拥有 30 个或者更多的属性[52,61]。用户可能会屏蔽的属性包括用户名、自我简介以及推文的发送位置(经纬度和所在国家)。发文者的自我简介(如果有)由用户撰写用于介绍自己，因此提供了有关发文者的潜在有用的信息。推文是用 JSON 编码的，因此很容易提取其属性。通过 Twitter 可以访问两个数据流，这两个数据流都属于公共数据流，需要一套访问凭证以及需要特殊权限的 Twitter Firehose[62]才能进行访问，通过利用 Twitter API 在 Twitter 公司进行注册就可以获得访问凭证。公共数据流由通过 Twitter Firehose 传输的所有推文的一个小样本组成，但是对于学习如何处理 Twitter 数据流以及在某些情况下对原型进行测试而言，它已经

---

1 β_n的时变线性回归估计值根据统计量$\boldsymbol{A}_n^*$和$\boldsymbol{z}_n^*$计算得到，这两个统计量都是前一步的估计值与最近一次观测值的加权平均。

足够了。

鉴于Twitter圈内广播的消息数量庞大，对于就某个特定主题想要与他人交流的人而言，面临的挑战是如何将自己的消息传递给对该主题感兴趣的人，一个流行的解决方案是在消息中包含一个或多个标识标签，主题标签是一个有#前缀的单词。由于Twitter用户可搜索和查看包含特定单词或短语的推文，所以在消息中包含了主题标签的用户相当于提供了一个标识符，以便有类似兴趣的其他人可以找到他们的消息。因此，标签会导致由共同的话题兴趣联系在一起的临时用户组的形成。对于分析人员而言，带有主题标签消息的发送者可能就被认为是某个用户组的成员，而把Twitter圈划分成由相似的人组成的用户组对于研究人群通常是有利的。收集与参与者想法有关的大量数据的可能性意味着Twitter是研究社交网络和人类行为的一个颇有吸引力的数据源。例如，对政治事件这样的外部刺激的反应可通过对Twitter进行情感分析来衡量。然而，Twitter用户与一般人群的差异程度未知，分析人员必须认识到，推论的合理范围可能仅限于Twitter用户[2]。

12.5 教程：访问Twitter数据流

在本教程中，读者将根据一个实时Twitter数据流构建一个主题标签字典，并计算每个观测到的主题标签出现的相对频率。还要构建一个以主题标签作为键、以计数值作为值的字典，以便确定传输量最大的主题标签。

在使用Python脚本访问Twitter数据流之前，必须完成两个准备步骤，这两个步骤的目的是获取访问Twitter数据流的许可以及安装能与Twitter API进行交互的模块。获取访问凭证的指令在附录B中进行介绍。

Twitter API由一套程序和服务组成，这些程序和服务能让注册用户发布和接收推文，以及获得对实时推文数据流的访问权。Python的第三方模块将在本地主机(计算机)与Twitter API之间建立被称为“套接字”的通信链路。套接字可以让Twitter API向主机中被称为端口的保留内存位置写入数据。Python程序会等待新推文的到来，一旦接收到一条推文，就会对其进行扫描查找主题标签。我们将利用TwitterAPI模块[20]打开端口并接收数据流。

(1) 创建一个Twitter账号(如果你还没有)，获取必要的凭证解锁对API的访问，附录B提供了相应的指令。

---

2 一项研究的推论范围是结论适用的目标人群。为让推论在统计意义上能站住脚，必须从目标人群中获取具有代表性的样本。发送推文的人都是自己做出的选择，因此很难确定他们究竟代表的是哪一类规模更大的人群。

(2) 安装 TwitterAPI，在 Linux 终端或 Windows 命令行窗口中提交指令 pip install TwitterAPI。

(3) 打开一个新的 Python 脚本，第一步是向 Twitter API 发送请求，将推文以数据流方式传送到主机。传入你的访问凭证，即从 Twitter API 获取的 4 个编码，这 4 个编码被称为使用者密钥(a1)、使用者机密(a2)、访问令牌(a3)以及访问令牌机密(a4)。为下面的指令编写代码。

```
import sys
import time
from TwitterAPI import TwitterAPI

a1='www'#Replace'xxx'with your credentials.
a2='xxx'
a3='yyy'
a4='zzz'
api=TwitterAPI(a1,a2,a3,a4)
```

(4) 创建一个可迭代对象 stream，该对象会从 TwitterAPI 处请求推文。传入一个定义了示例区域的字符串形式的坐标，接下来就会从 TwitterAPI 收到在该区域范围内发布的推文。

```
coordinates='-125,26,-68,49'#Roughly the continental U.S.
stream=api.request('statuses/filter',{'locations':coordinates})
```

指令 api.request(...)会向 Twitter API 发送请求打开数据流。如果接受该请求，那么 api 函数会处理由 TwitterAPI 发送的数据流。当接收到数据流后，每条推文都将被写入端口[3]。

列表 coordinates 定义了源区域，推文从该区域发送至计算机上的主机端口。坐标列表中的 4 个值定义了大致覆盖美国大陆的矩形区域的西南角和东北角。西南角由经度=－125 以及纬度=26 定义。

(5) 创建一个生成器，用于生成对象 stream 中的数据项组成的序列[4]。生成器实际上是一个函数，在调用它时，会生成一个由返回值组成的无休止的序列。传统的函数返回一个对象，然后会结束调用。从某种意义上讲，指令 yield 替代了函数指令 return。生成器在执行指令 yield 之后不会结束，而是连续返回数据项。由于通过调用 api.request 创建的对象 stream 是可遍历的，所以在 for 循环内调用生成器时，会生成推文数据流。

3 80 端口是用于非安全网络传输的标准端口。

4 stream 对象自身就是一个生成器。创建生成器 tweetGenerator 并非是必需的。

```
def generator(iterable):
    for item in iterable:
        yield item
tweetGenerator=generator(stream)
```

(6) 从语句 for tweet in tweetGenerator 开始遍历，只要从 TwitterAPI 接收到一条推文，生成器就会生成一条推文。TwitterAPI 模块生成的 tweet 是一个字典，这个字典内除了消息之外，还包含了大量其他信息，键 text 用于提取消息。

```
stopAt=5000
for tweet in tweetGenerator:
    try:
        txt=tweet['text'].lower()
        print(txt)
    except:
        print(time.ctime(),tweet)
    ifn>StopAt:
        break
```

.lower()属性将字符转换成小写。

如果主机接收推文的速度超过了程序处理推文的速度，tweet 将只由一个限制通知和丢失的推文数量组成。这种情况下，tweet 将丢失 text 属性，并引发异常。正是出于这个原因，所以要调用异常处理程序，异常处理程序还会捕获其他错误。如果代码有问题，无法看到错误，则会禁用异常处理程序。你可以将 try 语句替换为 if len(tweet) > 1，并将 except 替换为 else，以便将错误消息写入控制台。如果在某个时刻程序正在接收推文并且接收失败，报告 401 错误，那么可以尝试重新启动内核，如果这样还不行，那么在重启程序之前重启计算机。

(7) 临时将指令 txt = tweet['text']替换为 desc = tweet['user']['description']，对象 tweet['user']是一个字典，desc 的内容是用户的自我简介。检查 tweet['user']的键将发现与用户相关的 38 个属性，其中一个属性就是自我简介。指令 print(tweet['user'].keys())会显示字典的键。

执行脚本，在检查若干用户简介后，修改脚本，将消息赋值给 txt。

(8) 在脚本的最上面导入 re 模块，当从 tweet 中提取出消息后，立即从 txt 中提取主题标签(如果有)。

```
hashtags=re.findall(r"#(\w+)",txt)
```

指令 re.findall(r"#(\w+)", txt)利用 re 模块(正则表达式)从 txt 中提取出紧接在标签符号(#)的字符串，返回的是一个列表。如果没有找到主题标签，那么返回值就是一个空列表。

(9) 我们将以字典形式构建一个频率表，在这个字典中，键是主题标签，值是主题标签出现的频率。采用一个计数值字典对主题标签的出现进行计数。首先要导入 collections 模块，在处理 Twitter 数据流之前，初始化字典 hashtagDict 用于存放主题标签及其出现频率。

```
Import collections
hashtagDict=collections.Counter()
```

(10) 在从消息中提取的主题标签上进行遍历，利用计数值字典的 update 属性增加 hashtag 中每个 tag 出现的次数。

```
for tag in hashtags:
      hashtagDict.update([tag])
print(n,len(hashtagDict),hashtagDict[tag])
```

如果 hashtags 为空，for 循环就不会执行。

(11) for tweet in tweetGenerator 循环会在 n>StopAt 时结束，此时在代码中创建一个包含排序后的主题标签字典数据项的列表。排序是根据主题标签出现的频率进行的，并提取出常见的 20 个主题标签。

```
sortedList=sorted(hashtagDict.items(),key=operator.itemgetter(1))
shortList=sortedList[len(hashtagDict)-20:]
```

(12) 创建一个水平柱状图，显示常见的 20 个主题标签出现的频率，图 12.2 展示了一个示例。

```
y=[n for_,n inshortList]
tags=[name for name,_in shortList]
index=[i+1 for i in range(len(tags))]
plt.barh(index,y,align='center')
plt.yticks(index,tags)
```

在尝试调用绘图函数前，你必须执行指令 import matplotlib.pyplot as plt。

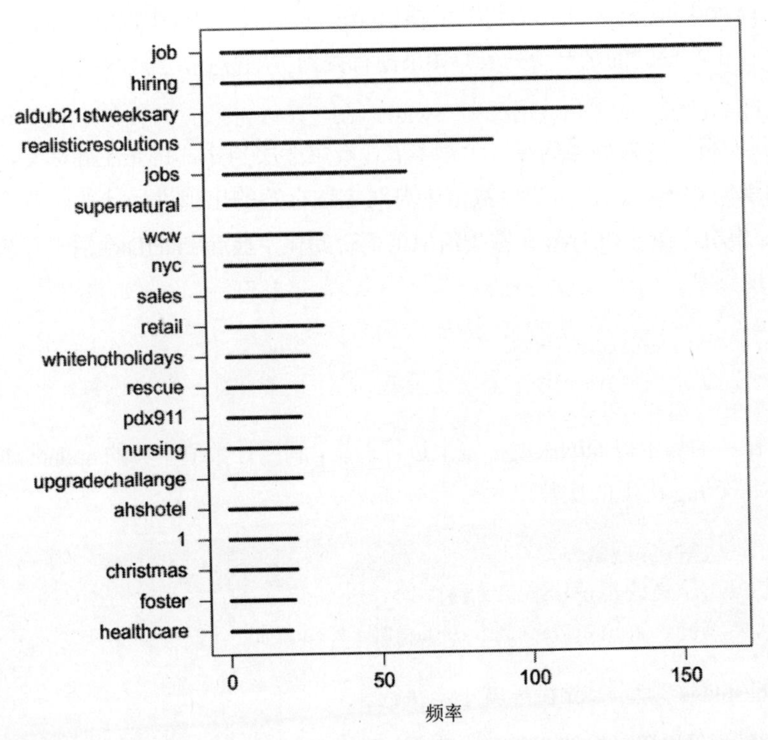

图 12.2 从由 50 000 条推文组成的数据流中收集的 20 个最常见的主题标签频率，数据采集时间是 2015 年 12 月 9 日

述评

对于实时数据流，我们可能会开始提出有关数据流来源人群的问题。例如，我们可将使用特定主题标签(如#NeverTrump)的 Twitter 用户视为感兴趣的人群，并试图量化该人群对当天事件的反应。量化个人对某一事件或话题的反应，可以通过度量包含相应主题标签的推文所表达的情绪来实现。这种情况下，我们感兴趣的是确定是否存在一种普遍的态度，这种态度是积极的还是消极的，是对事还是对人。在这里我们不会追求更深层次的复杂情感，但可能度量几种常见的情绪状态的表达，如高兴、悲伤、恐惧、厌恶和愤怒[5]。任何情况下，包含主题标签的推文数据流都是可以从中收集信息的数据源。下一个主题是文本数据中的情感度量。

---

5 练习 12.5 提供了处理情绪状态的机会。

12.6 情感分析

我们把讨论范围扩大到数据流和 Twitter 之外，讨论从文本数据中提取情感的过程。情感分析的一般目的是从一段文字中提取出所表达的情感信息，通常是积极的或消极的，但也与情绪状态有关。情感分析别应用于各个领域，例如，在市场营销中用于评估产品感知和客户满意度，在政治中用于协助制定战略和分配资源[34]。目前，数据源几乎完全是文本的，数据源包括 Twitter、博客、社交网站和论坛。热门话题所表达的情感可能变化非常快，在观测数据时发生重要事件的情况下更是如此。由于 Twitter API 可以实时生成数据流，所以 Twitter 是一种用于近实时评估情绪的独特资源。

由于会用到俚语、缩写、错误的拼写和表情符号，所以情感分析是十分复杂的。在 Twitter 圈，语言方面的错误现象最为严重。140 个字符的限制显然鼓励了不标准的拼写和缩写的泛滥。自动拼写纠正算法的帮助有限，因为有意的拼写变形很常见，而且很难纠正(例如，gonna)。另一个复杂之处是，情感分析建立在将情感分配给每个单词的基础之上，但是通常使用短语表达情感。因为在普通的言语中用到大量的多词短语以及变体，所以多词短语的语言学分析是非常困难的。否定也是一大问题，例如，一个度量情感的简单算法可能对短语“I'm not at all happy”做出积极情感的判断，因为这个短语中出现了 happy 这个单词。否定是很难检测到的。

情感分析中最简单的实际任务是确定文本(或像句子这样的文本块)的极性，极性通常被描述为积极的、消极的或中性的。更细致的度量试图为文本的极性打分，即 -1 ~1 之间的一个数值，或者也可能为文本分配诸如“厌恶”或“高兴”这样的情绪状态。

对文本或语料库[6]的情感分析从将文本分成诸如推文、句子或者文章的若干单元开始，这些单元是字符串，必须再次利用 tokenizer 将其拆分成单词或者语言符号，tokenizer 每当遇到空格时就对字符串进行拆分。我们将这些子字符串称为语言符号，因为它们并不一定是单词，但通常表示有意义的东西。

下一步为文本单元中包含的每个语言符号分配一个情感分值。此操作需要一个情感字典，其中列出各个单词及其对应的情感值。情感值可能包含极性(积极的或消极的)，也可能包含该词发音时的情感力度。例如，表 12.1 展示了一个主流情感字典中的 4 个数据项[67]，每个单词都被分配了一个数据对，用于表示单词的力度(弱或强)以及倾向(积极或消极)。那些在文本中遇到却没有列在情感字典中的单词，要么被赋予一个中性分值，要么干脆被忽略掉，因为没有有关情感的信息。出现频率较高、感情中立的单词有时被称为定格词，例如代词(如 he、it)、介词(如 on、at)以及连词(如 and、when)。

---

6 语料库是一个文本集合，例如，包含某个主题标签的推文集合。

表 12.1 表示极性力度和倾向的若干情感字典数据项，在这个字典中共有 6518 个数据项[31,67]

单词	力度	倾向
Abandoned	弱	消极
Abandonment	弱	消极
Abandon	弱	消极
Abase	强	消极

表 12.1 按力度和倾向对单词进行分类，得出四类或四组情感值：(强，积极)、(强，消极)、(弱，积极)以及(弱，消极)。极性也可以用其他方式度量，具体而言，可以为每种情感打分，表 12.2 显示了我们对情感强度和倾向的赋分编码。文本单元可以根据与其中的每个语言符号相关联的值被赋予数字形式的分数。分析人员可以在情感字典中搜索每个语言符号，根据情绪字典确定每个语言符号的情感分值，并计算出总的或者平均的情感分值。在接下来的教程当中，与一个主题标签情感可以用与该主题标签同时出现的单词的平均情感来度量，并收录到情感字典当中。

表 12.2 分配给情感分类的数字分值

力度	倾向	
	积极	消极
弱	0.5	-0.5
强	1	-1

12.7 教程：主题标签分组的情感分析

本教程的目标是计算主题标签分组的情感。标签分组是一个与常见主题相关的集合。例如，“职位”和“招聘”这两个标签就属于一个标签分组，潜在的雇主就用这个标签分组来发布招聘广告。我们的目标是变量标签分组所含消息中表达的情感，标签分组的情感是实时估计的。

在本教程中，我们将从包含感兴趣主题标签的 Twitter 数据流中提取消息，为每条消息计算情感度量。具体而言，消息中每个语言符号的情感分值由情感字典决定，消息的情感分值定义为其中语言符号的情感分值的总和，标签分组的情感则由标签分组中的标签同时出现的所有单词的平均情感分值进行估计得到。

本教程首先构建情感字典以及定义标签分组，然后打开与 Twitter 数据流的接口并处理流数据。

(1) 创建包含一个或者多个流行的主题标签的列表，我们使用的是与职位和招聘相关的标签分组，我们是通过查看图12.2来选择这些主题标签的，我们得到的标签分组是如下所示的集合。

```
hashtagSet=set(['job','hiring','careerarc','jobs','hospitality'])
```

(2) 从Tim Jurka的GitHub主页https://github.com/timjurka获取情感字典[67]，文件名为subjectivity.csv，可以通过转到sentiment库获取该文件。表12.1中列出了一些字典项。

(3) 读取文件subjectivity.csv并提取单词、力度和倾向。

```
path='../Data/subjectivity.csv'
sentDict={}
with open(path,mode="r",encoding='latin-1')as f:
    for record in f:
        word,strength,polarity=record.replace('\n','').split(',')
```

我们初始化了一个空字典sentDict来存放情感词和对应的情感分值。

(4) 利用表12.2中的编码方案为文件中的每个情感词计算数值分。将单词存为sendDict的键，将情感分值存为sendDict的值。

```
score=1.0
if polarity=="negative":
    score=-1.0
if strength=="weaksubj":
    score*=0.5
sentDict[word]=score
```

(5) 利用第12.5节第3和第4项说明中介绍过的TwitterAPI(...)和api.request(...)请求访问Twitter数据流。

(6) 在脚本中引入函数generator的定义(第12.5节第5项的说明)。

(7) 初始化一个列表用于计算包含感兴趣标签分组中标签的消息的平均情感。创建生成器。

```
meanSent=[0]*2
tweetGenerator=generator(stream)
```

(8) 通过设置counter = 0初始化一个计数值。

(9) 利用tweetGenerator对象创建for循环。如果可能，从每条推文中提取主题标签，并增加在Twitter数据流中遇到属于该标签分组的主题标签的次数。

```
for n,tweet in enumerate(tweetGenerator):
    try:
        txt=tweet['text'].lower()
        hashtags=set(re.findall(r"#(\w+)",txt))&hashtagSet
    except:
        print(time.ctime(),tweet)
```

命令set(re.findall(r"#(\w+)", txt)) & hashtagSet计算hashtagSet与现在txt中的主题标签集合的交集。

(10) 如果消息中有感兴趣的主题标签，就计算消息的情感值。为此，遍历包含在消息中的语言符号，并查阅情感字典中的每个语言符号。对包含了标签分组中的某个标签的消息的情感值以及计数值进行递增操作。

```
if len(hashtags)>0:
    sent=0
    for token in txt.split(''):
        try:
            sent+=sentDict[token]
        except(KeyError):
            pass
    meanSent[0]+=1
    meanSent[1]+=sent
    print(n,meanSent[0],round(meanSent[1]/meanSent[0],3))
```

测试语句len(hashtags) > 0确定消息中是否有感兴趣的主题标签。

上面的代码片段要紧接在语句hashtags = · · ·之后。

(11) 从标签分组中收集1000条消息并结束程序。

(12) 创建一个不同的标签分组并再次运行脚本。网站https://www.hashtags.org/trending-on-twitter.html 提供了一个流行的主题标签的列表，貌似用于商业目的的主题标签都从这个列表中忽略掉了。

12.8 练习

12.1 回到第12.3节教程中的第13项说明，利用ggplot2将观测数据绘制为点，将预报值绘制为线，用不同的颜色表示两种类型的预报值。

12.2 表情符号通常用于在基于文本的社交媒体中表达情感，集合 A={: – }, :), :D, :o, :], :3, :>, :}, :^}包含一些常用的用于表示愉悦情感的表情符号，而集合 B={: – (, :(, : – c, :C, : – {, : – [, :[, :{, : – { }中的表情符号则用于忧伤的情感。

a. 计算包含集合 A 和集合 B 中表情符号的推特的平均情感。

b. 计算所有推特的平均情感。

c. 针对 A、B 和所有推特的三个集合计算均值$\hat{\sigma}(\bar{y})=\hat{\sigma}/\sqrt{n}$的标准差。

12.3 回到第 12.3 节的教程中，研究预测误差、τ 以及调节常数 α_r、α_e 和 α_b 之间的关系。

12.4 在第 12.5 节的教程中，你被要求利用 pyplot 创建柱状图(第 12 项说明)，请在这里用 ggplot 创建柱状图。

12.5 研究与愤怒、厌恶、恐惧、欢乐、悲伤和惊讶相关的情绪，从 Jurka 的 GitHub 页面 https://github.com/timjurka 上获取一个单词及其分类的列表，这个列表用于表示 5 种情绪之一。利用包含单词和情绪的数据文件 emotions.csv 计算包含表达特定情绪符号的消息的平均情绪。在一个表格中对计算结果进行总结。

附录A
练 习 答 案

第 2 章

2.1 证明

$n^2 = \sum_{i=1}^{n}\sum_{j=1}^{i-1}1 + \sum_{i=1}^{n}\sum_{j=i+1}^{n}1 + n$，并求解$\sum_{i=1}^{n}\sum_{j=i+1}^{n}1$。

2.2 用于合并的公式为

a.

$$C_{n,3} = \frac{n(n-1)(n-2)}{3\cdot 2\cdot 1} = \frac{n!}{3!(n-3)!}$$

$$C_{5,3}=10$$

$$C_{100,3}= 161\ 7000$$

b. 生成和打印显示三元组的 Python 代码如下所示：

```
i = j = k = 0
threeTuples = [(i, j, k)]
for i in range(3):
    for j in range(i+1, 4):
        for k in range(j+1, 5):
            print(i, j, k)
```

2.4

```
import operator
l = [(1,2,3),(4,1,5),(0,0,6)]
#sort by second coordinate
```

```
sortedList = sorted(l, key = operator.itemgetter(1))
```

2.6

```
import timeit
lcStart = timeit.default_timer()
lcSetpairs ={(i,j) for i in range(n) for j in range(i+1,n+1)}
lcTime=timeit.default_timer() - lcStart

joinStart = timeit.default_timer()
setJoin=set()
for i in range(n):
    for j in range(i+1,n+1):
        pairSet =set({(i,j)})
        setJoin=setJoin.union(pairSet)
        joinTime =timeit.default_timer() - joinStart
```

第3章

3.1 假设对于一些$n\in\{1,2,\cdots\}$，有下式成立：

$$s(\cup_{i=1}^{n}) = \sum_{i=1}^{n} s(D_i)$$

那么有：

$$\begin{aligned} s(\cup_{i=1}^{n+1} D_i) &= s\left(D_{n+1} \cup [\cup_{i=1}^{n} D_i]\right) \\ &= s\left(D_{n+1}\right) + s\left([\cup_{i=1}^{n} D_i]\right) \end{aligned}$$

因此，$s(\cup_{i=1}^{n}) = \sum_{i=1}^{n} s(D_i) \Rightarrow s(\cup_{i=1}^{n+1}) = \sum_{i=1}^{n+1} s(D_i)$。因此，对于每个整数$n>0$，这种说法都是正确的。

3.3 令$\boldsymbol{y}=[y_1,\cdots,y_n]^{\mathrm{T}}$，那么有下式成立

$$s(\beta)=(\boldsymbol{y}-\boldsymbol{X}\beta)^{\mathrm{T}}(\boldsymbol{y}-\boldsymbol{X}\beta)\Rightarrow\frac{s(\beta)}{\partial\beta}=-2\boldsymbol{X}^{\mathrm{T}}(\boldsymbol{y}-\boldsymbol{X}\beta)$$

设偏导数向量等于0，并求解β。

3.5 令$\underset{n\times p}{\boldsymbol{X}}=\left[\underset{n\times 1}{\boldsymbol{X}_1}\cdots\underset{n\times 1}{\boldsymbol{X}_p}\right]$

a. 因为$\boldsymbol{j}^{\mathrm{T}}=[1\cdots 1]$，所以$\boldsymbol{j}^{\mathrm{T}}\boldsymbol{x}=\sum x_i$。

b. $\left(\boldsymbol{j}^{\mathrm{T}}\boldsymbol{j}\right)^{-1}\boldsymbol{j}^{\mathrm{T}}\boldsymbol{X}=n^{-1}\left[\boldsymbol{j}^{\mathrm{T}}\boldsymbol{X}_1\cdots\boldsymbol{j}^{\mathrm{T}}\boldsymbol{X}_p\right]$

c. $\mathrm{j.T.dot}\left(\mathrm{X}\right)/\mathrm{j.T.dot}\left(\mathrm{j}\right)$

第4章

4.1 用E表示集群故障时间，$\Pr\left(E\right)=1-\Pr\left(E_1^C\right)\times\cdots\times\Pr\left(E_n^C\right)$。如果$p$=0.001并且$n=1000$，那么Pr($E$)=0.6323。

4.4 映射器程序的要素如下所示：

```
for record in sys.stdin:
    variables = record.split('\t')
    try:
        allowed = round(float(variables[22]), 2)
        print(str(n%100) + '\t' + provider + '|' +
            str(payment)+ '|' + str(submitted)+ '|' + str(allowed))
    except(ValueError):
        pass
```

约简器程序的要素如下所示：

```
A = np.zeros(shape= (q, q))
w = np.matrix([1,0,0,0]).T
for record in sys.stdin:
     _,data = record.replace('\n','').split('\t')
     numerics = data.split('|')
     for i,x in enumerate(numerics[1:]):
           w[i+1,0] = float(x)
     A += w*w.T
for row in A:
     print(','.join([str(r) for r in row]))
```

在计算$\boldsymbol{A}=\sum_i^r\boldsymbol{A}_i$之后，利用第3章的算法以及式(3.21)计算相关矩阵。

```
n = A[0,0]
mean = np.matrix(A[1:,0]/n).T
CenMoment = A[1:,1:]/n - mean.T*mean
s = np.sqrt(np.diag(CenMoment))
D = np.diag(1/s)
corMatrix = D*CenMoment*D
```

第5章

5.1 见图A.1。

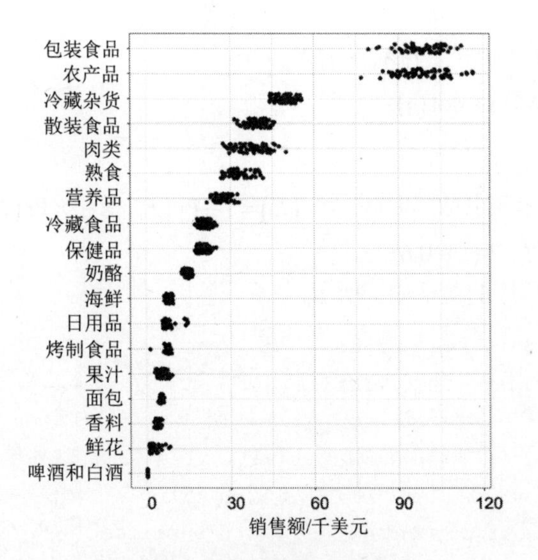

图 A.1 各部门月销售额的点状图

5.2 见图 A.2。

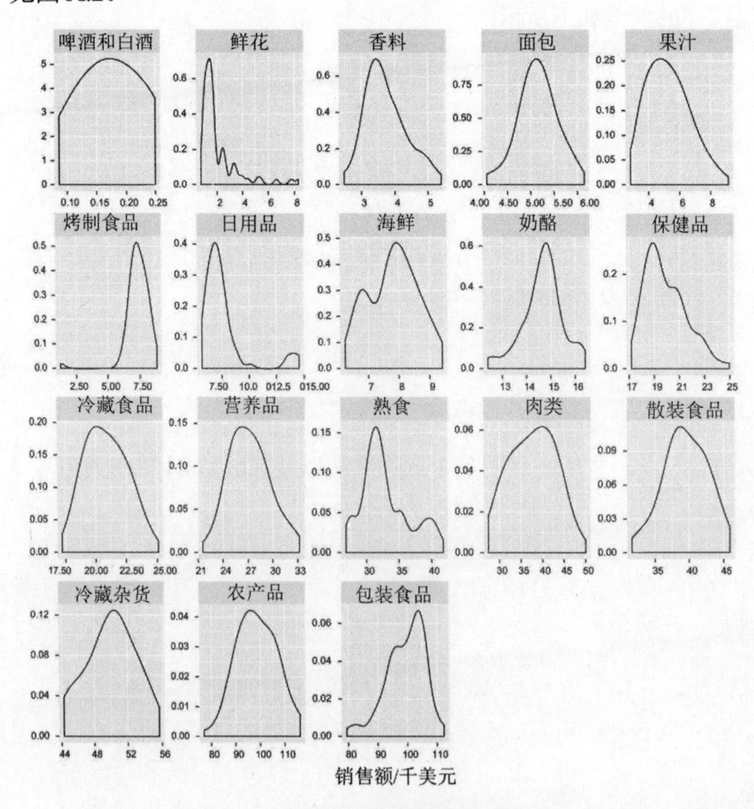

图 A.2 各部门月销售额经验密度的面状图

5.3 见图A.3。

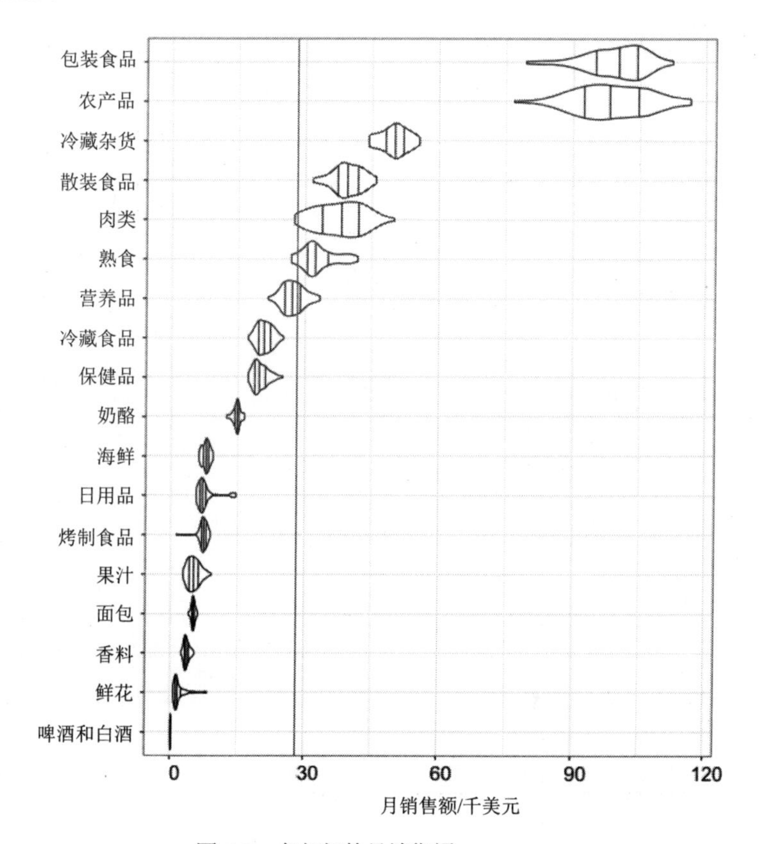

图A.3　各部门的月销售额

第6章

6.1

$$\frac{\sum y_i^2/n-\sum(y_i-\hat{y}_i)^2/(n-p)}{\sum y_i^2/n}=\frac{47007.17-10746.03}{47007.17}=R^2$$

6.3 没有x_{female}的模型可以被表示为条件表达式，如下所示：

$$\begin{aligned}\mathrm{E}(Y_i|\boldsymbol{x}_i) &= \beta_0+\beta_1 x_{\text{ssf},i}+\beta_3 x_{\text{interaction},i} \\ &= \begin{cases}\beta_0+\beta_1 x_{\text{ssf},i}, & , x_{\text{female}}=0 \\ \beta_0+(\beta_1+\beta_3)x_{\text{ssf},i} & , x_{\text{female}}=1\end{cases}\end{aligned}$$

6.5

a. 图A.4展示了拟合模型和数据。

b. 表A.1展示了拟合模型，从实际感觉看，其中的坡度差别不大。

c. 表 A.2 展示了置信区间，置信区间在很大程度上是重叠的，所以数据并不能支持“真正斜率是不同的”观点。

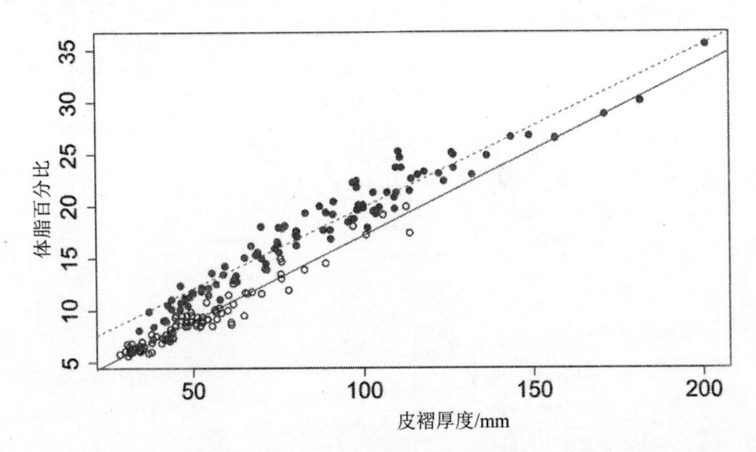

图 A.4 202 名澳大利亚运动员的体脂百分比和皮褶厚度。为每个性别分别显示了一条回归线，男性显示为空心圆，女性则显示为实心圆

表 A.1 分别针对男性和女性的拟合模型

性别分组	$\hat{\beta}_0$	$\hat{\beta}_1$	$\widehat{\sigma}(\beta_1)$
女性	4.26	0.156	0.0040
男性	0.849	0.163	0.0042

表 A.2 男性和女性针对 β_1 的置信区间，各自的回归线

性别分组	95%置信区间的边界	
	下界	上界
女性	0.148	0.164
男性	0.155	0.172

6.6 厌食症数据集

a. $n_{\text{CBT}} = 29, n_{\text{Cont}} = 26, n_{\text{FT}} = 17$。

b. 见图 A.5。

c. 见图 A.6。

d. 见图 A.6。黑线由实验前后体重相等的点组成。由于两种治疗方法的拟合回归线位于对角线上，因此大多数患者的体重都会增加。对于控制疗法而言，实验前后的体重没有明显关系，数据中没有解释为何没有关系。

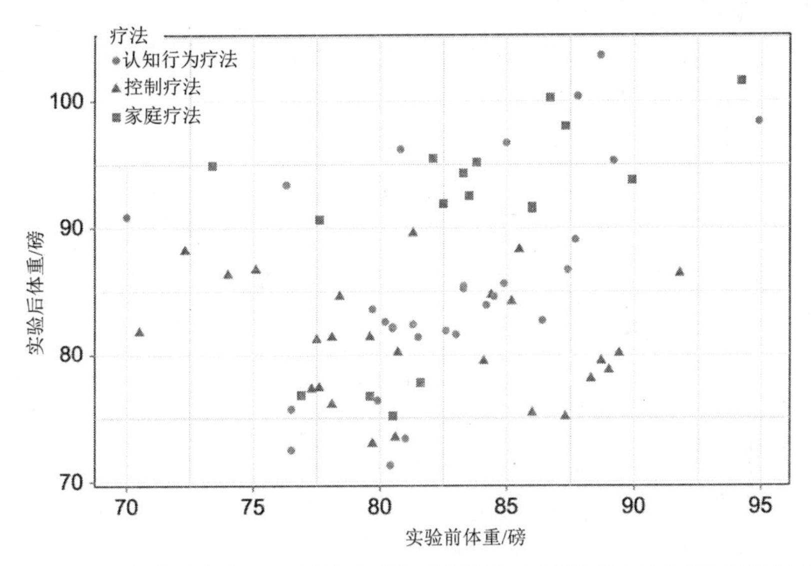

图 A.5 $n = 72$ 个厌食症患者实验前和实验后的体重，根据治疗方法分组标记数据点

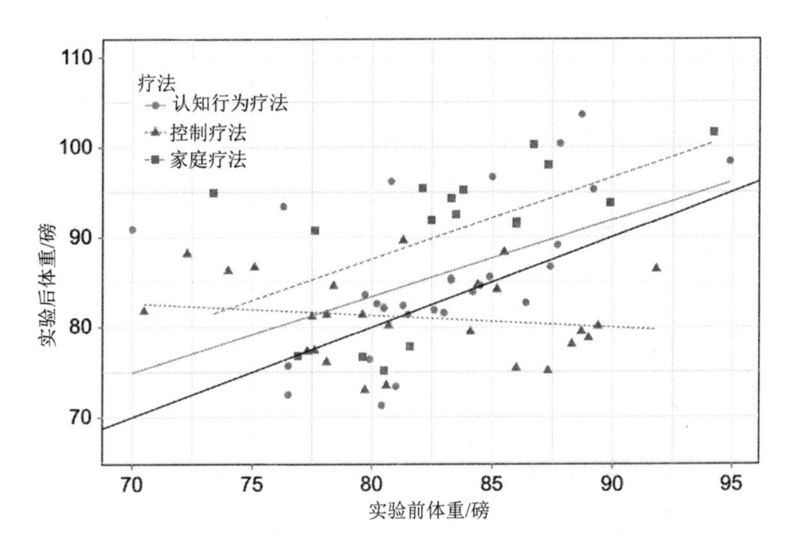

图 A.6 n=72 个厌食症患者实验前和实验后的体重，根据治疗方法分组分别显示回归线

e. 见图 A.7。

f. 有证据表明这两种疗法之间存在关系(对于家庭疗法，p 的值为 0.026；对于认知行为疗法，p 的值为 0.007)。p 的值可根据可选假设 $H_a : \beta_1 \neq 0$ 的双边检验得到。没有足够证据表明对照组之间存在关系。

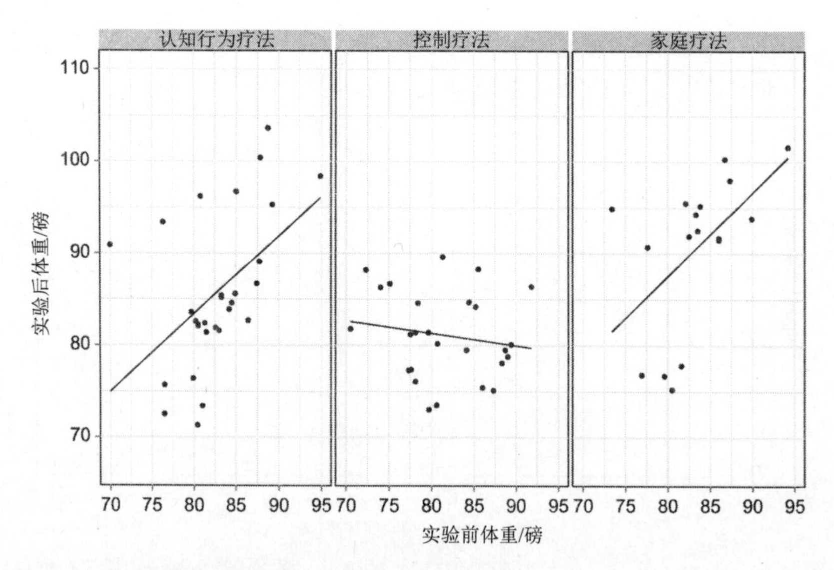

图 A.7　n=72 个厌食症患者实验前和实验后的体重。根据疗法分组分别绘制数据点和回归线

g. 表 A.3 显示了估计值以及 95%的置信区间，截距是患者治疗后平均体重的估计值，这里假设他们治疗之前的体重等于所有病人治疗之前体重的平均值。通过中心化，我们调整并消除了组间差异对实验前体重的影响。表 A.3 中的估计值可用来比较两种疗法的疗效。

h. 控制疗法和认知行为疗法的均值($E\left(Y\mid\boldsymbol{x}\right)$)看上去存在很大差异，这是因为置信区间没有重叠。对于治疗前平均体重为$\overline{y}_{\text{pre-treatment}}=82.40$磅的患者而言，差异的估计值为 4.47 磅。对于家庭疗法和控制疗法的对比，这个结论仍然成立。而且，认知行为疗法和家庭疗法的置信区间没有重叠，所以我们可以认为家庭疗法的均值大于认知行为疗法的均值。两种疗法都被认为有效，可以增加体重，而家庭疗法要比认知行为疗法更好。我们的结论建立在置信区间准则之上：如果一个值不在置信区间中，那么该值为组均值的猜想就与数据不一致。比较置信区间的方法或许并不能总是得出可靠的结论，方差检验分析才能得出无可辩驳的结论。

i. $f=5.41,\text{df}_{\text{num}}=2,\text{df}_{\text{den}}=66,p=0.0067$，有强有力的证据证明治疗会影响实验后的预期体重，并且治疗的效果取决于治疗前的体重[1]。而疗效取决于治疗前体重的说法却不那么一目了然，因为显然治疗后的体重很大程度上取决于患者在治疗开始时的体重。

1 交互作用方差检验分析的结果可以支持这个论断。

表A.3 面向中心化截距的置信区间。中心化截距是调整治疗前体重的差异后的治疗后体重均值的估计值。每个疗法分组都有单独的回归线

治疗方法	95%置信区间的边界		
	估计值	下界	上界
控制疗法	80.99	79.04	82.95
认知行为疗法	85.46	82.63	88.28
家庭疗法	89.75	85.88	93.16

第7章

7.1

a. 设置$x_0=\overline{x}$意味着和的第二项是0。

b. 假设观测数据之间是等距的，并且按照$x_1<\cdots<x_n$排序，那么重点就是与x_1和x_n距离相等的点。假设n是奇数并且m是中点，那么，$x_n-m=m-x_1, x_{n-1}-m=m-x_2$，其他以此类推。因此，$\sum_{i=1}^{n/2} m-x_i=\sum_{i=n/2+1}^{n} x_i-m \Rightarrow m=\overline{x}$。因此，中点就是均值，并且$m=x_0$可以使方差$\text{var}\left[\hat{\mu}(x_0)\right]$最小。

7.3

a. $\mu=N^{-1}\sum_{i=1}^{N}y_i$

b. $\pi_j=nN^{-1}$

c. 以Z_j作为y_j在样本中的一个标记，那么，$\overline{Y}=n^{-1}\sum_{j=1}^{N}Z_jy_j=n^{-1}\sum_{i=1}^{n}y_i$
$y_i \Rightarrow \mathrm{E}(\overline{Y})=n^{-1}\sum_{j=1}^{N}nN^{-1}y_j=\mu$。

d. 利用$\mathrm{E}\left(\overline{Y}_w\right)=\mathrm{E}\left(N^{-1}\sum_{j=1}^{N}w_jZ_jy_j\right)$。

7.5 利用zip(x, x0)和列表解释技术。问题是哪种代码最好，函数有三行代码，或者只有一行代码，回答这个问题比较困难，因为我们必须在单行函数的紧凑性和三行函数的清晰性之间进行权衡。

7.7 用运动水平代替教育程度会减少决策规则的精确性。如果我们在p=0.1上比较这两者的敏感度和特异性，就会看到新规则的敏感度较低(0.780 比 0.873)，而特异性较大(0.661 比 0.548)，但敏感度更重要一些(表A.4)。

表 A.4 5 个阈值 p 上的敏感度和特异性

p	敏感度	特异性
0.2	0.879	0.458
0.19	0.867	0.483
0.18	0.851	0.516
0.17	0.833	0.55
…	…	…
0.1	0.661	0.780

第 8 章

8.1 展开 $\sum(a_i - b_i)^2$ 并利用 $0 \leqslant a_i \leqslant 1 \Rightarrow a_i^2 \leqslant a_i$ 这一事实。

第 9 章

9.1 利用事实 $\sum_{i=0}^{\infty} \alpha^i = (1-\alpha)^{-1} 0 < \alpha < 1$。

9.3 表 A.5 展示的是 $\widehat{\Pr}(y_0 = l|\boldsymbol{x}_0)$ 的可能值以及 $\widehat{\Pr}(y_0 = l\,|\,\boldsymbol{x}_0)$ 的最大可能值。

表 A.5 根据传统的 k 最近邻预测函数得到的组成员概率估计值

$\boldsymbol{k}$	可能的取值	
	$\widehat{\Pr}(y_0 = l\,|\,\boldsymbol{x}_0)$	$\widehat{\Pr}(y_0 = l\,|\,\boldsymbol{x}_0)$ 最大值
1	0, 1	1
3	0, 1/3, 2/3, 1	2/3, 1
5	0, 1/5, 2/5, 3/5, 4/5, 1	3/5, 4/5, 1

9.4

```
i = np.argmax(counts)
if sum([counts[i] ==count for count in counts ]) > 1:
    counts[nhbr]+=1
```

9.5 均方根误差是 16.9 和 25.6。

9.7

a. 表 A.6 展示了一些估计值。

表 A.6 根据以 d 和 α 为参数的函数得到的均方根误差估计值 $\hat{\sigma}_{\mathrm{kNN}}$

α	d		
	1	3	5
0.05	15.7	24.5	30.7
0.1	15.7		
0.3	16.1	25.6	

b. 对于 p=10、α=0.1 和 d=1，有 $\hat{\sigma}_{\mathrm{kNN}}$=16.9；对于 p=10、α=0.05 和 d=4，有 $\hat{\sigma}_{\mathrm{kNN}}$=30.5。这两个估计值与根据 p=5 得到的结果稍有不同。模式长度看上去没有太多影响。但是可能正如预料之中的那样，分析表明当未来的预测天数是小(非大)时，长度较短会使效果更好。

第 10 章

10.1 给定限制条件 $\sum_{i=1}^{k}\pi_k=1$，通过引入拉格朗日乘子最大化对数概率，目标函数为：

$$f(\pi,\lambda)=\sum_{i=1}^{n}x_i\log\pi_i+\lambda\left(1-\sum_{i=1}^{n}\pi_i\right)$$

设 $\partial f/\partial\pi_i=0$ 意味着 $x_i=\lambda\pi_i\Rightarrow\lambda=\sum x_i$。

第 11 章

11.1 展开

$$\begin{aligned}\hat{\mu}_n&=\alpha y_n+\sum_{t=0}^{n-1}w_t y_t\\&=\alpha y_n+\alpha(1-\alpha)y_{n-1}+\alpha(1-\alpha)^2 y_{n-2}+\cdots\\&=\alpha y_n+(1-\alpha)\left[\alpha y_{n-1}+\alpha(1-\alpha)y_{n-2}+\cdots\right]\end{aligned}$$

11.3 令 $\boldsymbol{W}$ 为一个对角矩阵，权重 $w_0,\cdots,w_{n-1}$ 沿矩阵的对角线排列，使得

$$\begin{aligned}S(\beta_n)&=\sum_{t=1}^{n}w_{n-t}\left(y_{t+\tau}-\boldsymbol{x}_t^{\mathrm{T}}\beta_n\right)^2\\&=(\boldsymbol{y}-\boldsymbol{X}\beta)^{\mathrm{T}}\boldsymbol{W}(\boldsymbol{y}-\boldsymbol{X}\beta)\end{aligned}\tag{A.1}$$

将 $S(\beta_n)$ 对 β 进行微分，并设偏导数向量等于 0，使得下面的正规方程成立：

$$\boldsymbol{X}^{\mathrm{T}}\boldsymbol{W}\boldsymbol{y}=\boldsymbol{X}^{\mathrm{T}}\boldsymbol{W}\boldsymbol{X}\beta\tag{A.2}$$

解方程求β，并证明$\boldsymbol{X}^{\mathrm{T}}\boldsymbol{W}\boldsymbol{X}=\sum w_i\boldsymbol{x}\boldsymbol{x}^{\mathrm{T}}$以及$\boldsymbol{X}^{\mathrm{T}}\boldsymbol{W}\boldsymbol{y}=\sum w_i\boldsymbol{x}_i y_i$

11.5 表A.7显示了几个α值下的$\hat{\sigma}^2_{\mathrm{reg}}$的估计值。

预测器	α		
	0.02	0.05	0.1
n	0.639	0.624	0.999
AAPL	0.652	0.623	0.622
GOOG	0.651	0.629	0.949

第12章

12.2 计算包含笑脸符号的消息所表达的情绪的代码如下所示：

```
happySent = [0]*2
for n,tweet in enumerate(tweetGenerator):
    try:
        txt = tweet['text'].lower()
        tokens = set(txt.split(' '))

        if len(tokens & A) > 0:
            sent = 0
            for token in tokens:
                try:
                    sent += sentDict[token]
                except(KeyError):
                    pass
            happySent[0] += 1
            happySent[1] += sent
            happySent[2] += sent**2
            se = np.sqrt((happySent[2]/happySent[0]
                - (happySent[1]/happySent[0])**2)/happySent[0])
            print('Happy ',n,happySent[0],
                round(happySent[1]/happySent[0],3),round(se,3))
    except:
        print(time.ctime(),tweet)
    if 1000 < happySent[0]:
        sys.exit()
```

12.5 可对第 12.7 节中的教程进行若干修改后再加以应用。

1. 读取数据文件 emotions.csv 并构建一个字典，该字典以表情符号作为键，情绪作为值，该字典名为 emotionDict。再构建一个字典 emotionSentDict，它以情绪作为键，以两个元素的列表作为值，该列表包含特定情绪出现的次数以及相应的情绪值之和。创建一个包含 5 种情绪的集合。

```
emotionDict = {}
path = '../Data/emotions.csv'
with open(path,mode= "r",encoding='utf-8') as f:
    for record in f:
        token, emotion = record.strip('\n').split(',')
        emotionDict[token] = emotion
keys = emotionDict.keys()
emotionSentDict = dict.fromkeys(emotionDict.values(),[0]*2)
emotions = set(emotionDict.values())
```

2. 在从消息(文本)中提取出表情符号后，在 emotionSentDict[emotion]中增加出现在消息中的情绪数据项。

```
emotionTokens = tokens & keys
if len(emotionTokens) > 0:
    sent = 0
    for token in tokens:
        try:
            sent += sentDict[token]
        except(KeyError):
            pass
        for token in emotionTokens:
            emotion = emotionDict[token]
            n,Sum = emotionSentDict[emotion]
            n += 1
            Sum += sent
            emotionSentDict[emotion] = [n,Sum]
```

最终结果如表 A.8 所示。

表 A.8　包含特定情绪的消息中的情绪均值

情绪	均值
快乐	1.115
惊讶	0.312
愤怒	-0.005
悲伤	-0.471
厌恶	-0.553
恐惧	-0.593

附录B
使用 Twitter API

使用 Twitter API 有两个主要步骤：获取一个 Twitter 账号及证书，证书会解锁对 Twitter API 的访问，你需要一个账号来获取证书[1]。

(1) 如果没有 Twitter 账号请获取一个，请转到 https://twitter.com/signup，设立一个账号并录入你自己的用户名和密码。

(2) 转到 https://apps.twitter.com/，用你的用户名和密码登录。

(3) 转到 https://apps.twitter.com/app/new，填写所需的详细信息。实际上这样做相当于告诉 Twitter 你正准备创建一个账号，并且同意他们为访问 Twitter 流而提出的交换条件。在学习本书相关教程的过程中你并不会真正创建一个应用，但注册一个应用会发布访问 Twitter 流所需的证书。

a. 要进入网站，请输入可被公众访问的网站 URL 地址，我们不会试图访问网站。

b. 可能你要让 Callback URL 留空。

c. 同意 Twitter 开发者协议，并在 Create Your Twitter Application 页面中单击 Create 按钮。

(4) 接下来的页面包含一个 Keys and Access Tokens 选项卡，单击这个选项卡。在打开的页面的底部有一个按钮可用于创建访问令牌，单击这个按钮。

(5) 下一个打开的页面会显示证书，复制 Consumer Key(a1)、Consumer Secret(a2)、Access Token(a3)以及 Access Token Secret(a4)，并将这些密钥粘贴到你的 Python 脚本中。在 Python 脚本中为变量赋值，即 a1='XXX'。12.5 节的教程中的第 3 步对此进行了详细说明。

---

1 用于获取证书的网页在过去几年中已经发生了变化，但是处理流程并没有改变，在将来这些网页当然有可能再次发生变化。

(6) 返回 Twitter 应用开发页面，单击 Test OAuth 按钮。

(7) 检查复制到 Python 脚本中的密钥是否与 OAuth 设置相匹配，OAuth Tool 页面有一个 Get OAuth Signature 按钮，单击这个按钮。

(8) 关闭网页，你就会被授权收取通过 Twitter API 发送的推文。

(9) 在访问 Twitter 流的 Python 脚本中，有一个函数调用需要访问 Twitter API，这个函数调用如下所示：

```
Api = TwitterAPI(a1,a2,a3,a4)
```

密钥 a1、a2、a3 和 a4 在第 5 步中进行定义。

参考文献

1. D. Adair, The authorship of the disputed federalist papers. William Mary Q. 1(2), 97–122 (1944)

2. C.C. Aggarwal, *Data Mining - The Textbook* (Springer, New York, 2015)

3. J. Albert, M. Rizzo, R by Example (Springer, New York, 2012)

4. American Diabetes Association, http://www.diabetes.org/diabetes-basics/statistics/. Accessed 15 June 2016

5. K. Bache, M. Lichman, *University of California Irvine Machine Learning Repository*(University of California, Irvine, 2013). http://archive.ics.uci.edu/ml

6. S. Bird, E. Klein, E. Loper, *Natural Language Processing with Python* (O'Reilly Media, Sebastopol, 2009)

7. C.A. Brewer, G.W. Hatchard, M.A. Harrower, Colorbrewer in print: a catalog of color schemes for maps. Cartogr. Geogr. Inf. Sci. 30(1), 5–32 (2003)

8. British Broadcasting Service, Twitter revamps 140-character tweet length rules. http://www.bbc.com/news/technology-36367752. Accessed 14 June 2016

9. N.A. Campbell, R.J. Mahon, A multivariate study of variation in two species of rock crab of genus leptograpsus. Aust. J. Zool. 22, 417–425 (1974)

10. Centers for Disease Control and Prevention, Behavioral Risk Factor Surveillance System Weighting BRFSS Data (2013). http://www.cdc.gov/brfss/annual_data/2013/pdf/Weighting_Data.pdf

11. Centers for Disease Control and Prevention, The BRFSS Data User Guide (2013). http://www.cdc.gov/brfss/data_documentation/pdf/userguidejune2013.pdf

12. Centers for Medicare & Medicaid Services, NHE Fact Sheet (2015). https://www.cms.gov/research-statistics-data-and-systems/statistics-trends-and-reports/nationalhealthexpenddata/nhe-fact-sheet.html

13. W.S.Cleveland, S.J. Devlin, Locally-weighted regression: an approach to regression analysis by local fitting. J. Am. Stat. Assoc. 83(403), 596–610 (1988)

14. J. Dean, S. Ghemawat, MapReduce: simplified data processing on large clusters, in *Proceedings of the Sixth Symposium on Operating System Design and Implementation* (2004), pp. 107–113

15. J. Dean, S. Ghemawat, MapReduce: a flexible data processing tool. Commun. Assoc. Comput. Mach. 53(1), 72–77 (2010)

16. R. Ecob, G.D. Smith, Income and health: what is the nature of the relationship? Soc. Sci. Med. 48, 693–705 (1999)

17. S.L. Ettner, New evidence on the relationship between income and health. J. Health Econ. 15(1), 67–85 (1996)

18. H. Fanaee-T, J. Gama, Event labeling combining ensemble detectors and background knowledge, in *Progress in Artificial Intelligence*(Springer, Berlin, 2013), pp.1–15

19. J. Fox, S. Weisberg, *An R Companion to Applied Regression*, 2nd edn. (Sage, Thousand Oaks, 2011)

20. J. Geduldig, https://github.com/geduldig/TwitterAPI. Accessed 15 June 2016

21. D. Gill, C. Lipsmeyer, Soft money and hard choices: why political parties might legislate against soft money donations. Public Choice 123(3–4), 411–438 (2005)

22. C. Goldberg, https://github.com/cgoldberg. Accessed 14 June 2016

23. J. Grus, *Data Science from Scratch* (O'Reilly Media, Sebastopol, 2015)

24. D.J. Hand, F. Daly, K. McConway, D. Lunn, E. Ostrowski, *A Handbook of Small Data Sets* (Chapman & Hall, London, 1993)

25. F. Harrell, *Regression Modeling Strategies* (Springer, New York/Secaucus, 2006)

26. Harvard T.H. Chan School for Public Health, Obesity prevention source (2015). http://www.hsph.harvard.edu/obesity-prevention-source/us-obesity-trends-map/

27. A.C. Harvey, *Forecasting, Structural Time Series and the Kalman Filter* (Cambridge University Press, Cambridge, 1989)

28. T. Hastie, R. Tibshirani, J. Friedman, *The Elements of Statistical Learning*, 2nd edn. (Springer, New York, 2009)

29. G. James, D. Witten, T. Hastie, R. Tibshirani, *An Introduction to Statistical Learning with Applications in R* (Springer, New York, 2013)

30. J. Janssens, *Data Science at the Command Line* (O'Reilly Media, Sebastopol, 2014)

31. T. Jurka, https://github.com/timjurka. Accessed 15 June 2016

32. Kaggle, https://www.kaggle.com/competitions. Accessed 12 June 2016

33. E.L. Korn, B.I. Graubard, Examples of differing weighted and unweighted estimates from a sample survey. Am. Stat. 49(3), 291–295 (1995)

34. E. Kouloumpis, T. Wilson, J. Moore, Twitter sentiment analysis: the good the bad and the OMG! in *Proceedings of the Fifth International Association for the Advancement of Artificial Intelligence (AAAI) Conference on Weblogs and Social Media* (2011)

35. J.A. Levine, Poverty and obesity in the U.S. Diabetes 60(11), 2667–2668 (2011)

36. G. Lotan, E. Graeff, M. Ananny, D. Gaffney, I. Pearce, D. Boyd, The Arab Spring: the revolutions were tweeted: Information flows during the 2011 Tunisian and Egyptian revolutions. Int. J. Commun. 5, 31 (2011)

37. B. Lublinsky, K.T. Smith, A. Yakubovich, *Hadoop Solutions* (Wiley, Indianapolis, 2013)

38. J. Maindonald, J. Braun, *Data Analysis and Graphics Using R*, 3rd edn. (Cambridge University Press, Cambridge, 2010)

39. G. McLachlan, T. Krishnan, *The EM Algorithm and Extensions*, 2nd edn. (Wiley, Hoboken, 2008)

40. A.H. Mokdad, M.K. Serdula, W.H. Dietz, B.A. Bowman, J.S. Marks, J.P. Koplan, The spread of the obesity epidemic in the United States, 1991–1998. J. Am. Med. Assoc. 282(16), 1519–1522 (1999)

41. F. Mosteller, D.L. Wallace, Inference in an authorship problem. J. Am. Stat. Assoc. 58(302), 275–309 (1963)

42. E. O'Mahony, D.B. Shmoys, Data analysis and optimization for (citi) bike sharing, in *Proceedings of the Twenty-Ninth Association for the Advancement of Artificial Intelligence (AAAI) Conference on Artificial Intelligence* (2015)

43. A.M. Prentice, The emerging epidemic of obesity in developing countries. Int. J. Epidemiol. 35(1), 93–99 (2006)

44. Project Gutenberg, https://www.gutenberg.org/. Accessed 7 June 2016

45. F. Provost, T. Fawcett, *Data Science for Business* (O'Reilly Media, Sebastopol, 2013)

46. R Core Team, R: *A Language and Environment for Statistical Computing* (R Foundation for Statistical Computing, Vienna, 2014)

47. L. Ramalho, *Fluent Python* (O'Reilly Media, Sebastopol, 2015)

48. F. Ramsey, D. Schafer, *The Statistical Sleuth*, 3rd edn. (Brooks/Cole, Boston, 2012)

49. J.J. Reilly, J. Wilson, J.V. Durnin, Determination of body composition from skinfold

thickness: a validation study. Arch. Dis. Child. 73(4), 305–310 (1995)

50. A.C. Rencher, B. Schaalje, *Linear Models in Statistics*, 2nd edn. (Wiley, New York, 2000)

51. R.E. Roberts, C.R. Roberts, I.G. Chen, Fatalism and risk of adolescent depression. Psychiatry: Interpersonal Biol. Process. 63(3), 239–252 (2000)

52. M.A. Russell, *Mining the Social Web* (O'Reilly, Sebastopol, 2011)

53. D. Sarkar, *Lattice Multivariate Data Visualization with R* (Springer Science Business Media, New York, 2008)

54. S.J. Sheather, M.C. Jones, A reliable data-based bandwidth selection method for kernel density estimation. J. R. Stat. Soc. B 53, 683–690 (1991)

55. A. Signorini, A.M. Segre, P.M. Polgreen, The use of Twitter to track levels of diseaseactivity and public concern in the U.S. during the influenza A H1N1 pandemic. PLoSOne 6(5) (2011)

56. S.S. Skiena, *The Algorithm Design Manual*, 2nd edn. (Springer, New York, 2008)

57. B. Slatkin, *Effective Python* (Addison-Wesley Professional, Upper Saddle River, 2015)

58. B.M. Steele, Exact bagging of k-nearest neighbor learners. Mach. Learn. 74, 235–255(2009)

59. N. Super, The geography of medicare: explaining differences in payment and costs. Natl Health Policy Forum (792) (2003)

60. R.D. Telford, R.B. Cunningham, Sex, sport and body-size dependency of hematology in highly trained athletes. Med. Sci. Sports Exerc. 23, 788–794 (1991)

61. Twitter Inc., API Overview. https://dev.twitter.com/overview/api/tweets. Accessed 14 June 2016

62. Twitter Inc., Firehose. https://dev.twitter.com/streaming/firehose. Accessed 14 June 2016

63. W.G. Van Panhuis, J. Grefenstette, S.. Jung, N.S. Chok, A. Cross, H. Eng, B.Y. Lee, V. Zadorozhny, S. Brown, D. Cummings, D.S Burke, Contagious diseases in the United States from 1888 to the present. N. Engl. J. Med. 369(22), 2152–2158 (2013)

64. W.N. Venables, B.D. Ripley, *Modern Applied Statistics with S*, 4th edn. (Springer, New York, 2002)

65. H. Wickham, *ggplot2*: *Elegant Graphics for Data Analysis* (Use R!) (Springer, New York, 2009)

66. H. Wickham. *ggplot2* (Springer, New York, 2016)

67. J. Wiebe, R. Mihalcea, Word sense and subjectivity, in *Joint Conference of the International Committee on Computational Linguistics and the Association for Computational Linguistics* (2006)

68. Wikipedia, List of zip code prefixes - Wikipedia, the free encyclopedia. https://en.wikipedia.org/wiki/List_of_ZIP_code_prefixes. Accessed 30 Apr 2016

69. L. Wilkinson, *The Grammar of Graphics*, 2nd edn. (Springer, New York, 2005)

70. I.H. Witten, F. Eibe, M.A. Hall, *Data Mining: Practical Machine Learning Tools and Techniques*, 3rd edn. (Morgan Kaufmann, Burlington, 2011)

71. X. Zhuo, P. Zhang, T.J. Hoerger, Lifetime direct medical costs of treating type 2 diabetes and diabetic complications. Am. J. Prev. Med. 45(3), 253–256 (2013)